高等职业教育土建类专业"十四五"新形态系列教材

建筑设备安装识图与施工工艺

JIANZHU SHEBEI
ANZHUANGSHITU YU SHIGONGGONGYI

第2版

主　编　吕东风　常爱萍

副主编　阮晓玲　刘　钢

主　审　李　锋

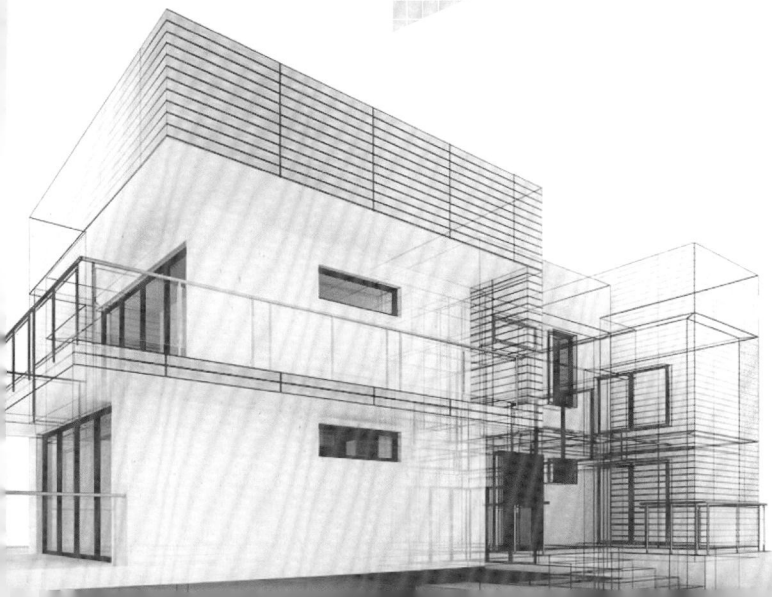

中南大学出版社
www.csupress.com.cn
·长沙·

内容简介

本书为高等职业教育土建类专业"十四五"新形态教材，全书分为五个模块，内容包括：建筑给排水系统、建筑供暖与燃气供应工程、建筑通风与空气调节工程、建筑电气工程、安装施工图识图综合实训等。本书注重培养学生对建筑设备施工图的识读能力，按照最新国家标准、规范编写，内容知识体系完整，图文并茂，浅显易懂，具有较强的实用性和借鉴性，配有相应的多媒体电子教学课件。

本书适用于工程造价、建筑工程技术、房地产经营与估价、建筑设计技术、建筑工程管理等专业的学生使用，也可作为成教学院、网络学院土建类专业专科教学，还可以作为相关专业工程技术人员培训参考用书。

出版说明 INSTRUCTIONS

　　遵照《国务院关于加快发展现代职业教育的决定》（国发〔2014〕19号）提出的"服务经济社会发展和人的全面发展，推动专业设置与产业需求对接，课程内容与职业标准对接，教学过程与生产过程对接，毕业证书与职业资格证书对接"的基本原则，为全面推进高等职业院校土建类专业教育教学改革，促进高端技术技能型人才的培养，依据国家高职高专教育土建类专业教学指导委员会制定的《高职高专土建类专业教学基本要求》，通过充分的调研，在总结吸收国内优秀高等职业教育教材建设经验的基础上，我们组织编写和出版了这套高等职业教育土建类专业新形态系列教材。

　　高等职业教育教学改革不断深入，土建行业工程技术日新月异，相应国家标准、规范，行业、企业标准、规范不断更新，作为课程内容载体的教材也必然要顺应教学改革和新形势的变化，适应行业的发展变化。教材建设应该按照最新的职业教育教学改革理念构建教材体系，探索新的编写思路，编写出版一套全新的、高等职业院校普遍认同的、能引导土建专业教学改革的新形态系列教材。为此，我们成立了教材编审委员会。教材编审委员会由全国30多所高职院校的权威教授、专家、院长、教学负责人、专业带头人及企业专家组成。编审委员会通过推荐、遴选，聘请了一批学术水平高、教学经验丰富、工程实践能力强的骨干教师及企业专家组成编写队伍。

　　本套教材具有以下特色：

　　1. 遵循《"十四五"职业教育规划教材建设实施方案》，坚持立德树人，落实课程思政。

　　2. 教材依据国家高职高专教育土建类专业教学指导委员会制定的《高职高专土建类专业教学基本要求》编写，体现科学性、创新性、应用性，体现土建类教材的综合性、实践性、区域性、时效性等特点。

　　3. 适应高职高专教学改革的要求，以职业能力为主线，采用行动导向、任务驱动、项目载体，教、学、做一体化模式编写，按实际岗位所需的知识能力来选取教材内容，实现教材与工程实际的零距离"无缝对接"。

　　4. 体现先进性特点。将土建学科的新成果、新技术、新工艺、新材料、新知识纳入教材，结合最新国家标准、行业标准、规范编写。

5. 教材内容与工程实际紧密联系。教材案例选择符合或接近真实工程实际，有利于培养学生的工程实践能力。

6. 以社会需求为基本依据，以就业为导向，融入建筑企业岗位(八大员)职业资格考试、国家职业技能鉴定标准的相关内容，实现学历教育与职业资格认证相衔接。

7. 教材体系立体化。为了方便教师教学和学生学习，本套教材建立了多媒体教学电子课件、电子图集、教学指导、教学大纲、案例素材等教学资源支持服务平台；教材采用了融媒体形式出版，读者扫描书中的二维码，即可阅读丰富的工程图片、演示动画、操作视频、工程案例、拓展知识等。

高等职业教育土建类专业新形态系列教材

编 审 委 员 会

前 言 PREFACE

本教材以《高等职业教育工程土建类人才教育标准和培养方案》为指导，以培养较强的实践能力、高素质的应用型、技术技能型人才为导向，贯彻实践为主、理论为辅的原则，对建筑设备各方面的内容进行了较为详尽的介绍。编者均为多年从事建筑设备施工和工程造价的行业人员，具有丰富的现场实践经验和教学经验，对于专业知识的深度和广度有较好的把握。

本教材主要特色有以下几点。

1. 注重知识、能力和素质三者之间的关系

本教材在编写过程中，从培养高技能应用型人才这一总体目标出发，以培养专业技术能力为主线，科学处理好知识、能力和素质三者之间的关系，着重体现基础理论知识、基本技能和职业能力的训练。建筑设备在建筑节能中占有重要比例，本教材大力倡导节能环保理念，涉及建筑领域近年的新技术、新工艺。

2. 基础理论以必需、够用为度，以应用为目的

建筑设备工程包括了给水排水工程专业、供热工程专业、通风与空调及动力专业和建筑电气专业的理论知识。专业涉及面广、专业知识较多。本教材在编写过程中坚持理论知识以必需、够用为度的原则，以应用为目的。

3. 紧扣最新设计、施工验收规范，力求知识准确

本教材的作者均为有专业实践经验的教师，同时邀请企业工程技术人员指导，做到紧扣最新设计、施工验收规范，力求知识准确。

4. 可适用多个专业使用

该教材理论够用、内容充实、重点突出。主要结合了"建筑工程造价"专业人才培养方案的要求来编写，也可供建筑工程技术、房地产经营与估价、建筑设计技术、建筑工程管理等专业的学生使用。

全书系统地介绍了建筑给水排水工程、建筑消防系统、建筑热水及饮用水供应系统、建筑中水系统、建筑给水排水施工图识图与施工工艺、建筑供暖系统、建筑燃气系统、建筑供暖系统识图与施工工艺、建筑通风空调系统、建筑通风空调系统识图与施工工艺、建筑配电系统、建筑电气照明系统、安全用电与建筑防雷接地系统、建筑智能化系统、建筑电气识图与施工工艺等内容，模块后面附有复习思考题，供读者复习巩固之用。本教材由湖南城建职业技术学院吕东风、湖南交通职业技术学院常爱萍担任主编。全书共分为五个模块，模块一由吕东风编写，模块二由湖南怀化职业技术学院阮晓玲，模块三由湖南水利水电职业技术学院陈健玲与湖南水利水电职业技术学院卜婷婷编写，模块四由湖南交通职业技术学院文卫银编写，模块五由湖南交通职业技术学院常爱萍、刘钢编写。全书由湖南三建智能化有限公司李锋主审。

由于编者水平有限，教材中难免有不足之处，恳请读者提出批评指正。

编 者

2021 年 3 月

目 录 CONTENTS

模块一　建筑给排水系统

模块二　建筑供暖与燃气供应工程

模块三 建筑通风与空气调节工程

模块四 建筑电气工程

模块一　建筑给排水系统

第一章　室外给排水工程

室外给水排水工程与建筑给水排水工程有着非常密切的关系，其主要任务是为城镇提供足够数量并符合一定水质标准的水；同时把使用后的水(污、废水)汇集并输送到适当地点净化处理，在达到对环境无害化的要求后排入水体，或经进一步净化后灌溉农田、重复使用，如图 1-1 所示为以地表水为水源的室外给排水工程组成示意图。

图 1-1　室外给排水组成示意图

第一节　室外给水工程

室外给水工程是为满足城镇居民生活或工业生产等用水需要而建造的工程设施，所供给的水在水量、水压和水质方面应适合各种用户的不同要求。因此，室外给水工程的任务是自水源取水，并将其净化到所要求的水质标准后，经输配水管网系统送往用户。

以地表水为水源的给水系统一般包括取水工程、净水工程、输配水工程以及泵站等，如图 1-2 所示为以地面水为水源的城市给水系统图。以地下水为水源的给水系统一般包括取水构筑物(如井群、渗渠等)、净水工程(主要设施有清水池及消毒设备)、输配水工程，如图 1-3 所示。

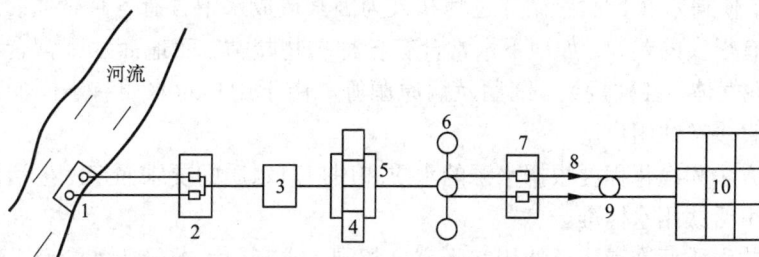

图 1-2　地表水源给水系统示意图
1—取水头；2——级泵站；3—沉淀池；4—过滤设备；5—消毒设备；
6—清水池；7—二级泵站；8—输水管线；9—水塔；10—城市配水管网

```
  ┌────────┐                      ┌────────┐
  │  水井  │                      │ 输水管 │
  └───┬────┘                      └───┬────┘
      │                               │
      ↓                               ↓
┌──────┐ ┌──────┐ ┌──────┐ ┌──────┐ ┌──────┐ ┌──────┐ ┌──────┐   ┌──┬──┬──┐
│ 水井 │→│ 一级 │→│ 清水 │→│ 消毒 │→│ 二级 │→│ 水塔 │→          ├──┼──┼──┤
│      │ │ 泵站 │ │ 池   │ │ 设施 │ │ 泵站 │ │      │           ├──┼──┼──┤
└──────┘ └───┬──┘ └──────┘ └──────┘ └──────┘ └──────┘           └──┴──┴──┘
             ↑
  ┌────────┐
  │  水井  │                                                      配水管网
  └────────┘
```

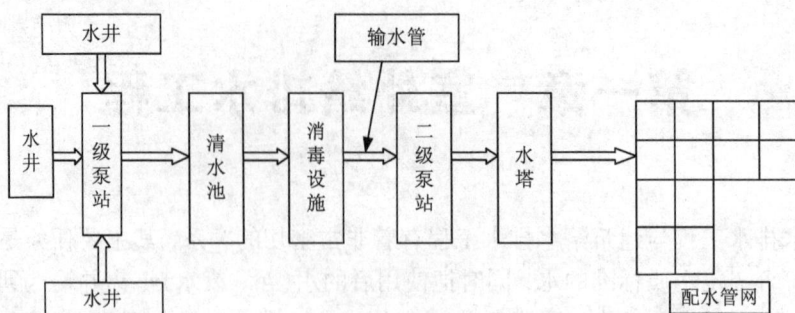

图 1-3　地下水源给水系统示意图

一、取水工程

取水工程一般包括水源选择和取水构筑物两大部分。

1. 水源选择

城市给水系统按水源的不同可分为地表水源给水系统和地下水源给水系统。

地表水源给水系统是指以地表水(江、河、湖泊、水库等)为水源的给水系统。

地下水源给水系统是指以水井中的地下水为水源的给水系统。

地表水的特征:径流量较大、汛期混浊度较高、水温变幅大、有机污染物和细菌含量高、容易受到污染、具有明显的季节性、矿化度及硬度低。

地下水的特征:水质清澈、水温稳定、分布面广、矿化度及硬度高、径流量小。

2. 取水构筑物

按照水源的不同,取水构筑物分为地下水取水构筑物和地表水取水构筑物。常用的地下水取水构筑物有管井、大口井、辐射井、渗渠等。

地表水取水构筑物有固定式和移动式两大类。固定式取水构筑物有岸边式、河床式和斗槽式;移动式取水构筑物有浮船式和缆车式。

二、净水工程

净水工程的任务就是解决水的净化问题。由于水是一种极易与各种物质混杂、溶解能力又较强的溶剂,使得水在自然界循环过程和人为因素造成水中含有各种杂质。水源不同,水中的杂质往往有很大的差异,如地下水常含有各种矿物盐类;而地面水则常含有泥砂、水草腐殖质、溶解性气体、各种盐类、细菌及病原菌等。由于用户对水质有不同的要求,故未经处理的水不能直接送往用户。

水的净化方法和净化程度根据水源的水质和用户对水质的要求而定。生活用水净化须符合我国现行的生活饮用水标准。

工业用水的水质标准和生活饮用水不完全相同,或有较大差异。如食品、酿造和饮料制造的用水,水质要求高于生活饮用水标准;锅炉用水要求水质具有较低的硬度,避免引起腐蚀和结垢;纺织工业对水中的含铁量限制较严;而制药工业、电子工业则需要含盐量极低的脱盐水。因此,工业用水应按照生产工艺、产品性质对水质的不同要求来具体确定相应的水质标准及净化工艺。

城市自来水厂只需达到生活饮用水的水质标准。对水质有特殊要求的工业企业，可以单独建造生活给水系统。但用水量不大，而允许自城市给水管网取水时，则可用自来水为水源再进一步处理。

以地表水为原水，供给饮用水为目的的工艺流程一般需经过混凝、沉淀、过滤及消毒等净水工艺。

1. 混合与絮凝

天然水中分散的悬浮物及胶体物质，细小的悬浮杂质沉淀极慢，胶体物质根本不能自然沉淀，所以在原水进入沉淀池之前需投加混凝剂，以此降低胶体微粒稳定性，使微粒与混凝剂相互凝聚生成较大的絮凝体，依靠重力作用下沉，从而使水得以澄清。常用的絮凝池有隔板、折板、涡流、机械絮凝池等形式。

2. 沉淀与澄清

沉淀池的作用是使混合絮凝形成的絮凝体依靠重力作用下沉，加速沉淀并除去胶体物质，从而使水得以澄清。沉淀池的形式很多，常用的有平流式、竖流式及辐射式等。近年来随着浅池理论的发展和应用，斜板和斜管式的上向流、同向流沉淀池也逐渐推广使用。把混凝、沉淀综合于一体的构筑物称为澄清池，常用的澄清池有悬浮式澄清池、脉冲式澄清池和机械加速澄清池等形式。经沉淀后的水，浑浊度应不超过 200 mg/L。为达到饮用水水质标准所规定的浊度要求(5 mg/L)尚需进行过滤。

3. 过滤

过滤是通过多孔隙的粒状滤料层，进一步截留水中杂质，降低浊度及除去水中有机物和细菌。常用的过滤池有普通快滤池、虹吸滤池、无阀滤池和移动罩滤池等。

以地下水为水源时，则因其水质较好而无需进行沉淀过滤处理，一般只需消毒处理即可。在水的沉淀、过滤过程中，虽然同时有大部分的细菌被除去，但由于地表水的细菌含量较高，残留于处理水中的细菌仍为数甚多，并可能有病原菌传播疾病，故必须进行消毒处理。

4. 消毒

消毒的作用一是消灭水中的细菌和病原菌，以满足《生活饮用水水质标准》的有关要求，二是保证净化后的水在输送到用户之前不致被再次污染。消毒的方法有物理法和化学法两种。物理法有紫外线、超声波加热法等，化学法有氯法或氯胺法和臭氧法等。我国目前广泛采用的是氯法或氯胺法。

三、输配水工程

净水工程解决了水质问题，输配水工程则是将净化后的水输送至用水地区并分配到所有用户的全部设施。通常包括输水管网、配水管网及调节构筑物等。

输水管是把净水厂和配水管网联系起来的管道，其重要的特点是只输水而不配水。允许间断供水的给水工程或多水源供水的给水工程一般只设一条输水管，不允许间断供水的给水工程一般应设两条或两条以上的输水管。有条件时，输水管最好沿现有道路或规划道路敷设，并应尽量避免穿越河谷、山脊、沼泽、重要铁道及洪水泛滥淹没的地区。

配水管网的任务是将输水管送来的水分配给用户，它根据用水地区的地形及最大用水户分布情况并结合城市规划来进行布置。配水干管的路线应通过用水量较大的地区，并以最短的距离向用水量最大的用户供水。在城市规划设计中，应把用水量最大的用户置于管网之始端，以减少配水管的管径而降低工程造价。配水管网应均匀布置在整个用水地区，并保证足够的水量和水压。管网形状有环状与枝状两种，为减少初期投资，新建居民区和工业区一开始可布置成枝状管网，待将来扩建时再发展成环状管网。

四、调节构筑物

常见的调节构筑物有水塔和高地水池，其作用是调节供水与用水之间的不平衡状况。供水量在目前的技术经济状况下，在某段时间内是个固定的量，而用户的用水情况较为复杂，随时都在变化。这就出现了供需之间的不平衡。水塔或高地水池能够把用水低峰时管网中多余的水暂时储存起来，在用水高峰时再送入管网。这样就可以保证管网压力的基本稳定，同时也使水泵能经常在高效率范围内运行。但水塔的调节能力非常有限。

清水池与二泵站可以直接对给水系统起调节作用，清水池也可以同时对一、二级泵站的供水与送水起调节作用。一般来说，一级泵站的设计流量是按照最高日的平均时考虑，而二级泵站的设计流量则是按照最高日的最大时考虑的，并且是按照用水高峰出现的规律分时段进行分级供水。当二级泵站的送水量小于一级泵站的送水量，多余的水便存入清水池。到了用水高峰时，二级泵站的送水量大于一级泵站的供水量，这时清水池中所储存的水和刚刚净化后的水便一起送入管网。

五、泵站

泵站是把整个给水系统连为一体的枢纽，是保证给水系统正常运行的关键。在给水系统中，通常把水源地取水泵站称为一级泵站，而把连接清水池和输配水系统的送水泵站称为二级泵站。

一级泵站的任务是把水源的水抽升上来，送至净化构筑物。

二级泵站的任务是把净化后的水，由清水池抽吸并送入输配水管网而供给用户，泵站的主要设备有水泵及其引水装置、配套电机及配电设备和起重设备等。

六、室外给水管道敷设要求

室外给水方式应根据给水区域内建筑物的类型、建筑高度，及市政给水管网的水压和水量等因素综合考虑确定，做到技术科学合理，供水安全可靠，投资省，便于施工和运行管理。

给水管网是指布置在建筑物的周围，直接与建筑物引入管相接的给水管道、给水干管是指布置在道路或城市道路下与支管相连接的给水管道；给水支管是指布置在居住区内道路下与进户管相连接的给水管道。

给水干管沿着用水量较大的地段布置，以最短距离向大用户供水，其干管布置成环状与城镇给水管道连成环网。

给水管道宜与道路中心线或与主要建筑的周边呈平行敷设，并尽量减少与其他道路的交叉。给水管管道与建筑物的基础水平净距，当管径为 $DN100 \sim 150$ mm 时，不小于 1.5 m；当管径为 $DN50 \sim 75$ mm 时，不小于 1 m。

给水管道与其他管道平行或交叉敷设净距，应根据两种管道类型、施工检修的相互影响、管道上附属的构筑物的大小和当地有关规定条件确定。

给水管与污水管道交叉时，给水管道应敷设在污水管道上面，且接口不应重叠。

给水管道埋设的深度，应根据土壤的冰冻深度、外部荷载、管材强度与其他管道交叉的因素确定。

第二节 室外排水工程

水经过生产和生活活动使用后，即成为了污水。在人们的日常生活和工业生产中，会产生大量的污水、废水。其中含有大量的有毒有害物质，危害人们的健康，污染环境。我们必须对污水排放和处理予以高度重视。

室外排水工程就是来收集、输送、处理、利用和排放城市污水和降水的综合设施。图1-4所示为城市污水排水系统的总平面示意图。

一、污水及排水系统分类

1. 城市污水按其来源和性质分为生活污水、工业废水和降水

生活污水：是指人们在日常的生活过程中使用过的水，如由厕所、浴室、厨房、洗衣房等排出的水。生活污水中含有碳水化合物、蛋白质、脂肪等有机物，含有大量细菌和寄生虫卵等原微生物，具有一定的危害。

工业废水：是指在各种生产过程中排出的污水和废水，不同的工业其废水的性质差异很大。如冷却用水，其温度较高并无太多的杂质；冶金、建材废水含有较多无机物；食品、炼油、石化等废水含有较多的有机物；焦化、化工废水含有较多的有机物和无机物。

降水主要是指雨水和雪水。降水比较清洁，一般雨水不需处理，直接就近排入水体。如图1-4所示。

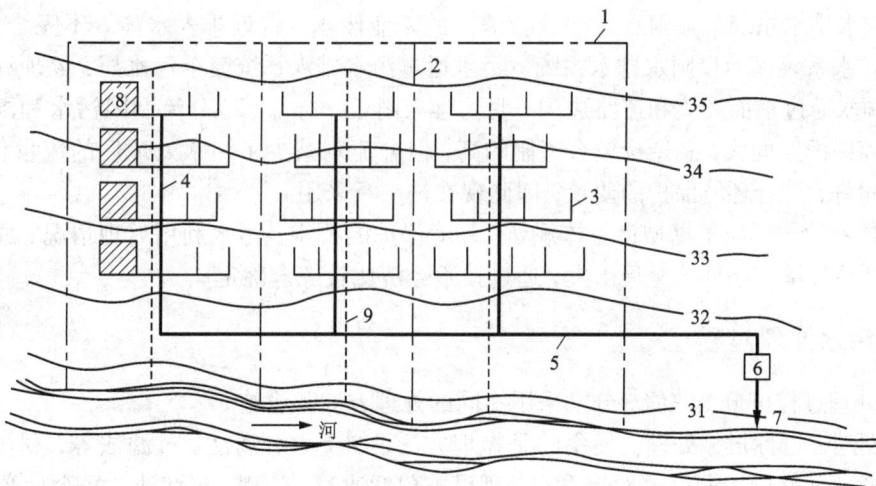

图1-4 城市污水排水系统总平面图

1—城市边界；2—排水流域分界线；3—支管；4—干管；5—主干管；

6—污水处理厂；7—出水口；8—工厂区；9—雨水管

2. 排水系统的组成

1）生活污水排水系统。

生活污水排水系统的任务是收集居住区和公共建筑的污水并将其送至污水厂，经处理后排放或再利用，由以下几部分组成：

室内污水管网系统和设备、室外污水管网系统、污水泵站、污水处理厂、排除口和事故排出口。

2）工业废水排水系统。

工业废水排水系统是由厂区废水排水管道、厂区废水检查井、厂区废水泵站及压力管道、厂区废水处理站、废水出水口和厂区废水处理后循环管道等组成。

3）雨水排水系统。

雨水排水系统的排出对象包括雨水和雪水等各类降水，由以下部分组成：

房屋雨水管道系统和设施、街道或厂区雨水管线系统、街道雨水管线系统、雨水泵站、出水口。

二、室外排水系统的体制

污水可采用一套管线系统来排除，也可用两套或两套以上各自独立的管线系统来排除，污水的这种不同排除方式称为排水体制。排水体制分为合流制和分流制两大类。

合流制：将生活污水、工业废水和雨水混合在一个管渠内排除的系统称为合流制排水系统。合流制因只设一根干管，在道路断面上所占的空间小，易施工、造价低，但不宜普遍使用。

分流制：将生活污水和雨水在两个或两个以上的各自独立的管线内排除的系统称为分流制排水系统。这种排水方式又可分为完全分流制和不完全分流制两类。（1）完全分流制：分别设污水和雨水两个排水系统汇集生活污水、工业废水将其送至污水处理厂，经处理后排放或利用；雨水排水系统汇集雨水和部分较清洁的工业废水，就近排入水体。不完全分流制：只设污水排水系统而不设雨水排水系统。污水通过污水排水系统流至污水厂，处理利用后排入水体；雨水通过地面漫流和道路边沟、明沟排入附近水体。（2）分流制因污水和雨水分流虽然占道路断面空间大，总造价较合流制的高，但分流制减少了污水处理厂的流量负荷，污水处理质量好，符合环境保护的要求，因此现在被广泛采用。

排水体制的选择应根据城市总体规划、环境保护的要求、污水利用处理情况、原有排水设施、水环境容量等条件从全局出发，通过技术经济比较综合确定。

三、污水处理过程

污水处理过程可分为三级，分别采用不同的处理方法和设施。

一级处理：也称机械处理。使用的是物理方法，如重力分离法、过滤法等，利用物理分离作用以除去污水中的非溶解性物质。处理设施包括滤筛、隔栅、沉淀池、沉砂池等。

二级处理：也称生物处理。这种方法就是在供氧充分的条件下，利用好氧细菌的作用将污水中的有机物分解为稳定的无机物。处理设施包括曝气池、生物塘及生物滤池等。

三级处理：也称化学处理。利用化学反应的方法来处理和回收污水中的溶解性物质或胶体物质，这种方法多用于工业废水处理。处理设施主要有投药装置、混合槽、沉淀池等。

图 1 - 5 所示为城市污水的如典型流程。

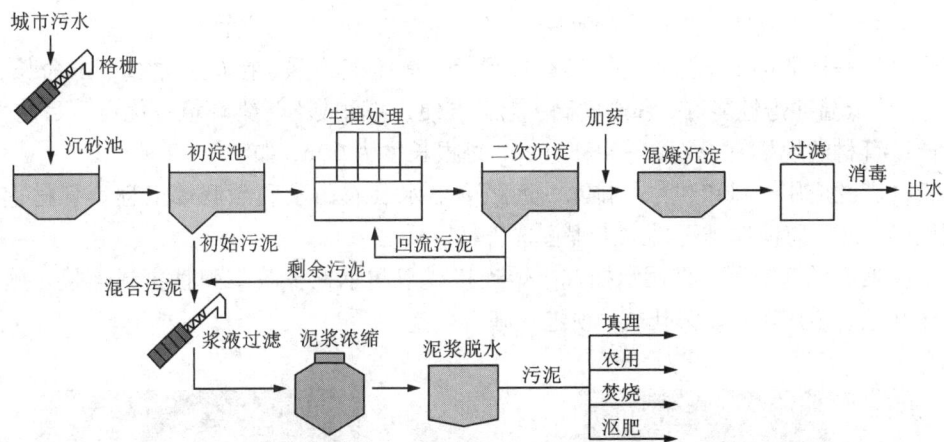

图 1 - 5 城市污水处理典型流程

四、室外排水系统常用管材与连接

城市与小区排水系统应根据设计要求选用混凝土管、钢筋混凝土管、普通排水铸铁管、柔性抗震排水铸铁管、硬聚氯乙烯管双壁波纹管及高密度聚乙烯缠绕管；当排水管道需要穿越管沟、河流等特殊地段或高压地段时可选用钢管；输送腐蚀性污水的管道宜采用耐腐蚀的管材，其接口的附属构筑物必须采取防腐措施。

1. 钢筋混凝土管

钢筋混凝土管分为预应力钢筋混凝土管和自应力钢筋混凝土管。

目前，国内大中口径钢筋混凝土排水管生产工艺主要有离心、悬辊、立式振捣、芯模振动四种。其中芯模振动工艺生产的钢筋混凝土排水管，具有强度高、抗渗性好、抗外压能力强、允许顶力大、生产效率高、节能环保的优点。

目前，钢筋混凝土排水管的接口形式有平口、刚性接口、承插口和柔性接口。承插口和柔性接口采用橡胶圈密封，为柔性连接，抗震性能好，可有效抵抗地基不均匀沉降，且安装速度快，因而深受施工单位好评。

当钢筋混凝土排水管内径 $d \leqslant 1200$ mm 时，接口宜采用承插口；当内径 $d > 1200$ mm 时，接口宜采用柔性接口。压力管的工作压力一般有 0.6 MPa、0.8 MPa、1.0 MPa 和 1.2 MPa 等。

2. 聚氯乙烯双壁波纹管

聚氯乙烯双壁波纹管是以聚氯乙烯树脂为主要原料，加入稳定剂、润滑剂、阻燃剂、加工改性剂和抗冲击改性剂，经捏合内、外挤出，一次成型，内壁平滑，外壁呈梯形波纹状，内外壁之间由夹壁空心的塑料管材组成，如图 1 - 6 所示。

聚氯乙烯双壁波纹管性能特点：结实耐用，成本低廉，流通量大。

聚氯乙烯双壁波纹管的连接方式是承插连接橡胶圈接口，可用于城市和小区污水排水抢修工程、雨水排水工程和电气电信工程。

3. 高密度聚乙烯缠绕管

高密度聚乙烯缠绕管是以高密度聚乙烯树脂(HDPE)为原料,以 PP 或 PE 波纹管为辅助支撑管,采用热缠绕成型工艺生产的高密度聚乙烯大口径缠绕增强管。

该管材是一种环保安全型产品,具有重量轻、承压能力强、接口质量高、寿命长、耐腐蚀、耐磨、抗低温冲击性能好、环刚度高、施工方便、可回收不污染环境等优点。目前生产厂家可生产该管材的规格有 $DN300 \sim 4000$ mm,每根长度为 6 m,如图 1 - 7 所示。

该管材广泛应用于城市供水、排水、远距离输水及农田水利灌溉等工程。管材重量轻、整体柔性好,是目前埋地排污排水工程首选管材。

高密度聚乙烯缠绕管可采用承插式电熔连接或双向承插橡胶圈弹性密封连接。施工时,可采用非开挖管道施工,即钻孔式、顶进式施工。

图 1 - 6　聚氯乙烯双壁波纹管

图 1 - 7　高密度聚乙烯缠绕管

排水管道的布置应根据小区总体规划、道路和建筑布置、地形、污水去向等约束条件,力求管线短、埋深小、自流排水。

排水管道宜沿道路或建筑物的周边平行敷设。排水管道与建筑物基础的水平净距,当管道埋深浅于基础时应不小于 2.5 m,当管道埋深深于基础时不应小于 3.0 m。

排水管道敷设应尽量减少相互之间以及与其他管线的交叉。在排水管道转弯和交接处,水流转角应不小于 90°,当管径小于 300 mm 且跌水水头大于 0.3 m 时可不受此限制。各种不同直径的排水管道在检查井的连接宜采用管顶平接。

排水管道的管顶最小覆土厚度应根据外部荷载、管材强度和土壤冰冻因素结合当地埋管的经验确定。在车行道下一般不宜小于 0.7 m,否则应采取保护措施。当管路不受冰冻和外部荷载影响时,最小覆土厚度不宜小于 0.3 m。

北方地区排水管道管顶一般在冰冻线以下敷设。

房屋排出管与室外排水管连接处应设置检查井,敷设管道应设置坡度。

五、室外管线工程综合布置原则

综合布置地下管线应按下列避让原则处理:压力管避让重力管;小管径避让大管径;支管避让干管;冷水管道避让热水管道;软管避让压力管;临时管道避让永久管道。

垂直管道布置原则:输送热介质的管道在上,冷介质管道在下;输送无腐蚀介质的管道在上,腐蚀介质管道在下;气体介质管道在上,液体介质管道在下;保温管道在上,不保温管道在下;高压管道在上,低压管道在下;金属管道在上,非金属管道在下;不经常检修的管道在上,经常检修的管道在下。

各种管线在道路下的埋深,在合理安排好各管线平面位置后还应合理控制各管线高程。

一般来说，从上至下管线顺序依次为电力管(沟)、电讯管(沟)、煤气管、给水管、雨水管、污水管。

当管道相互交叉时，其相互之间的垂直净距离不小于0.15 m。

给水管应设在污水管上方，且不应有接口重叠。当给水管道敷设在下方时，应采用钢管或钢套管，套管伸出交叉管的长度每边不得小于3 m，套管两端采用防水材料封闭；当给水管道相互交叉时，其净距不应小于0.15 m；当给水管与污水管平行设置时，管外壁净距不应小于1.5 m；当管道穿越河流时，可采用管桥或河底穿越等形式。

六、室外给排水管道安装

1. 室外给水管道安装

室外给水管道安装工艺为：测量放线→管沟开挖→管子检查清理→下管→管道安装→试压→冲洗消毒→回填。

给水管道的安装与给水管材、连接方式息息相关，下面以给水铸铁管柔性接口为例，介绍其管道安装工艺。

(1)测量放线：熟悉图纸，确定管段的起点与终点、转折点的管底标高，各点之间的距离与坡度，阀门井、管沟等位置，地下其他管线与构筑物的位置及与给水管道的距离。确定管道位置，按设计及规范要求画出管沟中心线、开挖边线。

(2)管沟开挖：根据当地地质条件和设计沟槽深度选择机械或人工开挖，将管基夯实平整，铺垫200 mm的砂层，增大管道底部与基础接触面积，保护管道。

(3)管子检查清理：安装前应对给水管子的外观进行检查，查看管子有无裂纹、毛刺等，不合格的不能用，还应查看管外壁上的沥青涂层是否完好，必要时应补涂。

(4)下管：在管沟边较平坦的部位顺管沟摆放管道，并根据两井间距切割相应的长度。采用绳索或机械将管道就位，要求管道水平对正。

(5)管道安装：将承口内部和插口外部清理干净，用气焊或喷灯烧烤清除承口及插口内侧的沥青涂层，并用钢丝刷和抹布擦干净，以保证接口的严密性和强度。采用橡胶圈接口时，应先将胶圈套在管子的承凹槽内，当橡胶圈到位后，在橡胶圈内表面和距离端面100~110 mm插口外表面涂抹专用润滑剂或浓肥皂水，调整铸铁管的水平位置，进行校正，移动插口，将少许前端插入承口内。插入管应尽量悬空推进，可采用人工撬杠的方法进行安装，也可采用专用拉管器、紧绳器、倒链等进行安装。安装过程中不得使胶圈产生扭曲、裂纹等，更不得使胶圈滚过擦口小台。

(6)管道试压：给水管道在隐蔽前做好水压试验。进行水压试验时，应放净空气，给水管道充满水后进行加压，当压力升到规定要求时停止加压，进行检查，如各接口和阀门在规定时间内均无渗漏，并且其压力下降在允许范围内，即可通知有关人员验收，办理交接手续。

(7)管道冲洗：管道在试压完成后即可进行冲洗，冲洗应用自来水连续进行，并保证有充足的流量。冲洗洁净后可办理验收手续。

(8)回填：管道安装完毕并且试压合格后方可进行回填工作。回填之前必须将沟槽内的杂物清理干净，并应先从管线、阀门井等构筑物两侧对称回填，应确保管线及构筑物不产生位移。管道两侧及管顶以上0.5 m内的回填土，不得含有碎石、砖块、冻土块及其他杂硬物体。对于回填土的密实度要符合有关技术规程或规范要求。

2. 室外排水管道安装

室外排水管道安装工艺为：测量放线→管沟开挖（基础砂垫层制作）→检查井制作安装→管子检查清理→下管→管道安装→管道与井口连接→闭水试验→回填。

排水管道的安装与排水管材、连接方式息息相关，排水管道的安装工艺与给水管道安装工艺基本相同，下面以 HDPE 管承插接口为例，介绍其排水管道独有的安装工艺。

（1）检查井制作安装：清除井坑底部坚硬物体，做好井基础，按设计要求砌筑检查井。

（2）管道与井口的连接：管道施工已经预留出管道的安装位置，管道就位后，找正中心线及标高，用石棉绒水泥或油麻沿管道周围包裹 100 mm 的宽度，用凿子锤打密实，其余管段用水泥砂浆抹实。

（3）闭水试验：在进行闭水试验前，必须将管道接口部位的中下部及时回填密实。试验从上游往下游分段进行，上游实验完毕后，可往下游充水。闭水试验的水位，应为试验段上游管内顶以上 2 m，将水灌至接近上游井口高度。注水过程应检查管堵、管道、井身有无漏水和严重渗水，闭水试验合格标准应该符合规范要求。

第二章　建筑给水系统

第一节　建筑给水系统的分类与组成

建筑给水系统的任务是：经济合理地将水从室外给水管网送到室内的各种水龙头、生产和生活用水设备或消防设备，满足用户对水质、水量和水压等方面的要求，保证用水安全可靠。

一、给水水质与用水量定额

1. 给水水质

工业用水或生产用水的水质因生产性质不同差异较大，应满足生产工艺要求，最后由有关工业部门的行业标准确定。

消防用水的水质一般无具体要求。

生活饮用水的水质，应符合现行的《饮用净水水质标准》（GB 5749—2006）。见表 2-1、表 2-2。

表 2-1　水质常规指标及限值（GB 5749—2006）

指标	限值
1. 微生物指标①	
总大肠菌群/[MPN·(100 mL)$^{-1}$或 CFU·(100 mL)$^{-1}$]	不得检出
耐热大肠菌群/[MPN·(100 mL)$^{-1}$或 CFU·(100 mL)$^{-1}$]	不得检出
大肠埃希氏菌/[MPN·(100 mL)$^{-1}$或 CFU·(100 mL)$^{-1}$]	不得检出
菌落总数/(CFU·mL^{-1})	100
2. 毒理指标	
砷/(mg·L^{-1})	0.01
镉/(mg·L^{-1})	0.005
铬(Ⅵ)/(mg·L^{-1})	0.05
铅/(mg·L^{-1})	0.01
汞/(mg·L^{-1})	0.001
硒/(mg·L^{-1})	0.01
氰化物/(mg·L^{-1})	0.05

指标	限值
氟化物/(mg·L⁻¹)	1.0
硝酸盐(以 N 计)/(mg·L⁻¹)	10 地下水源限制时为 20
三氯甲烷/(mg·L⁻¹)	0.06
四氯化碳/(mg·L⁻¹)	0.002
溴酸盐(使用臭氧时)/(mg·L⁻¹)	0.01
甲醛(使用臭氧时)/(mg·L⁻¹)	0.9
亚氯酸盐(使用二氧化氯消毒时)/(mg·L⁻¹)	0.7
氯酸盐(使用复合二氧化氯消毒时)/(mg·L⁻¹)	0.7
3. 感官性状和一般化学指标	
色度(铂钴比色法色度单位)	15
浑浊度(NTU - 散射浊度单位)	1 水源与净水技术条件限制时为 3
臭和味	无异臭、异味
肉眼可见物	无
pH	不小于 6.5 且不大于 8.5
铝/(mg·L⁻¹)	0.2
铁/(mg·L⁻¹)	0.3
锰/(mg·L⁻¹)	0.1
铜/(mg·L⁻¹)	1.0
锌/(mg·L⁻¹)	1.0
氯化物/(mg·L⁻¹)	250
硫酸盐/(mg·L⁻¹)	250
溶解性总固体/(mg·L⁻¹)	1000
总硬度(以 $CaCO_3$ 计)/(mg·L⁻¹)	450
耗氧量(COD_{Mn}法，以 O_2 计)/(mg·L⁻¹)	3 水源限制，原水耗氧量 >6 mg·L⁻¹时为 5
挥发酚类(以苯酚计)/(mg·L⁻¹)	0.002
阴离子合成洗涤剂/(mg·L⁻¹)	0.3
4. 放射性指标[②]	指导值
总 α 放射性/(S⁻¹·L⁻¹)	0.5
总 β 放射性/(S⁻¹·L⁻¹)	1

注：①MPN 表示最可能数；CFU 表示菌落形成单位，当水样检出总大肠菌群时，应进一步检验大肠埃希氏菌或耐热大肠菌群；水样未检出总大肠菌群，不必检验大肠埃希氏菌或耐热大肠菌群；②放射性指标超过指导值，应进行核素分析和评价，判定能否饮用。

表 2-2　饮用水中消毒剂常规指标及要求

消毒剂名称	与水接触时间 /min	出厂水中限值 /(mg·L^{-1})	出厂水中余量 /(mg·L^{-1})	管网末梢水中余量 /(mg·L^{-1})
氯气及游离氯制剂(游离氯)	≥30	4	≥0.3	≥0.05
一氯胺(总氯)	≥120	3	≥0.5	≥0.05
臭氧(O₃)	≥12	0.3		0.02 如加氯,总氯≥0.05
二氧化氯(ClO₂)	≥30	0.8	≥0.1	≥0.02

2. 用水量定额

建筑物内生产用水量根据工艺过程、设备情况、产品性质、地区条件等确定,其计算方法有两种:

(1)按消耗在单位产品上的用水量计算;

(2)按单位时间消耗在某种生产设备上的用水量计算。

生产用水的特点是在整个生产班期内比较均匀而且有规律性。

若工业企业采用分班工作制,则最高日用水量为

$$Q_d = nmq_d$$

式中: Q_d 为最高日用水量, L/d; m 为用水单位数, 人或床位等, 对于工业企业建筑, 为每班人数; q_d 为高日生活用水定额, L/(人·d), L/(床·d)或 L/(人·班); n 为生产班数。

若每班生产人数不等,则

$$Q_d = (\sum m) q_d$$

建筑物内的生活用水量与建筑物内卫生设备的完善程度、气候、使用者的生活习惯、水价等有关。

生活用水的特点,特别是住宅,一天中用水量变化较大,各地的差别也很大。

生活用水量可根据国家制定的用水定额(经多年实测数据统计得出)、小时变化系数和用水单位数,按下式计算:

$$Q_d = mq_d$$

$$Q_h = Q_d K_h / T$$

式中: K_h 为小时变化系数; Q_h 为最大小时用水量, L/h; T 为用水时间, h。

二、建筑给水系统分类

自建筑物的给水引入管至室内各用水及配水设施段,称为室内给水系统。建筑室内给水系统按供水对象的不同分为生活、生产、消防三类。

生活给水系统是指提供各类建筑物内部饮用、烹饪、洗涤、洗浴等生活用水的系统,要求水质必须符合卫生部和国家标准化管理委员会发布的《生活饮用水卫生标准》(GB 5749—2006);生产给水系统是指主要用于生产设备冷却、原料和产品的洗涤、锅炉用水以及各类产品制造过程中所需的生产用水;消防给水系统是指供给建筑物内各类消防设备灭火用水。

在实际应用中,三类给水系统不一定单独设置,可根据需要将其中的两种或三种给水系统合并。

三、建筑给水系统的组成

生活给水系统一般由引入管、水表节点、给水管道、配水龙头和用水设备、给水附件、增压和贮水设备、给水局部处理设备等组成,如图 2-1 所示。

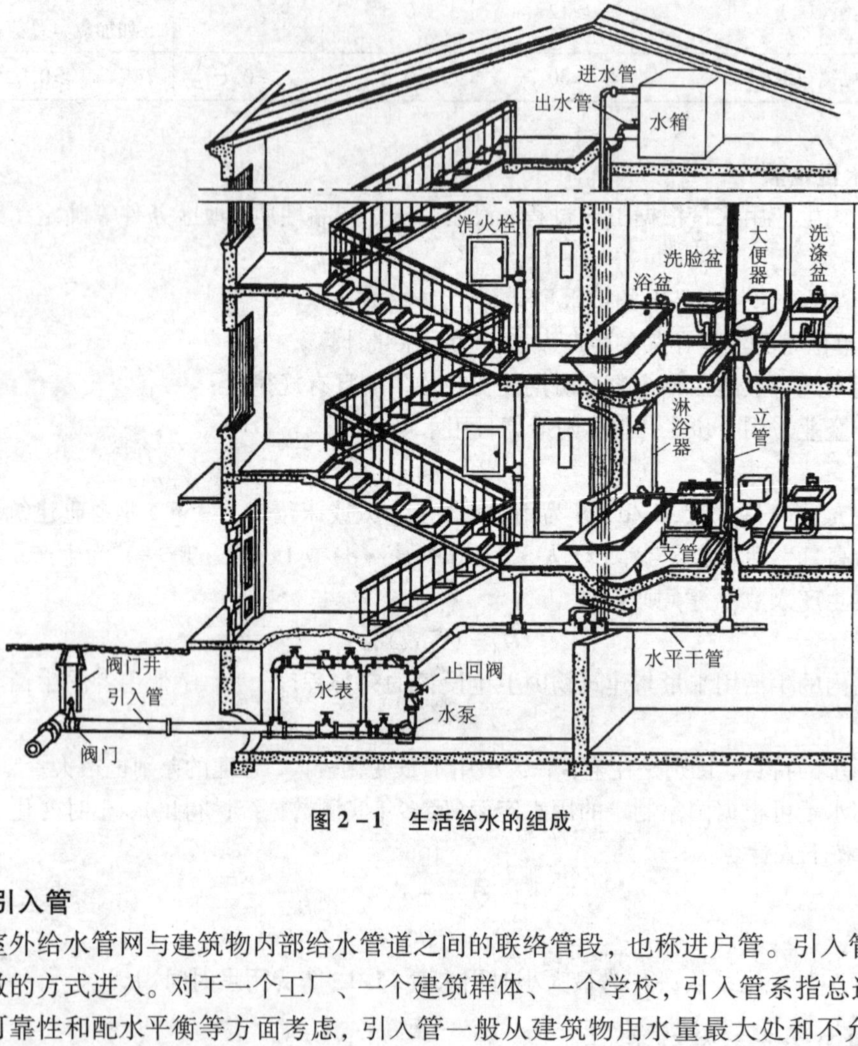

图 2-1　生活给水的组成

1. 引入管

指室外给水管网与建筑物内部给水管道之间的联络管段,也称进户管。引入管通常采用埋地暗敷的方式进入。对于一个工厂、一个建筑群体、一个学校,引入管系指总进水管,从供水的可靠性和配水平衡等方面考虑,引入管一般从建筑物用水量最大处和不允许断水处引入。

2. 水表节点

水表节点是指引入管上装设的水表及其前后设置的阀门、泄水装置的总称。阀门用于关闭管网,以便维修和拆换水表;泄水装置的作用主要是在检修时放空管网,检测水表精度。

水表节点形式多样,选择时应按用户用水量要求及所选择的水表型号等因素决定。分户水表设在分户支管上,可只在表前设阀,以便局部关断水流。为了保证水表计量准确,在翼轮式水表与闸门间应有 8~10 倍水表直径的直线段,其他水表约为 300 mm,以使水表前水流平稳。

3. 管道系统

管道系统是指建筑内部给水水平干管或垂直干管、立管、支管等组成的系统。生活给水管道一般采用钢管、塑料管和铸铁管。

4. 给水管道附件

给水附件是指管道上的各种管件、阀门、配水龙头、仪表等。给水附件分为管件、控制附件、配水附件等,管件主要用于管道的连接、变向、分流等;控制附件是用来调节管道系统中水量与水压,控制水流方向以及关断水流便于管道仪表和设备检修的各类阀门;配水附件是指为各类卫生洁具或受水器分配或调节水流的各式水嘴(或阀件),是使用最为频繁的管道附件。

5. 用水设备

用水设备是指给水系统管网的终端用水点上的装置。生活给水系统最常用的用水设备是卫生器具。

6. 升压和储水设备

当室外给水管网的水压不足或建筑物内部对供水安全性和稳定性要求比较高时,需在给水系统中设置水泵、水箱、气压给水设备和储水设备等升压和储水设备。

第二节　建筑给水方式

给水方式即建筑物内部给水系统的供水方案。合理的供水方案应充分考虑技术、经济、社会和环境因素。技术因素主要包括供水可靠性、水质、对城市给水系统的影响、节水节能效果、操作管理、自动化程度等;经济因素包括基建投资、年经常费用、现值等;社会和环境因素包括对建筑立面和城市观瞻的影响、对结构和基础的影响、占地面积、对环境的影响、建设难度和建设周期、抗寒防冻性能、分期建设的灵活性等。

一、直接给水方式

直接给水方式是将建筑内部给水管网与外部直接相连,利用外网水压供水,这类供水方式适用于室外给水管网的水量、水压在一天内均能保证建筑室内管网最不利点用水的情况。其特点是供水方式简单、造价低、维修管理容易,能充分利用外网水压节省能耗,缺点是供水可靠性不高。如图 2 - 2 所示。

二、设水箱的给水方式

在建筑物顶部设水箱,当外网水压稳定时向水箱和用户供水,当管网水压不足时或用水高峰时,则可由水箱向建筑内部给水系统供水。适用

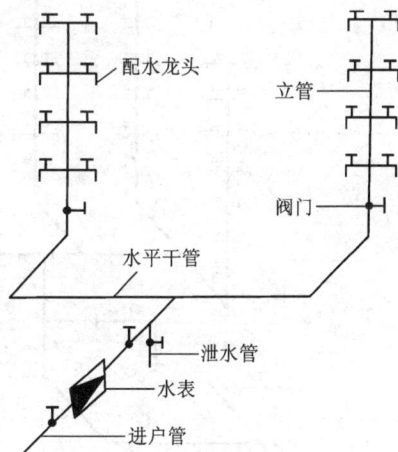

图 2 - 2　直接给水方式

于室外给水管网供水压力周期性不足的情况。其优点是投资省、运行费用低、供水安全性高,缺点是增大建筑物荷载、占用室内面积。如图 2 - 3 所示。

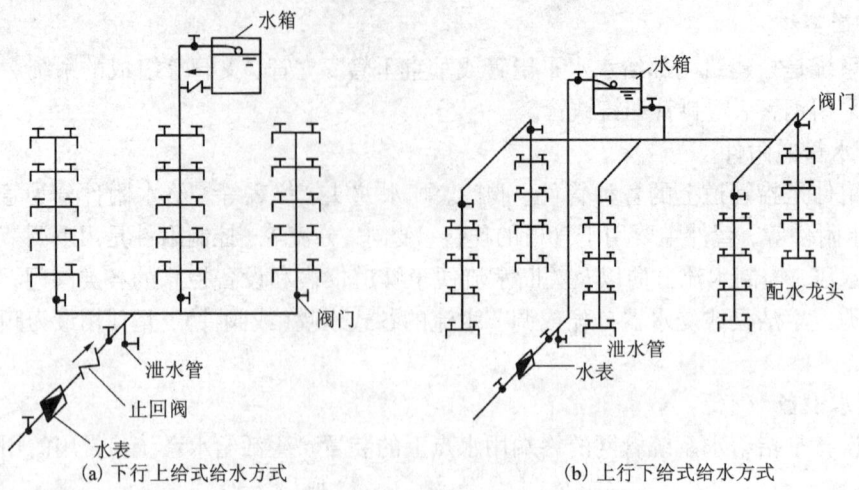

(a) 下行上给式给水方式　　　　　　　(b) 上行下给式给水方式

图 2-3　设水箱的给水方式

三、单设水泵的给水方式

单设水泵的给水方式宜在室外给水管网的水压经常不足时采用。单设水泵的给水方式是水泵直接从室外管网抽水向建筑物室内管网供水，此种方式易造成外网压力降低，影响附近用户用水水质。

四、设水泵和水池的给水方式

设水泵、水池给水方式是当室外管网压力足够大时，可自动开启旁通的止回阀自动由室外管网向室内供水。如图 2-4 所示。

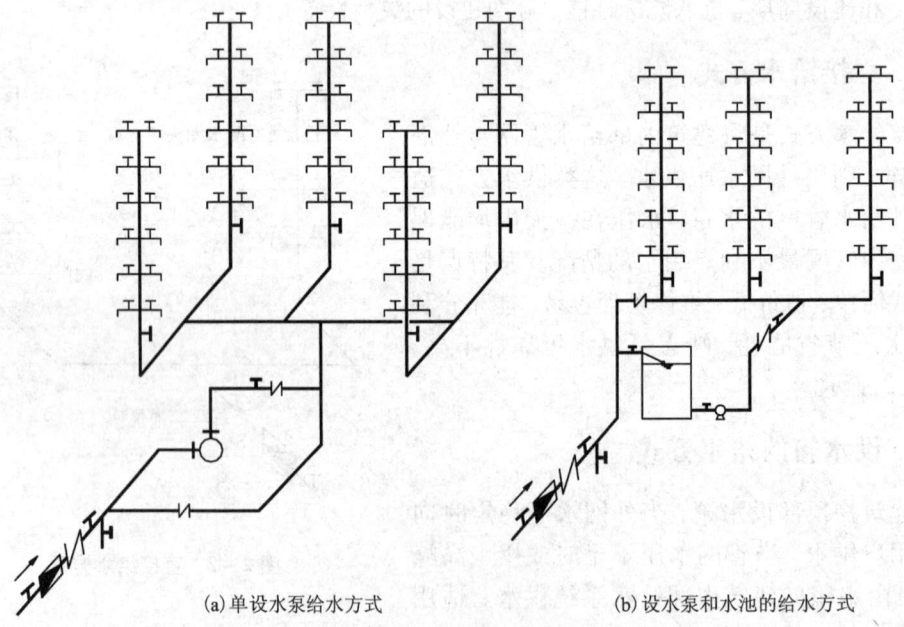

(a) 单设水泵给水方式　　　　　　　(b) 设水泵和水池的给水方式

图 2-4　设水泵的给水方式

18

五、设水泵和水池、水箱的给水方式

这种供水方式宜在室外给水管网压力低于或经常不能满足建筑内给水管网所需水压且室内用水不均匀，又不允许直接接泵抽水时采用。其优点是水泵能及时向水箱供水，可缩小水箱容积，水泵出水量稳定，供水可靠，缺点是该系统不能利用外网水压，能耗较大、造价高、安装与维修复杂。如图2-5所示。

六、气压给水方式

在给水系统中设置气压给水设备，利用该设备的气压水罐内气体的可压缩性升压供水。在室外给水管网压力低于经常不能满足建筑内给水管网所需水压，室内用水不均匀，且不宜设置高位水箱时采用。如图2-6所示。

图2-5　设水泵和水池、水箱的给水方式

1—水箱；2—水泵；3—水池

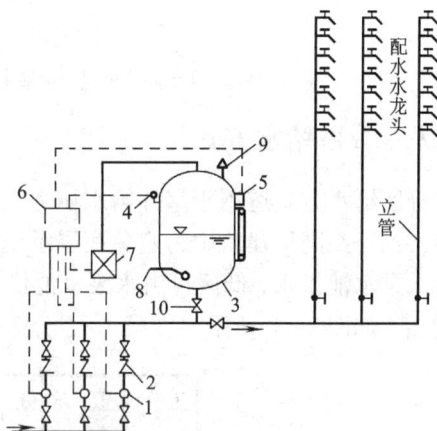

图2-6　气压给水方式

1—水泵；2—止回阀；3—气压罐；4—压力信号器；
5—液位信号器；6—控制器；7—补气装置；
8—排气阀；9—溢流阀；10—阀门

七、变频调速泵给水方式

变频调速给水方式是使用最广泛的供水方式，其特点是水泵在高效区运行、能耗低、运行安全可靠、自动化程度高、设备紧凑、占地小，对管网用水量调节能力强，但要求电源可靠，投资较大。

变频调速水泵由变频控制柜、自动化控制系统、远程监控系统、水泵机组、调节器、压力传感器、阀门、仪表和管路系统等组成。其基本工作原理是根据用户用水量变化自动调节运行水泵台数和水泵转速，使水泵出口压力保持恒定。当用户用水量小于一台水泵的出水量时，系统根据用水量变化有一台水泵变频调速运行，当用水量增加时，管道系统内压力下降，这时压力传感器把检测到的信号传送给微机控制单元，通过微机运行判断，发出指令到变频器，控制水泵电机，使转速加快以保证系统压力恒定；反之当用水量减少时，使水泵转速减慢，以保持恒压。当用水量大于一台泵的出水量时，第一台泵切换到工频运行，第二台泵开始变频调速运行，当用水量小于两台泵的出水量时，能自动停止一台或两台泵运行。在整个运行过程中，始终保持系统恒压不变，使水泵始终在高效区工作，既可保证用户恒压供水，又可节省电能。如图2-7所示。

图2-7 变频调速泵给水方式

1—水池；2—变频泵；3—恒速水泵；4—压力变送器；5—调节器；6—控制器

八、分区给水方式

分区给水方式适用于室外给水压力只能满足建筑物下层供水的建筑，尤其在高层建筑中最为常见。在高层建筑中为避免底层承受过大的静水压力，常采用竖向分压的供水方式。高区由水泵水池供水，低区可由水泵水池供水，也可由外网直接供水，以充分利用外网水压节省能耗。如图2-8所示。

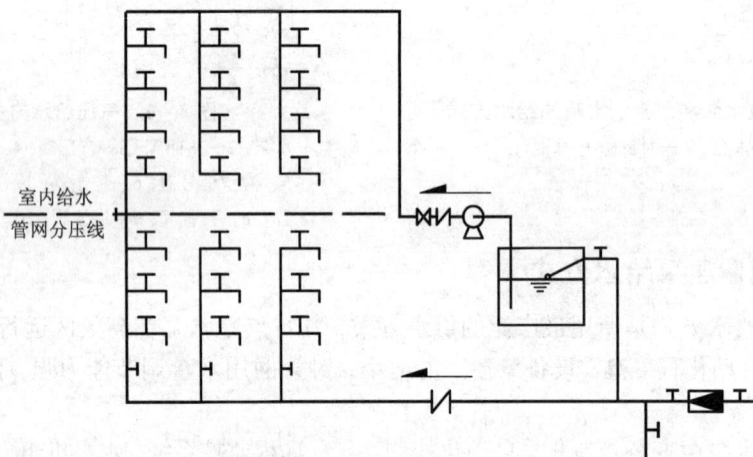

图2-8 分区给水方式

对于高层建筑物，若给水系统是采用一个区供水，则底层给水压力过大，将产生下列不良后果：

1）当水龙头开启时，水成射流喷溅，使用不便；

2）下层水龙头出流量过大，使管道中流速增加，导致管道振动，产生噪声，同时顶层水龙头产生负压抽吸现象，形成回流污染；

3）水龙头、阀门等管道附件容易损坏，使用寿命缩短等。

为此，当高层建筑超过一定高度时，其给水系统必须进行竖向分区。

1. 竖向分区的依据

(1)给水系统中最低处卫生器具所受的最大静水压力,不允许超过0.6 MPa。

(2)管材质量和卫生洁具的耐压性能。

2. 竖向分区的标准

(1)住宅、旅馆、医院等给水系统一般以0.30~0.35 MPa为一个分区;办公楼以0.35~0.45 MPa为一个分区,或者说一个分区负担的楼层数为10~12层。

(2)对于高层建筑的消火栓给水系统,分区以最低消火栓处的最大静水压力不大于0.8 MPa为准。

(3)自动喷水灭火给水系统,以管网内的工作压力不大于1.2 MPa为准。

3. 分区供水的基本给水方式

在分区确定以后,就是经济合理地确定给水方式。基本供水方式有六种。

1)并列给水方式。

它是各区独立设置水泵和水箱,且水泵集中设置在建筑物的底层或地下室内,分别向各区供水,如图2-9所示。

优点:

(1)因为各区独立给水,供水可靠性高;

(2)水泵集中,维护、管理方便;

(3)运行费用经济;

(4)水泵运行产生的振动和噪声影响范围小。

缺点:

(1)管线长,设备费用增加;

(2)水泵型号多,又给管理带来不便。

2)串联给水方式。

如图2-10所示,水泵分散设置在各区的设备层内,低区水箱兼作上一区的贮水池。

优点:

(1)无高压水泵和高压管线;

(2)运行费用经济。

缺点:

(1)供水可靠性低,若下区发生事故,其上各区供水均受影响;

(2)水泵分散,管理不便;

(3)下区水箱大,上区水箱小,给结构设计带来麻烦。

3)减压水箱给水方式。

如图2-11所示,整幢建筑物内的用水量全部由设置在底层的水泵提升至屋顶总水箱,然后再由总水箱送至各分区水箱,分区水箱比较小,只起减压作用。

优点:

(1)水泵数量少,设置费用低,管理维护简单;

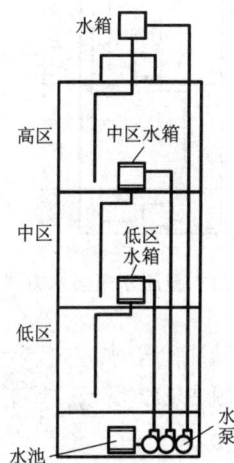

图2-9　并列给水方式

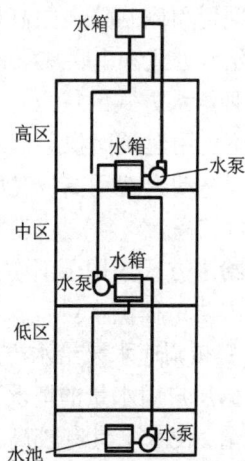

图2-10　串联给水方式

（2）水泵房面积小，各分区减压水箱调节容积小。

缺点：

（1）顶层总水箱容积大，对建筑结构抗震不利；

（2）当建筑物较高，分区较多时，下区水箱内的浮球阀承受的压力大，造成关不严或需经常维修；

（3）水泵运行费用高。

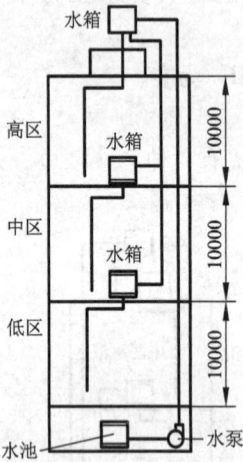

图 2-11　减压水箱给水方式　　　图 2-12　减压阀给水方式　　　图 2-13　气压罐给水方式

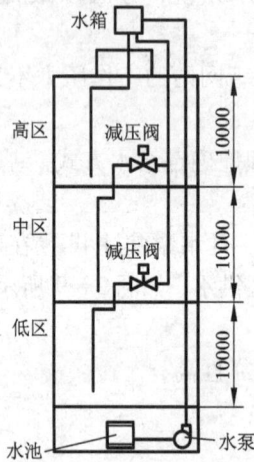

4）减压阀给水方式。

如图 2-12 所示，其工作原理与减压水箱给水方式相同，不同之处在于以减压阀来代替减压水箱。

此种给水方式的最大优点是减压阀占地面积小，其缺点是运行费用较高。

5）气压罐给水方式。

气压罐给水方式是用密闭的气压罐代替高位水箱并设置补气装置和控制仪表向高层用户供水的一种方式。可分为并联给水方式和串联减压阀给水方式。如图 2-13 所示。

这种给水方式的特点：不设置高位水箱，减轻建筑物荷载，不占用建筑面积。但水泵启闭频繁，气压罐调节容积小，运行动力费用高，气压给水压力变化幅度大，能耗高、造价较高。

该给水方式多用于消防给水，也可用于建筑工地施工供水和人防工程供水。

6）变频调速水泵给水方式。

根据用户用水量的情况，自动改变水泵的转速调整水泵出流量，使水泵具有较高工作效率，并能随时满足室内给水管网对水压和水量的要求。可分为并联变频泵给水方式和减压阀减压变频泵给水方式。如图 2-14 所示。

图 2-14　变频调速水泵给水方式

该系统由变频控制柜、无负压装置、自动化控制系统及远程监控系统、水泵机组、稳压补偿器、负压消除器、压力传感器、阀门、仪表和管路系统等组成。

这种给水方式的特点是：建筑物不设高位水箱，变频水泵设置在地下室，设备布置集中，便于维护管理，占用建筑建筑面积少，水泵工作效率高，节约能源，无水质二次污染。但投资较大、维修复杂，管理水平要求高。

该给水方式广泛用于高层工业和民用建筑中。

第三节　给水管道布置与敷设

一、给水管道布置原则

给水管道的布置受建筑结构、用水要求、配水点和室外给水管道的位置，以及供暖、通风、空调和供电等其他建筑设备工程管线布置等因素的影响。进行管道布置时，不但要处理和协调好各种相关因素的关系，还要满足以下要求。

1. 最佳水力条件

（1）尽可能与墙、梁、柱平行，呈直线走向，力求管路简短。

（2）为充分利用室外给水管网中的水压，给水引入管应布设在用水量最大处或不允许间断供水处。

（3）室内给水干管宜靠近用水量最大处或不允许间断供水处。

2. 维修及美观要求

（1）管道应尽量沿墙、梁、柱直线敷设。

（2）对美观要求较高的建筑物，给水管道可在管槽、管井、管沟及吊顶内暗设。

（3）为便于检修，管井应每层设检修门，暗设在顶棚或管槽内的管道，在阀门处应留有检修门。

（4）室内管道安装位置应有足够的空间以利于拆换附件。

（5）给水引入管应有不小于 0.003 的坡度坡向室外给水管网或坡向阀门井、水表井，以便检修时排放存水。

3. 保证使用安全

（1）给水管道的位置，不得妨碍生产操作、交通运输和建筑物的使用。

（2）给水管道不得布置在遇水能引起燃烧、爆炸或损坏原料、产品和设备的上面，并应尽量避免在生产设备上面通过。

（3）给水管道不得穿过商店的橱窗、民用建筑的壁橱及木装修等。

（4）对不允许断水的车间及建筑物，给水引入管应设置两条，在室内连成环状或贯通枝状双向供水。若条件不可能达到，可采取设贮水池（箱）或增设第二水源等安全供水措施。

（5）不允许间断供水的建筑，应从室外环状管网不同管段引入，引入管不少于两条。若必须同侧引入时，两条引入管的间距不得小于 10 m，并在两条引入管之间的室外给水管上装阀门。

4. 保护管道不受破坏

（1）给水埋地管道应避免设置在可能受重物压坏处。管道不得穿越生产设备基础，在特殊情况下，如必须穿越时，应与有关专业协商处理。

（2）给水管道不得敷设在排水沟、烟道和风道内，不得穿过大便槽和小便槽。

（3）给水引入管与室内排出管管外壁的水平距离不宜小于1.0 m。

（4）建筑物内给水管与排水管平行埋设或交叉埋设的管外壁的最小允许距离应分别为0.5 m和0.15 m(交叉埋设时，给水管宜在排水管的上面)。

（5）给水横管宜有0.002～0.005的坡度、坡向泄水装置。

（6）给水管道穿过楼板时宜预留孔洞，避免在施工安装时凿打楼板面，孔洞尺寸一般比通过的管径大50～100 mm，管道通过楼板段应设套管。

（7）给水管道穿过承重墙或基础处应预留洞口，且管顶上部净空不得小于建筑物的沉降量，一般不小于0.1 m。

（8）通过铁路或地下构筑物下面的给水管，宜敷设在套管内。

（9）给水管不宜穿过伸缩缝、沉降缝和抗震缝，必须穿过时应采取有效措施。常用的措施有留净空、螺纹弯头法(图2-15)、软性接头法(图2-16)、活动支架法。留净空是在管道或保温层外皮上、下留有不小于150 mm的净空；螺纹弯头法又称丝扣弯头法，适用于小管径的管道，建筑物的沉降可由螺纹弯头的旋转补偿；软性接头法是用橡胶软管或金属波纹管连接沉降缝、伸缩缝两边的管道；活动支架法是将沉降缝两侧的支架做成使管道能垂直位移而不能水平横向位移的支架，以适应沉降伸缩之应力。

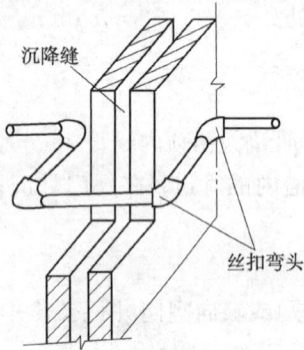

图2-15　螺纹弯头法　　　　　　　　　图2-16　活动支架法

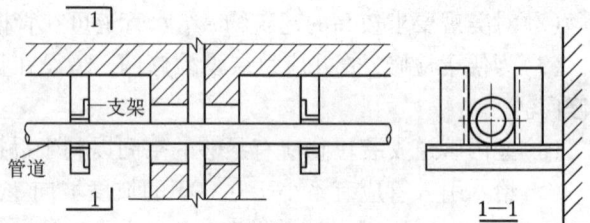

二、给水管道敷设

1. 给水管网的敷设方式

建筑内部给水管道的敷设根据美观、卫生方面的要求不同，可分为明装和暗装。

（1）明装：指管道沿墙、梁、柱或沿天花板下等处暴露安装。一般适用于民用建筑和生产车间，或建筑标准不高的公共建筑等。其优点是造价低，安装、维修管理方便；缺点是管道表面容易积灰、结露等，影响环境卫生，影响房间美观。

（2）暗装：管道隐蔽敷设，管道敷设在管沟、管槽、管井内、专用的设备层内或敷设在地下室的顶板下、房间的吊顶中。适用于建筑标准比较高的宾馆、高层建筑，或由于生产工艺对室内洁净无尘要求比较高的情况。其优点是卫生条件好、房间美观；缺点是造价高，施工

24

要求高，一旦发生问题，维修管理不便。

2. 给水管道的敷设

引入管进入室内，必须注意保护引入管不致因建筑物的沉降而受到破坏，一般有以下两种情况：

（1）如引入管从建筑物的外墙基础下面通过时，应有混凝土基础固定管道。

（2）如引入管穿过建筑物的外墙基础或穿过地下室的外墙墙壁进入室内时，引入管穿过外墙基础或穿过地下室墙壁的部分，应配合土建预留孔洞，管顶上部净空不得小于建筑物的沉降量。管道应有套管，有严格防水要求的应采用柔性防水套管连接。管道穿过孔洞安装好以后，用水泥砂浆堵塞，以保证墙壁的结构强度。如图 2－17 所示。

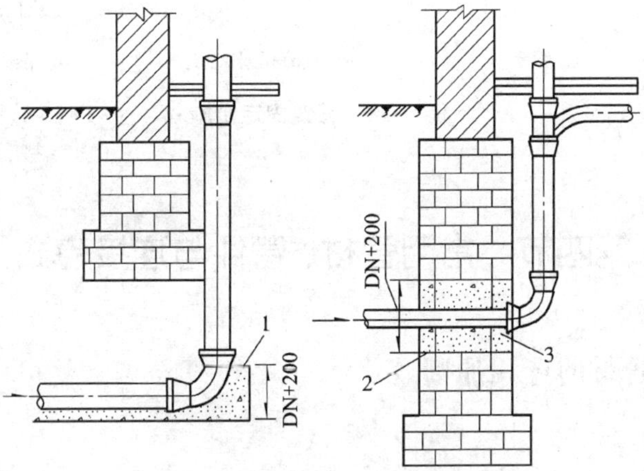

（a）从浅基础下通过　　　　（b）穿基础

图 2－17　引入管进入建筑物

1—混凝土支座；2—黏土；3—水泥砂浆封口

水平干管敷设应保证最小坡度，当其与其他管道平行或交叉敷设时，管道外壁之间的距离应符合规范的有关要求。当给水管道与排水管道或其他管道同沟敷设、共架敷设时，给水管宜敷设在排水管、冷冻管的上面及热水管、蒸汽管的下面。

每根立管的始端应安装阀门，以免维修时影响其他立管供水。室内冷、热水管垂直敷设时，冷水管应在热水管的右侧。

给水横管道在敷设时应设 0.002～0.005 的坡度，坡向泄水装置，便于维修时管道泄水及排气。给水横管穿过承重墙或基础、立管穿过楼板时均应预留孔洞，暗装管道在墙中敷设时，也应预留墙槽，以免临时打洞、刨槽影响建筑结构的强度。

管道在空间敷设时，必须采用固定措施（管卡、托架、吊架），以保证施工方便和安全供水，这种固定的结构称为支架，它是管道系统的重要组成部分。按支架在管道中的作用分为活动支架（允许管道在支架上有位移的支架）和固定支架（固定在管道上用的支架）。活动支架有滑动支架、导向支架、滚动支架、吊架四种。如图 2－18 所示。

管道支架间距与管子及其附件、保温结构、管内介质重量对管子造成的应力和应变等都有关。

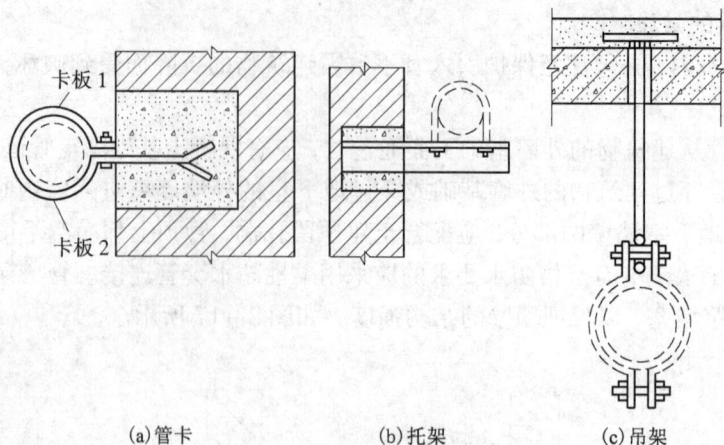

| (a)管卡 | (b)托架 | (c)吊架 |

图 2 – 18　管道固定措施

第四节　常用管材、管件与连接方式

一、建筑给水管材的选用原则

1. 安全可靠性

这是建筑给水中最重要的原则，因为建筑给水是有压管，一旦爆裂将会给建筑和人民财产造成损失。管材应能经受得起振动冲击、水锤和热胀冷缩等，并应经受时间考验，不会漏水、不爆裂等。

2. 经济性

在满足使用安全供水的前提下，花最少的钱选用管材。在比较管材价格的同时还要比较管件的价格，而且还要比较施工安装费。

3. 卫生性

推向市场的管材均要符合国家标准 GB/T 17219—1998 的要求，而且要有经过国家认可的检测部门测试报告，有出厂合格证方能使用。

4. 可持续发展

任何一种管材能被接受，其中很重要的原因是在于它能否被回收重复利用和能否不产生新的污染。

二、建筑给水系统常用管材与附件

建筑给水系统是由管道和各种管件、附件连接而成的系统。掌握给水系统所选用的管材种类、性能、规格表示及连接方式等内容，对保证工程施工质量、降低工程造价及系统正常运行都非常重要。

建筑给水系统常用管材按材料分为金属管材、非金属管材和复合管材。

1. 金属管材

目前应用较多的室内金属给水管材主要有镀锌钢管、不锈钢管、给水铝合金衬塑管和给水铜管等。

1）低压流体输送镀锌焊接钢管及管件。

建筑给水和消防自动喷水灭火系统中常用的钢管是低压流体输送用镀锌焊接钢管。按镀锌工艺不同，可分为冷镀管（电镀工艺）和热镀管（热浸工艺），普通焊接钢管可承受工作压力为 1.0 MPa，加厚焊接钢管可承受工作压力为 1.6 MPa。

《低压流体输送用焊接钢管》（GB 3091—2001）规定了焊接钢管的规格及质量标准。当镀锌钢管管径小于或等于 100 mm 时应采用螺纹连接，套丝时破坏的镀锌层表面及外露螺纹部分应进行防腐处理，管径大于 100 mm 的镀锌钢管应采用卡箍连接。

我国建设部等四部委已于 1999 年 12 月发文，从 2000 年 6 月 1 日起城镇新建住宅建筑中禁止使用冷镀锌钢管用于室内给水管道，并根据当地实际情况逐步限时禁止使用热镀锌钢管，推广应用铝塑复合管（PAP）、交联聚乙烯（PE－X）管、三型无规共聚聚丙烯（PP－R）管等新型管材，有条件的地方也可推广应用铜管。

低压流体输送用焊接钢管的螺纹连接管件，通常是用可锻铸铁制造的，带有管螺纹的镀锌管件，管件的公称压力为 1.6 MPa。

镀锌管件有 90°弯头、45°弯头、管箍、三通、四通、活接头、外接头和异径管等。

以管件活接头为例，活接头又称由任，作用与管箍相同，但比管箍装拆方便，用于需要经常装拆或两端已经固定的管路上。

2）不锈钢管及管件。

不锈钢管可分为薄壁不锈钢管和厚壁不锈钢管。其中薄壁不锈钢管由特殊焊接工艺处理，其强度高、管壁较薄、造价较低，已在室内给水系统中应用。它具有耐用性好，防腐蚀性好、环保性好、抗冲击强、管道强度高、韧性好的优点。薄壁不锈钢管采用卡压式连接。

厚壁不锈钢管的连接有氩弧焊接和螺纹连接。其规格表示用外径×壁厚表示。目前该管道的常用规格有外径 16～110 mm 十多种。不锈钢管道常用于室内给水系统、室外直饮水管道系统、食品工业和医药工业工艺管道系统中。

不锈钢管件是用不锈钢材料制成的成品管件，有卡压管件，其规格种类较多，有双卡压管件和单卡压管件两种。双卡压管件用于管件与管子的卡压连接，单卡压管件用于与其他连接方式（如螺纹连接）的转换。

3）铜管及管件。

铜管按材质不同分为紫铜管、青铜管和黄铜管三大类，建筑给水中采用紫铜管。国标 GB/T 18033—2000 按壁厚不同分为 A、B、C 三种型号的铜管。其中 A 型管为厚壁型，适用于较高压力用途；B 型管适用于一般用途；C 型管为薄壁铜管。薄壁紫铜管的常用规格有公称直径 DN15～250 mm 十五种。建筑给水的铜管，公称压力推荐 1.0 MPa 和 1.6 MPa。铜管根据制造方式分有拉制铜管和挤压铜管，一般中、低压采用拉制管。铜管连接可采用焊接、胀接、法兰连接和螺纹连接等。铜管规格用"外径×壁厚"表示。

目前，铜管可用于冷热水供应系统及直接饮用净水系统，连接方式多为螺纹连接、钎焊承插连接、卡箍式机械挤压连接和法兰连接。

根据铜管材的连接方式不同，要分别选择不同连接方式的铜管件。当螺纹连接时，就要选用铜螺纹管件。当焊接连接时，就要选用焊接铜管件。当管径小于22 mm时，宜采用承插或套管焊接，承口应用介质流向安装；当管径大于或等于22 mm时，宜采用对口焊接。焊接用铜管件一般带有承口，便于焊接。

2. 非金属管材及管件

建筑给水非金属管材工程中常用塑料管，有硬聚氯乙烯给水（UPVC）管、聚乙烯（PE）管、无规共聚聚丙烯（PP－R）管、氯化聚氯乙烯（CPVC）管、聚丁烯（PB）管和工程塑料（ABS）管等。

1）硬聚氯乙烯给水管。

硬聚氯乙烯给水管用于输送温度低于45℃以下的室内、室外给水系统中，建筑给水用硬聚氯乙烯管材应按管道的最大允许工作压力并考虑管材的刚度等因素选用。当公称外径 d_n ≤40 mm时，宜选用公称压力为1.6 MPa的管材；当公称外径 d_n ≥50 mm时，宜选用公称压力不小于1.0 MPa的管材。

管道连接宜采用承插式粘接连接、承插式弹性密封圈柔性连接。

它具有质量轻、输送流体阻力小、耐腐蚀、不生锈、不结垢、安全卫生、施工方便、使用寿命长等特点。

UPVC管不得用于室内消防给水系统，也不得用于与消防给水系统相连接的给水系统。

2）聚乙烯（PE）管。

聚乙烯给水管是以优质聚乙烯树脂为主要原料，添加必要的抗氧剂、紫外线吸收剂等助剂，经挤出加工而成的一种新型产品。能广泛应用于工作压力0.6～1.6 MPa、工作温度在－20～40℃内的市政给水、排水、燃气、建筑给水、石油化工、矿山、农田排灌等各种管道工程中。

聚乙烯管重量轻、抗低温抗冲击性好、耐磨性好、水流阻力小、柔韧性好、管材长、管道接口少、密封性好、材质无毒、无结垢层、不滋生细菌、抗腐蚀、使用寿命长、施工简单方法多样、维修方便。

管材按用途可分为：给水用PE管，热水用交联聚乙烯（PE－X）管，燃气用聚乙烯管，农村排灌用聚乙烯管；按密度分为高密度聚乙烯（HDPE）管、中密度聚乙烯（MDPE）管、低密度聚乙烯（LDPE）管。

3）无规共聚聚丙烯（PP－R）管。

无规共聚聚丙烯管具有重量轻、强度好、耐腐蚀、不结垢、防冻裂性好、耐热保温性好、使用寿命长等优点；但其抗冲击性能差、线膨胀系数大。该管可用于建筑冷、热水，空调系统，低温采暖系统等场合。

PP－R管及其管件的种类较多，连接方式有承插连接、热熔连接和法兰连接。

4）聚丁烯（PB）管。

聚丁烯（PB）管，是由聚丁烯、树脂添加适量助剂聚合而成的高分子聚合物，经挤出成型的热塑性加热管，它具有很高的耐寒、耐热、耐压，且不生锈、不腐蚀、不结垢、寿命长（可达 50～100 年），无味、无臭、无毒、重量轻、柔韧性好，可在 95℃ 以上长期使用，最高使用温度可达 110℃，但管材造价较高。它被誉为"塑料中的黄金"。

PB 管材适用于建筑自来水给水系统、直接饮用水给水系统、热水供应系统和地辐采暖地热系统。

聚丁烯（PB）管小口径的管材选用热熔连接；大口径的管材选用电熔连接。

5）工程塑料（ABS）管。

工程塑料管耐低温性能较好，使用温度在 -40～80℃ 之间，仍能保持其强度和韧性，工作压力可达 1 MPa。管材有三个压力等级（B、C、D 三个压力等级），B 级为 0.6 MPa，C 级为 0.9 MPa，D 级为 1.6 MPa。

工程塑料管无毒、无味，不污染介质。小口径的管材可作为输送室内纯净水及生活饮用水、食用油、果汁、啤酒、牛奶等的管道。

ABS 工程塑料管可选用承插粘接（使用工程塑料管专用 ABS 胶水）；ABS 管与管件之间也可以进行焊接，使用工程塑料管专用 ABS 焊条和 ABS 专用焊枪进行焊接前可以先完成胶黏以保证管材连接的密封性。大口径的管材还可以使用法兰连接（使用 ABS 法兰）。

3. 复合管及管件

1）铝塑复合（PAP）管。

铝塑复合管以焊接铝管为中间层，铝层采用搭接超声波焊和对接氩弧焊，内外层均为塑料，铝层内外采用热熔胶粘接，通过专用机械加工方法复合成一体的管材。它的结构分为五层：塑料层—热熔胶层—铝管层—热熔胶层—塑料层。

铝塑复合管具有耐温、耐压、耐腐蚀、不结污垢、不透氧、保温性能好、管道不结露、抗静电、阻燃、可弯曲不反弹、可成卷供应、接头少、渗漏机会少、既可明装也可暗装、施工安装简便、施工费用低、重量轻、运输储存方便等特性，被广泛应用于建筑室内冷热水供应、地面辐射供暖系统、空调管、城市燃气管道、压缩空气管等工程。

普通饮用水用铝塑复合管：白色、蓝色，LS/L 标识，主要用于建筑生活给水、中央空调冷凝水、氧气、压缩空气及其他化学液体输送等配管工程。

耐高温用铝塑复合（XPAP）管：交联铝塑复合管，红色，LS/R 标识，主要用于长期工作水温不大于 95℃ 的热水供应和采暖系统中。

燃气用铝塑复合管：黄色，LS/Q 标识，主要用于室内天然气管路的连接管。

铝塑管可采用卡套式和卡压式连接，专用管件结构与连接方式应配套。

管件材质一般为黄铜或不锈钢。卡套式管接头由螺帽、C 型金属压紧环、O 型橡胶密封圈和接头本体组成。铝塑管专用管件有等（异）径直通、外牙（螺纹）直通、等（异）径弯头、外牙弯头、等（异）径三通、外牙三通等。

2）给水镀锌衬（涂）塑钢管。

钢塑复合钢管主要分为给水涂塑复合钢管与给水衬塑复合钢管两大类。

给水涂塑复合钢管安全卫生、价格低廉，具有良好的抗防腐性能且耐酸、耐碱、耐高温、强度高、使用寿命长，且具有优越的耐冲击机械性能，介质流动阻力低于钢管的40%。常用规格有公称通径 $DN15 \sim 150$ mm 十多种。

给水钢衬塑复合管主要性能与给水钢涂塑复合管比较类似，它的导热系数小，节省了保温与防结露的材料厚度。常用规格有公称通径 $DN15 \sim 150$ mm 十多种。

给水镀锌管衬（涂）塑钢管采用热膨胀法工艺在热镀锌焊接钢管内衬（涂）塑料加工制成，并借以胶圈或厌氧密封胶止水防腐，与衬（涂）塑可锻铸铁管件、涂（衬）塑钢管件配套使用，是给水管道工程中的健康绿色管材。

给水镀锌管衬（涂）塑钢管所衬里的塑料为聚乙烯（PE）、交联聚乙烯（PEX）、聚丙烯（PP）等。

这种管材将钢管的强度高、刚性好、耐高压性好等性能与塑料的耐腐蚀、不结垢、内壁光滑、流阻小等优点复合为一体，使其既承压又耐蚀，从而克服了钢管单独使用时的诸多缺陷。

给水镀锌衬（涂）塑钢管可采用法兰连接、卡箍连接和螺纹连接。

3）孔网钢带塑料复合管。

这是另一种钢塑复合管，简称孔网钢塑管，是以氩弧对接焊成型的多孔薄壁钢管为增强体，外层和内层双面复合热塑性塑料的一种新型复合管道。由于增强体通过洞孔完全被包覆在塑料之中，因此，这种复合管克服了钢管和塑料管各自的缺点，又保持了钢管和塑料管各自的优点，是民用建筑、城市供水、城市供气、石油化工、电力、制药、冶金等行业最理想的应用管道。

孔网钢塑管道系统采用电热熔管件连接。利用塑料热加工机理，通过管件内部发热体将管材与管件熔融，把管道与配件可靠地连接在一起，一次完成永不渗漏。孔网钢塑管也可采用法兰连接方式与其他管路、配件和设备进行过渡连接。

4）给水铝合金衬塑管及管件。

给水用铝合金衬塑管通常叫航天恺撒管，目前作为一种新型的建筑给水管材，它无毒、质轻、耐压、耐腐蚀，正在成为一种被推广的材料，它不仅适用于冷水管道，也适用于热水管道，甚至纯净饮用水管道。接口采用热熔技术，管子之间完全融合到了一起，不会出现漏水现象，而且不会结垢，目前很多高档住宅和公寓普遍采用航天凯撒管作为冷水管和热水管。

给水铝合金衬塑管外层为无缝铝合金，内衬聚丙烯（PP），两者通过特殊工艺复合。该管材规格有公称通径 $DN10 \sim 150$ mm 十多种。公称工作压力为 1.0 MPa。管道连接有卡套式快装管接头、专利法兰盘等。但由于管件为外接头，不利于暗装又易被碱腐蚀，有时也限制了它的使用。

常用管件如图 2-19 所示。

弯头

三通

四通

| 补芯 | 异径管 | 法兰 | 松套法兰 |

| 存水弯 | 管箍 | 内接丝 | 内外丝扣弯头 |

| 沟槽管件 | 法兰堵板 | 卡套接头 | 沟槽法兰 |

| 固定管箍 | 检查口 | 固定管卡 | 沟槽四通 |

图 2 - 19 常用管件

三、管道的连接方式

管道连接是指按照图纸和有关规范、规程的要求，将管子与管子或管子与管件、阀门等连接起来，使之形成一个严密的整体，以达到使用的目的。管道连接方式有很多种，常用的连接有螺纹连接、焊接连接、法兰连接、承插连接、热熔连接、电熔连接和沟槽连接等方式。

1. 螺纹连接

螺纹连接是通过管子上的内外螺纹将管子与带外内螺纹的管件、阀件和设备连接起来的方法，简称"丝接"。为了增加连接的严密性，在连接前应在带有外螺纹的管头或配件上按螺纹方向缠以适量的麻丝或者胶带等。螺纹连接一般用于工程直径在 150 mm 以下，工作压力 1.6 MPa 以内的低压水、煤气、蒸汽等管道。管道螺纹连接应留 2~3 牙螺尾。如图 2-20 所示。

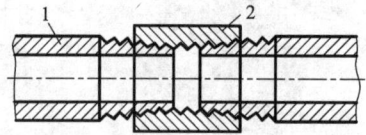

图 2-20 螺纹连接
1—管子；2—管箍

2. 焊接连接

焊接连接是管道安装工程中最重要和应用最广泛的连接方式之一。管道焊接连接的优点：焊接牢固、强度大；安全可靠、经久耐用；接口严密性好，不易跑、冒、滴、漏；不需要接头配件，造价相对较低；维修费用也低。缺点：接口固定，检修、更换管子等不方便。焊接工艺有气焊、手工电弧焊、手工氩弧焊、埋弧自动焊、二氧化碳气体保护焊等多种焊接方法。各种有缝钢管、无缝钢管、铜管、铝管等都可以采用焊接连接。如图 2-21 所示。

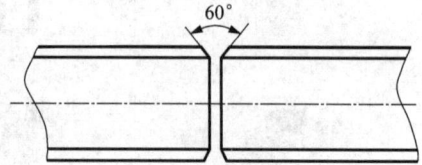

V形坡口焊接

图 2-21 管道焊接

3. 法兰连接

管路法兰连接是指将垫片放入一对固定在两个管口上的法兰或一个管口法兰一个带法兰阀门的中间，用螺栓拉紧使其紧密结合起来的一种可以拆卸的接头。主要用于管子与管子、管子与带法兰的配件(如阀门)或设备的连接，以及管子需经常拆卸

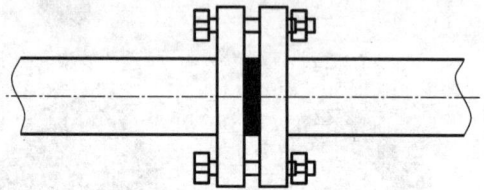

图 2-22 法兰连接

部件的连接。法兰连接是管道安装中常用的连接方式之一，其优点是结合强度大、结合面严密性好、易于加工、便于拆卸。法兰连接适用于明设和易于拆装的管沟、井里，不宜用于埋地管道上，以免腐蚀螺栓，拆卸困难。如图 2-22 所示。

4. 承插连接

承插连接常用于带有承插口的铸铁管、混凝土管、陶瓷(土)管、塑料管等管道的安装。承插接口所用接口材料有石棉水泥、青铅、自应力水泥、橡胶圈、水泥砂浆和氯化钙石膏水泥等。石棉水泥接口操作方便，质量可靠，是使用最多的接口材料；青铅接口操作复杂，费用较高，热赛法青铅接口在融铅和灌铅时对人体有害。因此，一般只有在紧急抢险或有震动的地方使用。如图 2-23 所示。

图 2 – 23 承插连接

5. 热熔连接

热熔连接是利用热塑性管材的性质进行管道连接,热熔时采用专门的加热设备(一般采用电热式),使同种材料的管材与管件的连接面达到熔融状态,用手工或机械将其压合在一起。这种方式结合紧密、安全耐用,避免了金属管件接头处水的跑、冒、滴、漏等现象。如图 2 – 24 所示。

6. 电熔连接

管件出厂时将电阻丝埋在管件中,做成电热熔管件,在施工现场时,只需将专用焊接仪的插头和管件的插口连接,利用管件内部发热体将管件外层塑料与管件内层塑料熔融,形成可靠连接。电熔效果可靠,人为因素低,施工质量稳定。另外安装时仅用电缆插头,可克服操作空间狭小导致安装困难的问题。如图 2 – 25 所示。

图 2 – 24 热熔连接

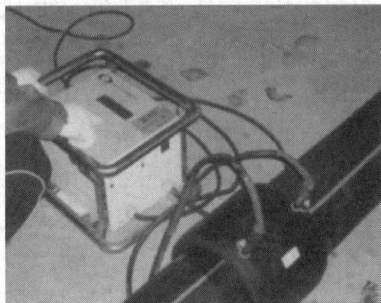

图 2 – 25 电熔连接

7. 沟槽连接(也叫卡箍连接)

沟槽式管接口是在管材、管件等管道接头部位加工成环形沟槽,用卡箍件、橡胶密封圈和紧固件等组成的套筒式快速接头。沟槽连接具有不破坏钢管镀锌层、施工快捷、密封性好、便于拆卸等优点。用于建筑给水、消防给水、生产给水等管道工程。沟槽管道安装工艺首先做好安装准备,然后用滚槽机滚槽并开孔,安装机械三通、四通等管件,最后系统试压。如图 2 – 26 所示。

图 2 – 26 沟槽连接

四、管道安装其他常用材料

1. 密封材料

密封材料就是指能承受接缝位移以达到气密、水密目的而嵌入接缝中的材料。密封材料有金属材料（铝、铅等），也有非金属材料（橡胶、塑料、陶瓷、石墨等）和复合材料（橡胶－石棉板）。

（1）生料带：生料带化学名称是聚四氟乙烯，是管道螺纹连接中常用的一种密封材料。由于其无毒、无味、优良的密封性、绝缘性、耐腐性，被广泛应用于水处理、天然气、化工、塑料、电子工程等领域。

（2）密封垫片：密封垫片是以金属或非金属板状材质，经切割、冲压或裁剪等工艺制成，常用于管道法兰的密封连接。金属垫片是用钢、铝、铜、镍或合金等金属制成的垫片；非金属垫片是用石棉、橡胶、合成树脂、聚四氟乙烯等非金属制成的垫片；缠绕垫片是指用金属带与非金属带缠绕成环形的垫片，金属带与非金属带交替缠绕，由于其具有较好的弹性，被广泛用于石化、化工、电力等行业的法兰密封结构中。

2. 焊接材料

焊接材料是焊接时使用的形成熔敷金属的填充材料、保护熔融金属不被氧化或氮化的保护材料、协助熔融金属凝固成形的衬垫材料等，包括焊条、焊丝、电极、焊剂、气体、衬垫等。

（1）焊条：焊条由焊芯和药皮组成。当手工焊条电弧焊时，焊条焊芯既是电极，又是填充金属。有碳钢电焊条、纤维素电焊条、低合金钢电焊条、不锈钢电焊条、低温钢电焊条、钼及铬钼耐热钢电焊条、镍及镍合金电焊条、堆焊电焊条、铸铁电焊条等。

（2）焊丝：焊丝是焊接时作为填充金属或同时作为导电用的金属丝焊接材料。焊丝可分为实心焊丝和药芯焊丝。实心焊丝是从金属线材直接拉拔或铸造而成的焊丝；药芯焊丝是将薄钢带卷成圆形钢管或异形钢管的同时，在其中填满一定成分的药粉，经拉制而成的焊丝。

（3）钨极：钨极是不熔化的电极，钨的熔点为3410℃，沸点为5900℃，是常见金属中最高的，因而是不熔极电弧的最合适的电极材料。钨极氩弧焊特别适于薄板的焊接。

（4）焊剂：焊剂是在焊接时，能够熔化形成熔渣和气体，对熔化金属起保护和冶金处理作用的一种物质。埋弧焊、电渣焊等都用焊剂。常用焊剂有熔炼焊剂和烧结焊剂。

3. 紧固材料

紧固件在市场上也称为标准件，是将两个或两个以上的零件（或构件）紧固连接成为一件整体时所采用的机械零件的总称。它的特点是品种规格繁多，性能用途各异，而且标准化、系列化、通用化的程度极高，主要有螺栓、螺柱、螺母、螺钉、垫圈等。

4. 保温隔热材料

保温隔热材料（又称绝热材料）是指对热流具有显著阻抗性的材料或材料复合体。其导热系数一般小于 0.174 W/（m·K），表观密度小于 1000 kg/m³。保温隔热材料有板、毯、棉、纸、毡、异型件、纺织品等形态。常用的管道绝热材料有膨胀珍珠岩制品、超细玻璃棉制品、矿棉制品、橡塑材料等，其辅助材料有镀锌铁皮、铁丝、油毡、玻璃布等。

5. 管道刷油防腐材料

防腐就是通过采取各种手段，保护容易锈蚀的金属物品，来达到延长其使用寿命的目的。管道安装中常用的防腐就是刷油、喷涂等，刷油的主要材料为各种防锈漆及调和漆，喷涂的主要材料为铝、锌等。

五、室内给水管道附件

室内给水管道附件分为配水附件和控制附件两大类。

1. 配水附件

配水附件用以调节和分配水量，装在卫生器具及用水点的各式水龙头，又称水嘴，常见的有普通水龙头、皮带水龙头、化验水龙头、浴盆水龙头和智能感应水龙头等。

按材料可分为不锈钢、铸铁、黄铜、全塑和高分子复合材料水龙头等。按功能可分为面盆、浴缸、淋浴和厨房水槽水龙头。

按结构可分为单联式、双联式和三联式水龙头等。单联式水龙头可接冷水管或热水管；双联式水龙头可同时接冷热两根管道，多用于浴室面盆以及有热水供应的厨房洗菜盆的水龙头；三联式水龙头除接冷热水两根管道外，还可以接淋浴喷头，主要用于浴缸的水龙头。还有单手柄和双手柄之分，单手柄水龙头通过一个手柄即可调节冷热水的温度，双手柄则需分别调节冷水管和热水管来调节水温。

按开启方式分为螺旋式、扳手式、抬启式和感应式等。螺旋式水龙头的手柄打开时，要旋转很多圈；扳手式水龙头的手柄一般只需旋转90°；抬启式水龙头的手柄只需往上一抬即可出水；感应式水龙头只要把手伸到水龙头下，便会自动出水。另外，还有一种延时关闭的水龙头，关上开关后，水还会再流几秒钟才停，这样关水龙头时手上沾上的脏东西还可以再冲干净。如图2-27所示。

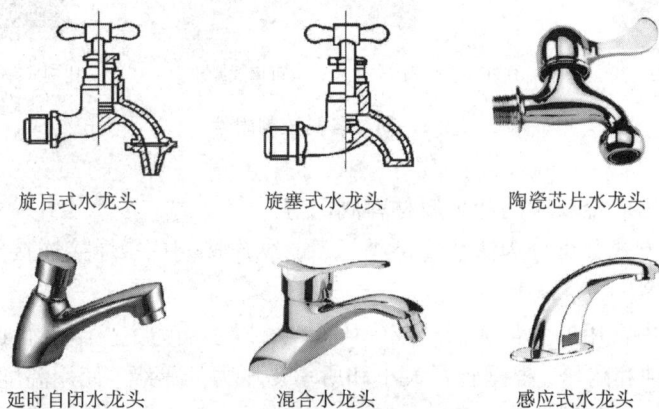

旋启式水龙头　　　　旋塞式水龙头　　　　陶瓷芯片水龙头

延时自闭水龙头　　　　混合水龙头　　　　感应式水龙头

图2-27　各类配水龙头

按阀芯来分，可分为橡胶芯（慢开阀芯）、陶瓷芯（快开阀芯）和不锈钢阀芯水龙头等种类。影响水龙头质量最关键的就是阀芯。使用橡胶芯的水龙头多为螺旋式开启的铸铁水龙头，现在已经基本被淘汰；陶瓷阀芯水龙头是近几年出现的，质量较好，现在使用比较普遍；不锈钢阀芯是最近才出现的，更适合水质差的地区。

2. 控制附件

控制附件用来调节水量和水压，具有开启和切断水流的作用。如图2-28所示。

建筑给水系统常用的阀门按用途和作用分为截断类、止回类、调节类、安全类、分配类、特殊用途阀门等。

按压力可分为真空阀（工作压力低于标准大气压）、低压阀（压力小于1.6 MPa）、中压阀（压力在2.5~6.4 MPa）、高压（压力在10.0~80.0 MPa）、超高压阀（压力大于100 MPa）。

按介质工作温度分为高温阀（大于450℃）、中温阀（温度在120~450℃）、常温阀（温度在40~120℃）、低温阀（温度在-100~-40℃）、超低温阀（温度低于-100℃）。

闸阀　　　　　截止阀　　　　　旋塞阀　　　　升降止回阀

旋启止回阀　　　浮球阀　　　　　蝶阀　　　　　　球阀

弹簧式安全阀　　杠杆式安全阀　　可调式减压阀　　比例式减压阀

图 2 – 28　各类控制附件

按阀体材料分为非金属阀门和金属材料阀门等。

按与管道连接方式分可分为法兰连接阀门、螺纹连接阀门、焊接连接阀门、夹箍连接阀门、卡套连接阀门等。

建筑给水工程中常用的大都为低压或中压阀门，以手动为主。给水管道上使用的各类阀门的材质，应耐腐蚀和耐压，根据管径大小和所承受压力的等级、使用温度，可采用全铜、全不锈钢、铁壳铜芯和全塑阀门等。

安装工程中控制附件主要是阀门，阀门是流体管路的控制装置，在安装工程中发挥着重要作用。

（1）闸阀：闸阀是指启闭体（阀板）由阀杆带动阀座密封面作升降运动的阀门，可接通或截断流体的通道，如图 2 – 29 所示。当阀门部分开启时，在闸板背面产生涡流，易引起闸板的侵蚀和震动，也易损坏阀座密封面。闸阀通常适用于不需要经常启闭，而且保持闸板全开或全闭的工况，不适用于作为调节或节流使用。

闸阀具有流体阻力小、开闭所需外力较小、介质的流向不受限制、体形比较简单、铸造工艺性较好等优点，缺点是外形尺寸和开启高度都较大、开闭过程中密封面间的相对摩擦易引起擦伤现象。闸阀在管路中主要作切断用，一般口径 $DN \geq 50$ mm 的切断装置多选用它。

（2）截止阀：截止阀是关闭件（阀瓣）沿阀座中心线移动的阀门，如图 2 – 30 所示。截止阀主要作用是切断，也可调节一定的流量。截止阀具有开启高度小、只有一个密封面、制造工艺好、便于维修的优点，缺点是流体阻力大、安装具有方向性。截止阀使用较为普遍，但由于开闭力矩较大，结构长度较长，一般公称直径都限制在 200 mm 以下。

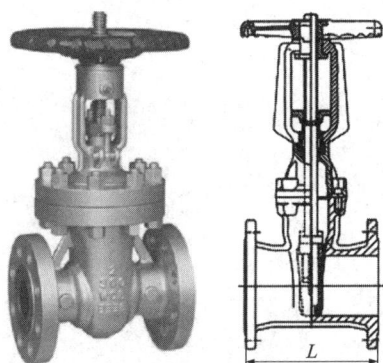

图 2 – 29　闸阀

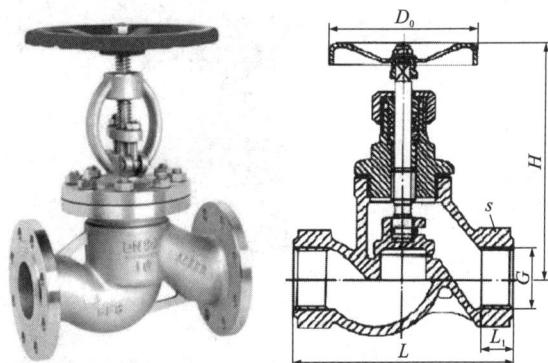

图 2 – 30　截止阀

(3)球阀:球阀是启闭件(球体)由阀杆带动,并绕阀杆的轴线作旋转运动的阀门,如图 2 – 31 所示。球阀在管路中主要用来做切断、分配和改变介质的流动方向。球阀具有流动阻力小、结构简单、密封性好、操作方便、开闭迅速、维修方便等优点,缺点是高温时启闭困难、水击严重、易磨损。

(4)蝶阀:蝶阀又叫翻板阀,是指关闭件(阀瓣或蝶板)圆盘围绕阀轴旋转来达到开启与关闭的一种阀,在管道上主要起切断和节流作用,如图 2 – 32 所示。其主要由阀体、阀杆、蝶板和密封圈组成,是一种结构简单的调节阀,同时也可用于低压管道介质的开关控制。蝶阀具有启闭方便迅速、省力、流体阻力小、结构简单、外形尺寸小等优点,适用于输送各种腐蚀性、非腐蚀性流体介质的管道上,用于调节和截断介质的流动。

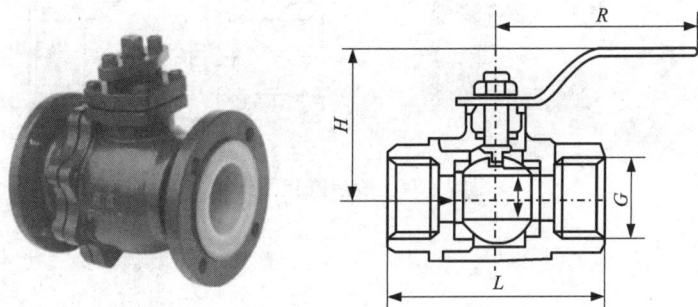

图 2 – 31　球阀

(5)止回阀:止回阀又称单向阀或逆止阀,是启闭件靠介质流动自行开启或关闭,以防止介质倒流的阀门。止回阀按结构形式分为升降式、旋启式、蝶式三类,如图 2 – 33 ~ 图 2 – 35 所示。常用的止回阀有以下几种形式:消音止回阀、多功能水泵控制阀、倒流防止器、底阀等。

(6)安全阀:安全阀又称泄压阀,是一种安全保护用阀,它的启闭件在外力作用下处于常闭状态,当设备或管道内的介质压力升高,超过规定值时自动开启,通过向系统外排放介质来防止管道或设备内介质压力超过规定数值,如图 2 – 36 所示。

图 2 - 32 蝶阀

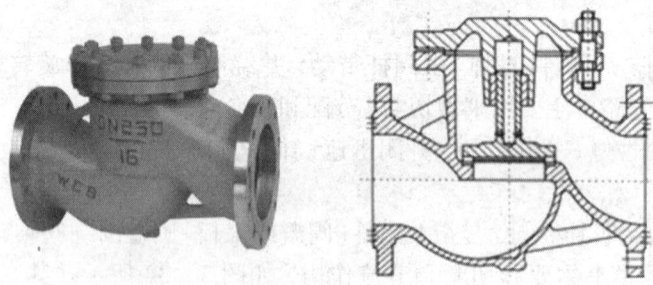

图 2 - 33 升降式止回阀

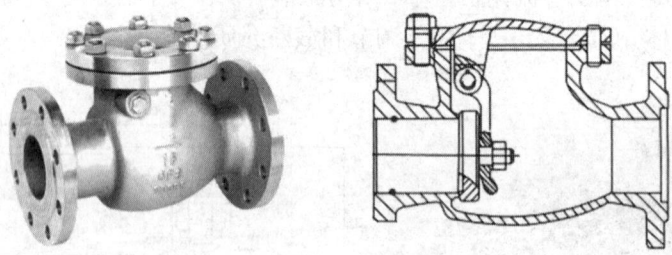

图 2 - 34 旋启式止回阀

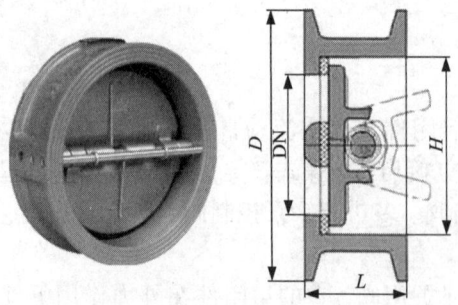

图 2 - 35 蝶式止回阀

图 2 - 36 安全阀

六、常用仪表

1. 水表的类型和性能参数

水表是计量建筑物内用户或设备累计用水量的仪表。室内给水系统广泛采用流速式水表。它是根据管径一定时，通过水表的水流速度与流量成正比的原理制作的一种仪表。

流速式水表按叶轮转轴构造不同可分为旋翼式（又称为叶轮式）和螺翼式两种。旋翼式水表的叶轮转轴与水流方向垂直，阻力大，起步流量和计量范围较小，多用于小口径给水管道系统中，测小流量；螺翼式水表的叶轮转轴与水流方向平行，阻力较小，起步流量和计量范围较大，适用于室外较大口径给水管道系统中，测大流量。

旋翼式水表水表按计数部件所处环境状态不同又可分为干式水表和湿式水表两种。干式水表的计数部件和表盘与水隔开，计数器不受水中杂质污损，但精度较低；湿式水表的计数器浸没在水中，在计数盘上装有一块厚度为 8 mm 的玻璃用来承受水压，其结构简单、精度较高，被广泛用于室内给水系统中。旋翼式水表如图 2 - 37 所示，螺翼式水表如图 2 - 38 所示。

按水表智能程度分为 IC 卡智能水表和远传式水表。适用于"先付费后用水"条件下的管理系统，智能水表如图 2 - 39 所示。

IC卡智能水表　　　　超声波远传水表

图 2 - 37　旋翼式水表　　　　图 2 - 38　螺翼式水表　　　　图 2 - 39　智能水表

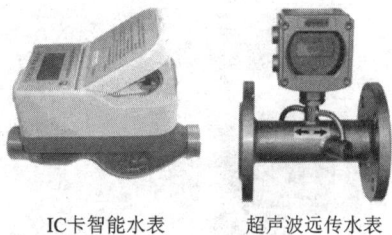

2. 水表的安装

水表的选用原则：选择水表时，应考虑管道直径，还要考虑经常使用流量的大小来选择适宜口径的水表，以经常使用的流量接近或小于水表要求流量为宜。

水表的安装要求：

（1）水表应安装在便于检修、不受暴晒、污染和冰冻的地方。

（2）水表安装前应将管道内的所有杂物清洁干净，以免阻塞水表运行。

（3）安装螺翼式水表，表前与阀门应有不小于 8 倍水表接管直接的直管段，出水口侧直线管段的长度，不得小于水表口径的 5 倍。安装旋翼式水表时，水表前与阀门应有不小于 300 mm 的直管段。

（4）水表在水平安装时，标度盘向上不得倾斜，垂直安装时，水表叶轮轴和管道中心线必须保持同心，不得发生偏角。

（5）水表安装必须使表壳上箭头方向与管道内水的流向保持一致。水表外壳距墙表面净距为 10 ~ 30 mm；水表进水口中心标高按设计要求，允许偏差为 ±10 mm。

（6）水表安装后应无漏泄处。

（7）水表运行中应定期进行检查，发现问题及时检修。

3. 流量计

流量计是指示被测流量和（或）在选定的时间间隔内流体总量的仪表。流量计分为转子流量计、节流式流量计、细缝流量计、容积流量计、电磁流量计（图2-40）、超声波流量计和堰等。电磁流量计是根据法拉第电磁感应定律制成的一种测量导电性液体的仪表，有一系列优良特性：测量通道是段光滑直管，不会阻塞；不产生流量检测所造成的压力损失，节能效果好；所测得体积流量实际上不受流体密度、黏度、温度、压力和电导率变化的明显影响；流量范围大，口径范围宽；可应用腐蚀性流体。它被广泛应用于民用、化工、冶金、医药等行业。

4. 温度计

温度计是测温仪器的总称，可以准确地判断和测量温度，分为指针温度计和数字温度计。如图2-41所示。

5. 压力表

压力表是指以弹性元件为敏感元件，测量并指示高于环境压力的仪表。压力表的应用极为普遍，它几乎遍及所有的工程领域、工业流程及科研领域。如图2-42所示。

图2-40　电磁流量计　　　　图2-41　温度计　　　　图2-42　压力表

七、升压贮水设备

1. 给水系统的水泵

水泵是给水系统中最主要的升压机械设备，被广泛应用于室外给水系统和室内给水系统中，工程中常选用清水离心泵。它具有结构简单、体积小、效率高、流量和扬程在一定范围内可以调整等优点。

水泵的基本性能通常用七个性能参数表示。

（1）扬程：表示水泵出口总水头与进口总水头之差，它反映了通过水泵的液体所获得的有效能量，用 H 表示，单位是 m·H_2O。

（2）流量：是水泵在单位时间内输送流体的量，用 Q 表示，单位是 m^3/s，m^3/h 或 L/s。

（3）轴功率：又称输入功率，指原动机传递给泵轴的功率，用 N 表示，单位是 W 或 kW。

（4）有效功率：是单位时间内液体从水泵所得到的能量，是水泵传递给液体的净功率。用 N_e 表示，单位是 W 或 kW。

（5）效率：指水泵的有效功率与轴功率的比值，表示轴功率被利用程度的物理量。用 η 表示。水泵的有效功率总是小于水泵的轴功率。

（6）转速：指水泵叶轮每分钟的转动次数，用 n 表示，单位是 r/h。

（7）允许吸上真空高度及汽蚀余量：

允许吸上真空高度是指为避免水泵发生汽蚀所允许的最大吸上真空高度，反映离心水泵的吸水性能。汽蚀余量是为了保证水泵不发生汽蚀，在水泵的入口处必须设有超过其汽化压力的静压水头，它反映轴流泵、锅炉给水泵的吸水性能。

2. 离心水泵的组成和原理

离心水泵的结构组成：离心水泵的基本构造是由叶轮、泵壳、泵轴、轴承、密封环、填料函、吸水管和压水管等八部分组成的，如图 2-43 所示。

离心水泵的工作原理：离心泵利用叶轮旋转而使水产生的离心力来工作。水泵在启动前，必须使泵壳和吸水管内充满水，或用真空泵抽气，形成真空后，启动电动机，使泵轴带动叶轮和水做高速旋转运动，水在离心力的作用下，被甩向叶轮外缘，经蜗形泵壳的流道流入水泵的压水管路而输送出去。水泵叶轮中心处，由于水在离心力的作用下被甩出后形成真空，

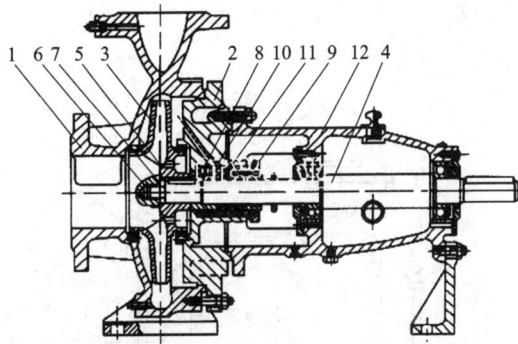

图 2-43　离心水泵的构造
1—泵体；2—泵盖；3—叶轮；4—轴；5—密封环；
6—叶轮螺母；7—止动垫圈；8—轴套；9—填料压盖；
10—填料函；11—填料；12—悬架轴承部件

吸水池中的水便在大气压力的作用下被压进泵壳内，叶轮通过不停地高速转动，使得水在叶轮的作用下不断流入与流出，达到了输送水的目的。

3. 给水系统的贮水池和生活水箱

1）贮水池。

贮水池是供水设备中贮存和调节水量的构筑物。当一幢（特别是高层建筑）或数幢相邻建筑所需的水量、水压明显不足，或者是用水量很不均匀（在短时间内特别大），城市无塔供水管网难以满足时，应当设置贮水池。

贮水池可设置成生活用水贮水池生产用水贮水池、消防用水贮水池、或者是生产与消防合用的贮水池。贮水池的形状有圆形、方形、矩形和因地制宜的异形。小型贮水池可以是砖石结构，混凝土抹面；大型贮水池应该是钢筋混凝土结构。不管是哪种结构，都必须牢固，保证不漏（渗）水。

贮水池的有效容积与水源供水保证能力和用户要求有关，一般应根据用水情况调节水量、消防贮备水量和生产事故备用水量来确定。

贮水池应设置进水管、出（吸）水管、溢流管、泄水管、入孔、通气管和水位信号装置。贮水池进水管和出水管应布置在相对位置，以便池内贮水经常流动，防止滞留和死角，以防池水腐化变质。

2）生活水箱。

水箱按形状分为圆形、方形、矩形和球形等不同形式的水箱。水箱可采用不锈钢板、热浸镀锌钢板、塑料板、玻璃钢板、涂塑钢板加工而成。水箱按承压能力分有开口的非承压水箱和密闭的承压水箱两种。水箱按是否保温分为保温水箱和非保温水箱两种。

水箱上必须设置进水管、出水管、溢流管、泄水管、通气管、水位信号装置、入孔和仪表等附件，如图2-44所示。

(1)进水管及浮球阀：进水管一般从侧壁接入，当水箱利用管网压力进水时，进水管入口处应安装至少两个浮球阀，且管径应与进水管管径相同。在浮球阀前应装设控制阀门，一般采用螺纹截止阀或螺纹闸阀，以便检修时方便切断水流。当水箱利用水泵加压供水并利用水位信号装置自动控制水泵运行时，可不设浮球阀。水箱水位上部应留有一定空间，以便安装浮球阀。

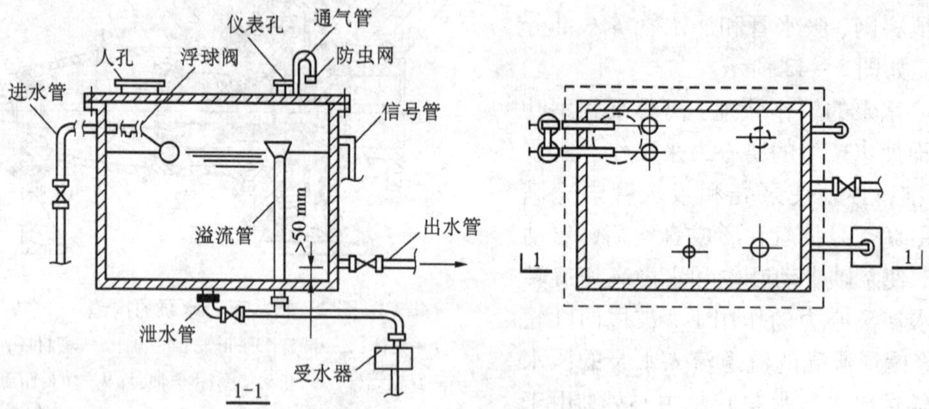

图2-44　生活水箱的配管

(2)出水管及止回阀：出水管一般从侧壁下部接出，出水管管口应高出水箱内底部50~100 mm，并应装设阀门。当贮水箱兼作消防贮水箱时，应设有保证消防水量不被动用的措施。

水箱进、出水管宜分别设置，当进水管和出水管为同一条管道时，应在水箱的出水管上装设止回阀。与消防水箱合用的水箱，出水管应设止回阀。

(3)溢流管：溢流管宜从水箱上侧壁接出，其管口最好做出朝上的喇叭口形状并高于设计最高水位20~30 mm，管径应比进水管大1~2号，便于泄水。溢流管上不得安装阀门。其出口处应设网罩，并采取断流排水或间接排水方式。

(4)泄水管：泄水管从水箱底部接出，并设阀门，泄水管可与溢流管相连，但不得与排水系统直接连接。

(5)通气管：供生活饮用水的水箱应设置密封箱盖，箱盖上应设检修入孔和通气管。通气管可伸至室内或室外，但不得伸到有有害气体的地方。管口应设置防止灰尘、昆虫和蚊蝇进入的滤网，一般将口朝下设置。通气管上不得装设阀门、水封等妨碍通气的装置，且不得与排水管道和通风管道连接。

(6)水位信号装置：一般应在水箱侧壁上安装玻璃液位计来显示水箱水位。当水箱液位与水泵连锁时，应在水箱内设置液位计。常用的液位计有浮球式、杆式、电容式和浮子式等。液位计停泵液位应比溢流水位低至少100 mm，启泵液位应比设计最低水位高至少200 mm。当水箱内未装设液位信号计时，一般应设信号管给出溢流信号。信号管一般从水箱侧壁接出接至值班房间内的污水盆内，当信号管出水即可关闭进水阀，选择DN15~20 mm的管子作为信号管。

（7）入孔和仪表：入孔与仪表孔一般从水箱顶部接入。入孔不得小于 500 mm 并设置能够锁定的入孔盖，以保证水箱卫生安全。当水箱高度大于 1500 mm 时，应在入孔处设置内外人梯。

第三章　建筑消防给水系统

第一节　建筑消防系统概述

凡是在时间上和空间上失去控制，造成物质的损失和人员的伤亡的燃烧现象即称为火灾。火灾给人类带来的灾难是巨大的。它能将国家和人民的财产顷刻间化为灰烬，使居民无家可归，无法生产、生活，影响社会稳定，也能夺取人们的宝贵生命，使人们失去亲朋好友。火灾烧毁古建筑、历史文物，造成无法弥补的损失。核燃烧、森林发生火灾不仅能造成空气污染，而且还会危害健康，破坏生态平衡，后患无穷。

一、火灾的产生与规律

建筑物产生火灾的原因很多，大约有以下几种原因：

（1）人员用火不慎，如乱丢烟头、火柴，电焊、气焊火花跌落等引起可燃气、油料、木材和化纤等物体燃烧产生火灾；

（2）电气起火，如用户随意接插用电，线路超载，配电线路受潮、老化、漏电甚至短路，变配电设备和用电设备安放位置不当，电气事故后迅速引燃周围物质等；

（3）建筑物遭受雷击；

（4）人为破坏。

二、物质燃烧的必要条件

可燃物：凡是能与空气中的氧或其他氧化剂起燃烧化学反应的物质称为可燃物。

氧化剂：帮助和支持可燃物燃烧的物质，即能与可燃物发生氧化反应的物质称为氧化剂。

温度（引火源）：是指供给可燃物与氧或助燃剂发生燃烧反应能量来源。

三、火灾分类

A 类：由固体物质燃烧发生的火灾。

B 类：由液体物质和在燃烧条件下可熔化的固体物质燃烧发生的火灾。

C 类：由气体物质燃烧发生的火灾。

D 类：由金属燃烧发生的火灾。

四、建筑材料的燃烧性能分级

A 级：不燃性建筑材料；

B1 级：难燃性建筑材料；

B2 级：可燃性建筑材料；

B3 级：易燃性建筑材料。

建筑构件的燃烧性能分类：

（1）不燃烧体（非燃烧体）：用金属、砖、石、混凝土等不燃性材料制成的构件。在空气中遇明火或高温作用下不起火、不微燃、不炭化。

（2）难燃烧体：用难燃性材料制成的构件或用可燃材料制成而用不燃性材料作保护层制成的构件。在空气中遇到明火或在高温作用下难起火、难微燃、难炭化，当火源移开后燃烧和微燃立即停止。

（3）燃烧体：用可燃性材料制成的构件。在空气中遇明火或在高温作用下会燃烧或微燃，且火源移开后仍继续保持燃烧或微燃。

五、耐火极限

建筑构件按时间－温度标准曲线进行耐火实验，从受到火的作用时起，到失去支持能力或完整性被破坏或失去隔热作用时止的时间。

耐火等级：《建筑设计防火规范》把建筑物的耐火等级分为一、二、三、四级，一级最高，四级最低；《高层民用建筑设计防火规范》把高层民用建筑耐火等级分为一、二级。

六、灭火的机理

破坏燃烧条件使燃烧终止，其主要机理有冷却、窒息、隔离、化学抑制。

（1）冷却：可燃物能够持续燃烧的条件之一就是在火焰或热的作用下达到了各自的着火温度。将可燃物冷却到其燃点或闪点以下，燃烧反应就会中止。水的灭火机理主要是冷却作用。

（2）窒息：可燃物燃烧必须在最低氧气浓度以上进行，降低燃烧物周围的氧气浓度可以起到灭火作用。二氧化碳、水蒸气、氮气等的灭火机理主要是窒息作用。

（3）隔离：把可燃物与引火源或氧气隔离开来，燃烧反应就会自动中止。关闭阀门，切断流向着火区的可燃气体和液体的通道；打开阀门，使已经燃烧或受到火势威胁的容器中的液体可燃物通过管道导至安全区域，都是隔离灭火的措施。

（4）化学抑制：灭火剂与链式反应的中间体自由基反应，从而使燃烧的链式反应中断。干粉灭火剂、卤代烷灭火剂的主要灭火机理就是化学抑制作用。

七、建筑消防用水及其他灭火介质

1. 水的灭火原理及应用

水的灭火原理：

（1）水的冷却作用；

（2）水对氧（助燃剂）的稀释作用；

（3）水的冲击作用。

水灭火介质的应用：

（1）消火栓灭火系统；

（2）喷洒水灭火系统；

（3）水幕水帘等系统。

2. 泡沫灭火剂

（1）组成：发泡剂、泡沫稳定剂、降黏剂、抗冻剂、助熔剂、防腐剂及水。

（2）用途：主要用于扑灭水溶性可燃液体及一般固体火灾。

（3）灭火原理：形成无数小气泡→覆盖在燃烧物表面→阻燃热辐射、冷却、阻隔空气→灭火。

3. 干粉灭火剂

（1）用途：用以扑灭各种非水溶性和水溶性可燃易燃液体的火灾以及天然气和液化石油气可燃气体的火灾。

（2）灭火原理：干粉喷出呈粉雾状→与火接触发生一系列化学作用→灭火。

4. 二氧化碳灭火剂

（1）组成：液态 CO_2。

（2）用途：广泛应用于补救各种易燃液体火灾、电气火灾以及高层建筑中的重要设备、机房、电子计算机房、图书馆、珍藏库等发生的火灾。

（3）灭火原理：液态二氧化碳喷出→对火灾起窒息、冷却和降温作用→灭火。

5. 卤代烷灭火剂

（1）组成：CF_2ClBr（1211），CF_3Br（1301），CF_2Br_2（1202），$C_2F_4Br_2$（2402）。

（2）用途：适合于扑救各种易燃液体火灾和电器设备火灾，而不适用于扑救活泼金属、金属氧化物及能在惰性介质中由自身供氧燃烧的物质的火灾。

（3）灭火原理：液态卤代烷喷出→抑制燃烧的化学过程→燃烧中断→灭火。

现代建筑消防系统由火灾自动报警系统、灭火及消防联动系统组成，其组成与结构如图 3-1 所示。

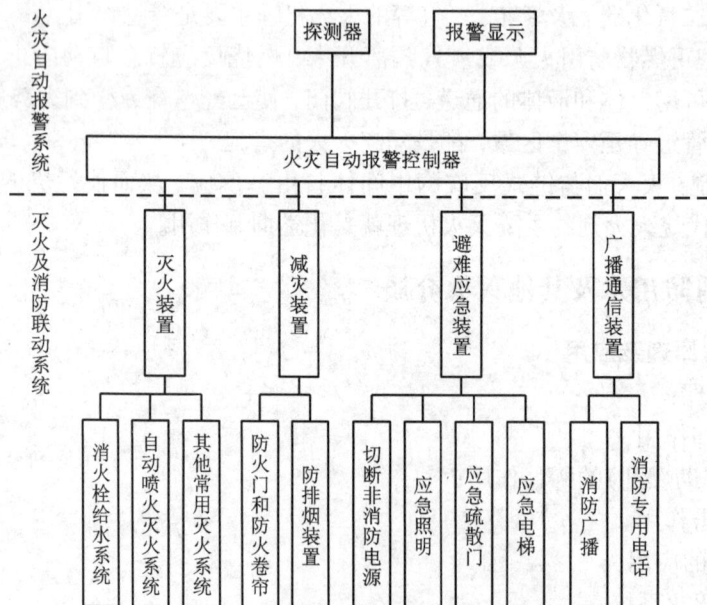

图 3-1　建筑消防系统的组成与结构

八、消防系统的分类

随着人们生活水平的提高，家庭中的电器用品越来越多、装修档次越来越高、家庭中贵重物品越来越多，加上气体能源的普及从而发生火灾的可能性、危险性也越来越大。设计建筑消防灭火系统，是必要的。

建筑消防灭火系统根据使用灭火剂的种类和灭火方式一般分为三种：

（1）消火栓给水系统；

（2）自动喷水灭火系统；

（3）其他使用非水灭火剂的固定灭火系统（二氧化碳、干粉、卤代烷）。

以水灭火是传统的防火方法，在各种灭火剂中，水具有使用方便、灭火效果好、器材简单等优点，是目前建筑消防的主要灭火剂。

以水为灭火剂的消防系统，主要有消火栓给水系统和自动喷水灭火系统，其次是水幕系统、水喷雾灭火系统等。

我国现行的消防规范有：《建筑设计防火规范》（GB 50016—2014）。根据规定：10 层及10 层以下的住宅及建筑高度小于 24 m 的民用建筑为低层建筑，其他为高层建筑。

随建筑物高度的增加室内消防灭火系统的作用愈来愈大，而消防车的作用则相反：

（1）低层建筑中，6 层及 6 层以下的单元式住宅，5 层及 5 层以下的一般民用建筑可以不设室内消防给水系统，火灾完全依靠消防车扑救。

（2）其他低层建筑中应设置消火栓给水系统，主要用于扑灭初期火灾，后期火灾由消防车扑救。

（3）高层建筑中应同时设置消火栓给水系统和自动喷水灭火系统。

高度在 50 m 以下的高层建筑中的火灾，主要靠室内灭火系统扑救，但可以得到消防车的支援，如通过水泵接合器向室内管网加压补水。

高度在 50 m 以上的高层建筑中的火灾，完全依靠室内灭火系统扑救。

按照规定，下列建筑应设置消防给水：

（1）厂房、库房、高度不超过 24 m 的科研楼（有与水接触能引起燃烧爆炸的物品除外）；

（2）超过 800 个座位的剧院、电影院、俱乐部和超过 1200 个座位的礼堂、体育馆；

（3）体积超过 5000 m³ 的车站、码头、机场建筑物以及展览馆、商店、病房楼、门诊楼、图书馆、书库等；

（4）超过 7 层的单元式住宅，超过 6 层的塔式住宅、通廊式住宅及底层设有商业网点的单元式住宅；

（5）超过 5 层或体积超过 10000 m³ 的教学楼等其他民用建筑物；

（6）国家级文物保护单位的重点砖木或木结构的古建筑。

第二节 消火栓给水系统

建筑消防栓系统是指用水作为灭火剂的消防系统，其灭火机理主要是冷却降温，可用于可燃固体引起的(一般为有机物,如棉、麻、木材等)火灾。

建筑消防消火栓系统可分为室外消防栓系统和室内消防栓系统,它们之间有明确的消防范围,承担不同的消防任务,又有紧密的衔接性,具有配合和协同的工作关系。

一、室外消防给水系统

1. 消防用水量标准

(1)城市、居住区室外消防用水量应按同一时间内的火灾次数和一次灭火用水量确定。同一时间内的火灾次数和一次灭火用水量不应小于表3-1所示数值。

表3-1 城市、居住区同一时间内的火灾次数和一次灭火用水量

人数 N/万人	同一时间内的火灾次数	一次灭火用水量/$(L \cdot s^{-1})$
$N \leqslant 1$	1	10
$1 < N \leqslant 2.5$	1	15
$2.5 < N \leqslant 5$	2	25
$5 < N \leqslant 10$	2	35
$10 < N \leqslant 20$	2	45
$20 < N \leqslant 30$	2	55
$30 < N \leqslant 40$	2	65
$40 < N \leqslant 50$	3	75
$50 < N \leqslant 60$	3	85
$60 < N \leqslant 70$	3	90
$70 < N \leqslant 80$	3	95
$80 < N \leqslant 100$	3	100

注:城市的室外消防用水量应包括居住区、工厂、仓库、堆场、储罐(区)和民用建筑的室外消防用水量。当工厂、仓库和民用建筑的室外消防用水量按表3-2规定计算,其值与按本表计算不一致时,应取较大值。

(2)工厂、仓库、堆场、储罐(区)和民用建筑的室外消防用水量,应按同一时间的火灾次数和一次灭火用水量确定。

(3)可燃材料堆场、可燃气体储罐(区)等的室外消火栓用水量,见《建筑设计防火规范》(GB 50016—2014)相关条款。

2. 室外消防水压

室外消防给水管道可采用低压系统、高压系统和临时高压系统。

(1)低压系统:管网内平时水压较低,火场上水枪需要的压力,由消防水车或其他移动式消防泵加压形成。从室外设计地面算起,消火栓口处的水压力≥0.1 MPa。

(2)高压系统:管网内经常保持足够的压力和消防用水量,火场上不需使用消防车或其他移动式消防设备加压,直接由消火栓接出水带就可满足水枪灭火要求。

(3)临时高压系统:平时水压不高,其水压和水量不能满足最不利点灭火要求,在水泵

站(房)内设有消防水泵,当接到火警时,消防水泵开动后,使管网内的压力升高达到高压给水系统的压力要求。

3. 消防水源

消防用水可由市政给水管网、天然水源或消防水池供给。

4. 室外消防给水管道和室外消火栓的布置

1)室外消防给水管道的布置要求。

(1)室外消防给水管网应布置成环状,以增加供水的可靠性能;在建设初期或室外消防水量不超过 15 L/s 时,可布置成枝状,但高层建筑室外消防给水管道应布置成环状。

(2)向环状管网输水的进水管(指市政管网管向小区环网的进水管)不小于两条,当其中一条出现故障时,其余输水管仍应保证供应 100% 的生产、生活、消防用水量。

(3)管网上应设消防分隔阀门。阀门应设在管道的三通、四通处,三通处设两个,四通处设三个,皆设在下游侧,当两阀门之间消火栓的数量超过 5 个时,应在管网上增设阀门。

(4)室外消防给水管道的最小直径不应小于 100 mm;火场供水实践和水力试验说明,直径 100 mm 的管道只能勉强供应一辆消防车用水,当条件许可时,宜采用较大的直径。

2)室外消火栓的布置要求。

(1)室外消火栓应沿道路设置,道路宽度超过 60 m 时,宜在道路两边设置消火栓,并宜靠近十字路口。

(2)甲、乙、丙类液体储罐区和液化石油气储罐区的消火栓,应设在防火堤或防护堤外。

(3)消火栓距车行道边不大于 2 m;距建筑物不宜小于 5 m(一般设在人行道边),但不宜大于 40 m,以便消防车上水,又不影响交通。在此范围内的市政消火栓可计入小区室外消火栓的必备数量中。

(4)室外消火栓的间距不应超过 120 m;其保护半径不应超过 150 m;为了确保消火栓的可靠性,已考虑到相邻一个消火栓若受火灾威胁不能使用,其他消火栓仍能保护任何部位。

(5)室外消火栓的数量应按室外消防用水量计算决定,每个消火栓的出水量应按 10 ~ 15 L/s 计算(每辆消防车用水量)。

(6)室外地上式消火栓应有一个直径 150 mm 或 100 mm 和两个直径 65 mm 的栓口;室外地下式消火栓应有直径 100 mm 和两个直径 65 mm 的栓口,并有明显的标志。

二、室内消防栓系统组成

消防栓系统通常由消防供水水源、消防供水设备、消防供水管网、水枪、水龙带、室内消火栓等组成。

1. 消防供水水源

消防供水水源主要是市政给水管网、天然水源、消防水池。

(1)市政给水管网:一般室外有生活、生产、消防供水管网可以供给消防用水的,应该优先选用市政供水管网。

(2)天然水源:天然水源包括地表水及地下水两大类,选用天然水源是应该优选地表水。一般情况下,当天然水源丰富,可确保枯水期最低水位时的消防用水量,且水质符合要求并离建筑物距离较近时,可选用天然水源。

(3)消防水池:当生产、生活用水量达到最大时,市政给水管道、进水管或天然水源不能满足要求时，以及市政给水管道为枝状或只有 1 条进水管，且室内外消防用水量之和大于 25 L/s(二类高层住宅建筑除外)均应设置消防水池。

在无室外消防水源的情况下，消防水池必须有用于贮存火灾持续 30 min 的消防用水量，当消防水池与生产或者生活水池合用时，应有消防水不被动用的措施。消防水池容量大于 500 m² 的消防水池，应分设成两个能独立使用的消防水池。

2. 消防供水设备

消防供水设备主要是指自动供水设备，包括消防水箱及消防水泵，此外还有临时供水设备如水泵接合器。

(1)消防水箱：消防水箱是指在灭火救援活动中提供水源的消防设施。一方面，使消防给水管道充满水，节省消防水泵开启后充满管道的时间，为扑灭火灾赢得了时间；另一个方面，屋顶设置的增压、稳压系统和水箱能保证消防水枪的充实水柱，对于扑灭初期火灾的成败有决定性作用。一般采用消防水箱和生活水箱合用，以保证箱内贮存水保持流动，防止水质变坏，同时水箱的安装高度应保证建筑物内最不利点消火栓所需水压要求，贮存水量应满足室内 10 min 消防用水量。

(2)消防水泵：消防水泵是担负消防供水任务的设备。消防水泵应设置备用泵，且应采用自灌式吸水。一组消防水泵的吸水管不应少于两条，消防泵房应有不少于两条的出水管与消防管网连接，且任意一条管道都能通过全部的消防水量。消防水泵应保证火警后 5 min 内开始工作，并在火场断电时能正常工作。

(3)水泵接合器：水泵接合器是连接消防车向室内消防给水系统加压供水的装置，一端由消防给水管网水平干管引出，另一端设于消防车易于接近的地方。水泵接合器由本体、弯管、闸阀、止回阀、泄水阀及安全阀等组成，分地上式(SQ)、地下式(SQX)、墙壁式(SQB)三种。地上式水泵接合器本身与接口高出地面，目标显著，使用方便；地下式水泵接合器安装在路面下，不占地方，不易遭到破坏，特别适用于寒冷地区；墙壁式水泵接合器安装在建筑物墙根处、墙壁上只露出两个接口和装饰标牌，目标清晰、美观、使用方便。如图 3-2 所示。

图 3-2 水泵接合器

除墙壁式外，水泵接合器一般设置在距建筑物外墙 5 m 外，水泵接合器四周 15~40 m 范围内，应有供消防车取水的室外消防栓或消防水池。

3. 消防供水管网

消防供水管网是消防栓系统重要组成部分,主要有进水管、水平干管、立管、支管等,一般布置成环状,并设置阀门。民用建筑的消防供水管网应与生活给水系统分开设置。

4. 水枪

水枪是灭火的重要工具,一般由钢、铝合金制成。它的作用是产生灭火所需要的充实水柱。充实水柱是水枪射流中最有效灭火的一段长度,它包括水枪全部射流量的 75% ~ 90%,射流的直径为 26 ~ 38 mm,并保持紧密状态。充实水柱长度为 7 ~ 13 m。

室内一般采用直流式水枪。枪口直径有 13 mm、16 mm 和 19 mm 三种。13 mm 的水枪配 50 mm 的水龙带;16 mm 的水枪配 50 mm 或 65 mm 的水龙带;19 mm 的水枪配 65 mm 的水龙带。采用何种规格的水枪,要根据消防水量和充实水柱长度要求确定。

5. 水龙带

水龙带有麻织、棉织和衬胶三种。衬胶的压力损失小,但抗折叠性能不如麻织和棉织的好。直径有 50 mm 和 65 mm 的两种,长度有 15 m、20 m 和 25 m 三种。

6. 室内消火栓

室内消火栓是一个带内扣式接头的角形截止阀,其出口形式有三种:直角单出口式,45°单出口式,直角双出口式。如图 3 – 3、图 3 – 4 所示。

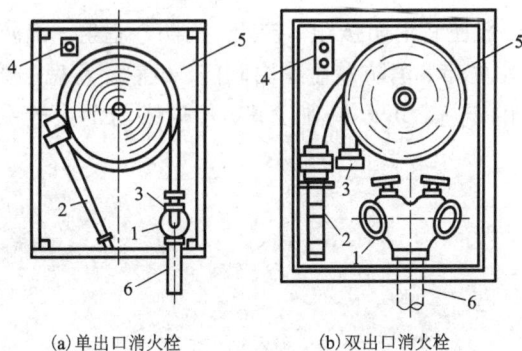

(a)单出口消火栓　　(b)双出口消火栓

图 3 – 3　消火栓箱

1—消火栓;2—水枪;3—水带接口;
4—按钮;5—水龙带;6—消防管道

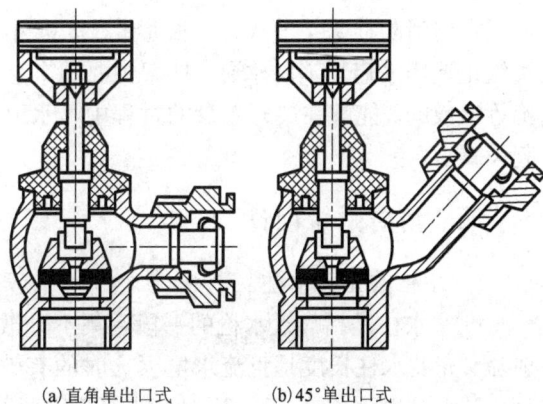

(a)直角单出口式　　(b)45°单出口式

图 3 – 4　单出口室内消火栓

常采用的单出口消火栓的进出口直径为 50 mm 和 65 mm 两种,一端接连消防主管,另一端连接水龙带。当水枪射流量小于 5 L/s 时,采用出水口直径为 50 mm 的消火栓;当水枪射流量大于 5 L/s 时,采用出水口直径为 65 mm 的消火栓。出水口直径为 50 mm 的直角双出口消火栓,其进口直径为 65 mm,出水口直径为 65 mm 的直角双出口消火栓,其进口直径为 80 mm。双出口消火栓多布置在塔式建筑物内。

室内消火栓、水龙带、水枪及启动消防水泵的消防按钮装在消火栓箱内,如图 3 – 5、图 3 – 6 所示。

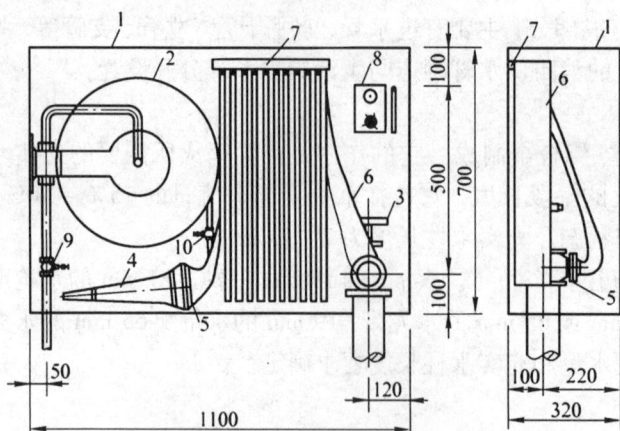

图 3 - 5 带消防软管卷盘的室内消火栓箱（单位：mm）

1—消火栓箱；2—消防软管卷盘；3—消火栓；4—水枪；
5—水带接口；6—水带；7—挂架；8—消防水泵按钮及火灾报警按钮；
9—SNA25 消火栓；10—小口径开关水枪

图 3 - 6 消火栓箱实物图

7. 其他组成

室内消防栓除了消火栓、水龙带、水枪外，一般还有消防按钮、挂架、消防卷盘等，消防按钮主要用来启动消防水泵，挂架主要用来悬挂水龙带，消防卷盘是由阀门、软管、卷盘、喷枪等组成的，能够在展开卷盘的过程中喷水灭火的设施，可以单独设置，但通常与消火栓一起设置。

三、消防系统设计

1. 水枪的充实水柱

充实水柱是指靠近水枪的一段密集不分散的射流，充实水柱长度是直流水枪灭火时的有效射程，是水枪射流中在 26 ~ 38 mm 直径圆断面内、包含全部水量 75% ~ 90% 的密实水柱长度。根据防火要求，从水枪射出的水流应具有射到着火点和足够冲击扑灭火焰的能力。火灾发生时，火场能见度低，要使水柱能喷到着火点、防止火焰的热辐射和着火物下落烧伤消防人员，消防员必须距着火点一定的距离，因此要求水枪的充实水柱应有一定长度。如图 3 -7 所示。

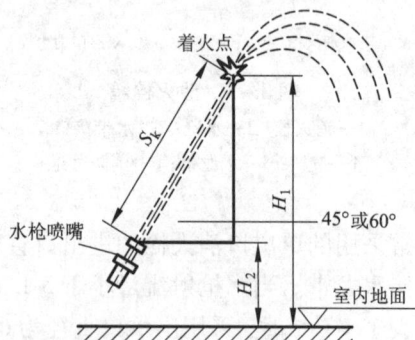

图 3 -7 水枪的充实水柱

根据实验数据统计，当水枪充实水柱长度小于 7 m 时，火场的辐射热使消防人员无法接近着火点、达到有效灭火的目的；当水枪的充实水柱长度大于 15 m 时，因射流的反作用力而使消防人员无法把握水枪灭火，水枪的充实水柱应经计算确定。

2. 消火栓的保护半径

消火栓的保护半径系指某种规格的消火栓、水枪和一定长内水带配套后，并考虑当消防人员使用该设备时有一定安全保护条件下，以消火栓为圆心，消火栓能充分发挥其作用的半径。消火栓的保护半径经计算确定，并且高层工业建筑、高架库房、甲类和乙类厂房、室内消火栓的间距不应超过 30 m；其他单层和多层建筑室内消火栓的间距不应超过 50 m。

当室内宽度较小，只有一排消火栓，并且要求有一股水柱达到室内任何部位时，可按图 3－8(a)布置；当室内只有一排消火栓，且要求有两股水柱同时达到室内任何部位时，可按图 3－8(b)布置；当房间较宽，需要布置多排消火栓，且要求有一股水柱达到室内任何部位时，可按图 3－8(c)布置；当室内需要布置多排消火栓，且要求有两股水柱达到室内任何部位时，可按图 3－8(d)布置。

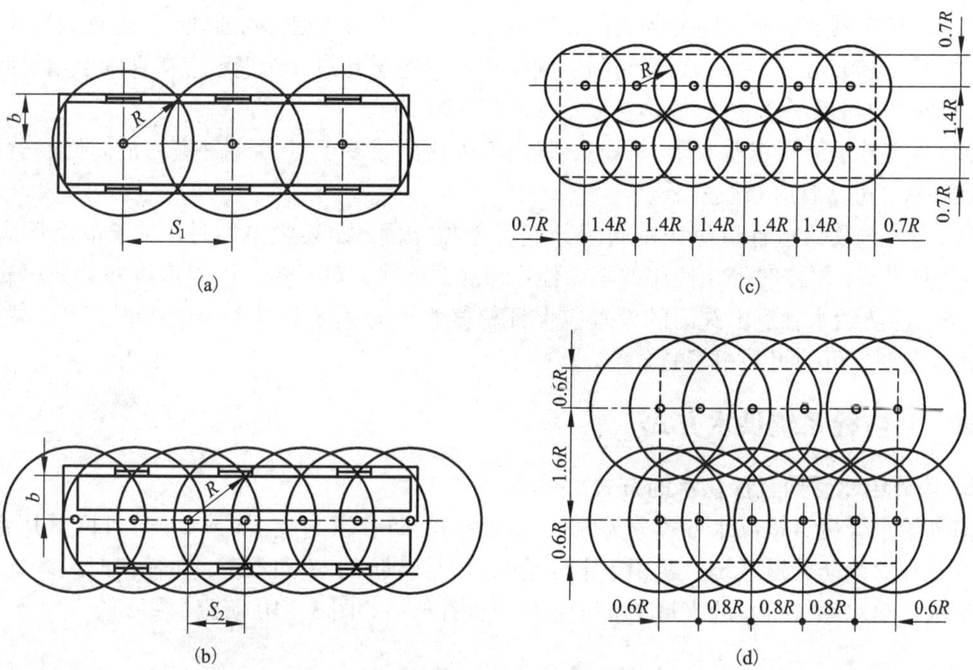

图 3－8 室内消防栓保护半径

3. 消火栓系统布置

(1)设有消防给水的建筑物，其各层(无可燃物的设备层除外)均应设置消火栓。

(2)室内消火栓的布置，应保证有两支水枪的充实水柱同时到达室内任何部位。

(3)消防电梯前室应设室内消火栓。

(4)室内消火栓应设在明显且易于取用的地点。栓口离地面高度为 1.1 m，其出水方向宜向下或与设置消火栓的墙面成90°角。

(5)冷库的室内消火栓应设在常温穿堂内或楼梯间内。

(6)设有室内消火栓的建筑，如为平屋顶时宜在平屋顶上设置试验和检查用的消火栓。

(7)同一建筑物内应采用统一规格的消火栓、水枪和水带，以方便使用，每条水带的长度不应大于 25 m。

(8)高层厂房(仓库)和高位消防水箱静压不能满足最不利点消火栓水压要求的其他建筑，应在每个室内消火栓处设置直接启动消防水泵的按钮或报警信号装置，并应有保护设施。

（9）建筑的室内消火栓、阀门等设置地点应设置永久性固定标识。

（10）室内消火栓栓口的静水压应不超过 80 m 水柱，如超过 80 m 水柱时，应采用分区给水系统，当消火栓栓口处的出水压力超过 50 m 水柱时，应有减压设施。

4. 消防管道布置

（1）室外消防给水管网应布置成环状，以增加供水的可靠性能，在建设初期或室外消防水量不超过 1 L/s 时，可布置成枝状，但高层建筑室外消防给水管道应布置成环状。

（2）向环状管网输水的进水管（指市政管网管向小区环网的进水管）不小于两条，当其中一条出现故障时，其余输水管仍应保证供应 100% 的生产、生活、消防用水量。

（3）环状管网上应设消防分隔阀门，阀门应设在管道的三通、四通处，三通处设两个，四通处设三个，皆设在下游侧，当两阀门之间消火栓的数量超过 5 个时，应在管网上增设阀门。

（4）室外消防给水管道的最小直径不应小于 100 mm。

（5）当室外消防用水量大于 15 L/s，室内消火栓个数多于 10 个时，室内消防给水管道应布置成环状，进水管应布置两条。

（6）室内消防给水管道应该用阀门分成若干独立段，如某段损坏时，对于单层厂房（仓库）和公共建筑，检修时停止使用的消火栓不应超过 5 个，对于多层民用建筑和其他厂房（仓库），室内消防给水管道上阀门的设置应保证检修管道时关闭竖管不超过 1 根，但设置的竖管超过 3 条时，可关闭不相邻的 2 条。

四、消防栓系统供水方式

1. 室外给水管网直接供水的方式

室外给水管网直接供水方式分为两种，一种是消防管道与生活（或生产）管网共用系统；另一种是独立消防管道系统。适用于室外给水管网提供的水量和水压，在任何时候均能满足室内消火栓给水系统所需的水量、水压要求。如图 3-9、图 3-10 所示。

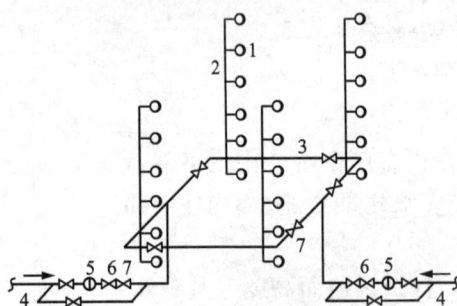

图 3-9　室外给水管网直接供水方式

1—消火栓；2—消防立管；3—横管；4—旁通管；

5—水表；6—止回阀；7—闸阀

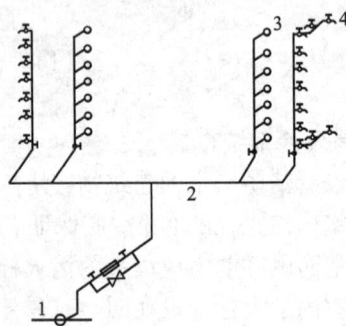

图 3-10　直接供水消防—生活共用方式

1—室外管网；2—室内管网；

3—消防栓及立管；4—给水立管及支管

2. 单设水箱的消火栓供水方式

单设水箱的消火栓给水方式由室外给水管网向水箱供水，箱内贮存 10 min 消防用水量。火灾初期由水箱向消火栓给水系统供水；火灾延续可由室外消防车通过水泵接合器向消火栓给水系统加压供水。外网水压变化较大(用水量小时外网能够向高位水箱供水;用水量大时外网不能满足建筑消火栓系统的水量、水压要求)时,可采用此方式供水。如图3-11所示。

3. 设有消防水泵和高位水箱的消火栓给水方式

当室外给水管网的水压不能满足室内消火栓给水系统的水压要求时,高位水箱由生活水泵补水,贮存10 min的消防用水量,供火灾初期灭火,火灾后期由消防水泵加压供水灭火。如图3-12所示。

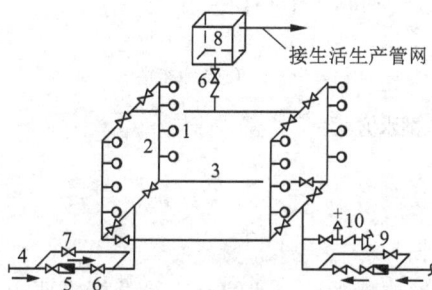

图3-11　单设水箱的消火栓供水方式
1—消火栓;2—消防立管;3—横管;4—进户管;
5—水表;6—止回阀;7—旁通管及阀门;
8—水箱;9—水泵接合器;10—安全阀

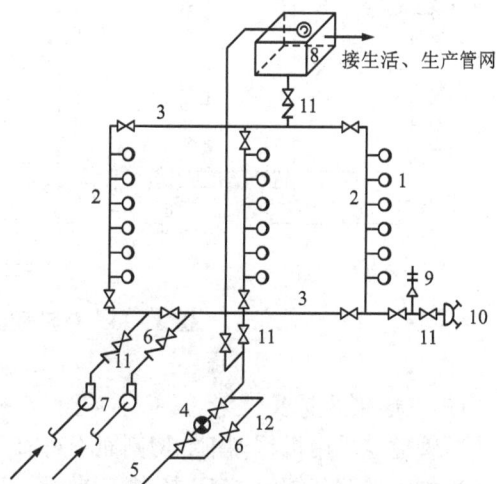

图3-12　设有消防水泵和高位水箱的消火栓供水方式
1—消火栓;2—消防立管;3—干管;4—水表节点;
5—进户管;6—旁通管及阀门;7—水泵;8—高位水箱;
9—安全阀;10—水泵接合器;11—出水阀

4. 分区的室内消火栓供水方式

当建筑高度超过50 m或消火栓处的静水压力超过0.8 MPa时,应采用分区供水系统。外网仅能满足建筑物低区建筑消火栓给水的水量、水压要求,不满足高区灭火的水量、水压要求时,可采用此方式供水。高区火灾初起时,由水箱向高区消火栓给水系统供水,当水泵启动后,由水泵向高区消火栓给水系统供水;低区灭火时,水量、水压由外网保证。如图3-13所示。

五、消防栓系统安装工艺

消火栓系统安装工艺流程:施工准备→干管安装→支管安装→箱体安装→消火栓安装→管道试压和冲洗→系统调试。

1. 施工准备

根据现场情况对施工图进行复核,核对各管道的坐标、标高是否有交叉或排列位置不当的现象;检查预埋和预留洞是否准确;检查管道、管件、阀门、设备及组件是否符合设计要求和质量标准。

2. 干管安装

消火栓系统的管道,DN100 mm以下采用丝扣连接,DN100 mm及以上采用沟槽连接。

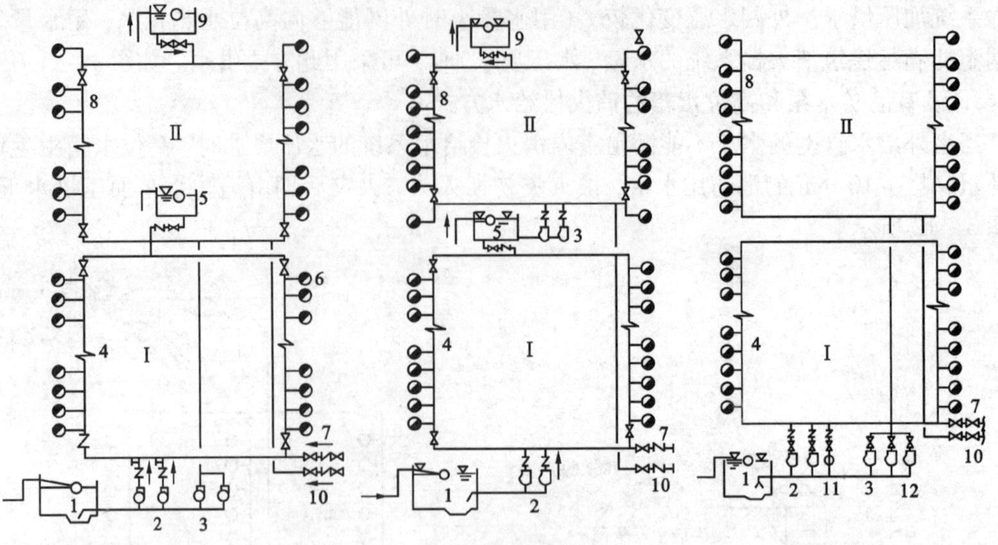

(a) 并联分区供水方式　　　　　(b) 串联分区供水方式　　　　　(c) 无水箱供水

图 3 - 13　分区的室内消火栓供水方式

1) 螺纹连接的要求

(1) 管道应采用机械切割，切割面不得有飞边、毛刺。

(2) 加工的管子螺纹封面应完整、光滑，不得有缺丝或断丝，尺寸偏差应符合标准要求。

(3) 当管道变径时，应采用异径接头；在管道变径处不得采用补芯，如果必须采用补芯，三通上可用一个，四通上不应超过两个，大于 DN50 mm 的管道不得采用活接。

(4) 螺纹连接的密封填料应均匀附着在管道的螺丝面上，拧紧螺纹时，不得将填料挤管内。

(5) 如果填料采用麻丝时，应在附着在螺纹面上加麻丝上涂抹白铅油，管道连接后清除麻头，并在接头处涂防锈漆。

2) 沟槽式连接的要求

(1) 用切割机将钢管按所需长度切割，切口应平整无毛刺。

(2) 将需加工沟槽的钢管架设在滚槽机和滚槽尾架上。

(3) 在钢管上放置水平仪，用水平仪量测，使钢管处于水平位置。

(4) 将钢管端面与滚槽机正面紧贴，使钢管中轴线与滚槽机正面垂直。

(5) 启动滚槽机，徐徐压下千斤顶，使上压轮均匀滚压钢管到预设定沟槽深度为止，停机。用游标卡尺检查沟槽的深度和宽度，确认是否符合要求。

(6) 千斤顶卸荷，取出钢管。

在立管安装时，立管底部的支吊架要牢固，防止立管下坠。在消火栓管道的安装中，除按设计要求安装外，还应注意标明各种控制阀门实际的安装位置，并在施工图中标明，以免在意外时无法及时关闭阀门，同时阀门应有明显的标志和状态显示。管道穿过建筑物的变形缝时，应设置柔性短管。穿过墙体或楼板时应加设套管。

3. 支管安装

消火栓支管要以栓阀的坐标、标高定位出口，消火栓支管采用丝接。

4．箱体安装

消火栓箱体安装有两种形式：一种暗装，即箱体埋入墙中，立、支管均暗藏在竖井或吊顶中；一种是明装，即箱体立于地面或挂在墙上，立、支管为明管敷设。

暗装消火栓箱体，首先根据箱体尺寸及设计安装位置，检查预留孔洞位置及尺寸；然后将箱体固定在预留孔洞内，用水平尺找平、找正（使箱体外表面与装饰完的墙面相平），箱体下部用砖填实，其他部分与墙相接，各面用水泥砂浆填实。

明装消火栓箱体有挂式和立式两种。挂式消火栓箱安装根据箱体结构，确定消火栓在箱体中的安装位置，确定出箱体安全高度及位置，并在墙上画出标志线，将消火栓箱用膨胀螺丝栓固定在墙上。

5．消火栓安装

为减少局部水头损失，并便于在紧急情况下操作，其出水方向宜向下或设置与消火栓箱成90°并使栓口朝外。阀门中心距地面1.1 m，允许偏差±20 mm，阀门距箱侧面140 mm，距箱后内表面100 mm，允许偏差为±5 mm。

6．管道试压和冲洗

系统安装完后，应按设计要求对管网进行强度及严密性试验，以验证其工程质量。管网的强度及严密性试验一般采用水压进行试验；水压试验的测试点应设在系统管网的最低点，注水时应注意排净管内的空气，并缓慢升压。待水压达到试验压力后，稳压10 min，管网不渗、不漏，压力降不大于0.02 MPa即为合格。严密性试验在水压强度试验和管网冲洗合格后进行，试验压力为工作压力，稳压24 h，不渗、不漏为合格。在主管道上起切断作用的主控阀门，必须逐个进行强度和严密性试验，其试验压力为阀门出厂规定的压力值。

消火栓在安装后应分段进行冲洗。冲洗的顺序应按干管、立管、支管进行。消火栓系统水冲洗流速应不小于3 m/s，不得用海水或含有腐蚀性化学物质的溶液对系统进行冲洗。冲洗时，应对系统内的仪表采取保护措施，并将报警设备暂时拆下，待冲洗工作结束后随即复位。冲洗到进、出水色泽一致为合格，管道冲洗合格后，除规定的检查及恢复工作外，不得再进行影响管内清洁的其他作业。

7．系统调试

系统调试内容主要包括水源测试、消防水泵性能试验、屋顶消火栓试验。

水源测试要检查室外水源管道的压力和流量是否符合设计要求；核实屋顶上容积是否符合规范规定；核实消防水池是否符合规范规定；核实水泵接合器的数量和供水是否满足系统灭火的要求，并作消防车供水试验。

消防水泵性能试验分别以自动或手动方式启动消防泵，消防水泵应在5 min内投入正常运行，达到设计流量和压力，其压力表指针应稳定。运转中无异常声响和振动，各密封部位不得有泄漏现象，各滚动轴承温度应不高于75℃，滑动轴承的温度应不高于70℃。备用电源切换供电，消防水泵应在1.5 min内投入正常运行，消防泵的上述多项性能应无变化。

屋顶消火栓试验首先利用屋顶水箱及消防稳压泵向系统充水，检查系统和阀门是否有渗漏现象，检查屋顶试验消火栓水压力及低层消火栓口压力是否符合设计要求；其次连接好屋顶试验消火栓水龙带及水枪，打开屋顶试验消火栓，并启动消火栓泵及用消防车通过水泵接合器向系统加压，检测此时消火栓水枪充实水柱是否符合设计要求。

第三节　建筑自动喷水灭火系统

在发生火灾时，能自动打开喷头喷水并同时发出火警信号的消防灭火设施称为自动喷水灭火系统。自动喷水灭火系统通过加压设备将水送入管网至带有热敏元件的喷头处，喷头在火灾的热环境中自动开启洒水灭火。它具有安全可靠、控火灭火成功率高、经济实用、使用期长等优点。

自动喷水灭火系统扑灭初期火灾功效较高，成功率在97%以上。国内外的公共建筑都要求安装和设置自动喷水灭火系统，对火灾的早期起到扑灭、控制火势和发出火警信号的作用。

一、自动喷水灭火系统的组成

自动喷水灭火系统由喷头、管道系统、火灾探测器、报警控制组件和供水水源等组成。

1. 喷头

喷头就是将有压的水喷洒成细小水滴进行洒水的设备。喷头的种类很多，按喷头是否有堵水支撑分为两类：喷头喷水口有堵水支撑的称为闭式喷头；喷头喷水口无堵水支撑的称为开式喷头。

1）闭式喷头

闭式喷头是一种直接喷水灭火的组件，是带热敏感元件及其密封组件的自动喷头。该热敏感元件可在预定温度范围下动作，使热敏感元件及其密封组件脱离喷头主体，并按规定的形状和水量在规定的保护面积内喷水灭火。它的性能好坏直接关系着系统的启动和灭火、控火效果。

闭式喷头按热敏感元件划分，可分为玻璃球洒水喷头和易熔元件洒水喷头两种类型；按溅水盘的形式和安装位置有直立型、下垂型、边墙型、普通型、吊顶型和干式下垂型洒水喷头之分。如图3-14所示。

玻璃球洒水喷头由喷水口、玻璃球、框架、溅水盘、密封垫等组成，其释放机构总的热敏感元件是一个内装彩色膨胀液体的玻璃球，用它支撑喷水口的密封垫。当室内发生火灾时，液体完全充满球内全部空间，使玻璃球炸裂，喷水口的密封垫失去支撑，压力水便喷出灭火。这种喷头外形美观、体积小、质量轻、耐腐蚀，适用于对美观要求较高的公共建筑和具有腐蚀性场所。

易熔元件洒水喷头的热敏感元件为易熔材料制成的元件，当室内起火且温度达到易熔元件本身的设计温度时，易熔元件易硬化，释放机构脱落，压力水便喷出灭火，这是一种悬臂支撑型易熔元件洒水喷头。易熔元件洒水喷头适用于对外观要求不高、腐蚀性不大的工厂、仓库及民用建筑。

随着社会的飞速发展，新技术、新工艺及新的建筑形式的不断出现将进一步带动喷头的发展。具有特殊用途的闭式喷头，如自动启闭洒水喷头、快速反应洒水喷头、大水滴洒水喷头、扩大覆盖面洒水喷头和汽水喷头等，这些特殊喷头的出现，带动了自动喷水灭火系统的发展。自动启闭洒水喷头的特点是发生火灾时能自动开启喷水，而在火灾扑灭后能自动关闭，具有用水量少、水渍损失小的优点；快速反应洒水喷头的特点是通过减少热敏元件的质量或增大热敏感元件的吸热表面积，使热敏感元件的吸热速度加快，从而缩短了喷头的启动时间，它对温度的感应速度比普通喷头的快5~10倍，具有洒水早、灭火快、耗水少的特点，对于住宅等建筑有良好的应用前景；大水滴洒水喷头有一个复式溅水盘，通过溅水盘使喷出的水形成具有一定比例大小的水滴，均匀喷向保护区，大水滴能够有效穿透火焰，直接接触着火物，降低着火物的表面温度；扩大覆盖面洒水喷头的保护面积可达 $30 \sim 36 \ m^2$ ，更适合用于各种大小不一的房间，便于系统喷头的布置，对降低造价有一定意义；汽水喷头将水有效地喷洒至火灾区域内，从火焰中吸取热量，变成蒸汽，降低氧气含量，对燃烧起到窒息作用。此外，还能除去燃烧产生的粒子和烟雾，吸收有毒气体。

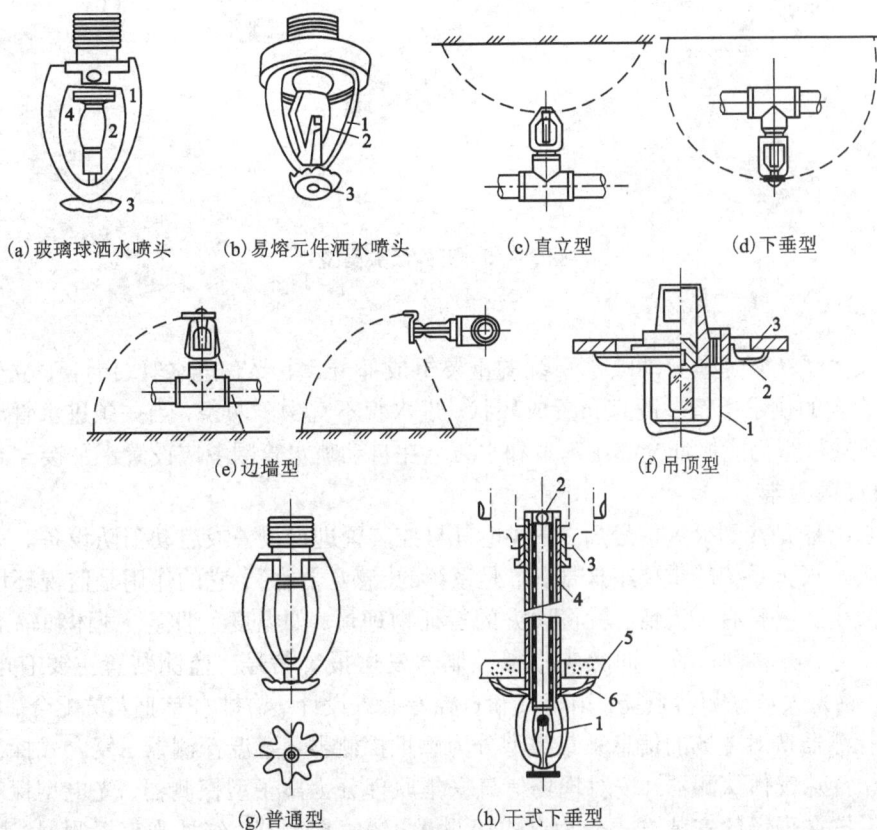

(a)玻璃球洒水喷头　(b)易熔元件洒水喷头　(c)直立型　(d)下垂型

(e)边墙型　(f)吊顶型

(g)普通型　(h)干式下垂型

图 3 - 14　闭式喷头类型及构造

1—支架；2—合金锁片；3—溅水盘；4—热敏元件；5—钢球；6—钢球密封圈

2）开式喷头

开式喷头无感温元件也无密封组件，喷水动作由阀门控制，根据用途分为开启式、水幕、喷雾三种类型。如图 3 - 15 所示。

（1）开启式：开启式洒水喷头就是无释放机构的洒水喷头，与闭式喷头的区别在于没有感温元件及密封组件，常用于雨淋灭火系统。按安装形式可分为直立型与下垂型，按结构形式可分为单臂和双臂两种。

（2）水幕：水幕喷头喷出的水呈均匀的水帘状，起阻火、隔火作用，水幕喷头有各种不同的结构形式和安装方法。

（3）喷雾：喷雾喷头喷出水滴细小，其喷洒水的总面积比一般的洒水喷头大几倍，因吸热面积大，冷却作用强，同时由于水雾受热汽化形成的大量水蒸气对火焰也有窒息作用。喷雾喷头主要用于水雾系统。中速型喷头多用于对设备整体冷却灭火，而高速型喷头多用于带油设备的冷却灭火。

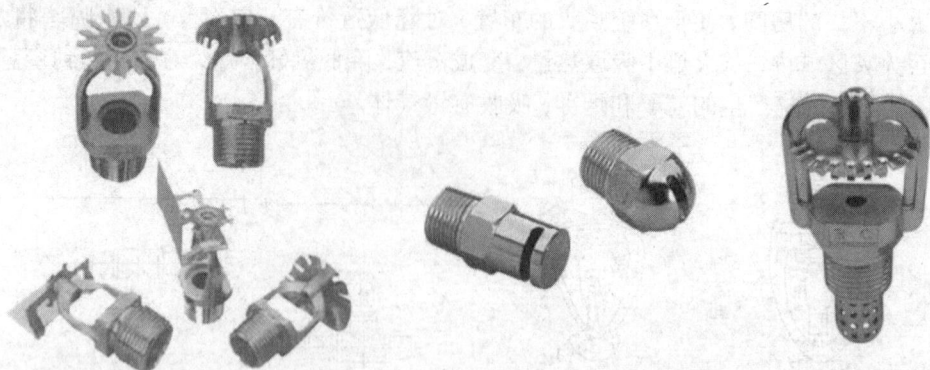

图 3 - 15　开式喷头类型

2. 管道系统

自动喷水系统管道是自动喷水系统的重要组成部分，主要有进水管、干管、立管、支管等。建筑物内的供水干管一般宜布置成环状，进水管不宜少于两条，当一条进水管出现故障时，另一条进水管仍能保证全部用水量和水压。在自动喷水管网上应设置水泵接合器。

3. 火灾探测器

火灾探测器是接到火灾信号后，通过电气自控装置进行报警或启动消防设备。火灾探测器是自动喷水灭火系统的重要组成部分，是系统的"感觉器官"，它的作用是监视环境中有没有火灾的发生。一旦有了火情，就将火灾的特征物理量，如温度、烟雾、气体和辐射光强等转换成电信号，并立即动作，向火灾报警控制器发送报警信号。监测装置主要有电动的感烟、感温、感光火灾探测器系统，由电气和自控专业人设计，给排水专业人员配合。

火灾探测器按对现场的信息采集类型分为感烟探测器、感温探测器、复合式探测器、火焰探测器、特殊气体探测器；按对现场信息采集原理分为离子型探测器、光电型探测器、线性探测器；按在现场的安装方式分为点式探测器、缆式探测器、红外光束探测器；按探测器与控制器的接线方式分总线制、多线制，其中总线制又分编码的和非编码的，而编码的又分电子编码和拨码开关编码。如图 3 - 16 所示。

图 3 - 16　火灾探测器

4. 报警控制组件

（1）控制阀：上端连接报警阀，下端连接进水立管，其作用是检修管网以及灭火结束后更换喷头时关闭水源，它应一直保持在常开位置，以保证系统随时处于备用状态，并用环形软锁将闸门手轮锁死在开启状态，也可用安全信号阀显示其开启状态。

安全信号阀是利用电信号显示阀门启闭状态的阀门，管理人员从信号显示装置可以得知每一个阀门的开关状态和开启程度，以防阀门误动作，提高了消防供水的安全度。

（2）报警阀：报警阀的作用是开启和关闭管网的水流，传递控制信号至控制系统并启动水力警铃直接报警。有湿式、干式、干湿式和雨淋式四种类型。如图 3－17 所示。

湿式报警阀组由湿式报警阀及附加的延时器、水力警铃、压力开关、压力表和排水阀等组成，主要用于湿式自动喷水灭火系统上，在其立管上安装，是湿式喷水灭火系统的核心部件，起着向喷水系统单向供水和在规定流量下报警的作用；干式报警阀用于干式自动喷水灭火系统，在其立管上安装；干湿式报警阀组是由湿式、干式报警阀依次连接而成的既适合湿式喷水灭火系统、又适合干式喷水灭火系统的双重作用阀门，在温暖季节用湿式装置，在寒冷季节用干式装置，用于干、湿交替式喷水灭火系统，雨淋阀用于雨淋、预作用、水幕、水喷雾自动喷水灭火系统。

图 3－17　报警阀

（3）报警装置：报警装置主要有水力警铃、水流指示器、压力开关和延迟器。

水力警铃是当报警阀打开消防水源后，具有一定压力的水流冲动叶轮打铃报警；为防止由于水压波动原因引起报警阀开启而导致误报火警，在报警阀与水力警铃之间安装延迟器，延迟器是一个罐式容器，当报警阀开启后，水流需要经 30 s 左右充满延迟器，然后方可打响水力警铃；水流指示器主要应用在自动喷水灭火系统之中，通常安装在每层楼宇的横干管或分区干管上，对干管所辖区域起监控及报警作用。当某区域发生火警，喷水灭火，输水管中的水流推动水流指示器的桨片，可将水流动的信号转换为电信号，对系统实施监控、报警的作用；压力开关安装在延迟器后、水力警铃入水口前的垂直管道上，在水力警铃报警的同时，接通电触点而使电气报警，向消防中心报警或启动消防水泵。

（4）检验装置：在系统的末端接出管线并加上一个截止阀，阀前安一压力表可组成检验装置，检验时打开截止阀就可以了解报警阀的启动情况，同时它还起防止管网堵塞的作用。

5. 供水水源

自动喷水灭火系统供水水源主要是消防水池、高位消防水箱、消防水泵接合器等。

（1）消防水池：有自动喷水灭火系统的建筑物，给水管道和天然水源不能满足消防用水量及给水管道为枝状或只有一条进水管道时应设有防水池。

消防水池的容量应以火灾延续时间不小于 1 h 计算，但若在发生火灾时能保证连续送水，则水池容量可减去火灾延续时间内连续补充的水量。消防用水与其他水合用水池时，应有确保消防用水不被他用的技术措施。

（2）高位消防水箱：采用临时高压给水系统的自动喷水灭火系统，应设高位消防水箱，其储水量应符合现行有关国家标准的规定。消防水箱的供水，应满足系统最不利点处喷头的最低工作压力和喷水强度。

建筑高度不超过 24 m、并按轻危险级或中危险级场所设置湿式系统、干式系统或预作用系统时，如设置高位消防水箱确有困难，应采用流量为 5 L/s 的气压给水设备供给 10 min 初期用水量。消防水箱的出水管应设止回阀，并应与报警阀入口前管道连接，轻危险级、中危险级场所的系统，管径不应小于 80 mm，严重危险级和仓库危险级不应小于 100 mm。自动喷水灭火系统消防用水与其他用水合用水箱时，应有确保消防用水不被它用的技术措施。

（3）消防水泵接合器：自动喷水灭火系统应设水泵接合器，当自动喷水灭火消防水泵因检修、停电、发生故障或消防用水量不足时，需要利用消防车从消火栓、消防蓄水池或天然水源取水，通过水泵接合器送至室内管网，供灭火用水。

水泵接合器的设置数量应按室内消防用水量确定，每个水泵接合器的流量应按 10 ~ 15 L/s 计算。当计算出来的水泵接合器数量少于 2 个时，仍应采用 2 个，以利安全。采用分区给水的高层建筑物，每个分区的消防给水管网应分别设置水泵接合器。水泵接合器应设在便于同消防车连接的地方，其周围 15 ~ 45 m 内应设室外消火栓或消防水池取水口。

二、自动喷水灭火系统的分类、工作原理

根据喷头的开、闭形式和管网充水与否分为以下几种系统：湿式喷水灭火系统、干式喷水灭火系统、干湿式喷水灭火系统、预作用喷水灭火系统、雨淋喷水灭火系统、水幕系统和水喷雾系统七种类型。前四种称为闭式自动喷水灭火系统。

1. 湿式自动喷水灭火系统

其工作原理如图 3 – 18 所示：火灾发生的初期，建筑物的温度随之不断上升，当温度上升到以闭式喷头温感元件爆破或熔化脱落时，喷头即自动喷水灭火。此时，管网中的水由静止变为流动，水流指示器被感应送出电信号，在报警控制器上指示某一区域已在喷水。持续喷水造成报警阀的上部水压低于下部水压，其压力差值达到一定值时，原来处于闭状的报警阀就会自动开启。此时，消防水通过湿式报警阀流向干管和配水管以供水灭火。同时一部分水流沿着报警阀的环形槽进入延迟器、压力开关及水力警铃等设施发出火警信号。此外，根据水流指示器和压力开关的信号或消

图 3 – 18　湿式自动喷水灭火原理图

防水箱的水位信号，控制箱内控制器能自动启动消防泵向管网加压供水，达到持续自动供水的目的。这一系列的动作，大约在喷头开始喷水后 30 s 内即可完成。

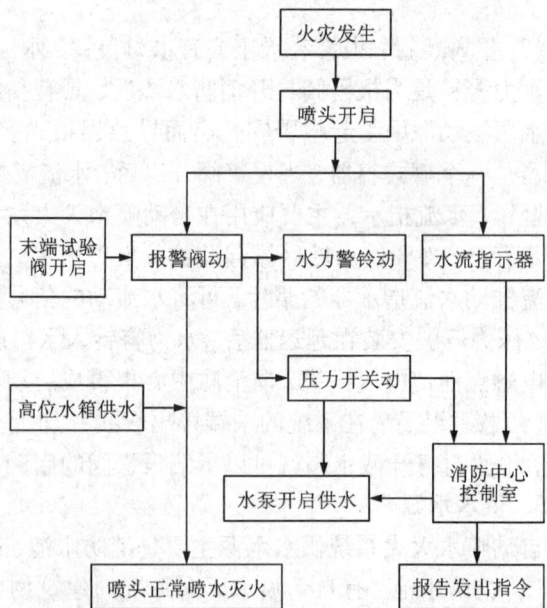

该系统由闭式喷头、湿式报警阀、报警装置、管网及供水设施等组成，如图 3－19 所示。系统具有结构简单，使用方便、可靠，便于施工、管理，灭火速度快、控火效率高，比较经济，且适用范围广的优点，但由于管网中充有压水，当渗漏时会损坏建筑装饰和影响建筑的使用。适用安装在常年室温不低于 4℃ 且不高于 70℃ 能用水灭火的建筑物、构筑物内。

2. 干式自动喷水灭火系统

干式自动喷水灭火系统是为了满足寒冷和高温场所安装自动喷水灭火系统的需要，在湿式系统的基础上发展起来的。火灾发生时，火源处温度上升，使火源上方喷头开启，首先排出管网中的压缩空气，于是报警阀后管网压力下降，干式报警阀阀前压力大于阀后压力，干式报警阀开启，水流向配水管网，并通过已开启的喷头喷水灭火。如图 3－20、图 3－21 所示。

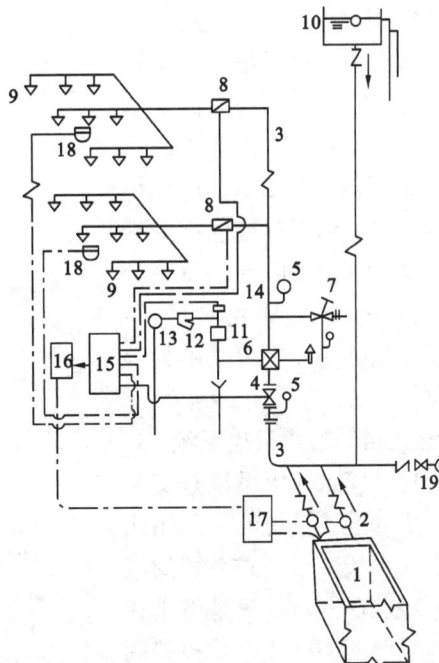

图 3－19　湿式自动喷水灭火系统
1—消防水池；2—消防泵；3—管网；4—控制阀；5—压力表；
6—湿式报警阀；7—泄放试验阀；8—水流指示器；9—喷头；
10—高位水箱、稳压泵或气压给水设备；11—延迟器；
12—过滤器；13—水力警铃；14—压力开关；15—报警控制器；
16—联动控制器；17—水泵控制箱；18—探测器；19—水泵接合器

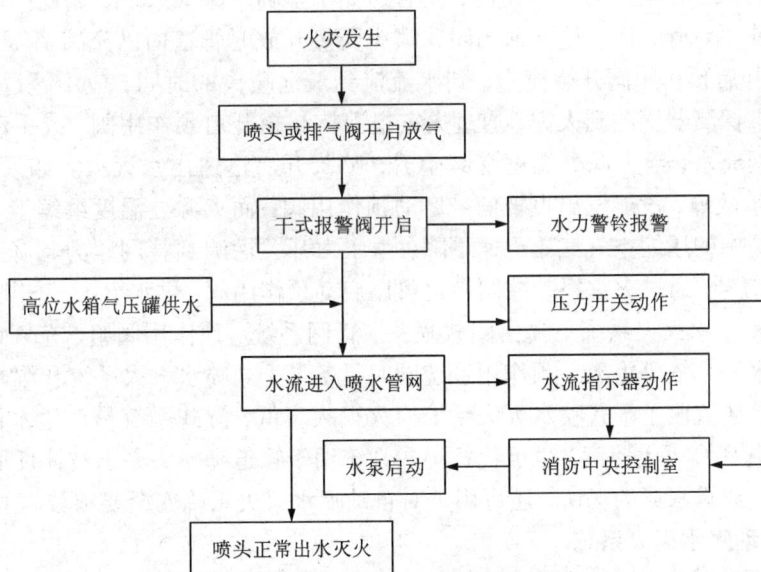

图 3－20　干式自动喷水灭火原理图

干式系统主要由闭式喷头、管网、干式报警阀、充气设备、报警装置和供水设备组成。平时报警阀后管网充以有压气体，水源至报警阀前端的管段内充以有压水。管网中平时不充水，对建筑物装饰无影响，对环境温度也无要求，适用于环境温度低于4℃（或年采暖期超过240天的不采暖房间）和高于70℃的建筑物和场所。其最大的缺点是喷头喷水灭火不如湿式系统及时。

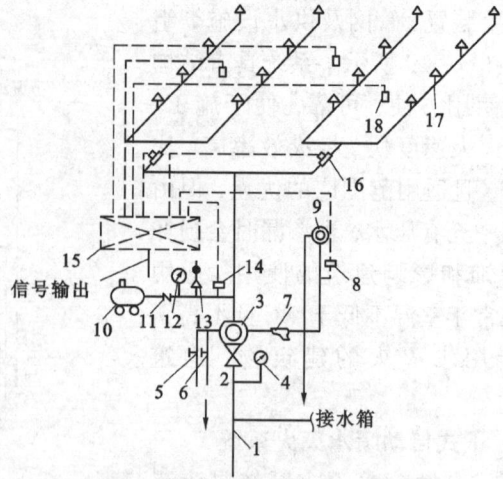

图 3 - 21 干式自动喷水灭火系统

1—供水管；2—闸阀；3—干式阀；4—压力表；5、6—截止阀；7—过滤器；8—压力开关；9—水力警铃；10—空压机；11—止回阀；12—压力表；13—安全阀；14—压力开关；15—火灾报警控制箱；16—水流指示器；17—闭式喷头；18—火灾探测器

3. 干湿式自动喷水灭火系统

干湿式自动喷水灭火系统是交替使用干式系统和湿式系统的一种闭式自动喷水灭火系统。干湿式系统的组成与干式系统大致相同，只是将干式报警阀改为干湿两用阀或干式报警阀与湿式报警阀组合阀。干湿式系统包括闭式喷头、管道系统、干式报警阀、湿式报警阀或干湿两用阀、报警装置、充气设备、供水设备等。干湿式系统在冬季，喷水管网中充以有压气体，其工作原理与干式系统相同；在温暖季节，管网改为充水，其工作原理与湿式系统相同。

4. 预作用自动喷水灭火系统

预作用系统，平时预作用阀后管网充以低压压缩空气或氮气（也可以是空管），发生火灾时，由火灾探测系统自动开启预作用阀，使管道充水呈临时湿式系统。因此要求火灾探测器的动作先于喷头的动作，而且应确保当闭式喷头受热开放时管道内已充满了压力水，从火灾探测器动作并开启预作用阀开始充水，到水流流到最远喷头的时间，应不超过 3 min。火灾发生时，由火灾探测器探测到火灾，通过火灾报警控制箱开启预作用阀，或手动开启预作用阀，向喷水管网充水，当火源处温度继续上升，喷头开启迅速出水灭火。如果发生火灾时，火灾探测器发生故障，没能发出报警信号启动预作用阀，而火源处温度继续上升，使得喷头开启，于是管网中的压缩空气气压迅速下降，由压力开关探测到管网压力骤降的情况，压力开关发出报警信号，通过火灾报警控制箱也可以启动预作用阀，供水灭火。如图 3 - 22 所示。

预作用自动喷水灭火系统主要由闭式喷头、管网系统、预作用阀组、充气设备、供水设备、火灾探测报警系统等组成。预作用系统同时具备了干式喷水灭火系统和湿式喷水灭火系统的特点，而且还克服了干式喷水灭火系统控火灭火率低，湿式系统易产生水渍的缺陷，可以代替干式系统提高灭火速度，也可代替湿式系统用于管道和喷头易于被损坏而产生喷水和漏水，以致造成严重水渍的场所，还可用于对自动喷水灭火系统安全要求较高的建筑物中。

5. 雨淋自动喷水灭火系统

该系统由开式喷头、管道系统、雨淋阀、火灾探测器、报警控制装置、控制组件和供水设备等组成。平时，雨淋阀后的管网充满水或压缩空气，其中的压力与进水管中水压相同，此时，雨淋阀由于传动系统中的水压作用而紧紧关闭着。当建筑物发生火灾时，火灾探测器感受到火灾因素，便立即向控制器送出火灾信号，控制器将此信号作声光显示并相应输出控制信号，由自动控制装置打开集中控制阀门，自动释放传动管网中有压力的水，使传动系统中的水压骤然降低，使整个保护区域所有喷头喷水灭火，该系统具有出水量大、灭火及时的优点，适用于火灾蔓延快、危险性大的建筑或部位。如图 3 - 23 所示。

6. 水幕系统、水喷雾系统

该系统由水幕喷头、控制阀（雨淋阀或干式报警阀等）、探测系统、报警系统和管道等组成。水幕系统中用开式水幕喷头，将水喷洒成水帘幕状，不能直接用来扑灭火灾，与防火卷帘、防火幕配合使用，对它们进行冷却和提高它们的耐火性能，阻止火势扩大和蔓延，也可单独使用，用来保护建筑物的门窗，洞口或在大空间造成防火水帘起防火分隔作用。该系统具有出水量大，灭火及时的优点。适用于火灾蔓延快、危险性大的建筑或部位。如图 3 - 24 所示。

水喷雾系统采用的喷雾喷头，把水粉碎成细小的水雾后喷射到正在燃烧的物质表面，通过表面冷却、窒息、乳化、稀释的同时作用实现灭火。如图 3 - 25 所示。

水幕系统和水雾系统与雨淋系统一样，都是开式系统。从系统的组成、控制方式到工作原理都与雨淋系统相同，区别只是在于水幕系统和水雾系统分别采用的是水幕喷头和喷雾喷头，而不是雨淋系统中的开式喷头。

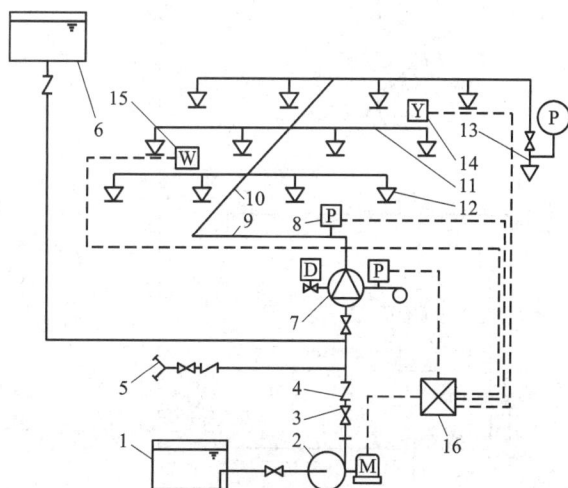

图 3 - 22　预作用自动喷水灭火系统

1—水池；2—水泵；3—出水闸阀；4—止回阀；5—水泵接合器；
6—消防水箱；7—预作用报警阀组；8—配水干管；9—水流指示器；
10—配水管；11—配水支管；12—闭式喷头；13—末端试水装置；
14—快速排气阀；15—电动阀；16—感温探测器；17—感烟探测器；
18—报警控制器；19—闭式喷头

图 3 - 23　雨淋自动喷水灭火系统

1—高位水箱；2—水力警铃；3—雨淋阀；4—水泵接合器；
5—控制箱；6—手动阀；7—水泵；8—进水管；9—电磁阀；
10—开式喷头；11—供水管；12—感烟火灾探测器；
13—感温火灾探测器；14—水池；15—压力开关

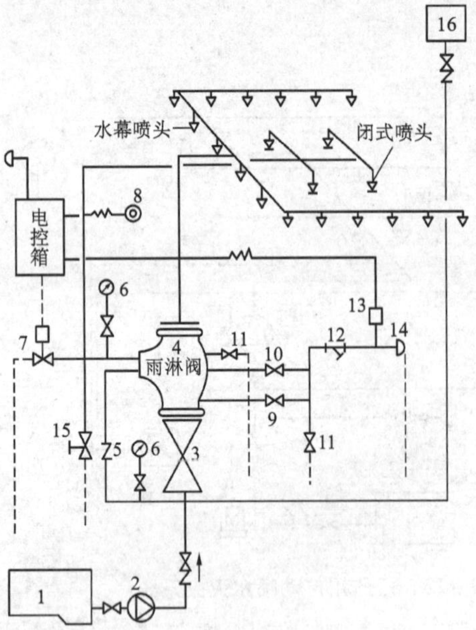

图 3-24 水幕系统

1—水池；2—水泵；3—供水闸阀；4—雨淋阀；5—止回阀；
6—压力表；7—电磁阀；8—按钮；9—试警铃阀；
10—试警管阀；11—放水阀；12—滤网；13—压力开关；
14—警铃；15—手动快门阀；16—水箱；17—电控箱；
18—水幕喷头；19—闭式喷头

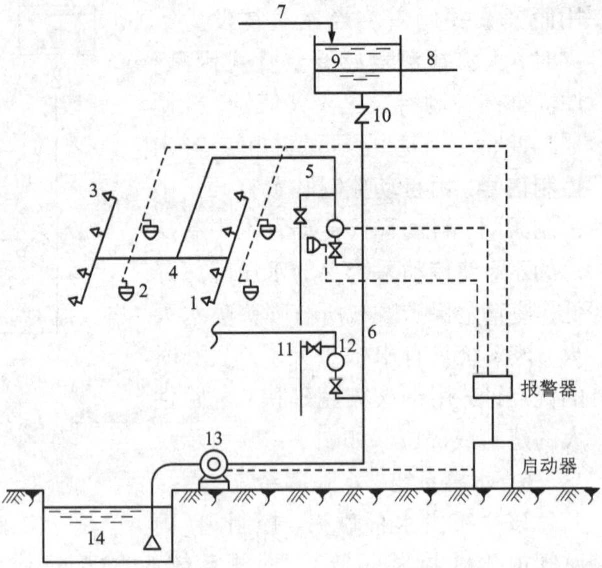

图 3-25 水喷雾系统

1、3—水雾喷头；2—火灾探测器；4—配水管；
5—干管；6—供水管；7—水箱进水管；
8—生活用水出水管；9—消防水箱；10—止回阀；
11—放水管；12—雨淋阀；13—消防水泵；14—消防水池

三、自动喷水灭火系统安装工艺

自动喷水灭火系统安装工艺流程：施工准备→干管安装→报警阀安装→立管安装→分层干管及支管安装→喷头支管安装→管道试压和冲洗→报警阀配件及其他组件安装→喷头安装→系统调试。

1. 施工准备

根据现场情况对施工图进行复核，核对各管道的坐标、标高是否有交叉或排列位置不当的现象；检查预埋和预留洞是否准确；检查管道、管件、阀门、设备及组件是否符合设计要求和质量标准。

2. 干管安装

自动喷水灭火系统的管道，$DN100$ mm 以下采用丝扣连接，$DN100$ mm 及以上采用沟槽连接。无论采用何种连接方式，均不得减少管道的流通面积。

3. 报警阀安装

系统的主要管网已安装完毕，首先检查报警阀的品牌、规格、型号是否符合设计图纸要求，报警阀组是否完好齐全、阀瓣启用是否灵活、阀体内有无异物堵塞等，然后根据施工图安装报警阀于明显而便于操作的地点，距地面高度一般为 1 m 左右，两侧距墙不小于 0.5 m，下面不小于距墙 1.2 m，安装报警阀的室内地面应采取排水措施。

4. 立管安装

立管暗装在竖井内时，在管井内预埋铁件上安装卡件固定，立管底部的支、吊架要牢固，防止立管下坠；立管明装时，每层楼板要预留洞，立管可随结构穿入，减少立管接口。

5. 分层干管及支管安装

(1)管道的分支预留口在吊装前应先预制好，所有预留口均做好临时堵。

(2)需要镀锌加工的管道在其他管道未安装前试装、试压、拆除、镀锌后再安装。

(3)管道安装与其他管道要协调好标高。

(4)管道变径时不得采用补芯。

(5)向上喷的喷头有条件的可与分支干管顺序安装好。其他管道安装完后不易操作的位置也应先安装好向上喷的喷头。

(6)喷头分支水流指示器后不得连接其他用水设施，每路分支均应设置测压设置。

(7)自动喷淋灭火系统中的管道，为了测试、维护和检修的方便，须及时排空管道中的水，因此在安装中，管道应有坡度。配水支管坡度不小于0.004，配水管和水平管不小于0.002。

6. 喷头支管安装

根据喷头的安装位置，将喷头支管做到喷头的安装位置，用丝堵代替喷头拧在支管末端上。根据喷头溅水盘安装要求，对管道出口高度进行复核。要求在安装完后，溅水盘高度应符合下列规定：

(1)喷水安装时，应按设计规范要求确保溅水盘与吊顶、门、窗、洞口和墙面的距离。

(2)当梁的高度使喷头高于梁底的最大距离不能满足上述规定的距离，应以此梁作为边墙对待；当梁与梁之间的中心间距小于8 m时，可用交错布置喷头方法解决。

(3)当通风管道宽度大于2 m时，喷头应安装在其腹面以下。

(4)斜面下的喷头安装，其溅水盘必须平行于斜面，在斜面下的喷头间距要以水平投影的间距计算，并不得大于4 m。

(5)一般喷头间距不应小于2 m，以避免一个喷头喷出的水流淋湿另一个喷头，影响它的动作灵敏度，除非二者之间有一挡水作用的构件。

7. 管道试压和冲洗

系统安装完后，应按设计要求对管网进行强度及严密性试验，以验证其工程质量。管网的强度及严密性试验一般采用水压进行试验；水压试验的测试点应设在系统管网的最低点，注水时应注意排净管内的空气，并缓慢升压。待水压达到试验压力后，稳压10 min，管网不渗、不漏，压力降不大于0.02 MPa即为合格。严密性试验在水压强度试验和管网冲洗合格后进行，试验压力为工作压力，稳压24 h，不渗、不漏为合格。在主管道上起切断作用的主控阀门，必须逐个进行强度和严密性试验，其试验压力为阀门出厂规定的压力值。

自动喷水系统在管道安装后应进行冲洗。冲洗的顺序应按先室外、后室内，先地下、后地上，地上部分应按立管、配水干管、配水支管的先后进行。水冲洗流速应不小于3 m/s，不得用海水或含有腐蚀性化学物质的溶液对系统进行冲洗。冲洗时，应对系统内的仪表采取保护措施，并将报警设备暂时拆下，待冲洗工作结束后随即复位。冲洗到进、出水色泽一致为合格，管道冲洗合格后，除规定的检查及恢复工作外，不得再进行影响管内清洁的其他作业。

8. 报警阀配件及其他组件安装

(1)报警阀配件安装：警阀组的配件安装应在交工前进行，其安装应符合以下规定：压力表应安装在报警阀上便于观测的位置；排水管和试验阀应安装在便于操作的地方；水源控制阀应有可靠的开启锁定设施；湿式报警阀的安装除应符合上述要求外，还应能使报警阀前后的管道顺利充满水，压力波动时，水力警铃不应发生误报警；每一个防火区都设有一个水流指示器。

（2）水流指示器的安装：流指示器的安装应在管道试压和冲洗合格后进行，水流指示器的规格、型号应符合设计要求；水流指示器应竖直安装在水平管道上侧，其动作方向应和水流方向应一致；安装后的水流指示器叶片、膜片应动作灵活，不应与管壁发生碰擦；在管道上开孔时，应使用开孔器开孔。不能使用割具开孔，以避免溶渣滴入管内，在使用时卡住叶片。

（3）水力警铃的安装：水力警铃应安装在公共通道或值班室附近的外墙上；水力警铃和报警阀的连接应采用镀锌钢管，当镀锌钢管的公称直径为 15 mm 时，其长度不应大于 6 m，当镀锌钢管的公称直径为 20 mm 时，其长度不应大于 20 m；安装后的水力警铃启动压力不应小于 0.05 MPa。

（4）信号阀的安装：信号阀应安装在水流指示器前的管道上，与水流指示器之间的距离不应小于 300 mm。

（5）排气阀的安装：排气阀的安装应在系统管网试压和冲洗合格后进行，排气阀应安装在配水管顶部、配水管的末端，且应确保无渗漏。

（6）控制阀的安装：控制阀的规格、型号和安装位置均应符合设计要求，安装方向应正确，控制阀内应清洁、无堵塞、无渗漏；主要控制阀应加设启闭标志；隐蔽处的控制阀应在明显处设有指示其位置的标志。

（7）压力开关的安装：压力开关应竖直安装在通往水力警铃的管道上，且不应在安装中拆装改动。

（8）末端试水装置的安装：末端试水装置宜安装在系统管网末端或分区管网末端。

9. 喷头安装

在安装喷头前，管道系统应经过试压、冲洗。喷头在安装时，应使用专用扳手，严禁利用喷头的框架施拧。如喷头的框架，溅水盘变形或释放原件损伤时，应换上规格、型号相同的喷头。喷洒头的两翼方向应成排统一安装。护口盘要紧贴吊顶，走廊单排的喷头两翼应横向安装。

10. 系统调试

系统调试内容主要包括水源测试、消防水泵性能试验、报警阀性能试验、排水装置试验、联动试验、火灾模拟试验。

水源测试要检查室外水源管道的压力和流量是否符合设计要求；核实屋顶上容积是否符合规范规定；核实消防水池是否符合规范规定；核实水泵接合器的数量和供水是否满足系统灭火的要求，并用消防车进行供水试验。

消防水泵性能试验分别以自动或手动方式启动消防泵，消防水泵应在 5 min 内投入正常运行，达到设计流量和压力，其压力表指针应稳定。运转中无异常声响和振动，各密封部位不得有泄漏现象，各滚动轴承温度应不高于 75℃，滑动轴承的温度应不高于 70℃。备用电源切换供照明，消防水泵应在 1.5 min 内投入正常运行，消防泵的上述多项性能应无变化。

屋顶消火栓试验首先利用屋顶水箱及消防稳压泵向系统充水，检查系统和阀门是否有渗漏现象，检查屋顶试验消火栓水压力及低层消火栓口压力是否符合设计要求；其次连接好屋顶试验消火栓水龙带及水枪，打开屋顶试验消火栓，并启动消火栓泵及用消防车通过水泵接合器向系统加压，检测此时消火栓水枪充实水柱是否符合设计要求。

报警阀性能试验是打开系统试水装置后，湿式报警阀能及时启动，经延迟器 5～90 s 后，水力警铃应准确地发出报警信号，水流指示器应输出报警信号，并启动消防泵。

系统排水装置试验：开启排水装置的主排水阀，按系统最大设计灭火水量作排水试验，并使压力达到稳定，在试验过程中，从系统排出的水应全部从室内排水系统排走。

系统联动试验方法和要求：感烟探测器用专用测试仪输入模拟烟信号后，应在 15 s 内输出报警和启动系统执行信号，准确、可靠地启动系统；感温探测器专用测试仪输入模拟信号后，在 20 s 内输出报警和启动系统执行信号，准备、可靠地启动系统；启动一只喷头或以 0.94～1.5 L/s 的流量从末端试水装置处放水，水流指示器、压力开关、水力警铃和消防水泵等及时动作并发出相应的信号。

消防监督部门认为有必要时，要求进行灭火模拟试验。也就是在个别区域或房间内升温，使一个或数个喷头打开喷水，然后验证其保护面积、喷水强度、水压，验证电动报警装置的联动是否符合设计要求以及有关规定。

第四节　其他消防灭火系统

一、干粉灭火系统

干粉灭火系统是以干粉作为灭火剂的灭火系统。干粉灭火剂是一种干燥的、易于流动的细微粉末，平时贮存于干粉灭火器或干粉灭火设备中，灭火时由加压气体(二氧化碳或氮气)将干粉从喷嘴射出，形成一股携夹着加压气体雾状粉流射向燃烧物，起到灭火作用。如图 3-26、图 3-27 所示。

干粉灭火剂对燃烧有抑制作用，当大量的粉粒喷向火焰时，可以吸收维持燃烧连锁反应的活

图 3-26　干粉灭火系统实图

性基团，随着活性基团的急剧减少，使燃烧连锁反应中断、火焰熄灭；另外，某些化合物与火焰接触时，其粉粒受高热作用后爆裂成许多更小的颗粒，从而大大增加了粉粒与火焰的接触面积，提高了灭火效力；还有，使用干粉灭火剂时，粉雾包围了火焰，可以减少火焰的热辐射，同时粉末受热放出结晶水或发生分解，可以吸收部分热量而分解生成不活泼气体。干粉有普通型干粉(BC 类)、多用途干粉(ABC 类)和金属专用灭火剂(D 类火灾专用干粉)。

BC 类干粉根据其制造基料的不同有钠盐、钾盐及氨基干粉之分。这类干粉适用于扑救易燃、可燃液体如汽油、润滑油等火灾，也可用于扑救可燃气体(液化气、乙炔气等)和带电设备的火灾。

多用途型(ABC 类)干粉灭火剂主要成分是磷酸铵盐，它除了具有 BC 类灭火器的功能外，还能扑救一般固体物质如木材、棉、麻、竹等形成的火灾。

金属专用型(D 类)干粉，通常使用氯化钠基粉末、一种经过钝化处理的石墨基粉末或精

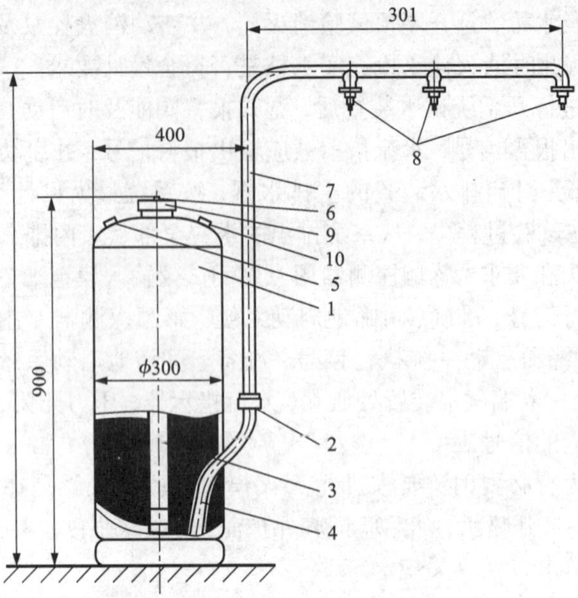

图 3-27 干粉灭火系统组成示意图

1—钢制容器；2—密封接头；3—气体发生器；4—干粉出口管；5—干粉充装口；

6—电接头；7—送粉管；8—喷嘴；9—螺帽

细铜粉加氩气驱动，其原理是通过排除氧气来闷熄失火。铜粉加氩气驱动的 D 类灭火器主要使用在灭锂金属火灾，而氯化钠干粉和石墨材质的灭火器都普遍用在除锂金属外的一些活泼金属，如钾、钠、镁、钛、锆、铝镁合金等各种形态的活泼（轻）金属燃烧的火灾。

干粉灭火具有灭火历时短、效率高、绝缘好、灭火后损失小、不怕冻、不用水、可长期储存等优点。干粉灭火系统按其安装方式有固定式、半固定式之分。按其控制启动方法又有自动控制、手动控制之分。按其喷射干粉的方式有全淹没和局部应用系统之分。

二、气体灭火系统

在消防领域应用最广泛的灭火剂就是水，但对于扑灭可燃气体、可燃液体、电器火灾以及计算机房、重要文物档案库、通信广播机房、微波机房等不宜用水灭火的火灾，气体消防是最有效、最干净的灭火手段。气体灭火系统一般包括卤代烷灭火系统、二氧化碳灭火系统、混合气体灭火系统、气溶胶灭火系统、惰性气体灭火系统、氟化烃灭火系统和烟雾灭火系统等。

气体灭火系统由储存瓶组、储存瓶组架、液体单向阀、集流管、选择阀、管道系统、安全阀、喷嘴、药剂、火灾探测器、气体灭火控制器、声光报警器、放气指示灯、警铃、紧急启动按钮等组成。

1. 卤代烷灭火系统

卤代烷灭火系统是把具有灭火功能的卤代烷碳氢化合物作为灭火剂的一种气体灭火系统。卤代烷灭火系统适用于不能用水灭火的场所，如计算机房、图书档案室及文物资料库等建筑物。

卤代烷灭火系统有全淹没、局部应用两类。全淹没卤代烷灭火系统能在一定的封闭空间内,保持一定浓度的卤代烷气体,从而达到灭火所需的浸渍时间。这种系统又可分为组合分配、单元独立和无管网系统。局部应用卤代烷灭火系统是由灭火装置直接向燃烧物喷射灭火剂灭火,但其系统的各种部件是固定的,可自动喷射灭火剂。

传统的卤代烷灭火剂是1211及1301,但由于该灭火剂会破坏大气臭氧层,分别在2005年及2010年停止生产,目前推广使用的是洁净气体灭火剂为七氟丙烷(HFC - 227ea、FM - 200)。七氟丙烷是一种无色、无味、低毒性、绝缘性好、无二次污染的气体,对大气臭氧层的耗损潜能值为零,是目前替代卤代烷灭火剂最理想的替代品。七氟丙烷灭火系统主要适用于计算机房、通讯机房、配电房、油浸变压器、自备发电机房、图书馆、档案室、博物馆及票据、文物资料库等场所,可用于扑救电气火灾、液体火灾或可熔化的固体火灾,固体表面火灾及灭火前能切断气源的气体火灾。如图3-28所示。

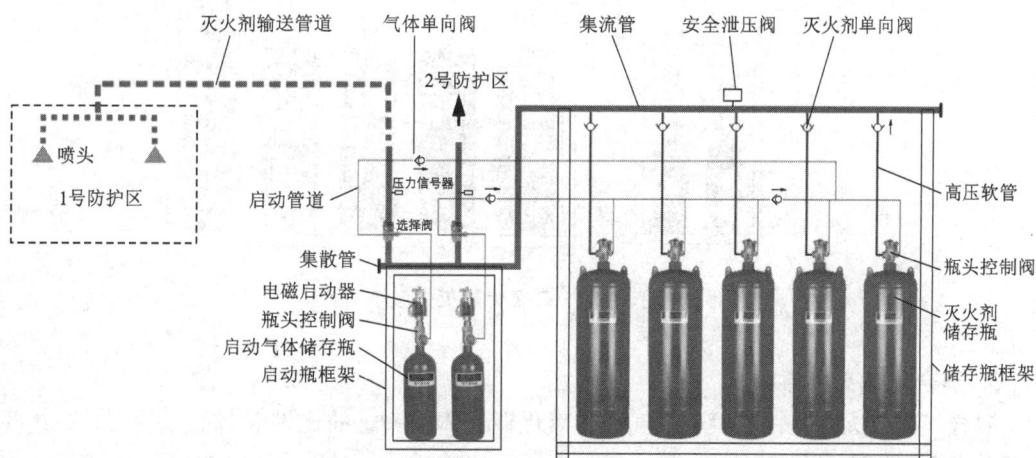

七氟丙烷参数:
臭氧层的耗损潜能值ODP=0;温室效应潜能值GWP=0.6;大气中存留寿命ALT=31年;灭火剂无毒性反应浓度NOAEL=9.0%;灭火剂有毒性反应浓度LOAEL=10.5%;灭火设计基本浓度C=8.0%;低于NOAEL和LOAEL,相对安全。

图3-28 七氟丙烷灭火系统

2. 二氧化碳灭火系统

二氧化碳灭火系统属于纯物理的气体灭火系统,原理是通过减少空气中氧的含量,使其达不到支持燃烧的浓度。二氧化碳灭火剂是液化气体型,一般以液相二氧化碳贮存在高压瓶内。二氧化碳灭火系统是一种具有不污损保护物、灭火快、空间淹没效果好等优点的气体灭火系统。适用于灭火前可切断气源的气体火灾、固体火灾、液体火灾和电气火灾,不得用于扑救硝化纤维、火药等含氧化剂的化学制品火灾。

二氧化碳灭火系统按灭火方式可分为全淹没系统、局部应用系统、手持软管系统、竖管系统。系统的启动方式有手动和自动两种,一般使用手动式,无人时可转换为自动式。全淹没二氧化碳灭火系统适用于无人居留或发生火灾能迅速(30 s以内)撤离的防护区;局部二氧化碳灭火系统适用于经常有人的较大防护区内,扑救个别易燃烧设备或室外设备。

系统的工作原理是:当采用自动式时,探测器在探测到发生火灾后,发出声、光报警,并通过控制盘打开启动用气容器的阀门,放出启动气体来打开选择阀和二氧化碳储存钢瓶的瓶头阀,从而放出二氧化碳灭火。当采用手动式时,则直接打开手动启动装置,按下按钮,接通电源，也能按以上程序放出二氧化碳灭火。如图3-29所示。

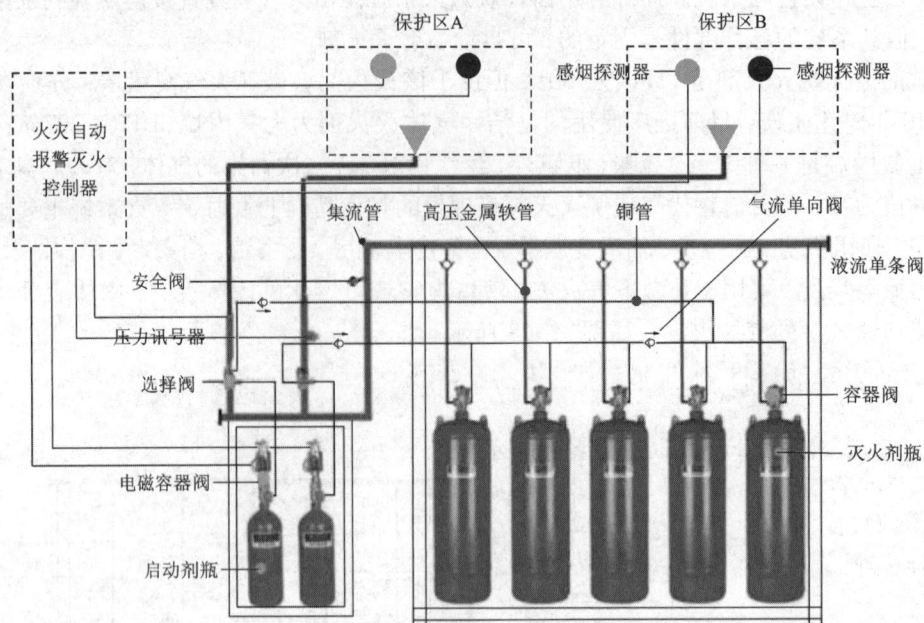

图3-29 二氧化碳灭火系统

3. 混合气体灭火系统

混合气体灭火剂是由氮气、氩气和二氧化碳气体按一定的比例混合而成的气体，这些气体都是在大气层中自然存在的，对大气臭氧层没有损耗，也不会对地球的"温室效应"产生影响，混合气体既不支持燃烧，又不与大部分物质产生反应，是一种十分理想的环保型灭火剂。混合气体灭火系统系纯物理灭火方式，是靠释放后将保护区的氧气浓度降低到12.5%并把二氧化碳的浓度提高到4%，而氧气浓度降低到15%以下，大多数普通可燃物可停止燃烧。混合气体灭火系统由火灾自动探测器、自动报警控制器、自动控制装置、固定灭火装置及管网、喷嘴等组成。自动启动、手动启动和机械应急启动三种启动方式。根据使用要求，可以组成单元独立系统、组合分配系统，采用全淹没方式，实现对单个防护区、多防护区的消防防护。主要适用于电子计算机房、通讯机房、配电房、油浸变压器、自备发电机房、图书馆、档案室、博物馆及票据、文物资料库等经常有人工作的场所，可用于扑救电气火灾、液体火灾或可溶化的固体火灾，固体表面火灾及灭火前能切断气源的气体火灾，但不可用于扑救D类活泼金属火灾。

4. 气溶胶灭火系统

气溶胶是指以固体或液体的微粒悬浮于气体介质中的一种物态。常见的气溶胶为烟气、雾等。灭火用的气溶胶微粒直径只有$10 \sim 100 \ \mu m$，能够像气体一样长时间悬浮在空中而不会落下来。气溶胶灭火剂在使用前呈固体状态，使用时，感温、感烟探测器会自动接通点火装置，点燃气溶胶药剂，并很快产生大量烟雾(气溶胶)，迅速弥漫整个防护区。气溶胶产生的固体微粒主要是金属氧化物及碳酸盐等，当遇到火焰时，会产生一系列化学反应，这些反应都是强烈的吸热反应，可大量吸收燃烧时产生的热量，同时，燃烧会使气溶胶的金属离子与燃烧物中的自由基产生链式反应,大量消耗这些活性基,同时产生氮气、二氧化碳等惰性气体,从而中断燃烧链,达到灭火的目的,常用的气溶胶有 K 型、S 型。适用于通信中心、通信(移动、联通、电信)、电视广播中心、信息中心、机场、铁路、交通指挥中心、数据中心、计算机中心、发电厂、变电站、变电所、发电机房、配电室、医院设备房、档案室、办公楼、大型商业中心、博物馆、文物馆、美术馆、图书馆、银行金库、精密仪器仓库、实验室、大型酒店、油库等场所。不适用于喷漆房、易燃气体、易燃化学品仓库等。

三、泡沫灭火系统

泡沫灭火工作原理是应用泡沫灭火剂,使其与水混溶后产生一种可漂浮,黏附在可燃、易燃液体或固体表面,或者充满某一着火物质的空间,起到隔绝、冷却的作用,使燃烧物质熄灭。泡沫灭火系统广泛应用于油田、炼油厂、油库、发电厂、汽车库、飞机库及矿井坑道等场所。如图 3 – 30 所示。

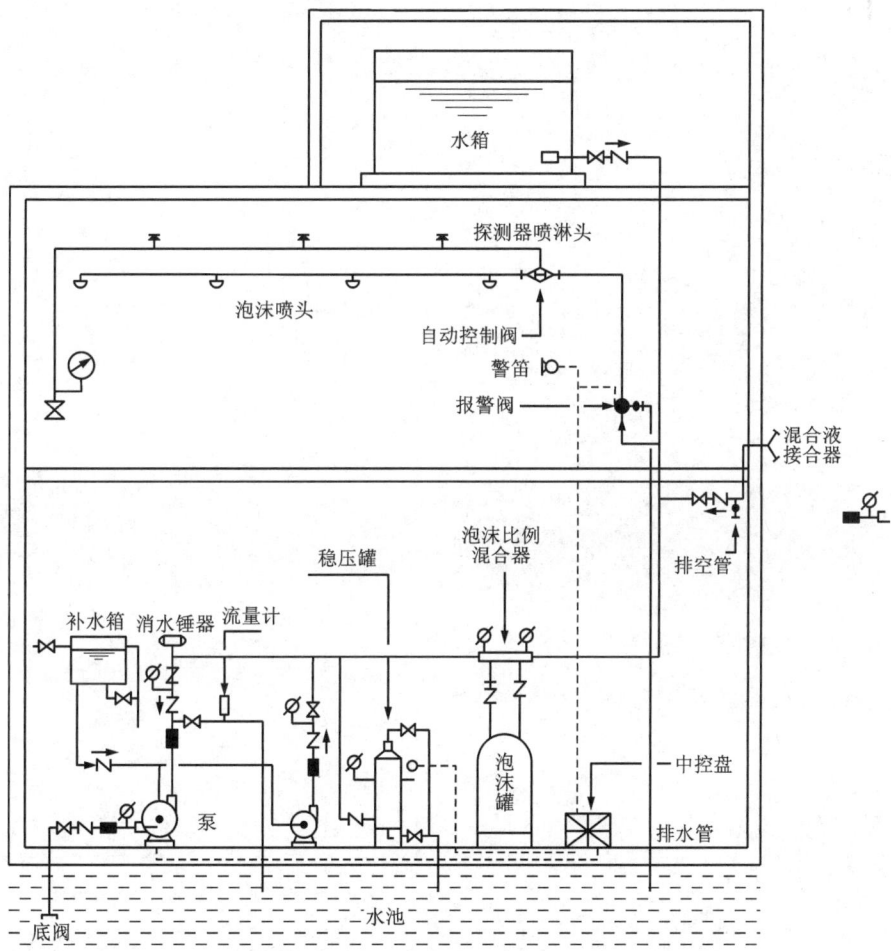

图 3 – 30　泡沫灭火系统组成示意图

泡沫灭火剂按其成分有化学泡沫灭火剂、蛋白质泡沫灭火剂及合成型泡沫灭火剂等几种类型。泡沫灭火系统按其使用方式有固定式、半固定式和移动式之分；按泡沫喷射方式有液上喷射、液下喷射和喷淋方式之分；按泡沫发泡倍数有低倍、中倍和高倍之分。

化学灭火剂是由结晶硫酸铝 $Al_2(SO_4)_3 \cdot H_2O$ 和碳酸氢钠 $NaHCO_3$ 组成。使用时使两者混合反应后产生 CO_2 灭火，我国目前仅用于装填在灭火器中手动使用。

目前国内应用较多的合成型泡沫灭火剂有凝胶型、水成膜和高倍数等三种合成型泡沫液。

第四章　建筑热水供应与饮水供应系统

随着社会经济的发展和人们生活水平的日益提高，人们已不满足建筑中单纯的冷水供应，对热水的需求与日俱增，除了饭店、宾馆、高档住宅、大型公共建筑及生产车间设置热水供应系统外，目前在一般的居住小区建筑给水系统中也设计安装有集中的热水供应系统或一些小区建筑中设置局部热水供应，如电热水器、燃气热水器、壁挂式锅炉和太阳能热水器等加热设备供热水用户洗浴之用，满足人们生活的需要。饮水供应系统常设置在商场、医院、车站、宾馆等建筑中满足人们对饮水的需求，直饮水供水系统常设置在城市旅游景点、公园等地方，供游客直接饮水之用，体现出城市的发展和人性化建设的有机结合。

第一节　建筑热水供应系统概述

一、热水水质的要求

1. 热水使用的水质标准

生活用热水的水质应符合我国现行的国标 GB 5749—2006《生活饮用水卫生标准》；生产用热水的水质应根据不同生产工艺的要求分别确定，其水质必须满足生产工艺的要求。

2. 被加热水的水质要求

水在加热后水中的钙镁离子受热会析出，在设备和管道内结垢，降低热效率、浪费能源；水中的氧也会因受热逸出，加速金属管材和金属容器的腐蚀，降低系统承压能力，易产生隐患。因此，集中热水供应系统中被加热的水，应根据水量、水质、水温、使用要求、工程投资、管理制度及设备维修等因素，来确定是否需要进行水质处理，即水质软化处理和除氧处理。若日用水量小于 10 m^3，水温不超过 65℃，水质可不进行软化。

二、热水水温的要求

1. 热水使用温度

生活用热水的水温应满足生活使用的各种需要，一般水温为 25～60℃。当设计一个热水供应系统时，应确定出最不利配水点热水最低水温，使其与冷水混合达到生活用热水的水温要求。生产用热水水温应根据生产工艺要求确定。为保证配水点水温达到要求，集中热水供应系统配水点的最低水温，当加热的冷水进行软化处理时不得低于 60℃，无软化处理时不得低于 50℃，且不低于用水设备要求的使用水温；局部热水供应系统和以热力管网热水作热媒的热水供应系统，配水点的最低温度为 50℃。

2. 热水供应温度

热水锅炉或水加热器出口的水温应根据表 4−1 确定。水温偏低，满足不了用户的要求；水温过高，会使热水系统的设备、管道结垢加剧，且易发生烫伤、积尘、热损失增加等问题。

热水锅炉或水加热器出口水温与系统最不利配水点的水温差称为降温值,一般不大于10℃,用作热水供应系统配水管网的热损失。降温值的选择应根据系统的大小、保温材料的不同,进行技术比较后确定。

表4-1 出口的最高水温和配水点的最低水温

序号	水处理情况	热水锅炉、热水机组或水加热器出口的最高水温/℃	配水点的最低水温/℃
1	原水水质无需软化处理或原水水质需水质处理且有水质处理	75	50
2	需软化处理且无软化处理	60	50

注:当热水供应系统只供淋浴和盥洗用水,不供洗涤池(盆)洗涤用水时,配水点最低水温可不低于40℃。

三、热水用水量标准

生活用水量标准有两种:一种是根据建筑物的使用性质和内部卫生器具的完善程度,用单位数来确定。其水温按60℃计算。另一种是根据建筑物使用性质和内部卫生器具的单位用水量来确定,即卫生器具1次和1h的热水用水定额,根据卫生器具的使用功能不同,其水温要求也不同,见表4-2。

表4-2 60℃热水用水定额

序号	建筑物名称	用水定额(最高日)	使用时间/h
1	住宅		
	有自备热水供应和淋浴设备/[L·(人·d)⁻¹]	40~80	24
	有集中热水供应和淋浴设备/[L·(人·d)⁻¹]	60~100	
2	别墅/[L·(人·d)⁻¹]	70~110	24
3	单身职工宿舍、学生宿舍、招待所培训中心、普通旅馆设公用盥洗室/[L·(人·d)⁻¹]	25~40	24 或 定时供水
	设公用盥洗室、沐浴室/[L·(人·d)⁻¹]	40~60	
	设公用盥洗室、沐浴室、洗衣室/[L·(人·d)⁻¹]	50~80	
	设单独卫生间、公用洗衣室/[L·(人·d)⁻¹]	60~100	
4	宾馆客房		
	旅客/[L·(床·d)⁻¹]	120~160	24
	员工/[L·(人·d)⁻¹]	40~50	
5	养老院/[L·(床·d)⁻¹]	50~70	24
6	幼儿园、托儿所		
	有住宿/[L·(人·d)⁻¹]	20~40	24
	无住宿/[L·(人·d)⁻¹]	10~15	10

序号	建筑物名称	用水定额(最高日)	使用时间/h
7	公共浴室淋浴/[L·(人·次)$^{-1}$]	40 ~ 60	12
	淋浴、浴盆/[L·(人·次)$^{-1}$]	60 ~ 80	
	桑拿浴、淋浴/[L·(人·次)$^{-1}$]	70 ~ 100	

注：1. 表内所列用水定额均已包括在给水用水定额中；2. 本表60℃热水水温为计算温度。

第二节　热水供应系统的分类和组成

一、热水供应系统的分类

1. 按热水的供应范围分类

按照热水的供应范围分为局部热水供应系统、集中热水供应系统和区域热水供应系统。

1)局部热水供应系统。

特点：

(1)就地加热就地用热水，一般无热水输送管道，有也很短，热水分散加热；

(2)热水供应范围小，如单元旅馆、住宅、公共食堂、理发室及医疗所等；

(3)小型加热设备，如电加热器、煤气加热器、蒸汽加热器、太阳能热水器、炉灶等；

(4)热效率较低。

应用：

该系统适用于没有集中热水供应的居住建筑、小型公共建筑以及热水用水量较小且用水点分散的建筑。

2)集中热水供应系统(图4 - 1)。

特点：

(1)此地加热异地用热水，有热水输配管网；

(2)热水供应范围较大，如一幢或几幢建筑物；

(3)加热设备为锅炉房或热交换器，热水集中加热；

(4)热效率较高。

应用：

适用于使用要求高、耗热量大、用水点多且比较集中的建筑。

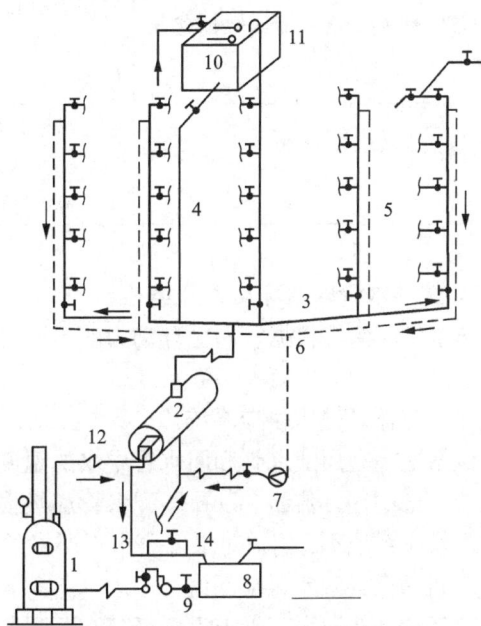

图4 - 1　集中热水供应系统

1—锅炉；2—水加热器；3—配水干管；4—配水立管；5—回水立管；6—回水干管；7—循环泵；8—凝结水池；9—冷凝水泵；10—给水水箱；11—透气管；12—热媒蒸汽管；13—凝水管；14—疏水器

3)区域热水供应系统。

特点：

(1)热水供应范围大，供应城市一个区域的建筑群；

(2)加热冷水的热媒多为热电站或工业锅炉房引出的热力网提供；

(3)热效率高，有条件时优先采用；

(4)管网长且复杂，热损失大，设备、附件多，管理水平要求高，一次性投资大。

应用：

系统适用于建筑布置较集中、热水用量较大的城镇住宅区和大型工业企业热水用户。见表4-3。

表4-3 三种热水供应系统特点应用

分类	含义	特点	适用范围
局部热水供应系统	供单个或数个配水点热水	靠近用水点设小型加热设备，供水范围小，管路短，热损小	用量小且较分散的建筑
集中热水供应系统	供一幢或数幢建筑物热水	在锅炉房或换热站集中制备，供水范围较大，管网较复杂，设备多，一次投资大	耗热量大，用水点多而集中的建筑
区域热水供应系统	供区域整个建筑群热水	在区域锅炉房的热交换站制备，供水范围大，管网复杂，热损大，设备多，自动化高，投资大	用于城市片区、居住小区的整个建筑群

2. 按热水管网循环动力分类

热水供应系统根据管网循环动力的不同可分为自然循环热水供应系统和机械循环热水供应系统。

1)自然循环热水供应系统。

该系统是利用配水管和回水管中水的温度不同，有密度差所产生的压力差，使热水管网内维持一定的循环流量，以补偿配水管道热损失，保证用户对热水温度的要求。该系统适用于热水供应系统小，用户对水温要求不严格的系统中。

2)机械循环热水供应系统。

该系统是在回水干管上设置循环水泵强制一定量的水在管网中循环，以补偿配水管道热损失，保证用户对热水温度的要求。该系统适用于大、中型且用户对热水温度要求严格的热水供应系统。

3. 按热水管网循环方式分类

为保证热水管网中的水随时保持一定温度，热水管网除配水管道外，还应根据具体情况和使用要求设置不同形式的回水管道，以便当配水管道停止配水时，管网中仍维持一定的循环流量，以补偿管网热损失，防止温度降低太多，影响用户随时用热水的需要。常用的循环管网方式有全循环热水供应方式、半循环热水供应方式和非循环热水供应方式。

1)全循环热水供应方式。

全循环热水供应方式是指热水供应系统中热水配水管网的水平干管、立管及支管均设置回水管道确保热水循环,各配水龙头随时打开均能提供符合设计水温要求的热水。该系统应设置循环水泵,用水时不存在使用前放凉水和等时间的现象。该系统适用于对水温要求严的建筑。如高级宾馆、饭店、高级住宅等高标准的建筑,如图4-2所示。

2)半循环热水供应方式。

半循环热水供应方式是指只在热水干管设置回水管,只能保证干管中的热水设计温度。比全循环系统节省管材,适用于水温要求不太严的建筑,如图4-3所示。

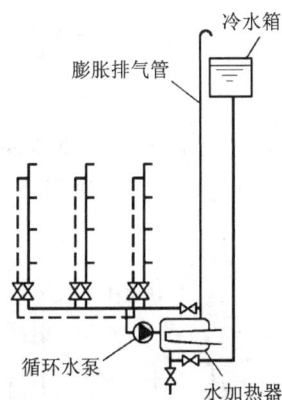

图4-2 全循环热水供应系统

图4-3 半循环热水供应系统

3)非循环热水供应方式。

非循环热水供应方式是指在热水供应系统中热水配水管网的水平干管、立管、配水支管都不设置任何回水管道,不能随时保证配水点的设计水温。对于热水供应系统较小、使用要求不高的定时集中供应热水的建筑。如公共浴室、洗衣房、某些工厂生产用热水等场合,如图4-4所示。

图4-4 非循环热水供应系统

4. 按热水管网运行方式分类

热水供应方式按热水供应时间可分为全日热水供应系统和定时热水供应系统

1)全日热水供应系统。

全日热水供应是指热水供应系统管网中在全天候任何时刻都维持不低于循环流量的水量在进行循环,热水配水管网全天任何时刻都可以配水,并保证配水温度。如高级宾馆、医院、疗养院等建筑物。

2)定时热水供应系统。

定时热水供应是指热水供应系统每天定时配水,其余时间停止供水,该系统在集中使用前,利用循环水泵将管网中已冷却的水强制循环加热,达到规定水温时才能使用。该系统适用于每天定时供应热水的建筑,如旅馆、住宅楼和工业企业中。

5. 按热水管网的布置方式分类

按热水管网的布置方式不同可分为上行下给式、下行上给式和分区供水式三种方式。

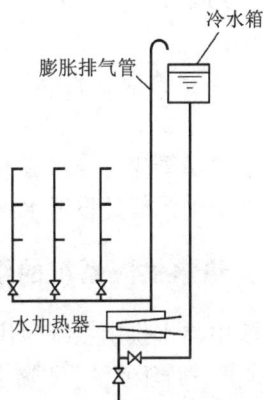

1）上行下给式。

上行下给式热水供水系统是指将水平供水干管布置在系统的上端，水流方向向下和系统排气方向相反，如图4-5所示。

上行下给式布置要求：

（1）水平干管可布置在顶层吊顶内或顶层下。

（2）设与水流方向相反≥0.003的坡度。

（3）最高点设排气阀。

（4）冷、热水管布置：水平平行排列时，热管在上，冷管在下；垂直平行排列时，热管在左，冷管在右。

2）下行上给式。

下行上给式热水供水系统是指将水平供水干管布置在系统的下端，热水的水流方向是向上的，水流方向向上和系统排气方向相同，如图4-6所示。

下行上给式布置要求：

（1）水平干管可设在地沟或地下室内，但不允许直接埋地；

（2）水平干管要设补偿器，尤其对线性膨胀系数大的管材；

（3）在最高配水点处排气。

方法：

①循环立管应在配水立管最高点下至少0.5 m处连接；

②热水横管应有与水流方向相反的≥0.003的坡度；

③在管网最低处设泄水阀门，以便检修。

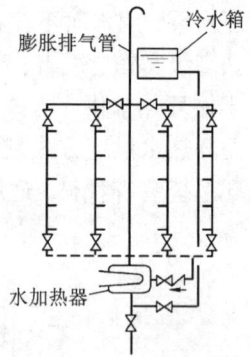

图4-5 异程式自然循环
上行下给管道布置

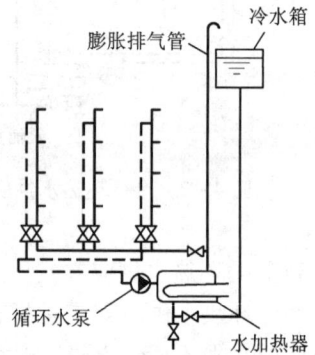

图4-6 同程式全循环
下行上给管道布置

二、热水供应系统的组成

以集中热水供应系统为代表，如图4-7所示，一个完整的热水供应系统应由热水加热系统（也称第一循环系统）和热水输配系统（也称第二循环系统）及附件三部分组成。第一循环系统由加热设备（锅炉或热交换器）、热煤管道、加热器、凝水管道、凝结水池、凝结水泵等组成。第二循环系统由上部贮水箱、冷水管、热水管、循环管及水泵等组成。

1. 热水加热系统

热水制备系统又称第一循环系统，是由热源（蒸汽锅炉或热水锅炉）、水加热器（汽-水或水-水热交换器）和热媒管网组成。当使用蒸汽为热媒时，蒸汽锅炉生产的蒸汽通过热媒管网输送到热交换器中，经过表面换热或混合换热将冷水加热成热水。

2. 热水输配系统

热水供应系统又称为第二循环系统，它由热水配水管网和回水管网组成。被加热到设计要求温度的热水，从水加热器出口经配水管网送至各个热水配水点，而水加热器所需冷水侧由高位水箱或给水管网补给。在各立管和水平干管甚至配水支管上设置回水管，目的是使一

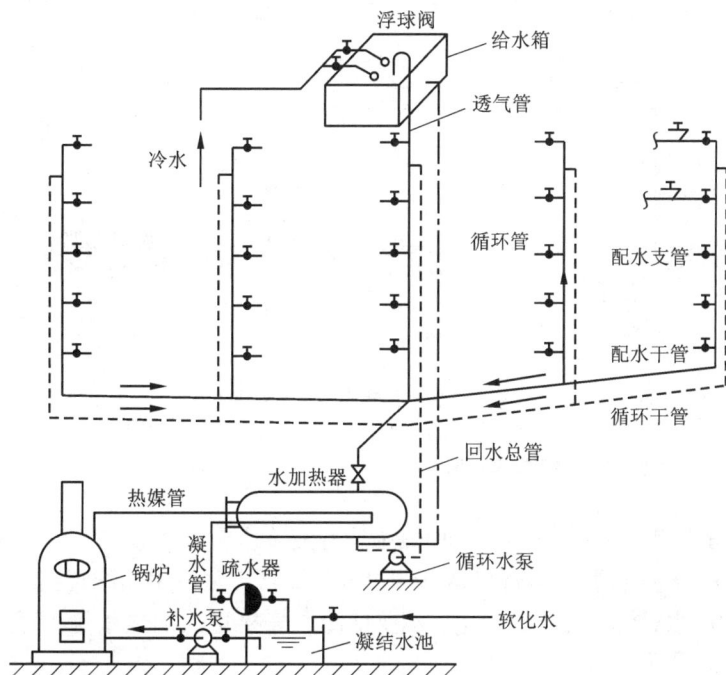

图4-7 热水供应系统

定量的热水流回加热器重新加热,补偿配水管网的热损失,保证各配水点的水温。

3. 附件

由于热媒系统和热水供应系统中控制、连接和安全的需要,常使用一些附件,有安全阀、减压阀、闸板阀、自动排气阀、疏水器、自动温度调节装置、膨胀罐、管道自动补偿器、水嘴等附件。

三、热水供应设备

1. 加热设备

1)小型锅炉。

燃煤:立卧式、燃料价格低、成本低、热效率低、排污量大;

燃油:构造简单、体积小、热效率高、排污量少;

燃气:构造简单、体积小、热效率高、排污量少;

电锅炉:无污染,造价高。

2)容积式水加热器。

有立式和卧式两种。卧式水加热器比立式性能好,一般多采用卧式水加热器。如图4-8所示为卧式容积式水加热器,中下部放置加热排管,蒸汽由排管上部进入,凝结水由排管下部排出。加热排管可采用铜管或钢管。冷水由加热器底部压入,制备的热水由其上部送出,对于一般立式及卧式容积式水加热器,经选型计算后均可按国家标准图选用。

3)加热水箱。

水箱中放置蒸汽多孔管、蒸汽喷射器、排管或盘管等就构成了加热水箱,如图4-9所

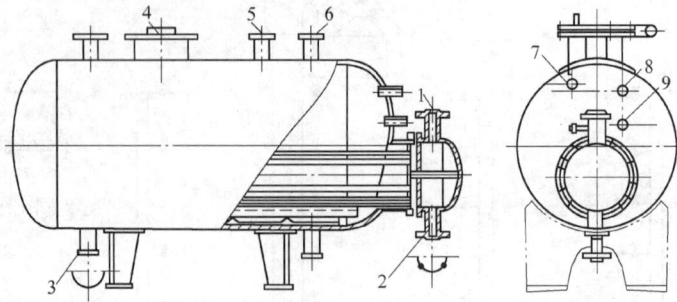

图4-8 容积式间接加热器

1—蒸汽；2—冷凝水；3—进水；4—入孔；5—接安全阀；
6—出水；7—温度计接口；8—压力计接口；9—温度调节器接口

示,加热水箱一般用钢板制成矩形。往加热水箱补充冷水时应注意:

(1)如果室外给水管网压力较高(大于4.9 bar),且出水口用浮球阀控制,为不使浮球阀因压力高而经常漏水,使系统压力稳定,不要把冷水直接送入加热水箱,而应由另外一个给水水箱供水。

(2)采用蒸汽多孔管或箱内设置喷射器加热冷水时,蒸汽管应从高出加热水箱水位0.5 m处引入,这样可以避免冷水在蒸汽切断时被吸入蒸气管内。

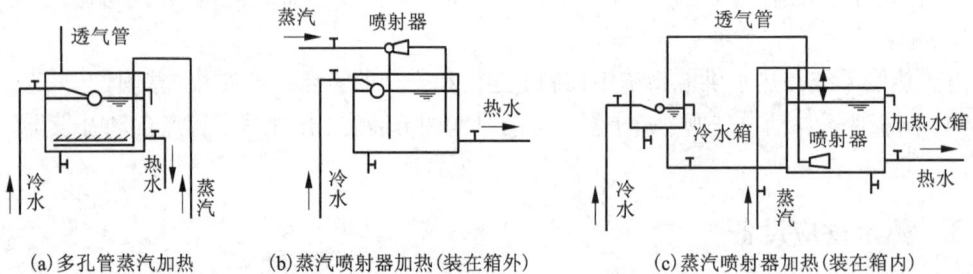

(a)多孔管蒸汽加热   (b)蒸汽喷射器加热(装在箱外)   (c)蒸汽喷射器加热(装在箱内)

图4-9 热媒直接加热冷水方式

4)快速水加热器。

有汽-水和水-水两种类型。前者热煤为蒸汽,后者热煤为过热水。汽-水快速加热器也有两种类型,如图4-10所示为多管式汽-水快速加热器;它的优点是效率高、占地面积少;缺点是水头损失大,不能贮存热水供调节使用,在蒸汽或冷水压力不稳定时,出水温度变化较大。快速加热器适用于用水量大而且比较均匀的建筑物。为避免水温波动,最好装设自动温度调节器或贮水罐。此外,还有一种单管式汽-水加热器,这种加热器的优点与多管式水加热器相同。单管式水加热器之间可以并联或串联,如图4-11所示。

水-水快速加热器外形和多管汽-水加热器相同,唯套管内为多管排列;热媒是过热水。热效率比汽-水加热器低,但比容积式水加热器高。

2. 热水贮存器

是一种单纯贮存热水的容器。在热水供应系统用水不均匀时,贮水器起调节作用。它有

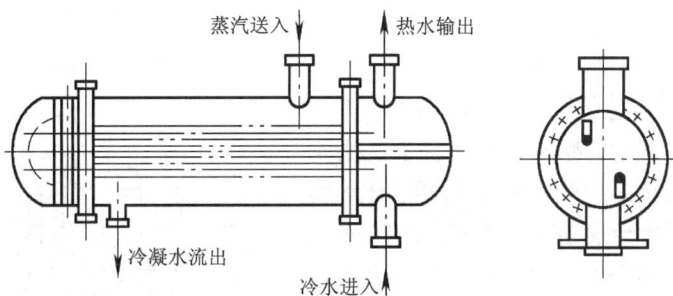

图 4 - 10　汽 - 水快速加热器

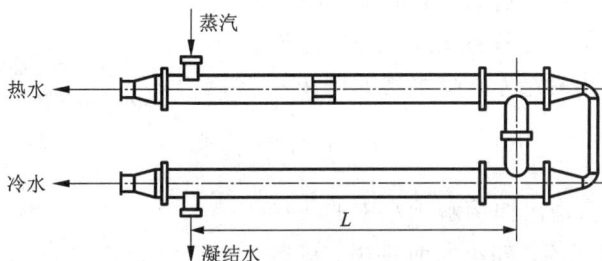

图 4 - 11　单管式汽 - 水快速加热器

开式和密闭式两种，前者称为热水箱，后者称为热水贮水罐，一般用钢板或不锈钢板制造。热水箱可做成方形或圆形。热水贮水罐一般均与加热设备放在一起，但其底部应高出加热设备最高部位。热水箱及贮水罐的容积应经计算确定。

3．热水供应系统中的主要附件

热水供应系统除需要设置必要的检修阀门和调节阀门外，还需要根据热水供应系统的方式安装一些附件，以便解决热水膨胀、系统排气、管道伸缩等问题以及控制系统的热水温度，从而确保热水给水系统安全可靠地运行。

1）减压阀。

在热水供应系统中当热交换设备以蒸汽为热媒时，若蒸汽压力大于热交换设备所能承受的压力时，应在蒸汽管道上设置减压阀，把蒸汽压力减到热交换设备允许的压力值，以保证设备运行安全。减压阀的工作原理是流体通过阀体内的阀瓣产生局部能量损失从而减压。

供蒸汽介质减压常用的减压阀有活塞式、膜片式、波纹管式等三种。减压阀如图 4 - 12 所示。

2）安全阀。

为避免热水供应系统运行压力超过规定的范围而造成热水管网和设备等的破坏，必须在系统中安装安全阀。在热水供应系统中宜采用微启式弹簧安全阀。

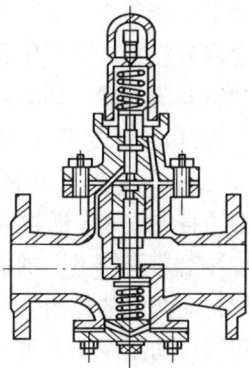

图 4 - 12　减压阀

安全阀应垂直安装，安装在锅炉、水加热器和管路的最高点。排气管应通至室外，以防排汽伤人。

3）疏水器。

为保证热媒管道汽水分离，蒸汽畅通，不产生汽水撞击、管道振动、噪声、延长设备使用寿命。用蒸汽作热媒间接加热的水加热器、开水器的凝结水管道上应每台设备上设置疏水器；蒸汽立管最低处、蒸汽管下凹处的下部宜设置疏水器。工程中常用的疏水器有吊桶式疏水器和热动力圆盘式疏水器。

疏水器安装位置应便于检修，尽量靠近用气设备，安装高度应低于设备或蒸汽管道底部150 mm以上，以便排出凝结水，疏水器如图4-13所示。

图4-13　热动力疏水器
1—阀体；2—阀盖；3—阀片；4—过滤器

4）自动排气阀。

水在加热过程中会逸出原溶解于水中的气体和管网中热水汽化的气体，如不及时排出，这些气体不但会阻碍管道内的水流、加速管道内壁的腐蚀，还会引起噪声、振动。为了使热水供应系统正常运行，可在热水管道积聚空气的地方安装自动排气阀。

自动排气阀必须安装在管网的最高处，以利于管内气体的汇集和排除。阀体应垂直安装，阀与管网之间的连接横管应朝阀体保持一定向上的坡度。自动排气阀前必须设置检修阀门，以便维护检修关闭阀门，自动排气阀如图4-14所示。

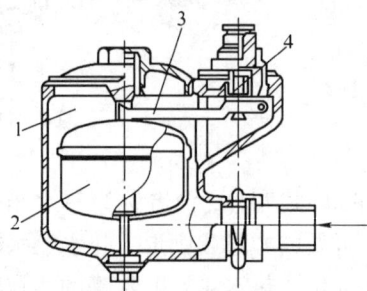

图4-14　自动排气阀构造
1—浮球；2—阀腔；3—杠杆；4—排气阀

5）自动温度调节装置。

为了节能节水、安全供水，水加热器应安装自动温度调节装置。可采用直接自动温度调节器或间接自动温度调节器。如图4-15所示。

直接自动温度调节器适用于温度为-20～150℃，公称压力为1.0 MPa的环境内使用。其安装时必须直立安装，通过感温包，把感受到的温度变化传导给热媒管道上的调节阀，自动控制热媒流量起到自动调温的作用。

间接自动温度调节器是由感温包、电触点温度计、阀门电机控制箱等组成。

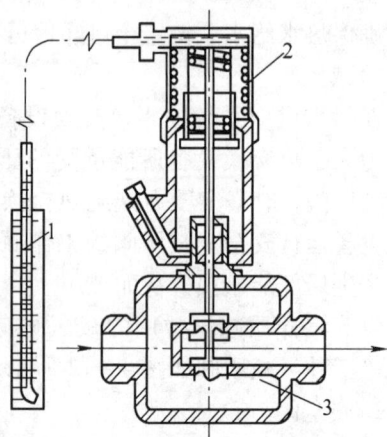

6）闭式膨胀水箱。

冷水加热后，水的体积膨胀，若热水系统是密闭的，在卫生器具不用水时，膨胀水量必

图4-15　自动温度调节器构造图
1—温包；2—感温元件；3—减压阀

然会增加系统的压力,有胀裂管道的危害,因此必须设置膨胀管或闭式膨胀水箱。

7)补偿器。

作用:补偿热水管道因热胀伸长而产生内应力,避免管道的弯曲、破裂或接头松动,确保管网使用安全。

类型:自然补偿。利用管道布置敷设的自然转向来补偿管道的伸缩变形。常将管道布置成 L 型、Z 型,如图 4 - 16 所示。

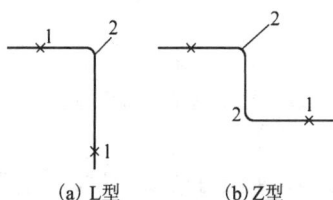

(a) L型　　　(b) Z型

图 4 - 16　自然补偿

其他补偿器(方形、套管式、波纹管式)如图 4 - 17、图 4 - 18 所示。

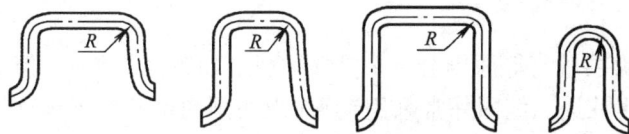

图 4 - 17　方形补偿器

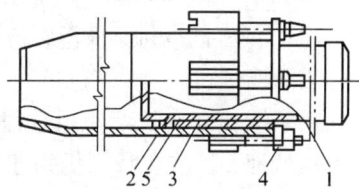

图 4 - 18　单向套筒补偿器

四、室内热水管网的布置和敷设

热水管网布置的总原则是:在满足使用、便于维修管理的情况下管线应最短。

(1)横干管可以敷设在室内地沟、地下室顶部、建筑物顶层的天棚下或设备技术层内。明装管道尽量布置在卫生间或非居住房间内,暗装时热水管道放置在预留沟槽、管道井内。

(2)管道穿楼板和墙壁应装套管,楼板套管应该高出地面 5 ~ 10 cm,以防楼板积水时由楼板孔流到下层。

(3)为使局部管段检修时不至于中断大部分管路配水,在热水管网配水立管的始端、回水立管的末端和有 6 ~ 9 个水嘴的横支管上,应该装设阀门。

(4)为防止热水管道发生倒流和窜流,应在水加热器和贮水罐的给水管上、机械循环的第二循环管道上、加热冷水所用的混合器冷、热水进水管道上,应该装设止回阀。

(5)为了便于排气,上行式配水横干管应以不小于 0.003 的坡度抬头走,并在管道的最高点安装排气阀。为了排水,回水干管应低头走,并在最低点安装泄水阀门或丝堵。

(6)对下行上给全循环式管网,为了防止配水管中分离出的气体被带回循环管,应当将每根立管的循环管始端都接在相应配水立管最高点以下 0.5 m 处,如图 4 - 19(a)所示。

(7)为了避免管道受热伸长所产生的应力破坏管道,横管与立管连接应按图 4 - 19 所示连接方式敷设。为了补偿管道受热伸长,横干管的直线段应设置伸缩器。

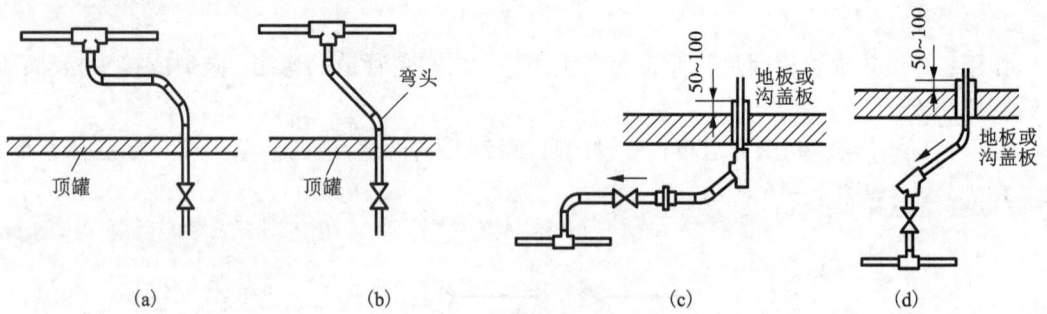

图 4-19　热水立管与横管的连接方式

（8）热水贮水罐或容积式水加器上接出的热水配水管一般从设备顶接出，机械循环的回水管从设备下部接入。

（9）为了满足运行调节和检修的要求，在水加热设备、锅炉、自动温度调节器和疏水器等设备的进出水口的管道上，还应装设必需的阀门。

（10）为了减少散热，热水系统的配水干管、水加热器、贮水罐等，一般要包扎保温。

（11）做好防腐蚀、保温、防结垢措施。

①防腐蚀。

由于镀锌管在长期使用过程中因镀层脱落等原因会造成严重腐蚀，如锈蚀、穿孔，但该管价格低廉，目前在我国仍为建筑使用首选。但国外常采用铜管（现在国内也开始逐步这样做），同时也有采用聚丁烯管（耐80℃）、铝塑复合管、三型聚丙烯（PP-R）管等。

②保温。

减少散热损失，在加热设备，热水箱配水管道要设置保温层。保温材料选用导热系数小、价格低廉、易施工的泡沫混凝土、膨胀珍珠岩、硅藻土等预构件，包装管外作为保温层。

注意：由于聚氨酯发泡材料的成本高，所以在热水保温中较少使用。在强调保温管的美观的部分场合也有采用。

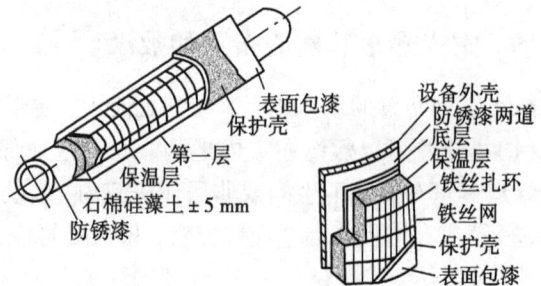

图 4-20　热水管保温构造

③防结垢

水中含有钙、镁等盐类，通常被称为硬水。这种水受热后，钙镁的盐类化合物极易在加热器的表面或水的流通管道壁面上结垢，从而降低换热器的传热效果，增大流动阻力，并损坏加热设备，因此其危害极大。

除垢方法：

ⅰ）化学除垢法：在硬水中加入化学成分，如含有钠离子的"归丽晶"Na_3PO_4，通过钠对镁，钙的置换，避免钙、镁的盐类在表面集结。

ⅱ）物理法：电子除垢器、磁水器，利用电磁场的作用，改变水的物理性质，使水垢变为极小的颗粒悬浮在水中,不在管壁结垢。

五、太阳能热水供应系统简介

太阳能是一个能量巨大而又无污染的绿色能源。世界各国都在积极从事太阳能的研究和利用。我国太阳能的研究工作发展迅速,特别在推广应用太阳能热水器、太阳能灶具、太阳能灯、太阳能汽车和太阳能低温地辐射采暖领域技术逐渐成熟,有可观的应用推广价值。

太阳能热水系统,节约常规能源,防止空气污染,保证人们有一个良好的生存环境,在社会效益和环保效益等方面都有十分重要的意义。

工作原理:利用对阳光吸收率较高的优质材料制成的真空集热管和反射板构成集热器,通过辐射和导热等方式将吸收热量传递给集热管内的工质水,加热工质,并通过工质的循环将热量直接或间接地用于室内热水供应系统。

1. 太阳能热水供应系统的组成

1)平板集热器。

平板集热器是吸收太阳辐射热能,并向低温水传递热量,使其成为热水的关键部件。

2)贮热器。

贮热器是贮存集热器加热的热水,供用户使用。贮热的性能主要取决于保温层的保温性能,工程中常采用聚氨酯整体发泡材料保温。

3)循环管路。

循环管路是用来连通集热器和贮热器水箱的管路装置,使热水器形成一个完整的循环加热系统。

4)热水和热水出水系统。

将热水从集热器输送到保温水箱、将冷水从保温水箱输送到集热器的通道,使整套系统形成一个闭合的环路。热水管道必须进行保温处理,管道必须有很高的质量,保证有 20 年以上的使用寿命。

5)辅助装置。

它包括集热器支架、水位和水温测量装置及仪表、循环水泵、辅助加热器及控制系统等设备。

2. 太阳能热水供应系统的形式

太阳能热水供应系统按循环动力来分为自然循环太阳能热水供应系统和机械循环太阳能热水供应系统;按热水供应的范围来分为家用太阳能热水系统和集中太阳能热水系统。

1)自然循环太阳能热水供应系统。

它是由一个平板集热器或玻璃真空集热器、一个贮热器、连接管道和支架组成的热水供应系统。它是依靠集热器水温变化和水的密度不同而产生的压头来维持热水循环,这种系统的贮热器安装位置比集热器要高一些,系统简单、运行安全可靠、应用广泛。自然循环太阳能热水器如图 4-21 所示。

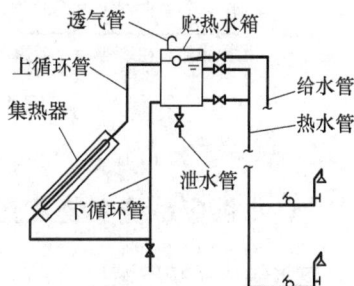

图 4-21 太阳能热水器构造

2）机械循环太阳能热水供应系统。

它是在集热器和贮热器之间设置一个循环水泵，以循环水泵为动力，将贮热器内的热水强制通过集热器来获得热量，再回到贮热器，不断循环，提高水温。

3）家用太阳能热水系统。

家用太阳能热水系统是一户一个系统，家庭自己购买一个玻璃真空管太阳能热水器，供一个家庭洗浴和厨房用热水，此系统是一个局部、自然循环热水供应系统。它由玻璃真空管集热器、水箱、上下循环管、冷热水管、支架和控制阀门组成的闭路循环系统。

家用太阳能热水系统的工作原理是利用水的密度不同所产生的循环压力，使水箱中温度较低的水经下循环管流入集热器，被太阳能加热后经上循环管流入水箱上部，经过一段时间，水箱中的水被全部加热供用户使用。

家用太阳能热水系统的优点：自然循环加热系统不需要运行费用，不增加用户的经济负担，容易被用户接受；系统运行可靠、维护管理简单、使用方便、便于水量计量；系统的循环水箱又是用户的储水箱，可以解决停水时住户用水问题。

太阳能热水供应系统在建筑上的布置，主要有在建筑屋面上布置安装；在南面墙体上布置安装和在朝南的阳台栏杆上布置安装三种方式。其安装工艺流程是安装准备→支座架安装→热水器设备组装→配水管路安装→管路系统试压→管路系统冲洗或吹洗→温控仪表安装→管道防腐→系统调试运行。

平屋顶上、顶层阁楼上，倾角合适的坡屋顶上，家用集热器也可设置在向阳晒台栏杆和墙面上，如图 4-22 所示。

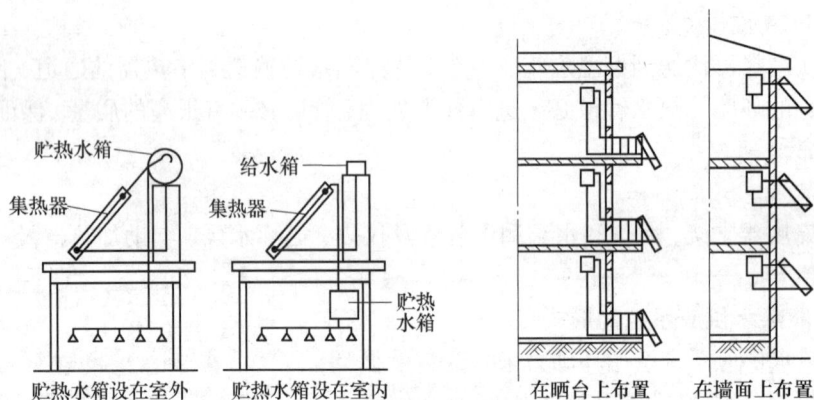

图 4-22　太阳能热水器布置位置

六、热水供应系统安装及施工质量验收

1. 热水供应系统安装

热水供应系统管材的选择应主要考虑保证水质和安全可靠、经济合理等因素。采用的管材和管件应符合现行产品标准要求。管道的工作压力和工作温度不得大于产品标准标定的允许工作压力和工作温度。热水管道应选择耐腐蚀和安装连接方便的管材，如铜管、薄壁不锈钢管、塑料金属复合热水管［交联铝塑复合（XPAP）管和钢塑复合（SP）管］、塑料热水管［交

联聚乙烯(PE－X)管、三型聚丙烯(PP－R)管、聚丁烯(PB)管]等新型管材。

铜管的连接形式有焊接和螺纹连接,如厚壁的铜管可选用焊接和螺纹连接;不锈钢管的连接形式有螺纹连接、卡压连接和氩弧焊接,如薄壁不锈钢管选用卡压连接;厚壁不锈钢管选用螺纹连接和氩弧焊接;交联铝塑复合管选用卡套连接;钢塑复合管选用螺纹连接(小口径管)和卡箍连接(大口径管);塑料热水管可选用热熔连接(小口径管),电熔连接(大口径管)。

不同种类的管材应配有相应的管件,在工程中使用时,其规格型号和材质必须与所使用的管材一致,配套使用。此部分管材已在室内给水系统中介绍过,请查阅。

2. 热水供应系统安装质量验收规范

1)一般规定。

(1)本规范内容适合于工作压力不大于1.0 MPa,热水温度不超过75℃的室内热水供应管道安装工程的质量检验与验收;

(2)热水供应系统的管道应采用塑料管、复合管、镀锌钢管和铜管。

2)管道及配件安装。

主控项目为:

(1)热水供应系统安装完毕,管道保温之前应进行水压试验。试验压力应符合设计要求。当设计未注明时,热水供应系统水压试验压力应为系统顶点的工作压力加0.1 MPa,同时在系统顶点的试验压力不小于0.3 MPa。

钢管或复合管道系统试验压力下10 min 内压力降不大于0.02 MPa,然后降至工作压力检查,压力应不降,且不渗漏;塑料管道系统在试验压力下稳定1 h,压力降不得超过0.05 MPa,然后在工作压力1.15倍状态下稳压2 h,压力降不得超过0.03 MPa,连接处不得渗漏。

(2)热水供应管道应尽量利用自然弯补偿热伸缩,直线段过长则应设置补偿器。补偿器型式、规格、位置应符合设计要求,并按有关规定进行预拉伸。

(3)热水供应系统竣工后必须进行冲洗。

(4)温度控制器及阀门安装应安装在便于观察和维护的位置。

(5)热水供应系统管道应保温(浴室内明装管道除外),保温材料、厚度、保护壳等应符合设计规定。保温层厚度和平整度的允许偏差应符合本规范的规定。

3)辅助设备安装。

主控项目为:

(1)在安装太阳能集热器玻璃时,应对集热器排管和上、下集管作水压试验,试验压力为工作压力的1.5倍,试验压力下10 min 内压力不降,不渗漏。

(2)热交换器应以工作压力的1.5倍作水压试验。蒸汽部分应不低于蒸汽供气压力加0.3 MPa;热水部分应不低于0.4 MPa,试验压力下10 min 内压力不降,不渗漏。

(3)敞口水箱的满水试验和密闭水箱的水压试验必须符合设计和规范的要求,满水试验静置24 h,观察不渗漏;水压试验在试验压力下10 min 压力不降,不渗漏。

(4)安装固定式太阳能热水器,朝向应正南。如受条件限制时,其偏移角不得大于15°。

(5)由集热器上、下集热管接往热水箱的循环管道,应有不小于0.005的坡度。

(6)太阳能热水器的最低处应安装泄水装置;热水箱和上、下集热管等循环管应保温。

(7)太阳能热水器安装的允许偏差应符合表4－4的规定。

表4-4 太阳能热水器安装的允许偏差和检验方法

项目			允许偏差	检验方法
板式直管太阳能热水器	标高	中心线距地面/mm	±20	尺量
	固定安装朝向	最大偏移角	不大于15°	分度仪检查

第三节　饮水供应系统

饮水供应系统是现代建筑给水系统的重要组成部分。目前,饮水供应主要有开水供应系统和冷饮水供应系统两类。采用何种类型应根据人们日常生活习惯和建筑的使用要求确定。如办公楼、旅馆、大学生宿舍和军营等建筑多采用开水供应系统;大型娱乐场所、公园、城市广场和企业热车间等多采用冷饮水供应系统。

一、饮水标准

随着人们生活水平的不断提高,自我保护意识逐渐增强,人们对饮用水水质的要求越来越高。因此,我国已实施了《饮用净水水质标准》并在制定《饮用纯水水质标准》。

1. 饮水定额

根据建筑物的性质或劳动性质以及地区气候条件,可按表4-5选用,表中所列数据适用于开水、温水、饮用自来水和冷饮水供应。

表4-5 饮用水量定额

建筑物名称	饮水定额	开水温度/℃	冷饮水温度/℃
热车间/[L·(人·班)$^{-1}$]	3~5	100(105)	14~18
一般车间/[L·(人·班)$^{-1}$]	2~4	100(105)	7~10
工厂生活间/[L·(人·班)$^{-1}$]	1~2	100(105)	7~10
办公楼/[L·(人·班)$^{-1}$]	1~2	100(105)	7~10
集体宿舍/[L·(人·d)$^{-1}$]	1~2	100(105)	7~10
教学楼/[L·(人·d)$^{-1}$]	1~2	100(105)	7~10
医院/[L·(床·d)$^{-1}$]	2~3	100(105)	7~10
影剧院/[L·(人·场)$^{-1}$]	0.2	100(105)	7~10
招待所、旅馆/[L·(床·d)$^{-1}$]	2~3	100(105)	7~10
体育场(馆)/[L·(人·场)$^{-1}$]	0.2	100(105)	7~10
高级宾馆(饭店)、冷饮店/[L·(人·h)$^{-1}$]	0.31~0.38	100(105)	4.5~7

2. 饮水水质

饮用水水质应符合现行《生活饮用水水质标准》的要求。对于饮用水的水温、生水和冷饮水，在满足《生活饮用水水质标准》同时，还必须在接至饮水装置前进行过滤和消毒处理，以防止贮水设备和管道输送的二次污染，从而更好地提高饮水水质。

3. 饮水温度

1）开水。

为满足饮水卫生标准的要求，应将水烧开至100℃，并持续3 min。饮用开水是我国各地采用较多的饮水方式。

2）温水。

计算温度采用50～55℃，目前我国常用在低温热水地板辐射采暖系统、厨房用热水或洗浴热水供应系统中。

3）冷直饮水。

冷饮水水质应满足《直饮水水质标准》，常用于宾馆、饭店、餐馆、冷饮店、工厂企业和公园、绿化广场等场合，人们感觉既方便又卫生。

二、饮水制备

1. 开水的制备

开水可通过生活开水锅炉将水烧开制得，这是一种直接加热的方式，常采用的燃料有燃煤、燃气、燃油和电等；另一种方法是利用热交换器中的热媒间接加热制备开水。

目前在学校、商场、办公楼、实验楼等建筑中，常采用小型电开水器分散制备开水的方式。其使用灵活方便，安装维护简单，运行较稳定，但在使用时必须采取防漏电措施，设备必须接地。

2. 冷直饮水的制备

冷直饮水的制备方法较多，常用的方法有以下几种：

（1）自来水烧开后，再冷却至饮水温度。

（2）自来水经净化处理后再经水加热器加热至饮水温度。

（3）自来水经净化处理后直接供给用户或饮水点。

（4）纯水是通过对水的深度预处理、主处理、后处理等工序制备的。

（5）离子水是将自来水通过过滤、吸附离子交换、电离和灭菌等处理，分离出碱性离子水供饮用，而酸性离子水可供美容使用。新型优质净水设备工艺流程示意图如图4－23所示。

三、饮水供应

1）开水集中制备集中供应。

在开水间集中制备，通过供水管道和热水龙头供人们取水饮用，如图4－24所示。

2）开水集中制备分散供应。

在开水间统一制备开水，通过管道输送至开水取水点，这种系统对管道材质要求较高，确保水质不受污染，如图4－25所示。

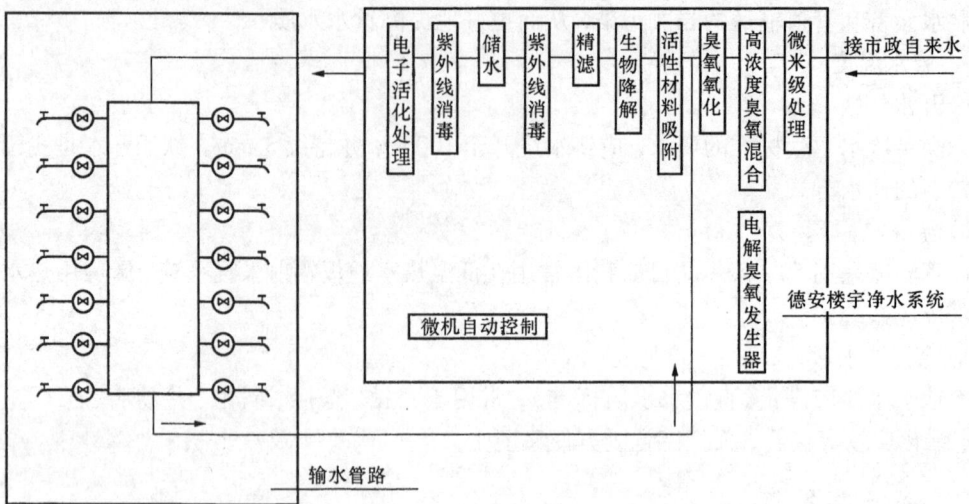

图 4-23　新型优质净水设备工艺流程示意图

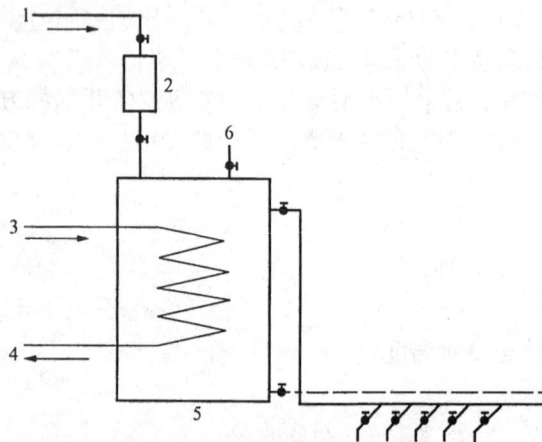

图 4-24　集中制备开水示意图

1—给水入口；2—过滤器；3—蒸汽入口；

4—冷凝水出口；5—开水器；6—安全阀

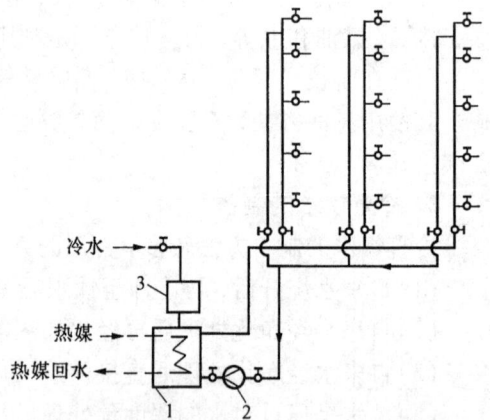

图 4-25　集中制备开水分散供应示意图

1—水加热器；2—循环水泵；3—过滤器

3) 冷饮水集中制备分散供应。

对于中、小学校、体育场(馆)、车站、码头、公园、绿化广场等人员流动较集中的公共场所，可采用冷直饮水集中制备，再通过管道输送至各饮水点的饮水器供人们饮用，冷直饮水集中制备示意图如图 4-26 所示。

人们在各饮水点从饮水器中直接接水饮用，既方便又防止疾病传播。目前我国各大城市的广场和公园以及上海世博会和西安世园会都选用了这种直饮水器，如图 4-27 所示。

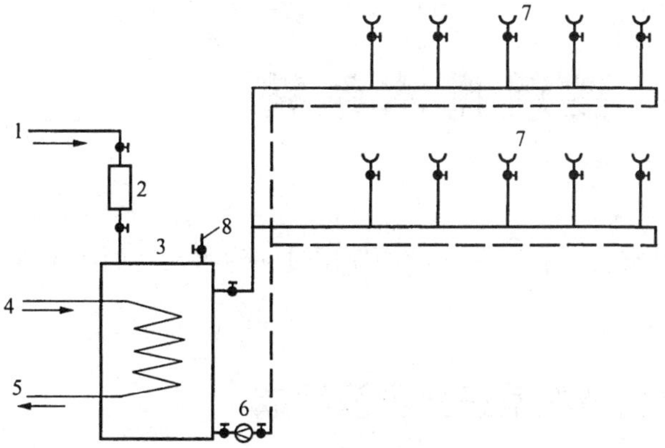

图 4 – 26　冷直饮水集中制备示意图

1—冷水；2—过滤器；3—水加热器；4—蒸汽入口；
5—凝结水出口；6—循环水泵；7—饮水器；8—安全阀

图 4 – 27　直饮水器实物图

第五章 建筑排水系统

建筑排水系统是将建筑内部人们日常生活和工业生产中使用过的污水及屋面的雨水收集起来及时排到室外。

第一节 建筑排水系统分类及组成

一、建筑排水系统的分类

建筑内部排水系统根据接纳污、废水的性质，可分为生活排水系统、工业废水排水系统、屋面雨水排水系统。

工业废水排水系统是排除工艺生产过程中产生的污废水。为便于污废水的处理和综合利用，按污染程度可分为生产污水排水系统和生产废水排水系统，污染程度较重的生产污水经过处理后达到排放标准排放，生产废水污染较轻，可作杂用水加以回用。

若将生活污废水、工业废水及雨水分别设置管道排出室外称建筑分流制排水，若将其中两类以上的污水、废水合流排出则称建筑合流制排水。建筑排水系统是选择分流制排水系统还是合流制排水系统，应综合考虑污水污染性质、污染程度、室外排水体制是否有利于水质综合利用及处理等因素来确定。

二、建筑生活排水系统的组成

生活排水系统是排除居住建筑、公共建筑及工厂生活间的污废水。生活排水系统又可分为排除冲洗便器的生活污水排水系统和排除洗涤废水的生活废水排水系统。生活废水经过处理可作为杂用水，用于冲洗厕所或绿化。

生活排水系统的组成

（1）卫生器具：卫生器具是建筑内部排水系统的起点，用来满足日常生活和生产过程中各种卫生要求，收集和排除污废水的设备。卫生器具按其用途可分便溺卫生器具（大便器、小便器、小便槽、大便槽等）、盥洗卫生器具（洗脸盆、盥洗槽、浴盆、淋浴器、净身盆等）、洗涤卫生器具（洗涤盆、污水池、化验盆等）、专用卫生器具（地漏、水封等）。卫生器具

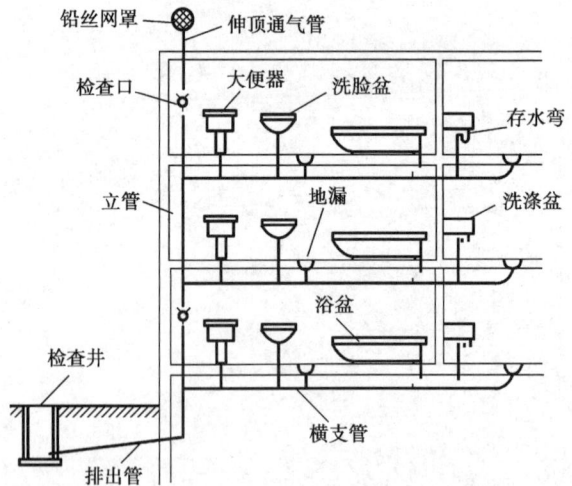

图 5-1 生活排水系统

及给水配件的安装高度如设计无要求,应分别符合表 5 - 1 和表 5 - 2 的规定。

表 5 - 1　卫生器具安装高度

项次	卫生器具名称		卫生器具安装高度/mm		备注
			居住和公共建筑	幼儿园	
1	污水盆（池）	架空式	800	800	
		落地式	500	500	
2	洗涤盆(池)		800	800	
3	洗脸盆、洗手盆(有塞、无塞)		800	500	自地面至器具上边缘
4	盥洗槽		800	500	
5	浴盆		≯520		
6	蹲式大便器	高水箱	1800	1800	自台阶面至高水箱底
		低水箱	900	900	自台阶面至低水箱底
7	坐式大便器	高水箱	1800	1800	自地面至高水箱底
	低水箱	外露排水管式	510	370	自地面至低水箱底
		虹吸喷射式	470		
8	小便器	挂式	600	450	自地面至下边缘
9	小便槽		200	150	自地面至台阶面
10	大便槽冲洗水箱		≮2000		自台阶面至水箱底
11	妇女卫生盆		360		自地面至器具上边缘
12	化验盆		800		自地面至器具上边缘

表 5 - 2　卫生器具给水配件的安装高度

项次	给水配件名称		配件中心距地面高度/mm	冷、热水龙头距离/mm
1	架空式污水盆(池)水龙头		1000	—
2	落地式污水盆(池)水龙头		800	—
3	洗涤盆(池)水龙头		1000	150
4	住宅集中给水龙头		1000	—
5	洗手盆水龙头		1000	—
6	洗脸盆	水龙头(上配水)	1000	150
		水龙头(下配水)	800	150
		角阀(下配水)	450	—
7	盥洗槽	水龙头	1000	150
		冷、热水管,其中热水龙头上下并行	1100	150

项次		给水配件名称	配件中心距地面高度/mm	冷、热水龙头距离/mm
8	浴盆	水龙头(上配水)	670	150
9	淋浴器	截止阀	1150	95
		混合阀	1150	—
		淋浴喷头下沿	2100	—
10	蹲式大便器(台阶面算起)	高水箱角阀及截止阀	2040	—
		低水箱角阀	250	—
		手动式自闭冲洗阀	600	—
		脚踏式自闭冲洗阀	150	—
		拉管式冲洗阀(从地面算起)	1600	—
		带防污助冲器阀门(从地面算起)	900	—
11	坐式大便器	高水箱角阀及截止阀	2040	—
		低水箱角阀	150	—
12	大便槽冲洗水箱截止阀(从台阶面算起)		≮2400	—
13	立式小便器角阀		1130	—
14	挂式小便器角阀及截止阀		1050	—
15	小便槽多孔冲洗管		1100	—
16	实验室化验水龙头		1000	—
17	妇女卫生盆混合阀		360	—

(2)排水管道系统:由连接卫生器具的排水管道,排水横支管、立管、埋设在室内地下的总横干管和排出到室外的排出管等组成。

(3)通气系统:建筑内部排水管内是水气两相流,为防止因气压波动造成的水封破坏使有毒有害气体进入室内,需设置通气系统。其主要作用是让排水管与大气相通,稳定排水管中的气压波动,使水流畅通。

通气管有伸顶通气立管、专用通气内立管、环形通气管等几种类型。当建筑物层数和卫生器具不多时,可将排水立管上端延伸出屋顶,进行升顶通气;当建筑物层数和卫生器具较多时,因排水量大,空气流动过程易受排水过程干扰,须将排水立管和通气立管分开,设专用通气立管;为使排水系统形成空气流通环路,通气立管与排水立管间需设结合通气管;当污水横支管上连接 6 个及 6 个以上大便器,或连接 4 个及 4 个以上卫生器具并与立管的距离大于 12 m 时,应设环形通气管;对一些卫生标准与噪声控制要求较高的建筑物,应在各个卫生器具存水弯出口端设置器具通气管。

排水系统根据通气立管设置情况可分为单立管排水系统、双立管排水系统、三立管排水系统。

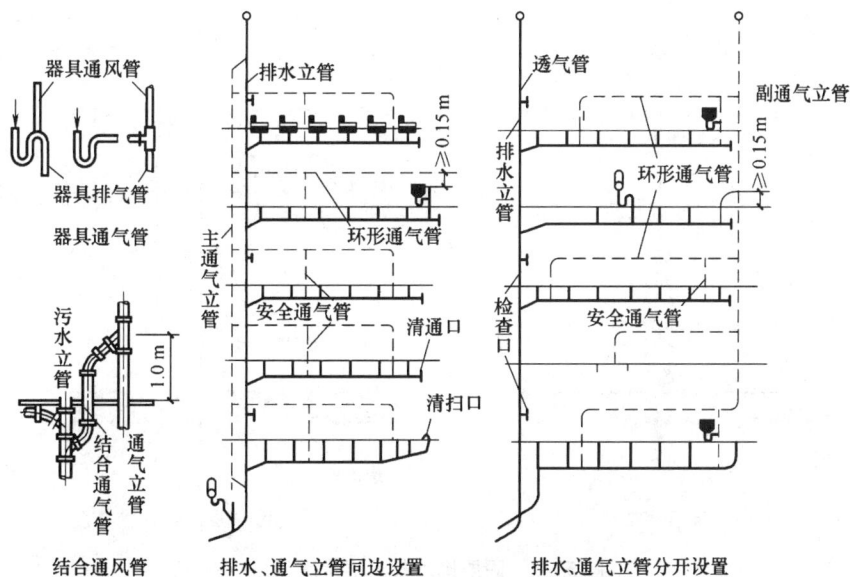

图 5-2 通气管系统

（4）清通设备：为疏通建筑内部排水管道保障排水畅通，需设置清通设备。在横支管上设清扫口，在立管上设置检查口，埋地横干管上设检查井。

（5）局部提升设备：当民用建筑中的地下室、人防建筑物、建筑的地下技术层、某些工业企业车间或半地下室、地下铁道等建筑物内的污、废水不能自流排至室外时，必须设置污水提升设备。

（6）污水局部处理构筑物：当室内污水不符合排放要求时，必须进行局部处理，常用的局部水处理构筑物有化粪池、隔油池等。化粪池是一种利用沉淀和厌氧发酵原理去除生活污水中悬浮性有机物的最初级处理构筑物，由于目前我国许多小城镇还没有生活污水处理厂，所以建筑物卫生间内所排出的生活污水必须经过化粪池处理后才能排入合流制排水管道；隔油池的工作原理是使含油污水流速降低，并使水流方向改变，使油类浮在水面上，然后将其收集排除，适用于食品加工车间、餐饮业的厨房排水和其他一些生产污水的除油处理。

三、隔层排水与同层排水

同层排水：同楼层的排水支管与主排水支管均不穿越楼板，在同楼层内连接到主排水立管上，如图 5-3（a）所示。

隔层排水：排水支管穿过楼板，在下层住户的天花板上与立管相连，如图 5-3（b）。

目前，传统的地排水方式仍在中国的浴室中被广泛地运用，排水管道需要通过楼下住户的天花板与立管相连，这样不仅对楼下住户造成了很大的侵扰，而且卫生间的布局也将受到预留孔的严格限制。

近年来，随着房地产业的迅猛发展和卫浴文化的兴起，人们对卫生间有了新的认识，于是当人们将目光聚焦于此的时候，传统地排水方式的缺点便暴露无遗了。

传统地排水方式的问题在于：

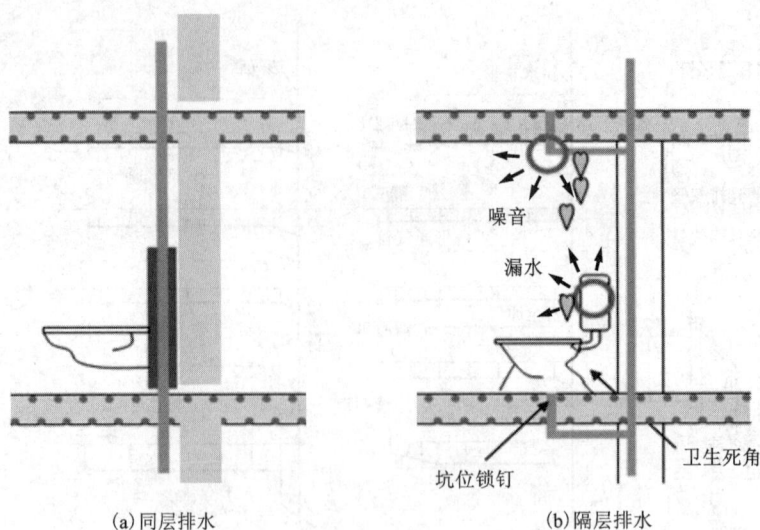

(a)同层排水   (b)隔层排水

图 5 – 3　同层排水与隔层排水示意

(1)侵占空间。楼上住户的排水支管侵占了楼下住户的空间,让卫生间变"矮"了。

(2)噪声干扰。因为大家生活习惯不可能完全同步,所以当你享受安静的时候,却往遭到楼上住户用水的噪声干扰。

(3)漏水问题。更为糟糕的是,如果管道漏水,那么到底应该由谁出资维修?造成的装潢损失又应该由谁承担?但无论如何,被迫承受不属于自己的错误,总是不合理的。

同层排水的优点:

(1)完全独立的卫生空间,再也不会受到上层住户的干扰。

(2)卫生间的布局不受坑距的限制,可实现个性化的装修。

(3)隐蔽式的安装系统具有出色的视觉效果。

(4)由于采用了挂壁式洁具,没有卫生死角,打扫起来很方便。

(5)节省成本,降低施工量,由于使用污废水一起排放,节省了管道的材料成本和安装成本。

(6)减少建筑设计师工作量,无需设计卫生间的坑距以及避免了卫生间的设计可能导致的对房型的限制。

表 5 – 3　同层排水与隔层排水比较

项目	同层排水	隔层排水
卫生死角	没有	很多
排水噪声	较小	较大
渗漏隐患	不会渗漏	容易漏水
检修方式	本层检修	下层检修

项目	同层排水	隔层排水
系统水利条件	良好	差
节省水资源	节省	浪费
卫生间空间	利用率高	利用率低
卫生间设计风格	个性	呆板
建筑物整体功能	灵活	单调
房屋产权	清晰	不清晰

同层排水系统是目前欧洲广泛采用的一种排水方式，它从根本上解决了卫生间的许多问题，而且必将成为中国住宅排水方式的主流。

第二节　建筑排水系统的管材、卫生设备及局部处理设施

一、管材与连接方式

目前用于建筑排水的管材，根据污水性质、成分、敷设地点、条件及对管道的特殊要求决定，主要有排水铸铁管和硬聚氯乙烯塑料管等。

1. 排水铸铁管

用于排水的铸铁管，因不承受水压力，管壁较给水铸铁管薄，重量也相对较轻，管径一般为 50 ~ 200 mm。目前排水铸铁管多用于室内排水系统的排出管。

2. 硬聚氯乙烯塑料(UPVC)管

硬聚氯乙烯塑料管是以硬聚氯乙烯树脂为主要原料的塑料制品。其优点是：①具有优良的化学稳定性、耐腐蚀性；②物理性能好、质轻、管壁光滑、水头损失小、容易加工及施工方便等。所以，目前我国建筑行业中广泛用它作为生活污水、雨水的排水管，亦可用作酸碱性生产污水、化学实验室污水的排水管。由于硬聚氯乙烯塑料管在高温下容易老化，因此，它适用于建筑物内连续排放温度不大于 40℃，瞬时排放温度不大于 80℃的污、废水管道。

硬聚氯乙烯塑料管的连接方法主要用聚氯乙烯承插黏接。

二、室内卫生器具

室内卫生器具是建筑设备的一个重要组成部分，是室内排水系统的起点，是用来满足日常生活中各种卫生要求、收集和排除生活及生产中产生的污(废)水的设备。

各种卫生器具的结构、形式和材料，应根据其用途、设置地点、维护条件等要求而定。作为卫生器具的材料应具有表面光滑易于清洗、不透水、耐腐蚀、耐冷热和有一定的强度。目前制造卫生器具所选用的材料主要有陶瓷、搪瓷、生铁、塑料、水磨石、不锈钢等。

1. 便溺用卫生器具

厕所和卫生间中的便溺用卫生器具，其主要作用是用来收集和排除粪便污水。

（1）大便器。常用的大便器有坐式、蹲式和大便槽三种，如图5-4所示。坐式大便器有冲洗式和虹吸式两种，多安装在高级住宅、饭店、宾馆的卫生间里，具有造型美观，使用方便等优点，用低位水箱冲洗。蹲式大便器使用的卫生条件较坐式好，多装设在公共卫生间、一般住宅以及普通旅馆的卫生间里，一般使用高位水箱或冲洗阀进行冲洗。大便槽的卫生条件较差，由于使用集中冲洗水箱，故耗水量也较大，但是其建造费用低，因此在一些建筑标准不高的公共建筑中仍有使用。

连体坐便器　　　　连体坐便器　　　　分体坐便器

分体坐便器　　　　智能坐便器　　　　智能坐便器

图5-4　大便器

（2）小便器。小便器分挂式、立式和小便槽三种，如图5-5所示。挂式小便器悬挂在墙壁上，冲洗方式视其数量而定，数量不多时可用手动冲洗阀冲洗，数量较多时可用水箱冲洗。立式小便器设置在对卫生设备要求较高的公共建筑的男厕所内，如展览馆、大剧院、宾馆等，常以两个以上成组安装，冲洗方式多为自动冲洗。小便槽多为用瓷砖沿墙砌筑的浅槽，其构造简单、造价低、可供多人同时使用，因此被广泛应用于公共

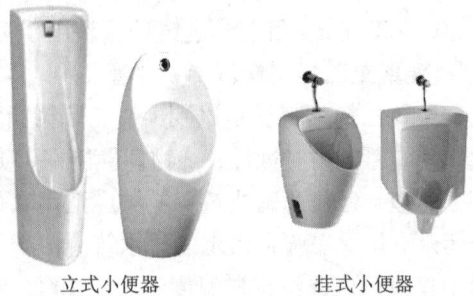

立式小便器　　　　挂式小便器

图5-5　小便器

建筑、工矿企业、集体宿舍的男厕所内，小便槽可用普通阀门控制的多孔管冲洗，也可采用自动冲洗水箱冲洗。

2. 盥洗沐浴用卫生器具

（1）洗脸盆。洗脸盆安装在住宅的卫生间及公共建筑物的盥洗室、洗手间、浴室中，供洗脸、洗手用。洗脸盆有长方形、椭圆形和三角形。其安装方式有墙架式和柱脚式两种。

（2）盥洗槽。盥洗槽设在公共建筑、集体宿舍、旅馆等的盥洗室中，一般用瓷砖或水磨石现场建造，有长条形和圆形两种形式。有定型的标准图集可供查阅。

（3）浴盆。浴盆一般设在宾馆、高级住宅、医院的卫生间及公共浴室内，供人们沐浴用。

有长方形、方形和圆形等形式。一般用陶瓷、搪瓷和玻璃钢等材料制成。

（4）淋浴器。淋浴器是一种占地面积小、造价低、耗水量小、清洁卫生的沐浴设备，被广泛用于集体宿舍、体育场馆及公共浴室中。淋浴器有成品的，也有现场组装的。

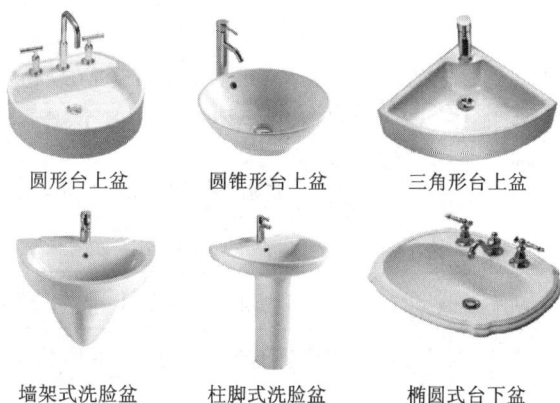

圆形台上盆　　　　圆锥形台上盆　　　　三角形台上盆

墙架式洗脸盆　　　柱脚式洗脸盆　　　　椭圆式台下盆

图 5 – 6　盥洗、洗涤用具

图 5 – 7　浴缸

3. 洗涤用卫生器具

洗涤用卫生器具供人们洗涤器物之用，主要有污水盆、洗涤盆、化验盆等。通常污水盆装置在公共建筑的厕所、卫生间及集体宿舍盥洗室中，供打扫厕所、洗涤拖布及倾倒污水之用；洗涤盆装置在居住建筑、食堂及饭店的厨房内供洗涤碗碟及蔬菜食物使用。

4. 地漏及存水弯

（1）地漏。地漏主要用来排除地面积水。因此在卫生间、厨房、盥洗室、浴室以及需从地面排除积水的房间内应设置地漏。地漏应设置于地面最低处，其箅子顶面应比地面低 5 ~ 10 mm，并且地面有不小于 0.01 的坡度坡向地漏。地漏材料分为塑料、不锈钢等；按外形分为方形和圆形；按用途分为防臭地漏、洗衣机排水地漏和普通地漏等，如图 5 – 8 所示。

高水封地漏DG100　　不锈钢地漏DG120X120

图 5 – 8　常用各种地漏

表 5 - 4 各类地漏的适用场所

名称	适用场所
直通式地漏	用于地面和洗衣机排水,下部需设置存水弯
带水封地漏	地漏自带水封,下部不需设置存水弯
直埋式地漏	器具排水管及地漏预埋在下沉楼面的填层内
防溢地漏	可能造成溢水的房间内
密闭地漏	医院手术室、洁净厂房、制药等行业
带网筐地漏	公共厨房、浴室等含有大量杂质的场所
多通道地漏	地面、洗衣机、1~2 个卫生器具排水
侧墙式地漏	排水管不允许穿越下层的楼面不下沉的同层排水
防爆地漏	人防地下室洗消间、排风竖井、扩散室、淋浴室

(2)存水弯。存水弯是一种弯管,在里面存有一定深度的水,这个深度称为水封深度。水封可防止排水管网中产生的臭气、有害气体或可燃气体通过卫生器具进入室内。每个卫生器具都必须装设存水弯,有的设在卫生器具的排水管上,有的直接设在卫生器具内部。如图 5 - 9 所示,常用的存水弯有 P 型和 S 型两种,水封深度多在 50 ~ 80 mm 之间。S 型用于一层的蹲式大便器,P 型用于二层及二层以上的蹲式大便器。

(a)P型   (b)S型

图 5 - 9 存水弯

5. 清通设备

(1)检查口。一般装于立管内,供立管或立管与横支管连接处有异物堵塞时清掏用,多层或高层建筑的排水立管上每隔一层就应装一个,检查口间距不大于 10 m。但在立管的最底层和设有卫生器具的两层以上坡顶建筑物的最高层必须设置检查口,平顶建筑可用通气口代替检查口。另外,立管如装有乙字管,则应在该层乙字管上部装设检查口。检查口设置高度一般从地面至检查口中心 1 m 为宜。当排水横管管段超过规定长度时,也应设置检查口。

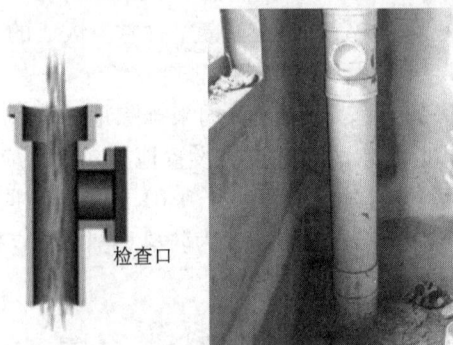

检查口

图 5 - 10 检查口

(2)清扫口。一般装于横管上,尤其是当各层横支管连接卫生器具较多时,横支管起点均应装置清扫口(有时亦可用能供清掏的地漏代替)。

连接 2 个及 2 个以上的大便器或 3 个及 3 个以上的卫生器具的污水横管、水流转角小于

135°的污水横管,均应设置清扫口。

清扫口安装不应高出地面,必须与地面平齐。为了便于清掏,清扫口与墙面应保持一定距离,一般不宜小于 0.15 m。

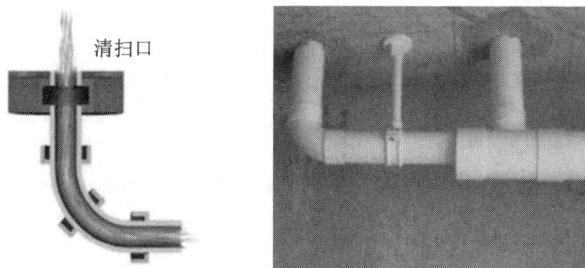

图 5-11　清扫口

三、污水局部处理设施

1. 化粪池

当城市污水处理设施不健全,生活粪便污水不允许直接排入城市污水管网时,需要在建筑物附近设置化粪池。

1)化粪池的作用

①主要是用来对生活粪便污水进行沉淀,使污水与杂物分离后进入排水管道;②沉淀下来的污泥在粪池中停留一段时间,发酵腐化,杀死粪便中的寄生虫卵后清掏。

2)化粪池的制作

化粪池可采用砖、石或钢筋混凝土等材料砌筑。通常池底用混凝土,四周和隔墙用砖砌,池顶用钢筋混凝土板铺盖,盖板上设有入孔。化粪池要保证无渗漏。

化粪池有圆形和矩形两种。圆形用于污水排放量很小的场合。矩形化粪池由两格或三格污水池和污泥池组成,如图 5-12 所示。当污水流量小于 10 m^3/d 时,两格的容积各占 75% 和 25%;当污水流量大于 10 m^3/d 时,三格的容积各占 50%、25% 和 25%。格与格之间设有通气孔洞。池的进水管口应设导流装置,出水管口以及格与格之间应有拦截污泥浮渣的措施。化粪池的池壁和池底应有防止地下水、地表水进入池内和防止渗漏的措施。

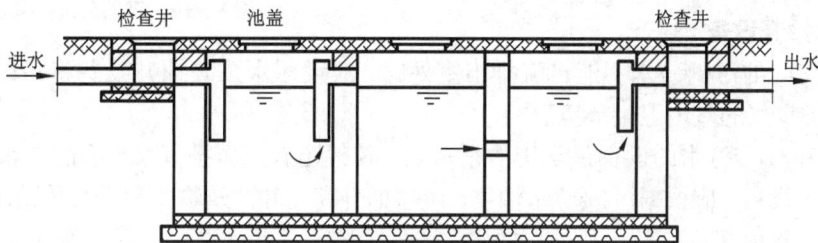

图 5-12　化粪池

化粪池的尺寸与建筑物的性质、使用人数、污水排放量标准、污水悬浮物的沉降条件以及污水在化粪池中停留的时间等因素有关，一般应由水力计算确定，但通常不应小于下面的尺寸。

①水面到池底的深度不得小于 1.3 m；

②池宽不得小于 0.75 m；

③池长不得小于 1.0 m；

④圆形化粪池的直径不得小于 1.0 m。

（3）化粪池的选择

化粪池容量的大小与建筑物的性质、使用人数、每人每日的排水量标准及排水体制、污水在化粪池中停留的时间、污泥的清掏周期等因素有关，通常应经过计算确定。

2. 隔油池

隔油池是截流污水中油类物质的局部处理构筑物。含有较多油脂的公共食堂和饮食业的污水，应经隔油池局部处理后才能排放，否则油污进入管道后，随着水温下降，将凝固并附着在管壁上，缩小甚至堵塞管道。隔油池一般采用上浮法除油，其构造如图 5 – 13 所示。

为便于利用积留油脂，粪便污水和其他污水不应排入隔油池内。对夹带杂质的含油污水，应在排入隔油池前，经沉淀处理或在隔油池内考虑沉淀部分所需容积。隔油池应有活动盖板，进水管要便于清通。此外，车库等使用油脂的公共建筑，也应设隔油池去除污水中的油脂。

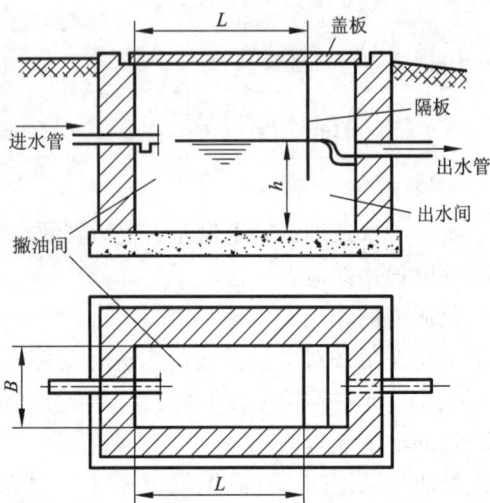

图 5 – 13 隔油池

3. 沉砂池

汽车库内洗汽车的污水含大量的泥砂，在排入城市排水管道之前，应设沉砂池除去污水中较大颗粒杂质。小型沉砂池的构造如图 5 – 14 所示。

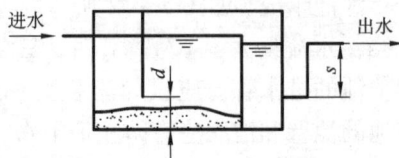

图 5 – 14 沉砂池

4. 污水抽升设备

当用水房间的污（废）水不能自流排出室外时，应设污水泵等抽升设备将污（废）水排至室外，以保护良好的室内卫生环境。

局部抽升污（废）水的设备最常用的是水泵，其他还有气压扬液泵、手摇泵和喷射器等。采用何种抽升设备，应根据污（废）水性质、所需抽升高度和建筑物类型等具体情况来定。

抽升建筑物内部污（废）水所使用的水泵一般为离心式污水泵。当污水泵为自动启闭时，其流量按排水的设计秒流量选定；当为人工启闭时，按排水的最大小时流量选定。

集水池容积的确定是设计污水泵房的关键因素之一，当污水泵为自动启闭时，有效容积不得小于最大一台污水泵 5 min 的出水量（污水泵每小时启动不大于 6 次）；污水泵采用人工启动时,应根据污水流入量和污水泵工作情况决定有效容积,一般采用15~20 min 最大小时流入量(污水泵每小时启动次数不大于3次),否则运行管理工作麻烦。当排水量很小时,为了便于运行管理,污水泵可用人工定时启动,此时集水池有效容积应能容纳2次启动间的最大流入量,但不得大于6 h 的平均流入量。

污水泵房和集水池间的建造布置,应特别注意要有良好的通风设施。

第三节　高层建筑排水系统

一、高层建筑室内排水系统的特点

高层建筑排水立管长、排水量大、立管内气压波动大。排水系统功能的好坏取决于排水管道布置的通气系统是否合理,这是高层建筑排水系统的特点。对高层建筑排水系统的基本要求是排水通畅和通气良好。

排水通畅即要求设计合理、安装正确,管径要求能排出所接纳的污(废)水量,配件选择恰当及不产生阻塞现象;良好的排气应设置专用通气立管。建筑物底层排水管道内压力波动最大,为了防止发生水封破坏或因管道堵塞而引起的污水倒灌等情况,建筑物一层和地下室的排水管道与整幢建筑的排水系统分开,采用单独的排水系统。

高层建筑的排水管道仍可采用铸铁管,但其强度要比一般铸铁管高,国外已较多采用钢管。也可采用强度较高的塑料管,但应考虑采取防噪声等措施。管道接头应采用柔性接口。对高度很大的排水立管应考虑消能措施,通常采用乙字弯管。为了防止污水中固体颗粒的冲击,立管底部与排出管的连接应采用钢制弯头。

为保证高层建筑排水畅通,当设计排水流量超过排水立管的排水能力时,应采用双立管排水系统和特殊单立管排水系统(苏维托排水系统、旋流排水系统、UPVC 螺旋排水系统等)。

二、双立管排水系统

我国目前各城市的高层建筑多采用设置专用通气管的排水系统。这种系统由于通气立管和排水立管共同安装在一个竖井内,相互联通,通气管为专用通气,排水管为专用排水,所以又称为双立管排水系统。双立管排系统有专用通气立管系统、主通气立管和环形通气管系统、副通气立管系统等形式。

专用通气立管的系统中排水立管与专用通气立管每隔两层用连接短管相连接。专用通气管是用来改善排水立管的通水和排气性能,稳定立管的气压,适用于排水横管承接的卫生器具不多的高层民用建筑等。

主通气立管和环形通气管系统可改善排水横管和立管的通水、通气性能,此系统适用于排水横管承接的卫生器具较多的高层建筑,对于使用条件要求较高的建筑和高层公共建筑也可以设置主通气立管和环形通气管系统。对于卫生要求、安静要求较高的建筑物,可在卫生器具与主通气立管之间设置器具通气管。

副通气立管系统指的是仅与环形通气管连接,为使排水横支管空气流通而设置的通气管道。

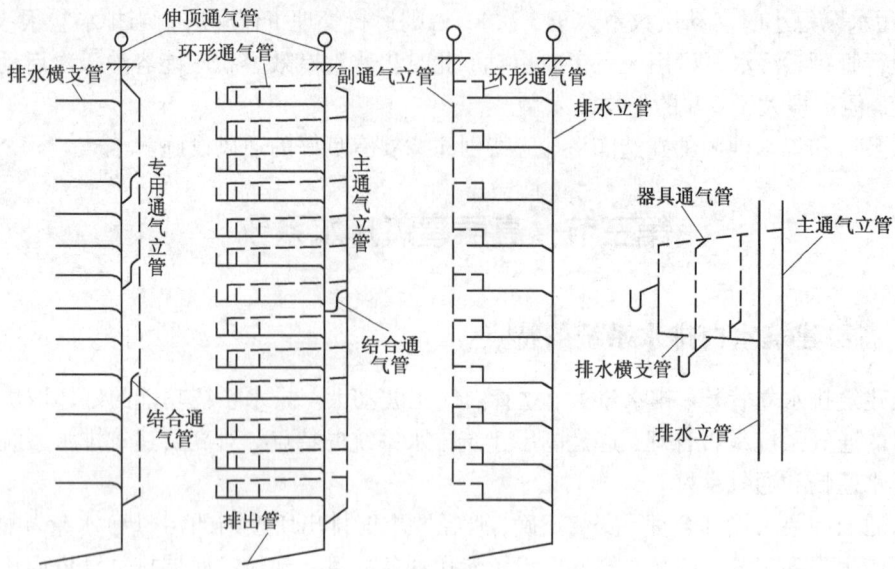

图 5－15 双立管排水方式

三、特殊单立管排水系统

双立管排水系统排水性能虽好，但占地面积大，造价高，管道安装复杂。若能省去通气立管和通气支管，则对建筑的排水系统具有较高的经济效益。国外一些国家高层建筑采用具有特制配件的单立管排水系统，这种系统可以省去主通气立管，安装施工方便，节省室内面积，管材用量少，但特殊配件用量多、价格高，排水效果不如双立管排水效果好。常用排水形式有苏维脱单立管排水系统、旋流式排水系统、UPVC 螺旋排水系统等。

1. 苏维脱单立管排水系统

苏维脱单立管排水系统是于 1961 年瑞士学着苏玛研制的，它是在各层排水横支管与立管的连接处采用气水混合接头配件，在排水立管基部设置气体分离接头配件，从而可以取消通气立管。

苏维托排水系统中的混合器是长约 80 cm 的连接配件，由上流入口、乙字弯、隔板、隔板上小孔、横支管流入口、混合室和排出口等组成，装设在立管与每层楼横支管的连接处。横支管接入口有三个方向；混合器内部有三个特殊构造乙字弯、隔板和隔板上部约 1 cm 高的孔隙。

苏维托排水系统中的跑气器是由流入口、顶部通气口、有突块的空气分离器、跑气器及底部排出口组成的一种配件，通常装设在立管底部。跑气器的作用是：沿立管流下的气水混合物遇到内部的凸块溅散，从而把气体(70％)从污水中分离出来，由此减少了污水的体积，降低了流速，并使立管和横干管的泄流能力平衡，气流不致在转弯处被阻塞；另外，将释放出的气体用一根跑气管引到干管的下游(或返向上接至立管中去)，这就达到了防止立管底部产生过大反(正)压力的目的。

图 5 – 16　气水混合器

1—立管；2—乙字弯；3—空隙；4—隔板；
5—混合室；6—气水混合物；7—空气

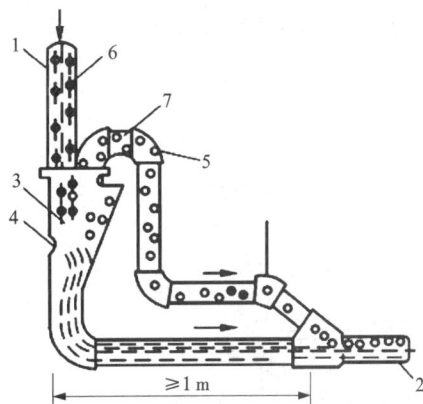

图 5 – 17　气水分离器

1—立管；2—横管；3—空气分离器；4—凸块；
5—跑气器；6—气水混合物；7—空气

2. 旋流排水系统

旋流排水系统也称为"塞克斯蒂阿"系统，是法国建筑科学技术中心于 1967 年提出的一项新技术，后来被广泛应用于 10 层以上的居住建筑。这种系统是由各个排水横支管与排水立管连接起来的"旋流排水配件"和装设于立管底部的"导流弯头"所组成的。

旋流连接配件的构造由底座及盖板组成，盖板上设有固定的导旋叶片，底座支管和立管接口处沿立管切线方向有导流板。横支管污水通过导流板沿立管断面的切线方向以旋流状态进入立管，立管污水每次通过下一层旋流接头时，经导旋叶片导流，增加旋流，污水受离心力作用贴附管内壁流至立管底部，立管中心气流通畅，气压稳定。

导流弯头是在立管底部的装有特殊叶片的 45°弯头。该特殊叶片能迫使下落水流溅向弯头后方流下，这样就避免了出户管(横干管)中发生水跃而封闭立管中的气流，以致造成过大的正压。

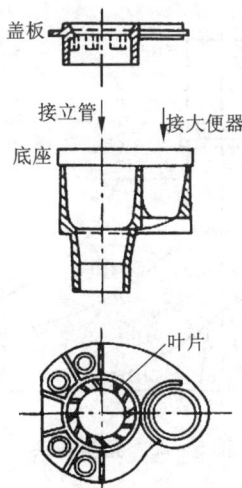

图 5 – 18　旋流接头

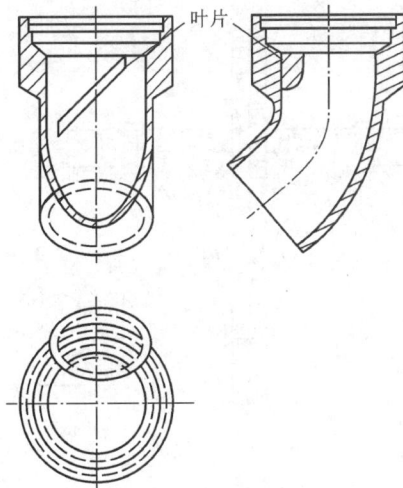

图 5 – 19　导流弯头

3. UPVC 螺旋排水系统

UPVC 螺旋排水系统是韩国在 20 世纪 90 年代开发研制的，由图 5-20 所示的偏心三通和图 5-21 所示的内壁有 6 条间距 50 mm 呈三角形凸起的导流螺旋线的管道所组成。

由排水横管排出的污水经偏心三通从圆周切线方向进入立管，旋流下落，经立管中的导流螺旋线的导流，管内壁形成较稳定的水膜旋流，立管中心气流通畅，气压稳定。同时由于横支管水流由圆周切线方式流入立管，减少了撞击，从而有效克服了排水塑料管噪声大的缺点。

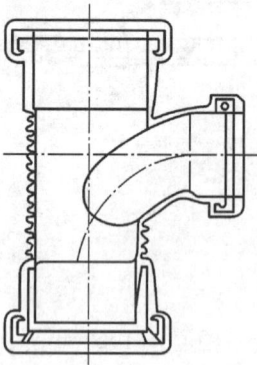

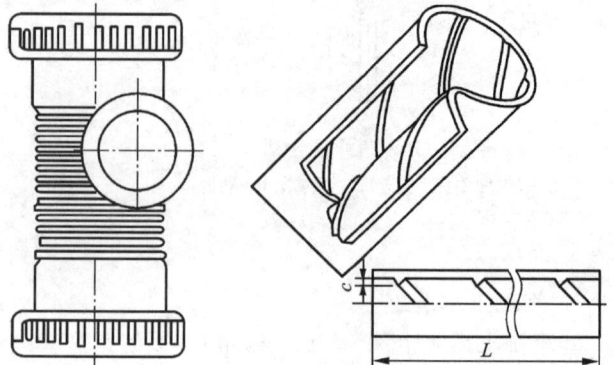

图 5-20　偏心三通　　　　　　图 5-21　有螺旋线导流突起的 UPVC 管

4. 芯形排水系统

环流器：其外形呈倒圆锥形，平面上有 2~4 个可接入横支管的接入口（不接入横支管时也可作为清通用）的特殊配件，如图 5-22 所示。

立管向下延伸一段内管，插入内部的内管起隔板作用，防止横支管出水形成水舌，立管污水经环流器进入倒锥体后形成扩散，气水混合成水沫，相对密度减轻、下落速度减缓，立管中心气流通畅，气压稳定。

角笛弯头：外形似犀牛角，大口径承接立管，小口径连接横干管，如图 5-23 所示。

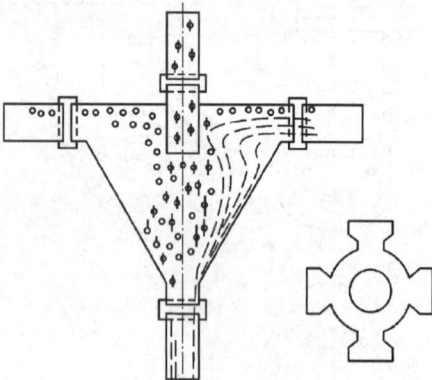

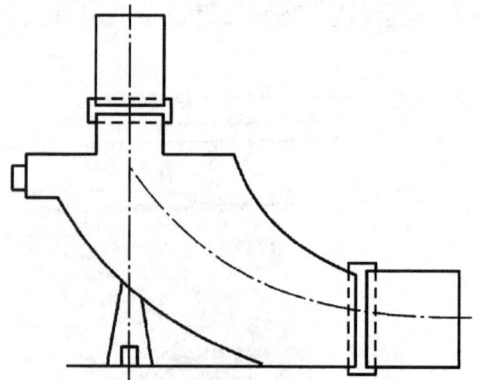

图 5-22　环流器　　　　　　　　图 5-23　角笛弯头

由于大口径以下有足够的空间，既可对立管下落水流起减速作用，又可将污水中所携带的空气集聚、释放。又由于角笛弯头的小口径方向与横干管断面上部也连通,可减小管中正压强度。这种配件的曲率半径较大,水流能量损失比普通配件的小,从而增加了横干管的排水能力。

四、排水系统布置要求

排水管的布置应满足水力条件最佳、便于维护管理、保护管道不受损坏、保证生产和使用安全以及经济和美观的要求。因此,排水管的布置应满足以下原则:

(1)排出管宜以最短距离排至室外。因排水管网中的污水靠重力流动,污水中杂质较多,如排出管设置过长,容易堵塞,清通检修也不方便。此外,排除管长则末端高程低,会增加室外排水管道的埋深。

(2)污水立管应在靠近最脏、杂质最多的排水点处设置,以便尽快地接纳横支管来的水流而减少管道堵塞的机会。污水立管的位置应避免靠近与卧室相邻的墙。

(3)排水立管的布置应减少不必要的转折和弯曲,尽量作直线连接。

(4)排水管与其他管道或设备应尽量减少互相交叉、穿越;不得穿越生产设备基础,若必须穿越,则应与有关专业协商作技术上的特殊处理;应尽量避免穿过伸缩缝、沉降缝,若必须穿越,要采用相应的技术措施。

(5)排水架空管道不得架设在遇水会引起爆炸、燃烧或损坏原料、产品的上方,并且不得架设在有特殊卫生要求的厂房内,以及食品和贵重物品仓库、通风柜和变配电间内。同时还要考虑建筑的美观要求,尽可能避免穿越大厅和控制室等场所。

(6)在层数较多的建筑物内,为了防止底层卫生器具因受立管底部出现过大的正压作用而造成水封破坏或污水外溢现象,底层卫生器具的排水应考虑采用单独排除方式。

(7)排水管道布置应考虑便于拆换管件和清通维护工作的进行,不论是立管还是横支管应留有一定的空间位置。

(8)卫生器具的选择要求冲洗功能强、节水消声、设备配套、使用方便。

排水支管穿墙或楼板时应预留孔洞,且位置准确,与卫生器具相连时,除坐式大便器和地漏外均应设置存水弯;排水横支管宜短,尽量沿墙、梁、柱明装;排水立管宜靠近外墙,且靠在排水量大、杂质多的点,塑料排水管道应根据环境温度变化设置伸缩节,但埋地或设于墙体、混凝土柱体内管道不应设置伸缩节;排出管一般铺设于地下室或地下,尽量直线布置。

伸顶通气管高出屋面不小于 0.3 m,但应大于该地区最大积雪厚度,屋顶有人停留时应大于 2 m;专用通气立管每隔 2 层,主通气立管每隔 8 ~ 10 层设置结合通气管与污水立管连接;专用通气立管和主通气立管的上端可在最高卫生器具上边缘或检查口以上不小于 0.15 m 处与污水立管以斜三通连接,下端在最低污水横支管以下与污水立管以斜三通连接;环形通气管应在横支管起端的两个卫生器具之间接出,在排水横支管中心线以上与排水横支管呈垂直或 45° 连接;通气管不得接纳污水、废水和雨水,不得与通风管或烟道连接;器具通气管应设在存水弯出口端且在卫生器具上边缘以上不少于 0.15 m 处,按不小于 0.01 的上升坡度与通气立管连接。

清通设备主要作为疏通排水管道之用,检查口的安装高度一般为 1 m,并高于该卫生器具上边缘 0.15 m,在连接 2 个及 2 个以上的大便器或 3 个及 3 个以上的卫生器具的污水横支管上,宜设 1 个清扫口。

第四节　雨水排水系统

降落在建筑物屋面的雨水和融化的雪水，必须妥善地予以排除，以免造成屋面积水、漏水，影响生活和生产。屋面雨水的排除方式，可分为外排水和内排水两种。根据建筑物的结构形式、气候条件及生产使用要求，在技术经济合理的情况下，屋面雨水应尽量使用外排水。

一、外排水系统

1. 檐沟外排水

这种方式也称普通外排水或水落管外排水。适用于一般居住建筑、屋面面积较小的公共建筑以及小型单跨工业厂房。雨水的排除多采用屋面檐沟汇集，然后流入有一定间距并沿外墙设置的水落管排泄至室外地面或地下雨水沟，如图 5 - 24 所示。

檐沟在民用建筑中多采用铝皮制作，也可采用预制混凝土构件制作。水落管可采用镀锌薄钢板（白铁皮）制作，也可直接用 UPVC 管制作，管径多为 75 ~ 100 mm。水落管的间距应根据降雨量及管道的通水能力所确定的一根水落管应服务的屋面面积而定。按经验，水落管间距为：民用建筑 8 ~ 16 m，工业建筑 18 ~ 24 m。

图 5 - 24　檐沟外排水

2. 天沟外排水

天沟外排水是利用屋面构造上的长天沟本身的容量和坡度，使雨水向建筑物两端或两边（山墙、女儿墙）泄放，并由雨水斗收集经墙外立管排至室外地面、明沟或通过排出管、检查井流入雨水管道。由于天沟外排水在室内没有管道、检查井，能消除厂房内检查井冒水的现象，可节约投资，节省金属材料，施工简便，和合理利用厂房空间。

天沟排水应以伸缩缝或沉降缝为分水线，如图 5 - 25 所示。天沟流水长度一般 40 ~ 50 m为宜，过长使天沟的起点为终点的高度差过大，超过天沟限值。

天沟断面的大小应根据屋面的汇水面积和降雨强度,按均匀流通过水力计算确定。一般天沟断面宽为 500 ~ 1000 mm,水深为 100 ~ 300 mm,且有 200 mm 以上的超高。天沟的坡度不宜小于 0.003,并伸出墙 0.4 m。天沟在山墙或女儿墙处应设溢流口,以便泄掉超设计的屋面雨水。

天沟外排水多用于屋顶面积较大的公共建筑、多跨工业建筑。

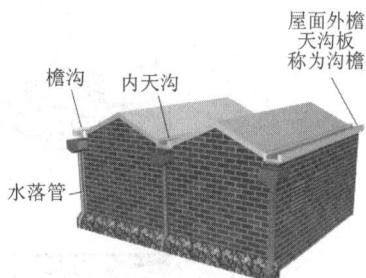

图 5 – 25 天沟外排水示意图

二、内排水系统

建筑屋顶面积较大的公共建筑和多跨的工业厂房,当采用外排水有困难时,可采用内排水系统;此外,对于高层大面积平屋顶民用建筑以及对建筑立面处理要求较高的建筑物,宜采用雨水的内排水形式,如图 5 – 26 所示。

图 5 – 26 内排水系统

1. 内排水系统的组成

雨水内排水系统是由雨水斗、连接短管、悬吊管、立管、排出管、埋地管组成,如图 5 – 27 所示。

连接短管、悬吊管、立管和排出管统称架空系统,也可以说雨水内排系统是由雨水斗、架空系统和埋地管组成。架空系统内是压力流,埋地管内是重力流。

1)雨水斗

雨水斗是一种专用设置,雨水斗设在屋面雨水由天沟进入雨水管道的入口处。雨水斗有整流格栅装置,能迅速排除屋面雨水,格栅具有整流作用,避免形成过大的旋涡,稳定斗前水位,减少掺气,迅速排除屋面雨水、雪水,并能有效阻挡较大杂物。对雨水斗的要求是:

(1)在保证拦阻粗大杂物的前提下泄水面积最大,且导流通畅,水流平稳,阻力小;

(2)不使其内部与空气相通,即减少掺气;

(3)构造高度要小(一般以 5 ~ 8 cm 为宜),制造简单。

按照上述要求设计的雨水斗,有 65 型、79 型和 87 型。65 型雨水斗为铸铁浇铸,规格只有一种,为 100 mm(图 5 – 28)。79 型雨水斗为钢板焊制,规格为 75,100,150 和 200 mm 四种,雨水斗的安装见图 5 – 29。在阳台、花台和供人们活动的屋面处可用平算式雨水斗。

(a)剖面图

(b)平面图

图 5 – 27　内排水系统

对内排水雨水斗布置上的要求：

（1）应以伸缩缝、沉陷缝和防火墙为分水线，各自自成排水系统。如果分水线两侧两个雨水斗需连接在同一架空系统上时，应采用伸缩接头。防火墙两侧雨水斗连接时，可不用伸缩接头。

（2）雨水斗的间距和个数由水力计算确定。接入同一架空系统的雨水斗应在同一高程上。

（3）采用多斗排水系统时，雨水斗对立管宜对称布置。一根悬吊管上连接的雨水斗不得多于四个。

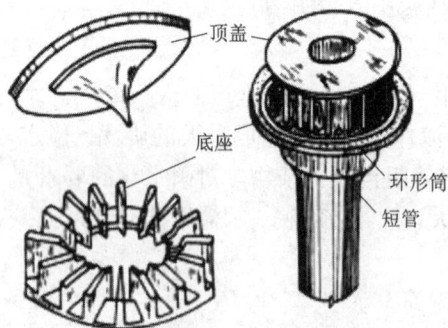

图 5 – 28　65 型雨水斗

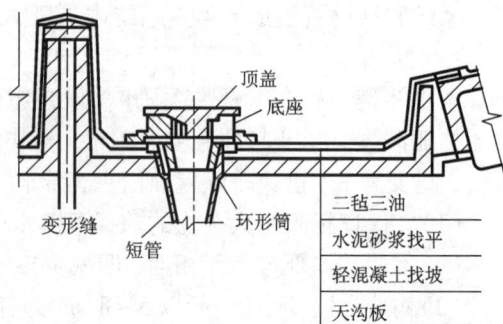

图 5 – 29　雨水斗的安装

2）架空管道系统

（1）连接管。

它是连接雨水斗和悬吊管的一段竖向短管。管径同雨水斗，且不宜小于 100 mm。连接管固定在建筑物的承重结构上，下端用斜三通与悬吊管相连。

（2）悬吊管。

它的管径不小于连接管管径，也不应大于 300 mm。沿屋架悬吊，其坡度不小于 0.005。在悬吊管的端头和长度大于 15 m 的悬吊管上应设检查口或带法兰的三通，以便清通。

（3）立管。

立管的管径不得小于悬吊管管径。立管宜沿墙、柱安装，以便固定。在距地面 1 m 处设检查口。一根立管连接的悬吊管根数不得多于两根。

（4）排出管。

排出管是立管和检查井间的一段较大坡度的横向管道，其管径不得小于立管管径。排出管与下游埋地管在检查井中宜采用管顶平接，水流转角不得小于 135°。

架空系统各管的管径是根据降雨强度（5 min 的降雨深度）和最大允许汇水面积确定的。

3）埋地管

埋地管设在室内或室外地下，承接立管的雨水，并将其排至室外雨水管道。埋地管内为重力流。其管径按生产废水的最大设计充满度、生产废水的最小坡度及埋地管的最大允许汇水面积确定。最小管径为 200 mm，最大不超 600 mm。管径小于 300 mm 时采用混凝土管或陶土管，管径等于或大于 400 mm 时采用钢筋混凝土管。

第六章　建筑中水系统

第一节　建筑中水系统分类与组成

中水这一概念来自日本，是指水质介于给水（上水）和排水（下水）之间的水。中水属于城市再生水。

一、建筑中水的意义

随着人口增加和工业发展，淡水用水量日益增长，由于水资源有限，再加上水体的污染，世界性的缺水现象日益严重。我国淡水资源总量名列世界前茅（第6位），但人均拥有量仅列世界第110位左右。

全国660多个城市中有400多个城市长期缺水，110多个城市严重缺水，如天津、北京、西安、太原、大连、青岛、深圳城市的缺水现象尤为突出。

2014年中国总用水量达5500亿 m^3，有79个城市缺水，超过2300万城镇人口、2000多万农村人口饮水困难、1300万头牲畜发生临时性饮水困难。

因此，国家颁布了《环境保护法》《水法》等法规以合理利用和保护水源，并大力推广和开发节水技术——海水淡化、循环用水、废水回用等。

从20世纪60年代开始，日本、美国、德国、前苏联、英国、南非、以色列等国相继实施了中水工程。

我国是一个水资源匮乏的国家，日益严重的水资源短缺问题不但严重困扰着国计民生，而且成为制约我国社会经济发展的重要因素，加强水资源联合调度，供水、排水、节水、治水、中水回用统筹运作，开源节流大力推广城市污水处理厂出水回用，使污水资源化利用是解决我国水资源短缺问题的有效办法（表6-1）。城市污水净化后的再生水可以有多种途径，主要概括为以下几种：

（1）工业生产的冷却用水、工艺用水、锅炉用水、其他工业用水；

（2）农业灌溉用水；

（3）冲厕、洗车、清扫生活杂用水；

（4）地下回注用水；

（5）市政浇洒、消防、景观河道用水。

表 6 – 1 中水的应用

分类	范围	分类	范围
农、林、牧、渔业用水	农田灌溉	工业用水	冷却
	造林育苗		洗涤
	畜牧养殖		锅炉
	水产养殖		工艺
城市杂用水	城市绿化		产品
	冲厕所	环境用水	娱乐性景观
	清扫道路		观赏性景观
	车辆清洗		湿地环境
	建筑施工	补充水源	补充地表水
	消防用水		补充地下水

中水是城市的第二水源。城市污水再生利用是提高水资源综合利用率，减轻水体污染的有效途径之一。再生水合理回用既能减少水环境污染，又可以缓解水资源紧缺的矛盾，是贯彻可持续发展的重要措施。污水的再生利用和资源化具有可观的社会效益、环境效益和经济效益，已经成为世界各国解决水问题的必选。据有关资料统计，城市供水的 80% 转化为污水，经收集处理后，其中 70% 的再生水可以再次循环使用。这意味着通过污水回用，可以在现有供水量不变的情况下，使城市的可用水量至少增加 50% 以上。世界各国无不重视再生水利用，再生水作为一种合法的替代水源，正在得到越来越广泛的利用，并成为城市水资源的重要组成部分。中水的应用如表 6 – 1 所示。

二、中水系统的分类

中水系统是一个系统工程，是给水工程技术、排水工程技术、水处理工程技术和建筑环境工程技术的有机综合，而得以实现各部分的使用功能、节水功能及建筑环境功能的统一。

中水系统按服务的范围，一般分为三类。

1. 建筑中水系统

建筑中水系统是指单幢(或几幢相邻建筑)所形成的中水系统，如图 6 – 1 所示。

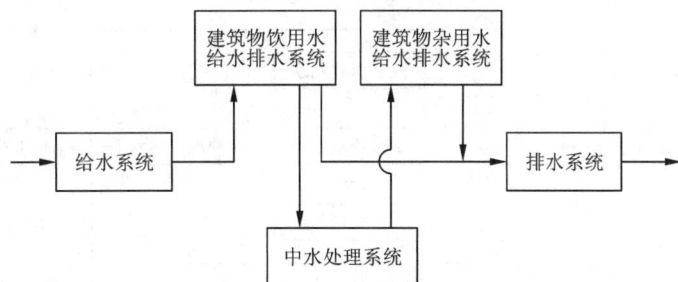

图 6 – 1 建筑中水系统

视其情况不同又可再分为两种形式：

（1）具有完善排水设施的建筑中水系统。这种形式的中水系统是指建筑物排管系为分流制，且具有城市二级处理设施。

中水的水源为本系统内的优质杂排水和杂排水（不含粪便污水），这种杂排水经集流处理后，仍供应本建筑内冲洗厕所、绿化、扫除、洗车、水景、空调冷却等用水。

（2）排水设施不完善的建筑中水系统。

这种形式的中水系统是指建筑物排水管系为合流制，且没有二级水处理设施或距二级水处理设施较远。中水水源取自该建筑的排水净化池。

2. 小区中水系统

此系统适用于城镇小区、机关大院、企业学校等建筑群。

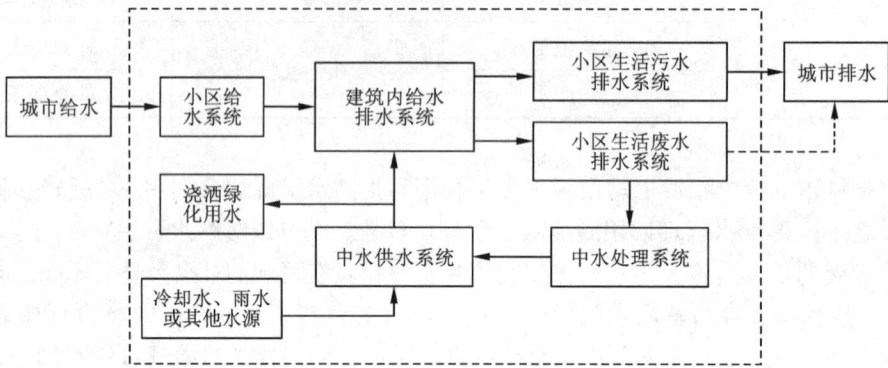

图 6-2　小区中水系统

中水水源取自小区内人们生活中用过的或生产活动中生活排放的污水、冷却水及雨水等，经集流、水质处理、输配等技术措施，回用于民用建筑或建筑小区内，作为冲洗便器、冲洗汽车、绿化和浇洒道路等杂用水的供水系统。室内饮用给水和中水供应采用双管系统分质供水。室内排水应与小区室外排水体制相对应，污水排放应按生活废水和生活污水分质、分流进行排放。

3. 城镇中水系统

此系统以城镇二级污水处理厂的出水和部分雨水作为中水水源，经提升后送到中水处理站，处理达到生活杂用水水质标准后，供城镇杂用水使用，如图 6-3 所示。

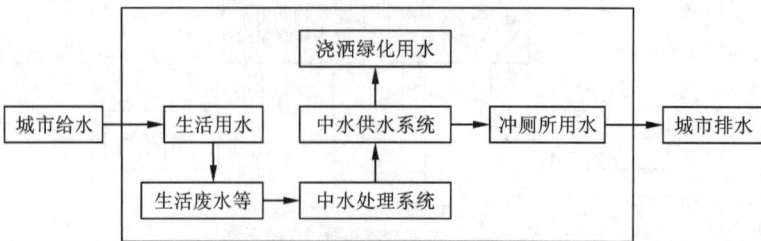

图 6-3　城市中水系统

该系统不要求室内外必须采用分流制,但城镇应设有污水处理厂,城镇和室内供水管网应为双管系统。

上述几种类型的中水系统,据有关资料统计,单幢建筑中水系统远多于建筑小区中水系统,市中心的中水系统多于市郊的,中水处理站设于室内地下室多于设在室外的。

三、建筑中水系统的组成

1. 中水原水系统

该系统指的是收集、输送中水原水至中水处理设施的管道系统和一些附属构筑物。

建筑内排水系统有污废水分流制与合流制之分,中水的原水一般采用分流制方式中的杂排水和优质杂排水作为中水水源为宜。

2. 中水处理设施

中水处理一般将处理过程分为前处理、主要处理和后处理三个阶段。

(1)前处理阶段。此阶段主要是截留较大的漂浮物、悬浮物和杂物,分离油脂、调整 pH 值等,其处理设施为格栅、滤网、除油池、化粪池等。

(2)主要处理阶段。此阶段主要是去除水中的有机物、无机物等。其主要处理设施有沉淀池、混凝池、气浮池、生物接触氧化池、生物转盘等。

(3)后处理阶段。此阶段主要是针对某些中水水质要求高于杂用水时,所进行的深度处理,如过滤、活性炭吸附和消毒等。其主要处理设施有过滤池、吸附池、消毒设施等。

3. 中水管道系统

中水管道系统分为中水原水集水和中水供水两大部分。

中水原水集水管道系统主要是建筑排水管道系统和必须将原水送至中水处理设施的管道系统。

中水供水管道系统应单独设置,是将中水处理站处理后的水输送至各杂用水用水点的管网。

中水供水系统的管网系统类型、供水方式、系统组成、管道敷设和水力计算与给水系统基本相同,只是在供水范围、水质、使用等方面有些限定和特殊要求。

4. 中水系统中调节、贮水设施

在中水原水管网系统中,除设置排水检查井和必要的跌水井外,还应设置控制流量的设施,如分流闸、调节池、溢流井等,当中水系统中的处理设施发生故障或集流量发生变化时,需要调节、控制流量,将分流或溢流的水量排至排水管网。

在中水供水系统中,除管网系统外,根据供水系统的具体情况,还有可能设置中水贮水池、中水加压泵站、中水气压给水设备、中水高位水箱等设施。

中水处理站位置:建筑物内的中水处理站宜设在建筑物的最底层;处理构筑物宜为地下式或封闭式。应有采暖、通风、换气、照明、给水排水设施;中水处理中产生的臭气应采取有效的除臭措施;应具备污泥、渣等的存放和外运条件。

四、建筑物中水水源

(1)中水水源的选定:根据排水的水质、水量、排水状况和中水回用的水质、水量选定。

（2）选择的种类和选取的顺序：①洗浴排水；②盥洗排水；③冷却系统排水；④游泳池排水；⑤冷凝水；⑥洗衣排水；⑦厨房排水；⑧冲厕排水。

注意：

（1）综合医院污水作为水源时必须经过消毒处理，产出的中水仅用于独立的不与人直接接触的系统。

（2）传染病医院、结核病医院污水和放射性废水，不得作为中水水源。

（3）建筑屋面雨水可作为中水水源或其补充。

五、建筑小区中水水源

（1）选择依据：水量平衡和技术经济比较确定，优先选择水量充沛、稳定、污染物浓度低、处理难度小、安全且居民易接受的中水原水。

（2）可选择的原水：①建筑物杂排水；②污水处理厂出水；③相对洁净的工业排水；④雨水；⑤生活污水。

第二节　中水的处理工艺与施工

一、中水的处理工艺

为了去除污水中的有害污染物质，使其水质符合使用要求，必须对污水进行处理，处理方法一般分为物化处理工艺和生物处理工艺两大类。

物化处理工艺包括物理方法和化学处理方法，即利用物理作用分离污水中呈悬浮固体状态的污染物质为物理方法；利用化学反应的作用去除污水中处于各种形态的污染物质为化学方法。

生物处理工艺利用微生物的代谢作用，使污水中呈溶解、胶体状态的有机污染物质转化为稳定的无害物质。其主要方法又分为好氧法和厌氧法，在中水处理中采用好氧法较多，好氧法又可分为活性污泥法和生物膜法两类。

在各种处理工艺的前面都设有预处理单元，预处理单元可以有效地保护后续处理设备的安全，而消毒处理工艺作为水质安全保障的最后环节也是必不可少的处理单元。

由于原水种类不同，其含有的污染物种类和浓度亦不同；中水用途不同，其水质要求也不同。应根据原水种类和出水水质要求选择处理工艺。

1. 以优质杂排水为原水的中水工艺流程

优质杂排水是中水系统原水的首选水源，根据这一原则，国内早期大部分中水工程，均以洗浴、盥洗等优质杂排水为中水水源。近期各地方政府制定了有关冷却水使用的法规及技术规范，目前实际工程中多将冷却系统及游泳池的排污水引入中水系统，以解决某些项目原水不足的问题。由于优质杂排水来源分散，以其为水源的中水工程往往规模较小，中水的回用一般为就近在本建筑物内或本单位内用于冲厕、洗车、绿化等。

以优质杂排水为原水的中水工程采用物化处理流程和生物—物化组合流程两类工艺。所采用的物化处理工艺主要为混凝沉淀、混凝气浮、活性炭吸附、臭氧氧化、过滤分离等工艺，近年来膜分离工艺开始得到应用。生物处理工艺早期主要为生物转盘或生物接触氧化，近期曝气生物滤池、生物活性炭、膜式生物反应器等新工艺受到重视，并在实际工程中得到广泛应用。由于设备或操作等问题，物化处理流程效果不够稳定，已较少单独使用，近期多采用生物—物化组合流程。

1）物化处理工艺

物化处理工艺主要有以下几种代表流程：

（1）以混凝沉淀为主的工艺流程。

原水 → 格栅 → 调节池 → 混凝沉淀 → 过滤 → 活性炭 → 消毒 → 中水
（混凝剂 ↓ 进入混凝沉淀）

（2）以混凝气浮为主的工艺流程。

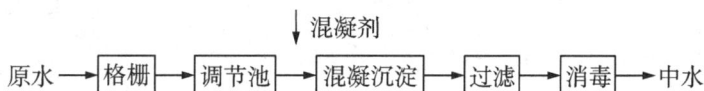

原水 → 格栅 → 调节池 → 混凝沉淀 → 过滤 → 消毒 → 中水
（混凝剂 ↓ 进入混凝沉淀）

（3）以微絮凝过滤—（生物）活性炭为主的工艺流程。

原水 → 格栅 → 调节池 → 过滤 → （生物）活性炭 → 消毒 → 中水
（混凝剂 ↓ 进入过滤）

（4）以混凝过滤—臭氧为主的工艺流程。

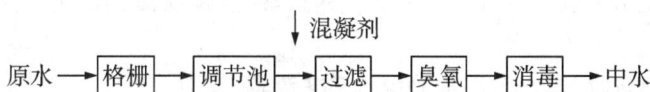

原水 → 格栅 → 调节池 → 过滤 → 臭氧 → 消毒 → 中水
（混凝剂 ↓ 进入过滤）

（5）以混凝过滤—膜分离为主的工艺流程。

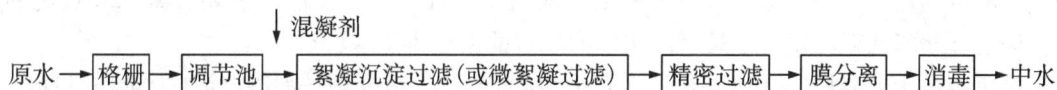

原水 → 格栅 → 调节池 → 絮凝沉淀过滤（或微絮凝过滤） → 精密过滤 → 膜分离 → 消毒 → 中水
（混凝剂 ↓ 进入絮凝沉淀过滤）

2）生物—物化组合工艺

生物—物化组合工艺主要有以下几种代表流程：

（1）以生物接触氧化为主的工艺流程。

原水 → 格栅 → 调节池 → 生物接触氧化 → 沉淀 → 过滤 → 消毒 → 中水

（2）以曝气生物滤池为主的工艺流程。

原水 → 格栅 → 调节池 → 曝气生物滤池 → 消毒 → 中水

（3）以膜式生物反应器为主的工艺流程。

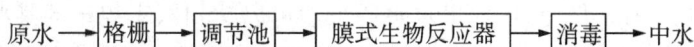

原水 → 格栅 → 调节池 → 膜式生物反应器 → 消毒 → 中水

2. 以生活污水为原水的中水工艺流程

随着水资源紧缺矛盾和环境污染的加剧，开辟新的可利用水源及对水源地保护的呼声越来越高，就近收集、处理生活污水的中水工程应运而生。以生活污水为原水的中水工程一般采用多级生物处理为主或与物化处理结合的工艺流程，由于其进水有机物浓度较高，部分中水工程以厌氧处理作为前置工艺单元强化生物处理。其代表性工艺流程如下：

1）以多级生物接触氧化为主的工艺流程

↓混凝剂

原水 → 格栅 → 调节池 → 多级生物接触氧化 → 沉淀 → 过滤 → 消毒 → 中水

2）以水解—生物接触氧化为主的工艺流程

↓混凝剂

原水 → 格栅 → 水解池 → 多级生物接触氧化 → 沉淀 → 过滤 → 消毒 → 中水

3）以厌氧—人工湿地为主的工艺流程

原水 → 水解池或化粪池 → 人工湿地 → 消毒 → 中水

需要特别说明的是，以生活污水为原水的中水回用项目多数以居民小区或别墅区为主，这些项目多数建设在市政排水设施不完善或对排水水质要求较高的地区。中水设施的建设应充分考虑区域内雨污管线由于排水不畅对中水处理构筑物及负荷的影响，并应正确选择中水处理站的位置，以免由于散发的气味影响居民的正常生活。居民小区或别墅区的中水处理站一般选在下风口处。

3. 以城市污水处理厂出水为原水的中水工艺流程

为了贯彻中央"发展循环经济，建设节约型社会"的精神，各地区城市污水处理厂出水成为重要的可利用水资源。鉴于水资源短缺已成为制约社会经济发展的主要因素，20 世纪 90 年代国内开始兴建以城市污水处理厂出水为原水的大型再生水厂。

城市再生水厂采用的基本处理工艺为：一级处理—二级处理—混凝沉淀（澄清）—过滤—消毒。对以污水厂二级处理出水为原水的中水工程而言，中水工艺流程只包括上述工艺的深度处理部分。近年来，由于膜技术的快速发展，膜分离技术在中小型城市再生水厂中也得到了应用。

以城市污水处理厂出水为原水的中水工程代表性工艺流程如下：

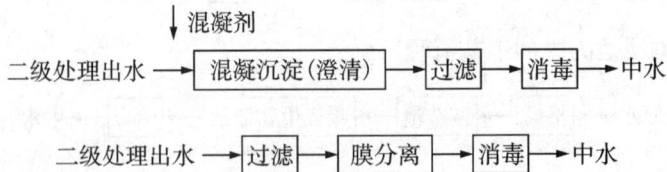

↓混凝剂

二级处理出水 → 混凝沉淀（澄清）→ 过滤 → 消毒 → 中水

二级处理出水 → 过滤 → 膜分离 → 消毒 → 中水

需要说明的是，城市再生水厂的出水水质虽然可以达到国家规定的某些用途的水质标准，但由于原水水质复杂，往往难以满足某些指标的特殊要求，所以这些单位在使用城市再生水时要根据自身的需求对再生水作进一步处理。例如河湖水对氮和磷的控制，电厂和化工企业冷却水对氯离子的控制等。

二、中水水质标准

1. 中水的水质要求

(1)满足卫生要求;

(2)满足感官要求;

(3)满足设备和管道的使用要求。

2. 中水水质标准

中水水质标准应符合国家标准,生活杂用水水质标准如表6-2所示。

表6-2 城市杂用水水质标准

项目	冲厕	道路清扫、消防	城市绿化	车辆冲洗	建筑施工
pH	6.0~9.0				
色/度	≤30				
嗅	无不快感				
浊度/NTU	≤5	≤10	≤10	≤5	≤20
溶解性总固体/(mg·L⁻¹)	≤1500	≤1500	≤1000	≤1000	—
五日生化需氧量(BOD5)/(mg·L⁻¹)	≤10	≤10	≤20	≤10	≤15
氨氮/(mg·L⁻¹)	≤10	≤10	≤20	≤10	≤20
阴离子表面活性剂/(mg·L⁻¹)	≤1.0	≤1.0	≤1.0	≤0.5	≤1.0
铁/(mg·L⁻¹)	≤0.3	—	—	≤0.3	—
锰/(mg·L⁻¹)	≤0.1	—	—	≤0.1	—
溶解氧/(mg·L⁻¹)	≤1.0				
总余氯/(mg·L⁻¹)	接触30 min后≥1.0,管网末端≥0.2				
总大肠杆菌/(个·L⁻¹)	≥3				

三、建筑中水系统管道安装

1. 一般要求

(1)原水管道管材及配件:塑料管、铸铁管或混凝土管。

(2)给水管道及排水管道的检验标准按室内给水系统和室内排水系统的有关规定执行。

(3)中水管道的干管端、各支管的始端、进户管始端应安装阀门,并设阀门井,根据需要安装水表。

2. 建筑中水系统管道安装

主控项目:

(1)中水高位水箱应与生活高位水箱分设在不同的房间内,如条件不允许只能设在同一房间时,与生活高位水箱的净距应大于2 m。

检验方法:观察检查。

(2)中水给水管道不得装设取水水嘴。便器冲洗宜用密闭型设备和器具。绿化、浇洒、汽车冲洗宜用壁式或地下式的给水栓。

检验方法：观察检查。

（3）中水供水管道严禁与生活饮用水给水管道连接；中水管道外壁应涂浅绿色标志；中水池（箱）、阀门、水表及给水栓均应有"中水"标志。

检验方法：观察检查。

（4）中水管道不宜暗装于墙体和楼板内。如必须暗装于墙体时，在管道上要有明显且不会脱落的标志。

检验方法：观察检查。

3．一般规定

（1）管材及配件应采用耐腐蚀的给水管管材及附件。

检验方法：观察检查。

（2）与生活饮用水管道、排水管道平行敷设时，其水平净距离不得小于0.5 m；交叉埋设时，中水管道应位于生活饮用水管道下面，排水管道的上面，其净距不应小于0.15 m。

检验方法：观察和尺量检查。

4．中水系统的安全防护

（1）中水管道禁止与生活饮用水给水管道直接连接。

（2）中水管道宜明装，有时亦可敷设在管井、吊顶内；不宜暗装于墙体和楼面内，以便于检查维修。

（3）中水池（箱）内的自来水补水管应采取自来水防污措施，补水管出水口应高于中水贮存池（箱）内溢流水位，其间距不得小于2.5倍管径。严禁采用淹没式浮球阀补水。

（4）中水管道与生活饮用水给水管道、排水管道平行埋设时，其水平净距不得小于0.5 m；交叉埋设时，中水管道应位于生活饮用水给水管道下面，排水管道的上面，其净距不得小于0.15 m。

（5）中水贮存池（箱）设置的溢流管、泄水管，均应采用间接排水方式排出。溢流管应设隔网。

（6）严格消毒。

（7）管理人员必须培训上岗。

（8）中水管道应采取防止误接、误用、误饮的措施。

第七章　建筑给排水施工图

第一节　建筑给排水制图的一般规定

图纸是用标明尺寸的图形和文字来说明工程建筑、机械、设备等的结构、形状、尺寸及其他要求的一种技术文件，有纸质图及电子图。图纸大小标准按国际标准组织分为A0(841 mm×1189 mm)、A1(594 mm×841 mm)、A2(420 mm×594 mm)、A3(297 mm×420 mm)、A4(210 mm×297 mm)。

建筑图纸按专业分为总图、建筑施工图、结构施工图、给排水施工图、电气安装图、暖通施工图等。

一、给排水制图一般规定

1. 图纸

(1)图线的宽度 b，应根据图纸的类别、比例和复杂程度，按《房屋建筑制图统一标准》中第3.0.1条的规定选用。线宽 b 宜为0.7 mm 或1.0 mm。

(2)给水排水专业制图，常用的各种线型宜符合表7-1的规定。

表7-1　线型

名称	线型	线宽	用途
粗实线	———	b	新设计的各种排水和其他重力流管线
粗虚线	- - -	b	新设计的各种排水和其他重力流管线的不可见轮廓线
中粗实线	———	$0.75b$	新设计的各种给水和其他压力流管线；原有的各种排水和其他重力流管线
中粗虚线	- - -	$0.75b$	新设计的各种给水和其他压力流管线及原有的各种排水和其他重力流管线的不可见轮廓线
中实线	———	$0.50b$	给水排水设备、零(附)件的可见轮廓线；总图中新建的建筑物和构筑物的可见轮廓线；原有的各种给水和其他压力流管线
中虚线	- - -	$0.50b$	给水排水设备、零(附)件的不可见轮廓线；总图中新建的建筑物和构筑物的不可见轮廓线；原有的各种给水和其他压力流管线的不可见轮廓线
细实线	———	$0.25b$	建筑的可见轮廓线；总图中原有的建筑物和构筑物的可见轮廓线；制图中的各种标注线

续表 7 – 1

名称	线型	线宽	用途
细虚线	– – – –	0.25b	建筑的不可见轮廓线；总图中原有的建筑物和构筑物的不可见轮廓线
单点长画线	—·—·—	0.25b	中心线、定位轴线
折断线	—∿—	0.25b	断开界线
波浪线	∿∿∿	0.25b	平面图中水面线；局部构造层次范围线；保温范围示意线等

2. 比例

(1)给水排水专业制图常用的比例，宜符合表 7 – 2 的规定。

表 7 – 2　常用比例

名称	比例	备注
区域规划图 区域位置图	1:50000, 1:25000, 1:10000 1:5000, 1:2000	宜与总图专业一致
总平面图	1:1000, 1:500, 1:300	宜与总图专业一致
管道纵断面图	纵向：1:200, 1:100, 1:50 横向：1:1000, 1:500, 1:300	
水处理厂(站)平面图	1:500, 1:200, 1:100	
水处理构筑物、设备间、卫生间、泵房平、剖面图	1:100, 1:50, 1:40, 1:30	
建筑给排水平面图	1:200, 1:150, 1:100	宜与建筑专业一致
建筑给排水轴测图	1:150, 1:100, 1:50	宜与相应图纸一致
详图	1:50, 1:30, 1:20, 1:10, 1:5, 1:2, 1:1, 2:1	

(2)在管道纵断面图中，可根据需要对纵向与横向采用不同的组合比例。

(3)在建筑给排水轴测图中，如局部表达有困难时，该处可不按比例绘制。

(4)水处理流程图、水处理高程图和建筑给排水系统原理图均不按比例绘制。

3. 标高

(1)标高符号及一般标注方法应符合《房屋建筑制图统一标准》中的规定。

(2)室内工程应标注相对标高；室外工程宜标注绝对标高，当无绝对标高资料时，可标注相对标高，但应与总图专业一致。

(3)压力管道应标注管中心标高；沟渠和重力流管道宜标注沟(管)内底标高。

(4)在下列部位应标注标高：

①沟渠和重力流管道的起讫点、转角点、连接点、变坡点、变尺寸(管径)点及交叉点；

②压力流管道中的标高控制点；

124

③管道穿外墙、剪力墙和构筑物的壁及底板等处;

④不同水位线处;

⑤构筑物和土建部分的相关标高。

(5)标高的标注方法应符合下列规定:

①平面图中,管道标高应按下图的方式标注。

②平面图中,沟渠标高应按下图的方式标注。

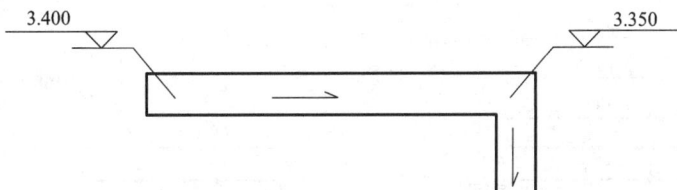

③剖面图中,管道及水位的标高应按下图的方式标注。

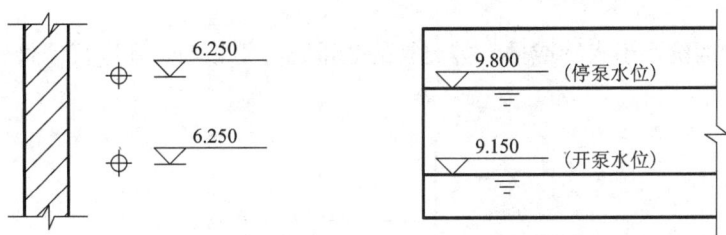

④轴测图中,管道标高应按下图的方式标注。

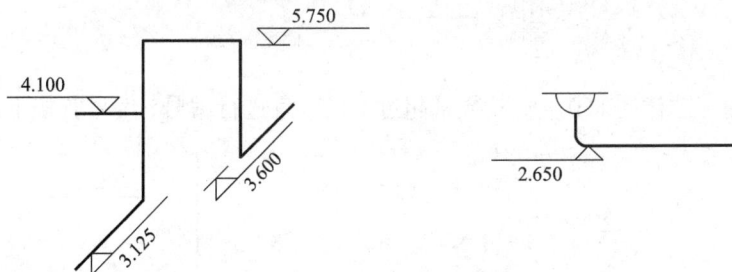

⑤在建筑工程中,管道也可注相对本层建筑地面的标高,标注方法为 $h + \times . \times \times \times$,$h$ 表示本层建筑地面标高(如 $h + 0.250$)。

4. 管径

(1)管径应以 mm 为单位;

(2)管径的表达方式应符合下列规定:

①水煤气输送钢管(镀锌或非镀锌)、铸铁管等管材,管径宜以公称直径 DN 表示(如

$DN15\ \mathrm{mm}$、$DN50\ \mathrm{mm}$）。

②无缝钢管、焊接钢管（直缝或螺旋缝）、铜管、不锈钢管等管材，管径宜以外径 $D \times$ 壁厚表示（如 $D108 \times 4$、$D159 \times 4.5$ 等）。

③钢筋混凝土（或混凝土）管、陶土管、耐酸陶瓷管、缸瓦管等管材，管径宜以内径 d 表示（如 $d230$、$d380$ 等）。

④塑料管材，管径宜按产品标准的方法表示。

⑤当设计均用公称直径 DN 表示管径时，应有公称直径 DN 与相应产品规格对照表。

（3）管径的标注方法应符合下列规定：

①单根管道时，管径应按下图的方式标注。

②多根管道时，管径应按下图的方式标注。

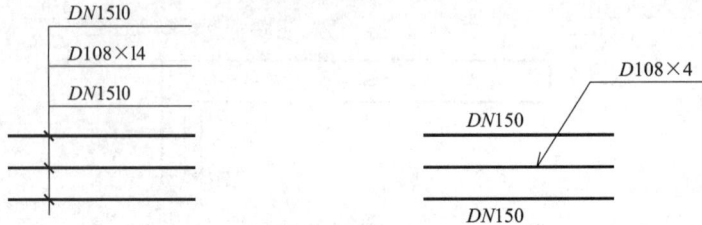

（4）编号

①当建筑物的给水引入管或排水排出管的数量超过 1 根时，宜进行编号，编号宜按下图的方法表示。

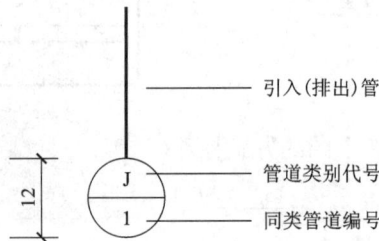

②建筑物内穿越楼层的立管，其数量超过 1 根时宜进行编号，编号宜按下图的方法表示。

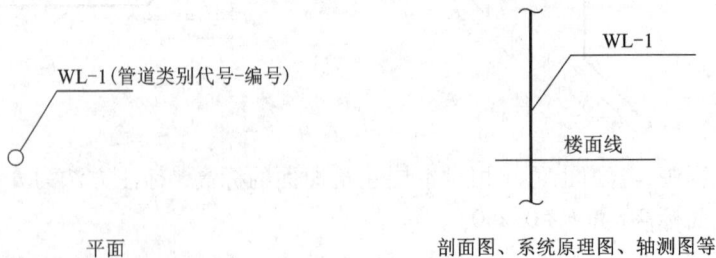

③在总平面图中，当给排水附属构筑物的数量超过 1 个时，宜进行编号。

ⅰ）编号方法为：构筑物代号 - 编号；

ⅱ）给水构筑物的编号顺序宜为：从水源到干管，再从干管到支管，最后到用户；

ⅲ）排水构筑物的编号顺序宜为：从上游到下游，先干管后支管；

ⅳ）当给排水机电设备的数量超过 1 台时，宜进行编号，并应有设备编号与设备名称对照表。

二、给排水工程图组成

给排水工程图由图纸目录、设计施工说明、图例、设备材料清单、工艺流程图、平面图、系统图、立（剖）面图、大样图、节点详图和标准图等组成。

1. 图纸目录

图纸目录就是为了便于查阅和保管，将一个项目工程的施工图纸按一定的名称和顺序归纳整理编排而成。通过图纸目录，可知道该项目整套专业图的图别、图名及其数量。

2. 设计施工说明

设计施工说明就是设计人员在图样上无法表明而又必须要建设单位和施工单位知道的一些技术和质量的要求，一般以文字的形式加以说明。其内容包括工程设计的主要技术数据，施工验收要求以及特殊注意事项。给排水工程施工图纸的设计说明则有供水量、雨水量、消防设施数量等。

3. 图例

图例是图纸中的管件、阀门等采用规定的符号加以表示，所用符号示意性地表示具体的管件、阀门等，其并不完全反映事物的形象。看懂图纸，必须先认识图例，图例有图纸语言的功能，熟悉常用图例是十分必要的，如表示闸阀、水泵的符号等。

4. 设备材料清单

工程选用的主要材料及设备表，应列明材料类别、规格、数量，设备品种、规格和主要尺寸。

5. 工艺流程图

工艺流程图是整个系统整个工艺变化过程的原理图。是设备布置和管道布置等设计的依据，也是施工安装和操作运行时的依据。通过此图，可全面了解建筑物名称、设备编号、整个系统的仪表控制点，可确切了解管道的材质、规格、编号、输送的介质与流向以及主要控制阀门等。

6. 平面图

平面图是工程图中最基本的一种图样。主要表示设备、管道等在建筑物内的平面布置，表示管线的排列和走向，坡度和坡向、管径和标高以及各管段的长度尺寸和相对位置等具体数据。

平面图上管道都用单线绘出，沿墙敷设时不注管道距墙面的距离。一张平面图上可以绘制几种类型的管道，一般来说给水和排水管道可以在一起绘制。若图纸管线复杂，也可以分别绘制，以图纸能清楚地表达设计意图而图纸数量又少为原则。建筑内部给排水，以选用的给水方式来确定平面布置图的张数，底层及地下室必须单独绘出；顶层若有高位水箱等设备，必须单独绘出；建筑中间各层，如卫生设备或用水设备的种类、数量和位置都相同，绘一张标准层平面布置图即可。

7. 系统图

系统图，也称"轴测图"，是给排水工程图中的重要图样之一。它反映设备管道的空间布置，管线的空间走向。建筑给水排水工程图，通常结合平面图和系统图进行识图。

系统图上应标明管道的管径、坡度，标出支管与立管的连接处，以及管道各种附件的安装标高，标高应与建筑图一致。系统图上各种立管的编号应与平面布置图相一致。系统图均应按给水、排水、热水等各系统单独绘制，以便于施工安装和概预算应用。

系统图中对用水设备及卫生器具的种类、数量和位置完全相同的支管、立管，可不重复完全绘出，但应用文字标明。当系统图立管、支管在轴测方向重复交叉影响识图时，可断开移到图面空白处绘制。

8. 立(剖)面图

立(剖)面图是工程图中常见图样，主要反映管道在建筑物内的垂直高度方向上的布置，反映在垂直方向上管线的排列和走向以及各管线的编号、管径、标高等具体数据。

9. 节点详图、大样图、标准图

节点详图、大样图、标准图都属于详图。节点详图是对以上几种图样无法表示清楚的节点部位的放大图，能清楚地反映某一局部管道和组合件的详细结构和尺寸；大样图是表示一组设备的配管或一组管配件组合安装的详图，能反映组合体各部位的详细构造和尺寸；标准图是一种具有通用性的图样，是为使设计和施工标准化、统一化，一般由国家或有关部委颁发的标准图样。

通用施工详图系列，如卫生器具安装、排水检查井、雨水检查井、阀门井、水表井、局部污水处理构筑物等，其反映了成组管件、部件或设备的具体构造尺寸和安装技术要求，是整套施工图纸的一个组成部分。施工详图宜首先采用标准图。绘制施工详图的比例以能清楚绘出构造为根据选用。施工详图应尽量详细注明尺寸，不应以比例代替尺寸。

三、给排水工程图的表示方法

工程图是设计人员用来表达设计意图的重要工具。为保证工程图的统一性、便于识图性，工程图中表示方法必须按国家标准进行绘制。

1. 管道线型、比例

工程图上的管道和管件采用统一的线型来表示。如管道线型中有粗实线、中实线、细实线、粗虚线、中虚线、细虚线、细点画线、折断线、波浪线等。

给排水平面图常用的比例有 1:100、1:200 和 1:150 等，详图常用的比例有 1:50、1:10、1:5、1:2 和 1:1 等，在给排水系统图中，如果局部表达有困难时，该处可不用按比例绘制。

2. 管道类别代号

给排水工程图中有多种管线，一般的各种管线区分采用增加字母符号方式。常见的管线符号有：给水管用 J(热水给水用 RJ，热水回水用 RH)表示；排水管用 P(废水管用 F，压力废水管用 YF)表示；雨水管用 Y 表示；消防栓管用 X 表示；自动喷淋管用 ZP 表示；污水管用 W(通气管用 T，压力污水管用 YW)表示。

3. 常用给排水图例

给排水工程图常用图例如表 7 - 3 所示。

表7－3　给排水工程图常用图例

序号	名称	图例
1	给水管	—— J ——
2	排水管	— — — P — — —
3	污水管	— — — W — — —
4	废水管	— — — F — — —
5	消火栓给水管	—— X ——
6	自动喷水灭火给水管	—— ZP ——
7	热水给水管	—— RJ ——
8	热水回水管	—— RH ——
9	冷却循环给水管	—— XJ ——
10	冷却循环回水管	—— XH ——
11	冲箱水给水管	—— CJ ——
12	冲箱水回水管	—— CH ——
13	蒸汽管	—— Z ——
14	雨水管	— — — Y — — —
15	空调凝结水管	—— KN ——
16	压力废水管	—— YF ——
17	坡向	——▶
18	排水明沟	坡向 ——▶
19	排水暗沟	坡向 ——▶
20	清扫口	⊖　⊤

序号	名称	图例
21	雨水斗	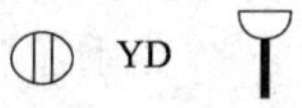
22	圆形地漏	
23	方形地漏	
24	存水弯	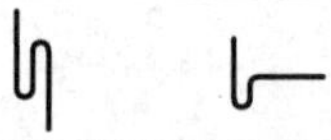
25	透气帽	
26	喇叭口	
27	吸水喇叭口	
28	异径管	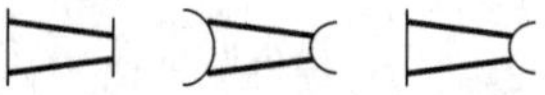
29	偏心异径管	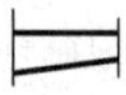
30	自动冲洗水箱	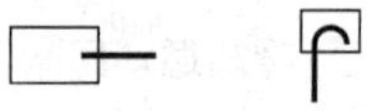
31	淋浴喷头	
32	管道立管	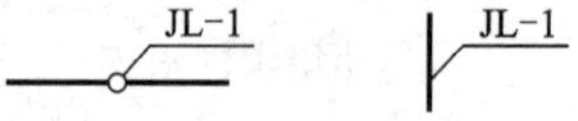
33	立管检查口	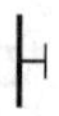
34	套管伸缩器	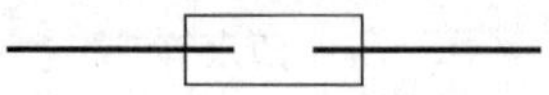
35	弧形伸缩器	
36	刚性防水套管	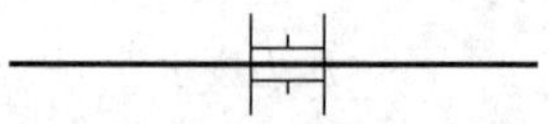
37	柔性防水套管	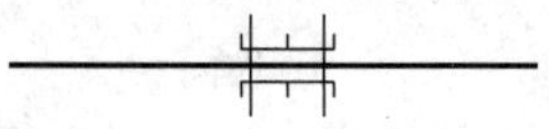
38	软管	
39	可挠曲橡胶接头	
40	管道固定支架	

序号	名称	图例
41	保温管	
42	法兰连接	
43	承插连接	
44	管堵	
45	乙字管	
46	室外消火栓	
47	室内消火栓(单口)	
48	室内消火栓(双口)	
49	水泵接合器	
50	自动喷淋头	
51	闸阀	
52	截止阀	
53	球阀	
54	隔膜阀	
55	液动阀	
56	气动阀	
57	减压阀	
58	旋塞阀	
59	温度调节阀	
60	压力调节阀	

序号	名称	图例
61	电磁阀	
62	止回阀	
63	消声止回阀	
64	自动排气阀	
65	电动阀	
66	湿式报警阀	
67	法兰止回阀	
68	消防报警阀	
69	浮球阀	
70	水龙头	
71	延时自闭冲洗阀	
72	泵	
73	离心水泵	
74	管道泵	
75	潜水泵	
76	洗脸盆	
77	立式洗脸盆	
78	浴盆	
79	化验盆　洗涤盆	
80	盥洗槽	

序号	名称	图例
81	拖布池	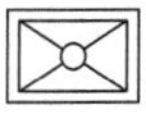
82	立式小便器	
83	挂式小便器	
84	蹲式大便器	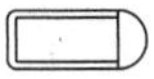
85	坐式大便器	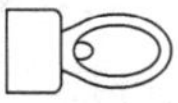
86	坐式大便器	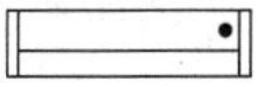
87	小便槽	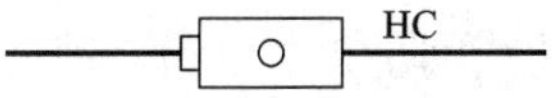 HC
88	隔油池	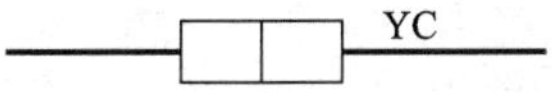 YC
89	水封井	
90	阀门井、检查井	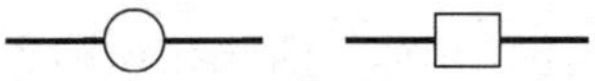
91	水表井	
92	雨水口（单算）	
93	流量计	
94	温度计	
95	水流指示器	Ⓛ
96	压力表	
97	水表	
98	除垢器	
99	疏水器	
100	Y 型过滤器	

第二节 给排水施工图识读

一、建筑给排水施工图识读

阅读图纸时首先要检查图纸目录，再看设计说明和设备材料表，然后看平面图、系统图、详图等，分清图中的各个系统，从前到后、将平面图和系统图反复对照来看，以便相互补充和说明，建立全面、系统的空间形象。

看给水工程图时，可按水流方向从引入管、干管、立管、支管、到用水设备的顺序来识读；看排水工程图时，可按水流方向从卫生器具、排水支管、排水横管、排水立管、干管、到排出管的顺序识读；看消防栓工程图时，可按水流方向从消防供水水源、消防供水设备、消防供水干管、立管、支管到消防栓的顺序来识读；看自动喷水灭火工程时，可按水流方向从消防供水水源、消防供水设备、消防报警阀、消防供水干管、立管、支管到喷头的顺序来识读。

1. 平面图的识读

给排水工程平面图是施工图纸中最基本和最重要的图纸。它主要表明建筑物给排水管道及卫生器具和用水设备的平面布置。图上的线条都是示意性的，同时管材配件如活接头、补心、管箍等也不画出来，因此在识读图纸时还必须熟悉给排水管道的施工工艺。

在识读给排水平面图时，由底层开始逐层阅读各层平面图，掌握以下主要内容：卫生器具、用水设备和升压设备的类型、数量、安装位置、定位尺寸；给水引入管和污水排出管的平面位置、走向、系统编号、定位尺寸、与室外给排水管网的连接形式、管径及坡度等；给排水干管、立管、支管的平面位置与走向、管径尺寸及立管编号；管道是明装还是暗装，以确定施工方法；消防给水管道中消火栓的布置、口径大小及消防箱的形式与位置或喷淋头的型号及布置等；给水管道上是否设置水表（如果有，查明水表的型号、安装位置以及水表前后阀门的设置情况）；室内排水管道清通设备的布置情况及其型号和位置。

2. 系统图的识读

识读给排水系统图时，先看给水排水管道进出口编号，并对照平面图逐个管道系统图进行识读。给排水工程系统图主要表明管道系统的立体走向。在给水系统图上，卫生器具可不画出，只须画出水龙头、淋浴器莲蓬头、冲洗水箱等符号，用水设备如锅炉、热交换器、水箱等则画出示意性的立体图。在排水工程系统图上也只画出相应的卫生器具的存水弯或器具排水管。

在识读系统图时，应掌握以下主要内容：给水管道系统的具体走向、干管的布置方式、管径尺寸及其变化情况、阀门的设置、引入管等管道的标高；排水管道的具体走向、管路分支情况、管径尺寸与横管坡度、管道各部分标高、存水弯的形式、清通设备的设置情况、伸缩节和防火圈的设置情况、弯头及三通的选用等；各楼层或各区域管道、用水设施等。

3. 详图的识读

室内给排水工程的详图包括节点详图、大样图、标准图等，主要是管道节点、水表、消火栓、水加热器、开水炉、卫生器具、套管、排水设备、管道支架等局部节点的安装要求及卫生间大样图等。

4. 给排水工程图特点

(1)给排水工程图中的各管道无论管径大小均以单线表示，管道上的各种附件均采用国家统一图例符号加以表示。

(2)给排水工程图与房屋建筑图密不可分，为突出管道与用水设备的关系及管道的布置方式，在图中建筑物的轮廓线用细实线绘制。

(3)给排水中的管道有始有终，总有一定的来龙去脉，识图时可沿(逆)管道内介质流动方向，按先干管后支管的顺序进行识图。

(4)在给排水工程图中，应将平面图和系统图对照阅读。

(5)掌握给排水工程图中的习惯画法和规定画法：给水排水工程图中，常将安装于下层空间而为本层使用的管道绘制于本层平面图上；给排水工程图中，某些不可见的管道(如穿墙和埋地管道等)不用虚线而用实线表示；给排水工程图是按比例绘制的，但局部管道往往未按比例而是示意性的表示(局部位置的管道尺寸和安装方式由规范和标准图来确定)；室内给水排水系统图中，给水管道只绘制到水龙头，排水管道则只绘制到卫生器具出口处的存水弯，而不绘制卫生器具。

二、建筑给排水施工图识读实例

某学院给排水工程施工图如图 7 – 1 和图 7 – 6 所示。图 7 – 1 所示主要有设计说明、图纸目录、选用的国家标准图集及图例等内容。

图 7 – 2 所示为一层给排水平面图。

图 7 – 3 所示为二到七层给排水平面图。

图 7 – 4 所示为给排水屋顶平面图。

图 7 – 5 所示为卫生间平大样图及给排水系统图。

图 7 – 6 所示为给排水消火栓原理图。

在图 7 – 2 中可读出一层平面图房间的功能及标高，给排水立管的位置，进出户管的走向，灭火器的位置、型号等内容。

在图 7 – 3 中可读出二到七层平面图中房间的功能及标高，给排水立管的位置，灭火器的位置、型号等内容。

在图 7 – 4 中可读出屋顶平面图房间的功能及标高，给排水立管的位置，屋面的雨水排水等内容。

在图 7 – 5 中可读出卫生间中卫生器具的布置、给排水支管的走向及给排水点的具体位置。

在图 7 – 6 中可以读出消火栓管的走向及相关原理内容。

设 计 总 说 明

一、设计依据：
1. 建设单位提供本工程有关文本和设计任务书；
2. 建筑专业提供的工程设计的作业图和有关资料；
3.《建筑给水排水设计规范》(GB50015-2003)
4.《建筑灭火器配置设计规范》(GB50140-2005)和
5.《建筑设计防火规范》(GBJ16-87 2001版)
6. 国家现行设计规范、技术标准及有关设计手册。

二、设计范围：
1. 本工程为七层宿舍综合楼内给水排水系统设计。

三、给水系统
1:水源：为院园城市给水。设计资用水压力为0.35MPa，用水量标准为50L/人·日。
用水量为60T/日，时变化系数K=3。
2:屋面水箱为一AT水箱，专用消防用。

四、排水系统
1:各卫生器具污水由排水横支管排入排水立管，立管污水由室外排水管道排入室外污水检查井，污水
经化粪池、初级处理后排入城镇污水排水主管。
2:雨水排水：屋面雨水用内排水系统，各屋顶雨水采用集水斗有组织排水，雨水横管入室内雨水立管。

五、消防给水系统
1: 室内消防管道设 0.80米，压力≥ 1.2MPa，室外给水管道设 0.65米，压力≥ 1.2MPa
消火栓水量：室内：15L/S；室外：25L/S。
2:消防给水系统：室内设一个低，室外设一个水泵结合器。
3:室内消火栓为铝合金全套，消火栓口径为 DN65 高压 1.1 米，水龙带长 25米，水枪口径
19毫米，消火栓接水龙头及水枪带入线，见 99S202-4 单栓3 内消火栓图样。
4:灭火器配置参考：按严重危险等级设置3A磷酸铵盐干粉灭火器。
5:灭火器配置安装、单个配置点设置3A磷酸铵盐干粉灭火器。

六、管材与接口形式
1:室内给水主管为PPR给水及相关连接管件，室内DN150米为球墨铸铁承插管，室外DN150米为球墨铸铁承插管，
压力≥0.8MPa。
2:室内生活给水管及消防给水采用配套连接管材及管件，室外给水及消防用水采用与室内相同产品，地埋下管水压力波不能小于50mm。
3:所有卫生洁具排水管应采用硬质PVC塑料管及连接管件。

七、管道敷设
1:室内排水管安装坡度
De50 i=0.035 De110 i=0.02
DN75 i=0.025 De160 i=0.015

2:立管与管连接、增管与横管连接，应采用45°斜三通、90°斜三通，应采用45°斜四通、
90°斜四通，立管弯处，立管接出横管应连接水弯的两个45°弯头。
3:管道防冷保温：
1) 屋面外露给水管、消防水管保温。
2) 保温材料采用橡塑管壳，保温厚度10mm，保护层采用玻璃布或缠塑料，
外缠一道薄钢板

八、管道支架：
1:管道支架应固定在承重的板、墙及结构上。
2:塑料管安装支架应符合《02SS405-1~4《塑料管材安装》之规定施工。
3:主管与管上均每隔固定支承在支架上，固定件间距：增管不得大于2m，
立管不得大于3m，层高小于或等于4m，立管中部可安一个固定件。

九、阀门
10:水表：给水≤DN50时阀门7为水止阀，水大于≥DN50用阀门7为铁壳阀门。
2:消防水阀按保材质阀门，压力为≥16MPa。

十、其外水泵
1: 室外消防管道泵 0.80米，压力≥ 1.2MPa，室外给水管道泵 0.65米，压力≥ 1.2MPa
给水井 φ700 φ1000
灭火器 φ700

十一、管道留洞：
1:管道设于墙身和楼板进时布置图：管道沿洞中心敷设。

留洞尺寸	<DN50	DN50~DN100	DN150
A	φ150	φ200	φ200

2:卫生器具与管材横管留管深尺寸:

卫生器具名称	留洞尺寸
大便器	φ200
洗脸盆	φ150
小便斗	φ150
污水盆 洗涤盆	φ150
地漏	φ200

图中采用标准图集

序号	图集号	名称、型号	页次
1	05S502	室内阀门井	P1-17
2	05S502	水表阀门井	P18-26
3	99S302	室内栓安装	P16
4	02S515	室内污水检查井	φ700
5	95S222	排水管道基础埋设口	
6	99S304	卫生洁容器	
7	03S402	穿墙套管及防水套	P55-109

塑料管道内外径对应表

管道外径De(dn)	De20	De25	De32	De40	De50	De63	De75	De90	De110	De160
公称直径(内径)DN	DN15	DN20	DN25	DN32	DN40	DN50	DN65	DN80	DN100	DN150

图7-1 设计说明

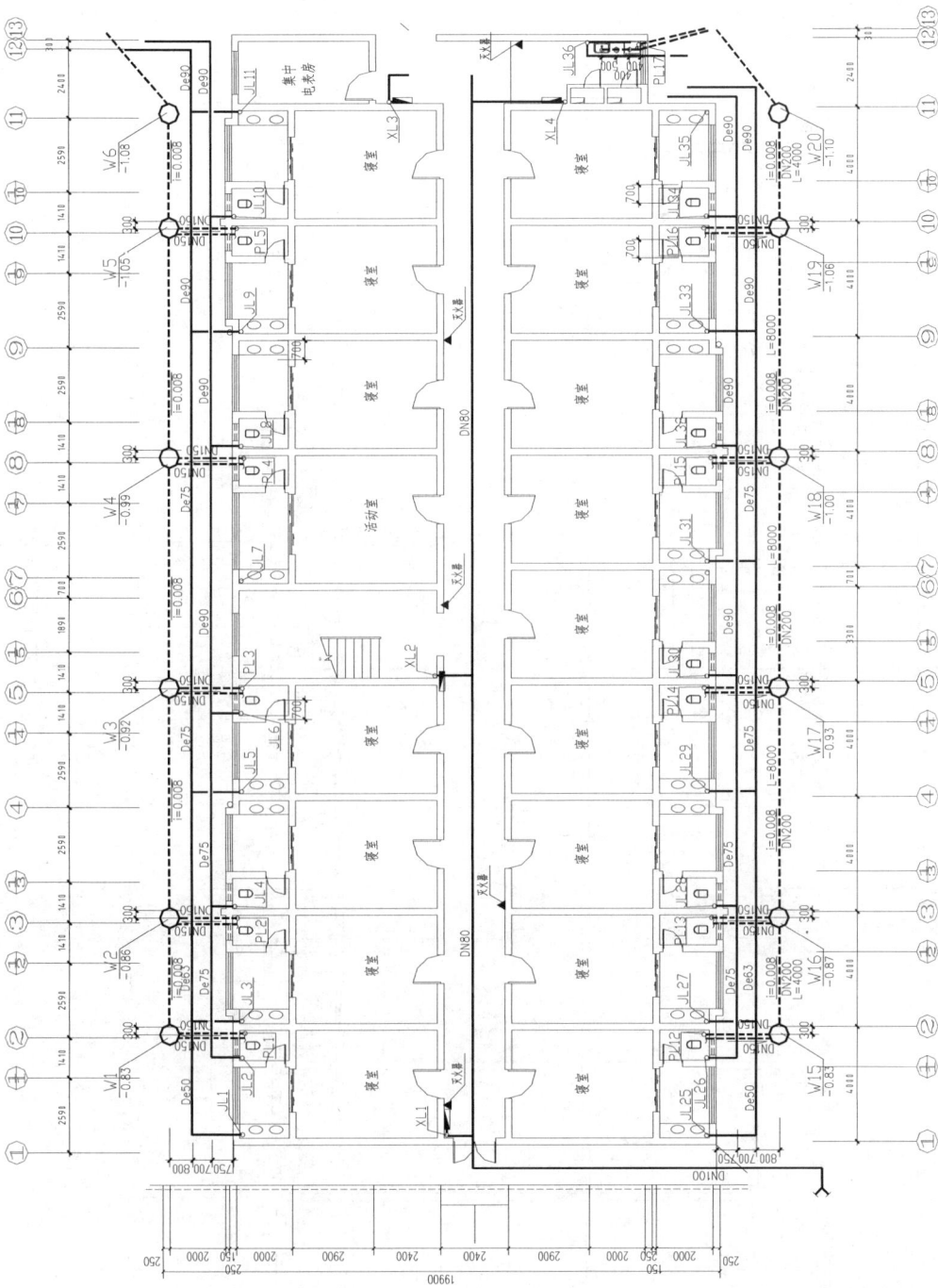

图7-2 一层平面图

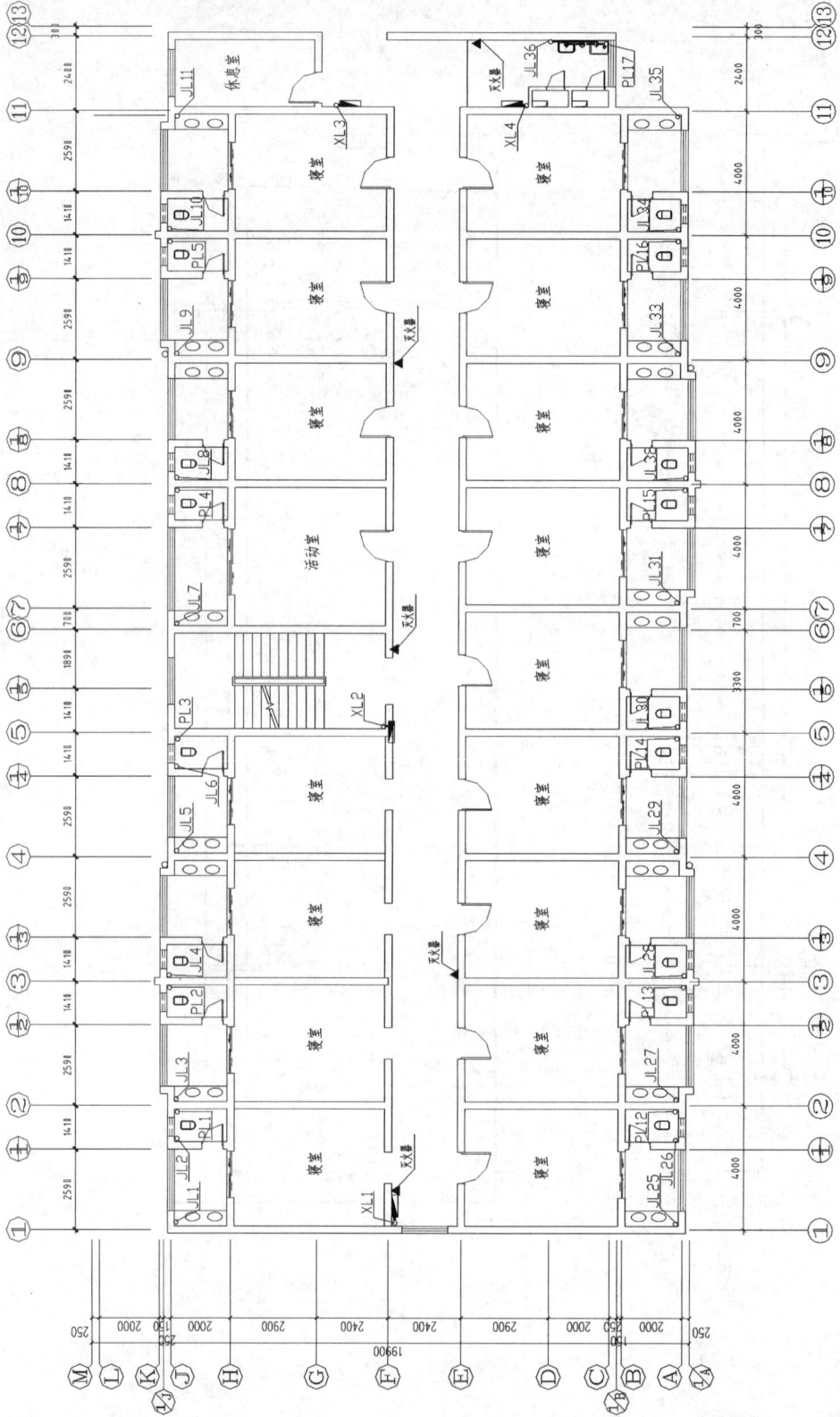

图7-3 二至七层平面图

138

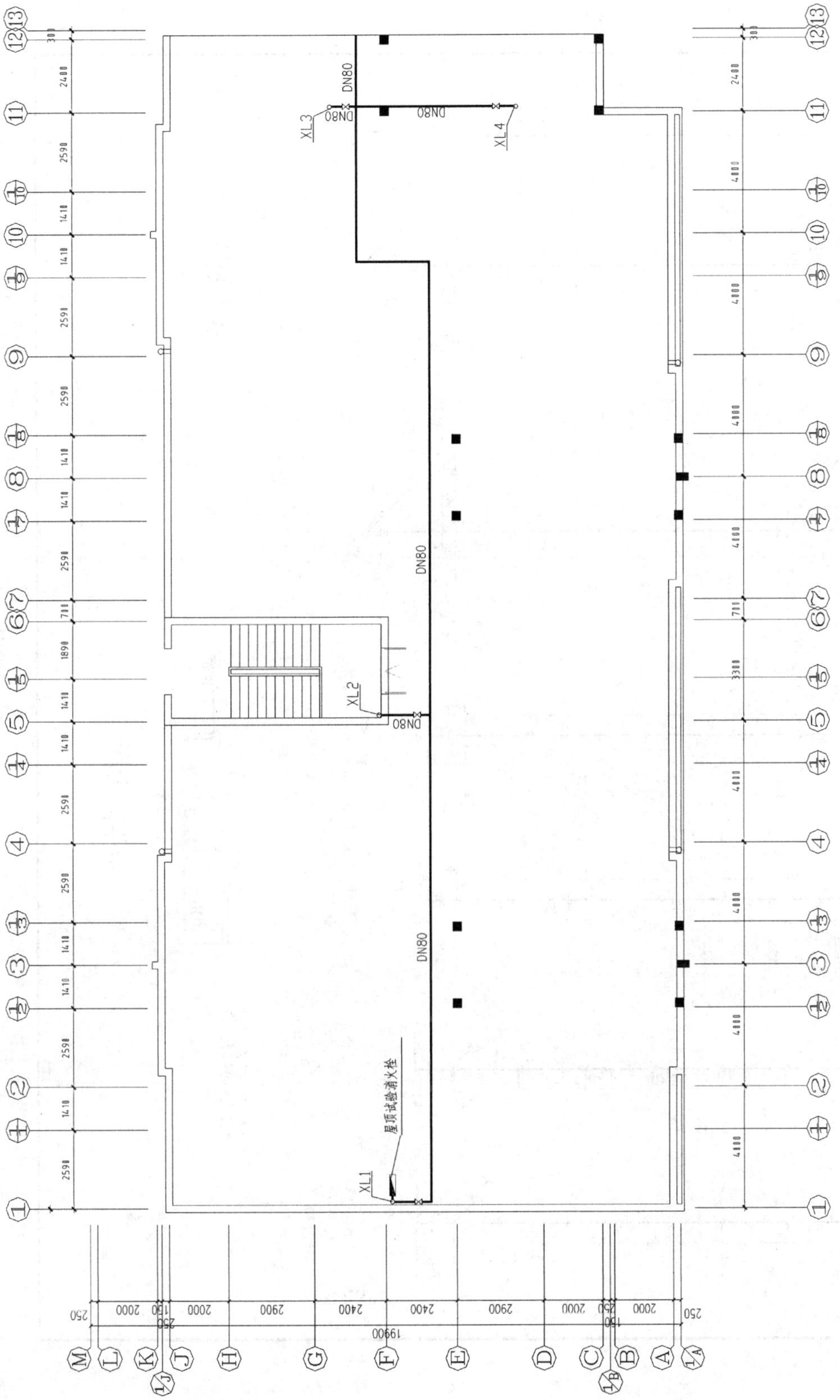

图7-4　屋顶平面图

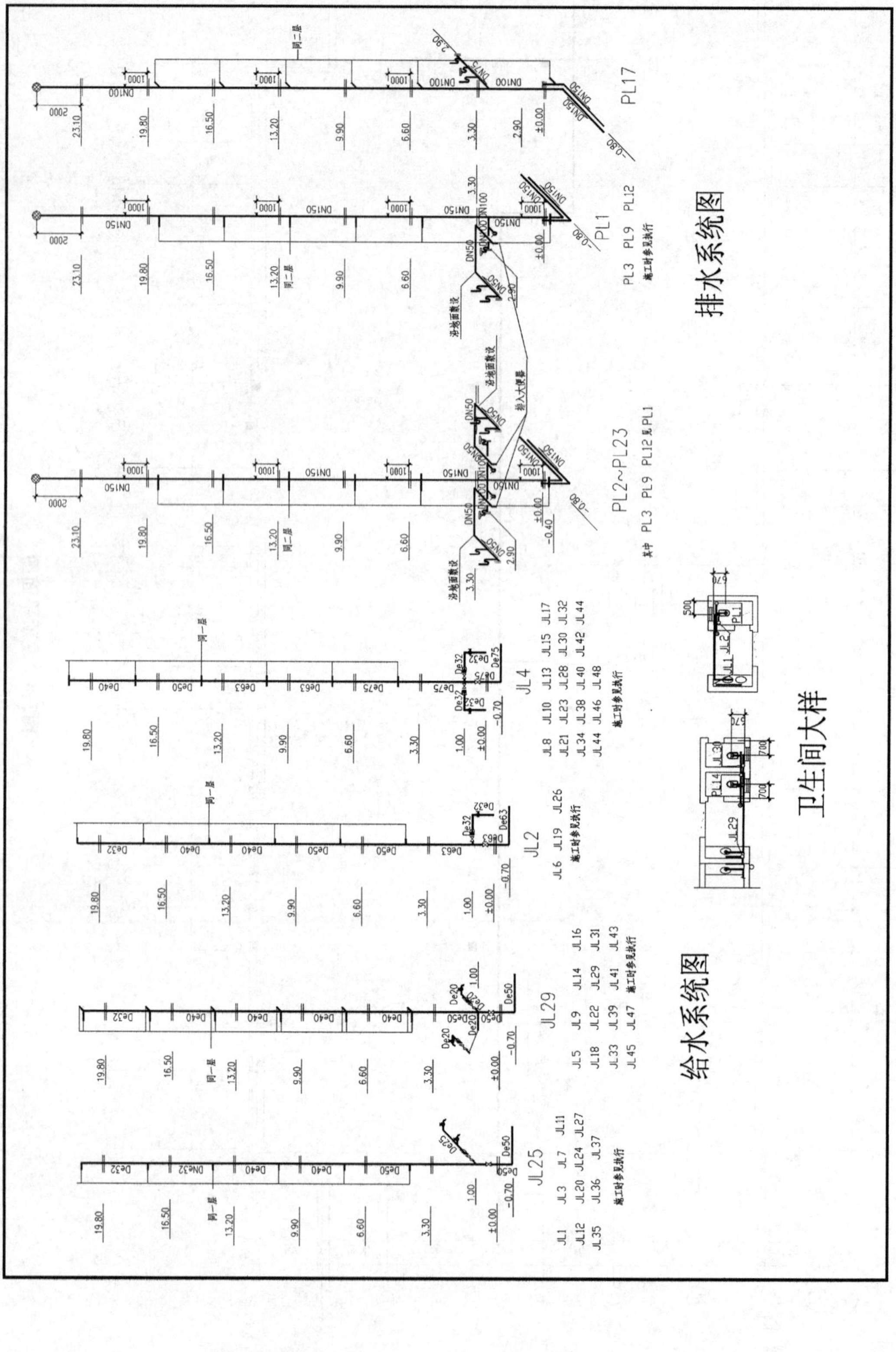
排水系统图
PL17
PL1
PL3 PL9 PL12
施工时参见执行
PL2~PL23
其中 PL3 PL9 PL12见PL1
给水系统图
JL25
JL1 JL3 JL7 JL11
JL12 JL20 JL24 JL27
JL35 JL36 JL37
施工时参见执行
JL29
JL5 JL9 JL14 JL16
JL18 JL22 JL29 JL31
JL33 JL39 JL41 JL43
JL45 JL47
施工时参见执行
JL2
JL6 JL19 JL26
施工时参见执行
JL4
JL8 JL10 JL13 JL15 JL17
JL21 JL23 JL28 JL30 JL32
JL34 JL38 JL40 JL42 JL44
JL44 JL46 JL48
施工时参见执行
卫生间大样

图7-5 系统图

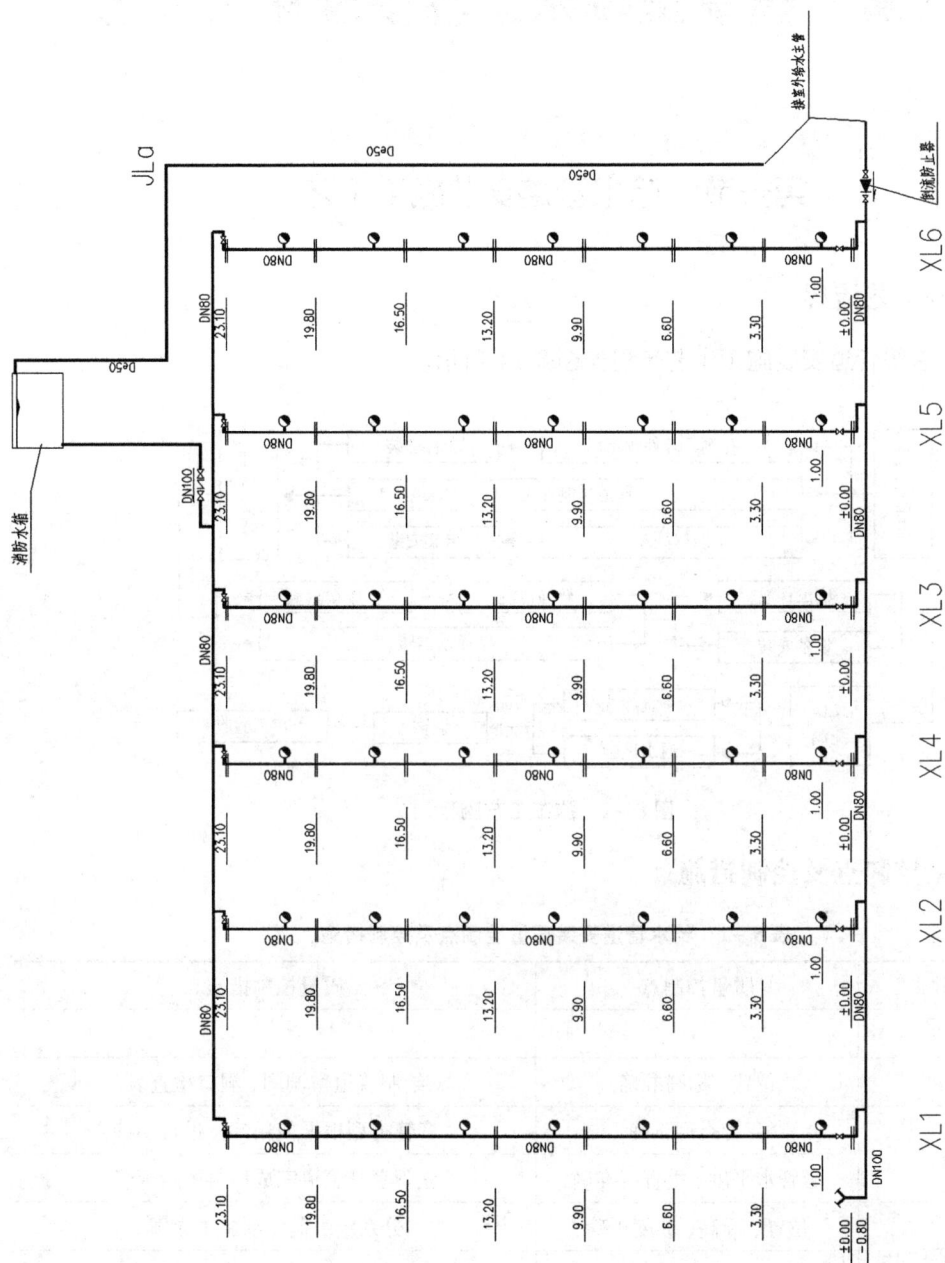

图7-6 消火栓原理图

第八章 建筑给排水工程安装施工工艺

第一节 给水管道安装施工工艺

一、安装工艺流程

建筑给水系统管道安装施工工艺流程如图 8-1 所示。

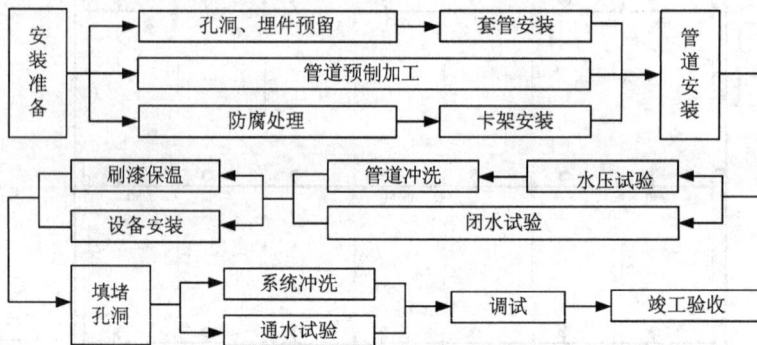

图 8-1 施工工艺流程

二、质量控制点及控制措施

表 8-1 给水管道安装质量控制点及控制措施

分项工程	质量控制点	质量控制措施
安装准备		
孔洞预留	位置、标高准确	绘制管道留洞图、洞口检查表
套管安装	套管类型正确	套管类型根据使用部位进行明确
	套管水平度、垂直度准确	立管套管管道完成后再固定套管
管道安装	位置、标高、坡度正确	分系统编制专项施工方案
	消除管道交叉和矛盾	绘制综合图解决施工交叉问题
防腐处理	除锈、防腐处理砌底	认真检查
填堵孔洞	根据工艺确定填堵方法	套管调正后固定牢固
	套管与管道的间隙均匀	与土建协调地面做法
	套管出地面高度不一	

分项工程	质量控制点	质量控制措施
水压试验	分层分区打压	编制单项方案
闭水试验	分层分区	编制单项方案
设备安装	稳固	编制单项方案
系统冲洗	冲洗彻底	
通水试验	认真检查	
调试		编制单项方案

三、施工准备、预留、预埋及施工预制

1. 管道预留套管、预埋件、预留孔洞

预留套管、预埋件、预留孔洞是确保后期专业安装顺利展开,保证工程质量,减少开洞剃凿的关键,必须重视该项工作。

(1)根据土建结构图、建筑图及专业施工图在土建施工配合阶段,由专业技术人员采用AutoCAD绘制系统预留、预埋施工图,确保预留、预埋位置准确可靠。

(2)根据构筑物及不同介质的管道,按照设计或施工安装图册中的要求进行预制加工,将预制加工好的套管在浇注混凝土前按预埋图纸要求部位固定好,校对坐标、标高,平正合格后一次浇注,待管道安装完毕后把填料塞紧捣实。

(3)在混凝土楼板、梁、墙上预留孔、洞、槽和预埋件时应有专人按设计图纸将管道及设备的位置、标高尺寸测定,标好孔洞的部位,将预制好的模盒、预埋铁件在绑扎钢筋前按标记固定牢,盒内塞入纸团等物,在浇注混凝土过程中应有专人配合校对,看管模盒、埋件,以免移位。

(4)管路敷设中,专业人员必须随工程进度密切配合土建工程作好预埋或预留孔洞。

2. 管道系统的预制加工

预制加工时应根据各系统的特点,在管道安装前进行集中加工预制。施工预制管段的加工尺寸,应根据现场的实际位置确定。对于管道组合件的外形尺寸偏差应控制在 3 m 内 ±5 mm,每增大 1 m 时偏差可增大 ±2 mm,但总偏差不可大于 ±15 mm,同时,组合件的大小规模应考虑运输和安装的方便,并应留有可调整的活口,对于预制好的组合件应提前做好防腐工作,不允许安装完后再进行防腐工作。

四、不锈钢管道安装施工工艺

1. 不锈钢管道的安装工艺流程

不锈钢管道的安装工艺流程如图 8 - 2 所示。

2. 不锈钢管道的预制加工

1)切割

(1)不锈钢管道的切割严禁用氧 - 乙炔焰。

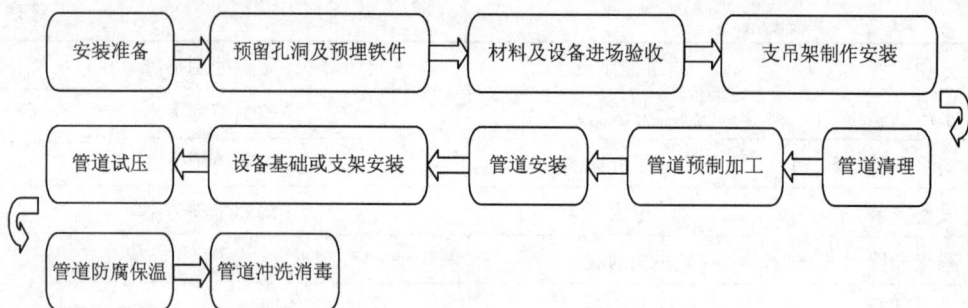

图8-2 不锈钢管道施工工艺流程

（2）DN15、DN20、DN25 的小口径管子可用手动式切管刀；

（3）DN25 以上中、大口径管子可用无齿手锯和电锯割断，切割后须清除管口内外壁的毛刺；

（4）大口径管子可采用高速旋转切割砂轮。

2）弯曲

对于直径小于 25 mm 的管道可使用专用工具进行弯曲，但弯曲半径须是管道直径的四倍（表8-2）。

表8-2 不锈钢管道的连接方式

名称		原理	使用范围
卡压式		以带有特种密封圈的承口管件连接管道，用专用工具压紧管口而起密封和紧固作用	DN15~60
法兰式	快接法兰	法兰与配管作环缝 TIG 焊接，用快夹使法兰间的密封垫压缩后起到密封作用，完成配管间连接的方式	DN75~100 用于常拆部位
	活接法兰	榫槽型法兰与配管（或管件）作环缝 TIG 焊接，用紧固件通过活套法兰，榫槽法兰和密封圈起到密封作用，完成配管间连接的方式	DN150~200 用于常拆部位
焊接式	承插搭接焊	将通常承插式的管件与配管作环缝 TIG 焊接起到密封作用，完成配管间连接的方式	DN75~100
	对接焊	将配管与配管（或管件）之间用环缝 TIG 焊接，完成配管间连接的方式	DN150~200

不锈钢管道卡压式连接安装工艺如下：

（1）不锈钢卡压式管件端口部分有环状 U 形槽，且内装有 O 型密封圈。安装时，用专用卡压工具使 U 形槽凸部缩径，且薄壁不锈钢管水管、管件承插部位卡成六角形，如图8-3 所示。

144

不锈钢管道卡压式连接安装工艺示意图	符号说明
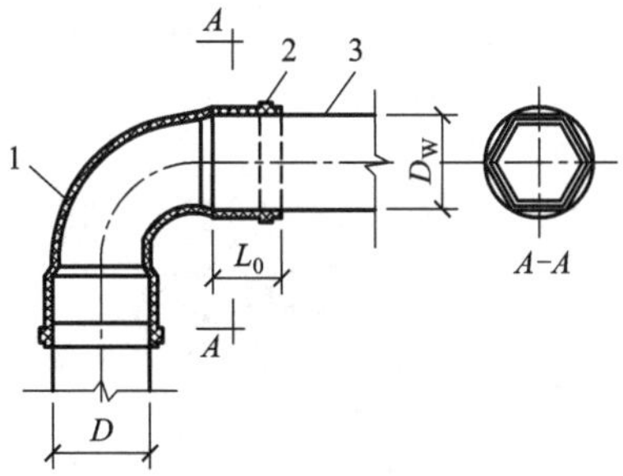	1—卡压式管件； 2—密封图； 3—不锈钢管； D—不锈钢管外径 L_0—卡压式管件承口长度； D_w—不锈钢管内径

图 8 - 3 卡压式连接

(2)安装工艺流程：

不锈钢管道卡压式连接安装过程如下：

(1)切管：使用切管设备切断管子，为避免刺伤封圈，使用专用除毛器或锉刀将毛刺完全除净。

(2)放橡胶圈。

(3)画线。

(4)使用画线器在管端画标记线一周，做记号，以保证管子的插入长度，避免造成脱管。

(5)插入管子。

(6)将管子笔直插入卡压式管件内，注意不要碰伤橡胶圈，并确认管件端部与画线位置的距离。公称直径为 10 ~ 25 mm 时为 3 mm；公称直径为 32 ~ 65 mm 时为 5 mm。

(7)封压。

(8)封压工具钳口的环状凹槽应与管件端部内装有橡胶圈的环状凸部靠紧，工具的钳口应与管子轴心线呈垂直状。开始作业后，凹槽部应咬紧管件，直到产生轻微振动才可结束卡压连接过程。当与转换螺纹接头连接时，应在锁紧螺纹后再进行卡压。

(9)确认封压尺寸(如图8)用六角量规确认尺寸是否正确，封压处完全插入六角量规即封压正确。

(10)流程操作如图 8 - 4 所示。

不锈钢管道法兰连接安装工艺如下：

(1)法兰必须是钢焊型法兰；

(2)垫圈必须是非石棉型的；

(3)法兰连接如图 8 - 5 所示。

不锈钢管道卡压式连接安装示意图	
 切管	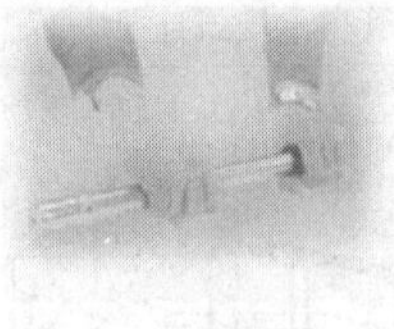 去毛
 放橡胶圈	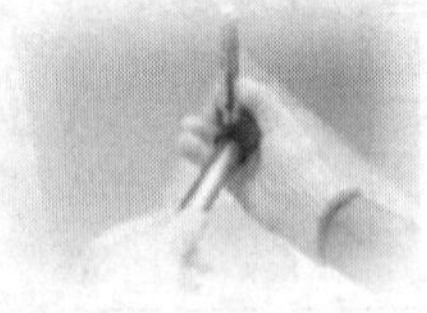 画线
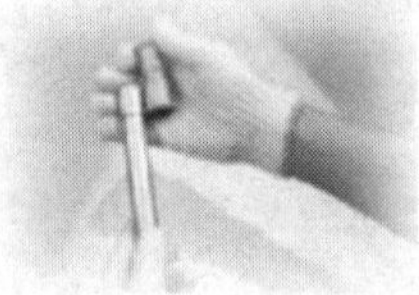 插管	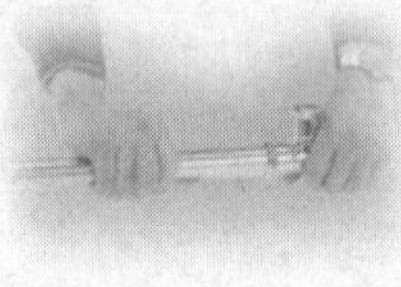 插入管
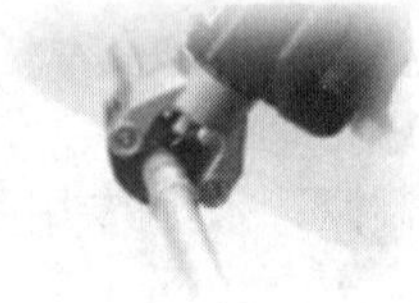 封压	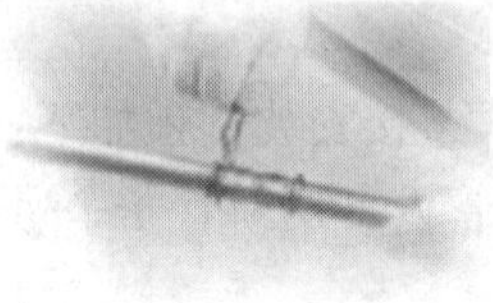 确认封压尺寸

图 8 - 4　卡压式连接流程

法兰式(快接法兰)连接图(DN15 ~ 100)	法兰式(活接法兰)连接图(DN150 ~ 200)
安装方法: 配管与法兰作环缝 TIG 焊接; 配管间衬密封垫后,用快夹拧紧	安装方法: 榫槽法兰与配管作环缝 TIG 焊接; 密封圈放入槽型法兰; 装活套法兰和紧固件,用扳手拧紧
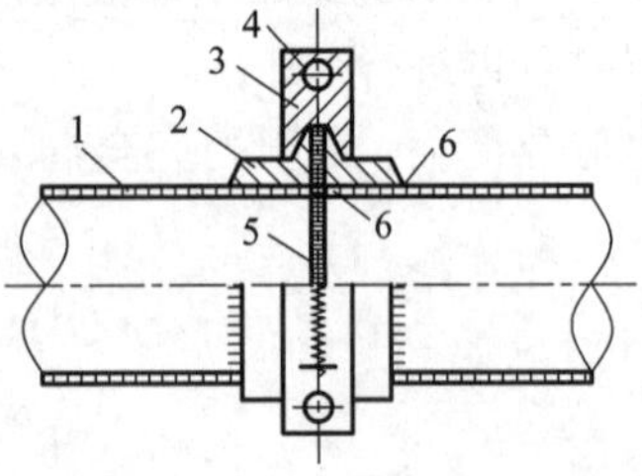	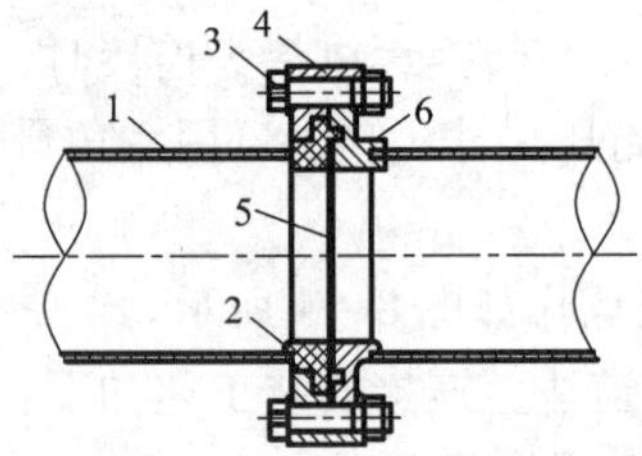
符号说明:1—配管;2—法兰;3—快夹;4—螺栓;5—密封圈;6—环缝 TIG 焊接	符号说明:1—配管;2—榫槽法兰;3—紧固件;4—活套法兰;5—密封圈;6—环缝 TIG 焊接

图 8 - 5　法兰连接

不锈钢管道焊接安装工艺为：

(1)焊接耗用材料进场检验。

不锈钢焊条、焊丝进场检验按 GB 983—1985 不锈钢焊条、GB 4233—1984 惰性气体保护焊用不锈钢棒及焊丝规定的内容检验。氩气纯度应在99.9%以上；钨极为含二氧化钍1% ~ 1.5%的灶钨棒。不锈钢电弧焊条为碱性焊条。

(2)不锈钢管道焊接可分为承插搭接焊和对接焊两种。具体操作方法如图8-6所示。

承插搭接焊(DN15~100)	对接焊(DN150~200)
操作方法： 配管与管件作环缝 TIG 焊接	操作方法： 在管道内注入氩气后，两配管(或配管与管件)作环缝 TIG 焊接
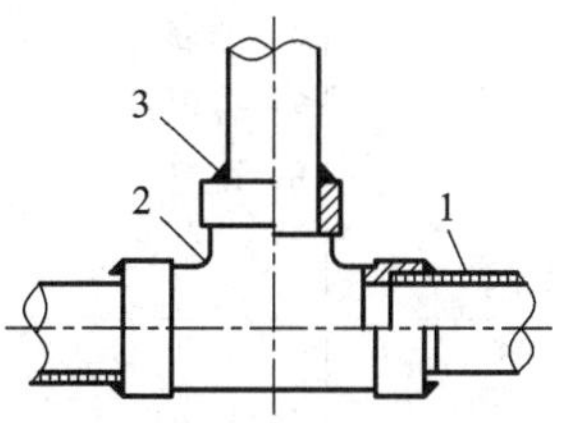	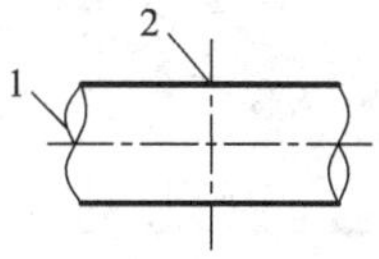
符号说明：1—配管；2—管件；3—TIG 焊接	符号说明：1—配管；2—TIG 焊接
接头焊接的工艺重点：1—清洁是最重要的：无油、油脂和尘土；2—采用氩气保护钨极电弧焊；3—保证要焊透、无内裂；4—管内吹惰性气体：使热回火色减至最小；5—清除管外壁的热回火色：酸洗或抛光	

图 8-6　焊接连接

3)阀门与不锈钢管道连接

薄壁不锈钢管道与阀门、水表、水嘴等的连接采用转换接头，严禁在薄壁不锈钢水管上套丝。

4)不锈钢管道的敷设

(1)支、吊架的安装应平整牢固，与管道接触紧密。管道与设备连接处，应设置独立支、吊架。

(2)系统管道机房内总、干管的支、吊架，应采用承重防晃管架；与设备连接的管道管架需要有减振措施。

(3)公称直径不大于25 mm的管道安装时，可采用塑料管卡。当采用金属管卡或吊架时，金属管卡或吊架与管道之间应采用塑料带或橡胶等软物隔垫。保温管道与支、吊架之间应垫以经防腐处理的木衬垫，其厚度应与绝热层厚度相同，表面平整。衬垫接合面的空隙填实。

(4)薄壁不锈钢管固定架宜选择在变径、分支、接口及穿越承重墙、楼板的两侧等处，固定架最大间距不宜大于15 m。水平管道支、吊架类型及安装间距如图8-7所示。

支、吊架类型		支、吊架间距		备注
水平管道	圆钢吊架	≤DN100，吊架间距<2.0 m	≥DN150，吊架间距<3.0 m	参见：表6-1-2-1
	型钢减振吊架	DN50~100，吊架间距<8.0 m	≥DN150，吊架间距<12.0 m	参见：表6-1-2-2

水平管道圆钢吊架做法	
	符号说明： 1—膨胀螺栓； 2—镀锌槽钢； 3—螺母； 4—吊杆； 5—金属环； 6—金属板（至少300 mm长）； 7—保温； 8—配管
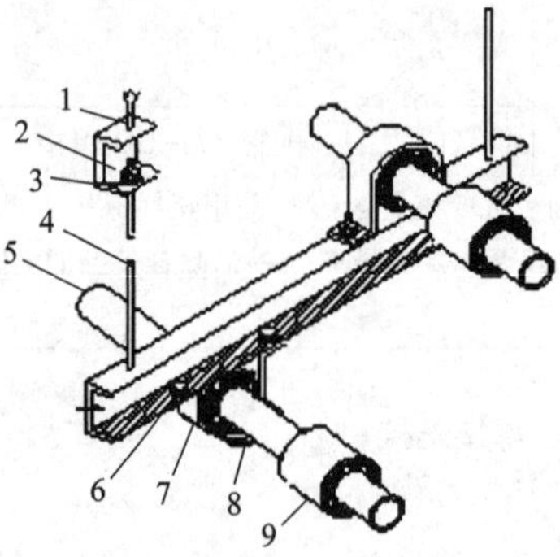	符号说明： 1—膨胀螺栓； 2—镀锌槽钢； 3—螺母； 4—吊杆； 5—管道； 6—螺母； 7—镀锌扁钢； 8—金属板； 9—保温
型钢减振支、吊架安装	
多管悬吊弹性支架安装节点图	
	符号说明： 1—膨胀螺栓； 2—镀锌U形螺杆； 3—槽钢； 4—楼板； 5—吊杆； 6—螺母； 7—弹簧

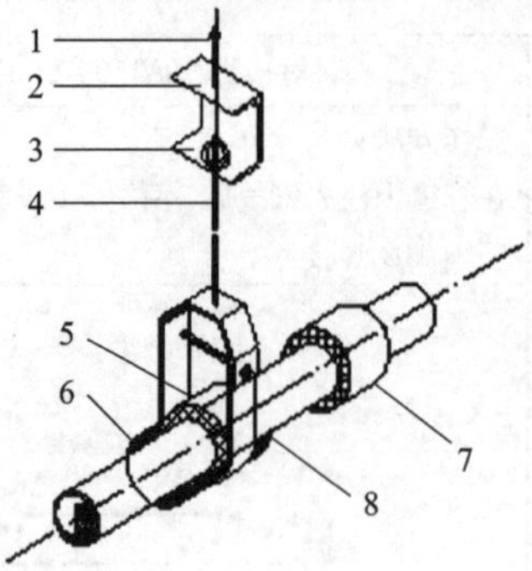

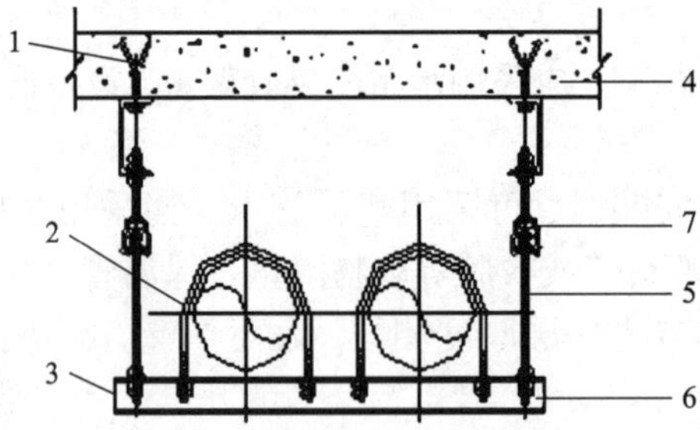

单管悬吊管道弹性支架安装节点图	单管落地管道弹性支架安装节点图
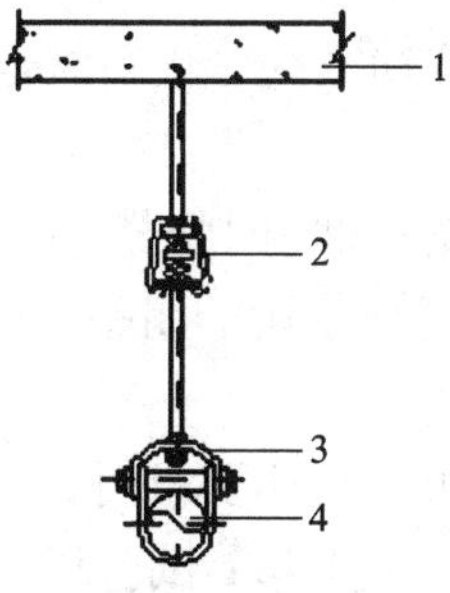	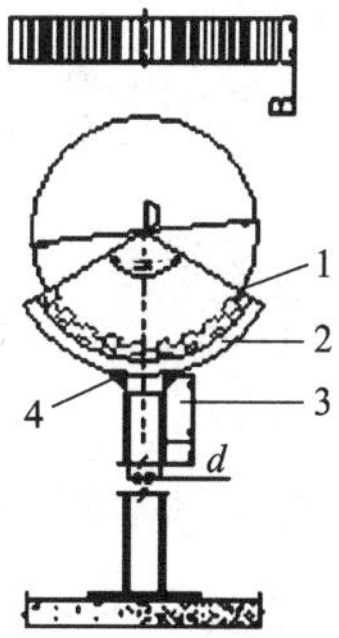
符号说明：1—楼板；2—弹簧；3—吊架；4—管道	符号说明：1—橡胶；2—钢托座；3—支撑；4—焊接

垂直管道的支架
垂直管道固定支架安装

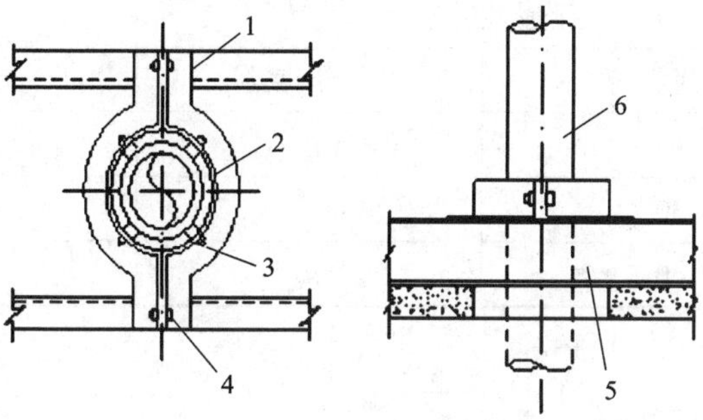

符号说明：

1—焊接；

2—保温材料；

3—橡胶螺栓；

4—镀锌螺栓；

5—槽钢；

6—管道

垂直管道减振支架节点图
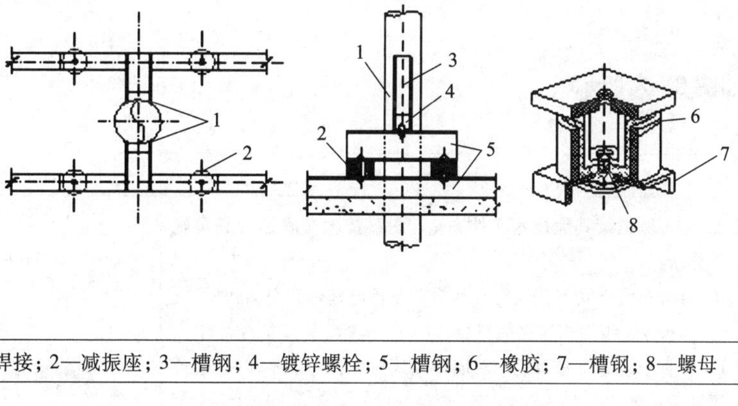
符号说明：1—焊接；2—减振座；3—槽钢；4—镀锌螺栓；5—槽钢；6—橡胶；7—槽钢；8—螺母

图 8−7 管道支、吊架类型及安装间距

149

5）阀门的安装

（1）阀门安装应进出口方向正确、连接牢固、紧密、启闭灵活、有效，安装朝向合理，便于操作维修，表面洁净。

（2）截止阀和止回阀安装时，必须注意阀体所标介质流动方向，止回阀还须注意安装适用位置。

（3）阀门安装前必须进行强度和严密性试验，试验应在每批（同牌号、同型号、同规格）数量中抽查10%，且不少于一个。对于安装在主干管上起切断作用的闭路阀门应逐个做强度及严密性试验。

（4）阀门的强度试验应符合设计及技术规范的要求，如无具体要求时，阀门的强度试验压力应为公称压力的1.5倍，严密性试验压力为公称压力的1.1倍；试验压力在试验持续时间内应保持不变，且壳体填料及阀瓣密封面无渗漏。阀门试压的试验持续时间应不少于表8－3的规定。

表8－3　阀门试压的试验持续时间

公称直径 DN/mm	最短试验持续时间/s		
	严密性试验		强度试验
	金属密封	非金属密封	
≤50	15	15	15
65～200	30	15	60
250～450	60	30	180

五、钢塑复合管安装工艺工艺流程

施工准备 → 管子切割 → 加工螺纹 → 去毛刺、倒角 → 上端（管接头）→ 管件的连接

1. 操作要点

操作要点如图8－8所示。

工序	具体做法	安装图
安装准备	A. 施工图纸及其他技术文件齐全，图纸技术交底是否满足施工要求； B. 管道布置空间与建筑物及其他专业管道是否有交叉和矛盾； C. 与设备、阀件相连接的口径、方位、坐标、标高是否相符； D. 检查土建施工是否已完成墙体砌筑抹灰，预留槽洞、套管位置是否正确	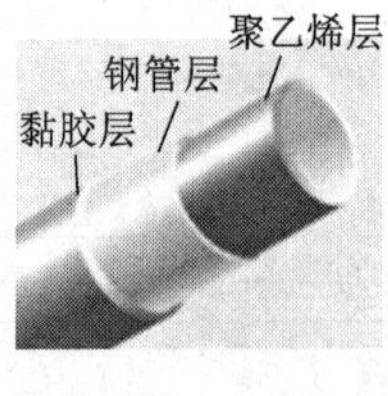 聚乙烯层 钢管层 黏胶层

工序	具体做法	安装图
管材切割	应使用手锯或电动带锯垂直切割，禁止用高速砂轮切割机或气体火焰等方法切割。在管材切割过程中注意不能损伤和过分向内积挤压 UPVC 内衬层，应避免在切断时温度过高而破坏内衬层	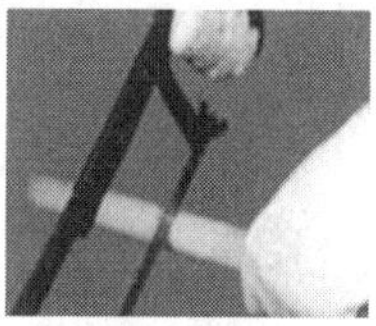
加工管螺纹	使用套丝机或手工管子铰板加工螺纹，螺纹规格应符合 55°圆柱管螺纹标准，加工时可使用无毒冷却液加以冷却	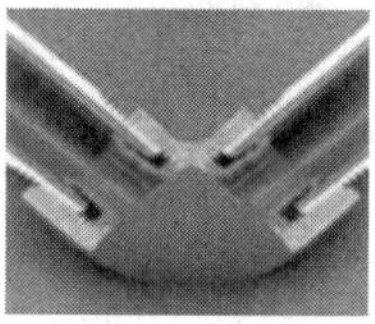
去毛刺、倒角	用专用工具去掉钢管端毛刺，并对内 UPVC 塑料层进行倒角，倒角高度大致为塑料壁厚的 2/3	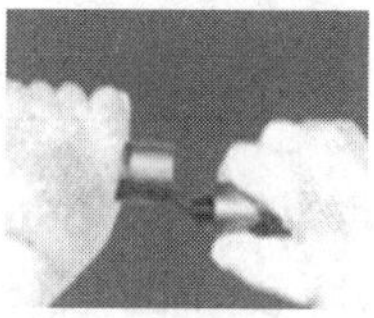
连接	连接方法与普通镀锌管完全相同，可以在螺纹连接处使用密封胶和聚四氟乙烯生料等	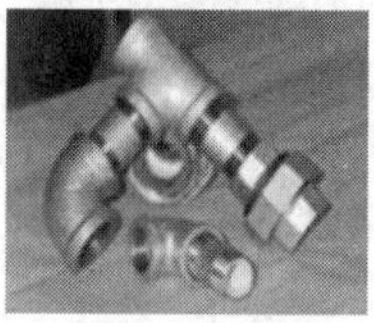
安装	安装方法与普通镀锌管完全相同	
水压试验	水压试验方法与普通镀锌管完全相同	

图 8-8 钢塑复合管安装工艺流程图

2. 管道安装注意事项

（1）管道在打入墙里之前内外要清理、除锈，管内需刷环氧改性漆；

（2）密闭阀门、滤毒器、自动排气活门等人防设备材料必须在人防办审核通过的供应商处购买，安装时应逐一进行检验，合格后方可安装；

（3）人防区域的给水管道需在密闭门内侧加防爆波阀门，阀门要设在便于操作的位置，要有明显的启闭标志；

（4）防爆波阀门的抗力不小于 1 MPa；

(5)人防层内设玻璃钢装配式水箱,平时预留安装位置,临战安装;

(6)压力排出管在水泵出口设置的止回阀要逐一试压,在穿越外墙或顶板的内侧设置的阀门不小于 1 MPa,阀门要有明显标志。

第二节　排水管道安装施工工艺

一、球墨铸铁管施工工艺

工艺流程及操作要点:

1)工艺流程

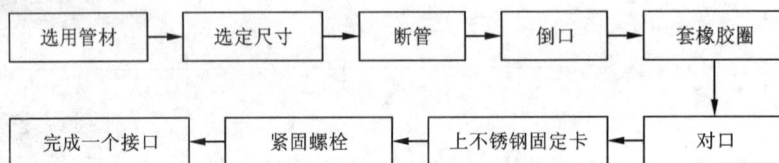

2)接口安装程序

(1)将接口处的管外表面擦洗干净。

(2)将不锈钢卡箍先套在接口一端的管身上。

(3)在管接口外壁涂一些肥皂水作为润滑剂,将橡胶圈的一端套在管接口上(一般是套在已固定好的管子或管件这一端),并应套入至安装(主止水橡胶带处)规定深度,如图 8-9 所示。

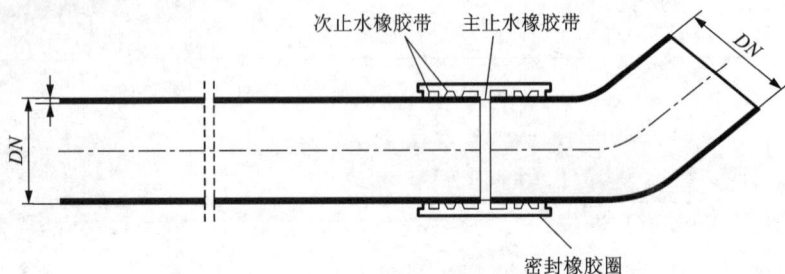

图 8-9　密封橡胶圈

(4)将橡胶圈的另一头向外翻转。

(5)将要连接的管件或直管的管口放入翻转的橡胶圈内,校准方位,与另一管端接口挤实,把翻转的橡胶圈口翻回正常状态。

(6)再次校准管道的坡度、垂直度、方位,初步用支(吊)架固定住管道、移动不锈钢卡箍套在橡胶圈外合适的位置,用专用套筒力矩扳手(6.76 N·m)拧紧卡箍的紧固螺栓。对于有四道夹板的大口径管箍,中间的紧固螺栓先拧紧之后,再紧外侧的夹板螺栓,在所有的情况下,夹板的紧固需交替进行,以便不锈钢舌板均匀收紧,直至力矩扳手滑扣,接口就算完成,然后将支(吊)架上螺栓拧紧,使管道牢固地定位。

3)管道安装程序

管道安装的顺序：宜沿水流方向从下游向上游安装，即：排出管—立管—支管—连接卫生器具及排水附件，这样可以避免分段安装汇合处出现偏差。管材应在现场量好尺寸后，用无齿锯切管，切割完成后，切口外圈应略倒角，应清除切口内外的毛刺，防止划伤橡胶圈，钩挂污水中的纤维，导致水流不畅。在特殊情况下，可以自任意一个部位开始安装，这时要注意排水管总的坡度和上下连接点的接口问题，防止标高错位。

4)室外埋地管道安装：

(1)管底的地基承载力应不小于100 kN，当达不到此承载力时，可采用夯实或换土夯实的办法提高地基承载力。不宜用混凝土条形基础。当必须用砼条形基础时，管径1/2以下应用条形砼基础包裹。当管底为坚硬岩石时，应在管底超挖不小于100 mm的深度，并填中粗砂将管放在砂基础上。如超挖有困难时，可将管径1/2以下用砼做成180°条形砼基础。

(2)在行车的地面，管顶最小覆土高度为400 mm，行驶汽车在10级以下土路面，管顶最小覆土高度为700 mm，行驶汽车在15级土路面，管顶最小覆土深度为1000 mm。

(3)卡箍式离心铸铁排水管采用无承口对接卡箍连接，宜沿逆水流方向从下游向上游安装，坡度遵循表8-4要求。每个接口处应预留200 mm长沟槽，便于连接卡箍。在很多情况下，需要改变管道的方向时，可以通过连接的变形来实现，管子在1000 mm长度末端的最大变形量为87.5 mm。管敷设完成后应进行闭水试验，在试验前应用土回填管身，限制管线和连接的位移，管接口应露出来，以便查验管道渗水情况。

4)管道坡度如表8-4。

表8-4 管道坡度

管径/mm	50	75	100	150	200	250	300
标准坡度	0.035	0.025	0.02	0.01	0.008	0.007	0.006
最小坡度	0.025	0.015	0.012	0.007	0.005	0.0045	0.004

5)室内水平管道安装

(1)支架安装规则：由于卡箍式离心铸铁管道连接是无承口对接，依靠不锈钢卡箍连接。接口不能承受垂直于轴向的剪切力和轴向的拉力，所以，安装管道时要求每根管设两个支(吊)架，距接口不大于300 mm，一个为固定支架、一个为滑动支架，保证每根管道轴向固定，又可抵抗垂直方向剪切力。若在3.0 m长直管范围内有多个配件连接时，则每个短管各加一个支架(吊)架，并且支架和吊架相间隔。水平方向有三通或四通，应在该管件部位加一个固定支架，防止轴向反冲击力冲开管件。

(2)支架安装：确定好管道安装的顺序和部位，依施工图管道标高确定管架规格、型号，并按此制作，涂刷油漆，按施工顺序编号。由于排水管安装有坡度，管架长短有区别，不可安错顺序。按管道安装原则，逆排水坡度方向固定支(吊)架。

(3)管道安装：按柔性卡箍式离心排水铸铁管安装的一般要求，应逆水流方向安装。在安装管道之前，管支架必须先装好，当一个接口连接完成后，把连接好的管段牢牢地固定在支架上，防止发生位移造成安装偏差。由于管连接属于柔性接口，而且伸缩系数很小，不需设置伸缩补偿装置。必要时，每个连接口允许有少量偏转，但偏转角度最大不得大于 50。

6）垂直管道安装

（1）管道支架安装：排水管每 3 m 设一个固定支架，在两个固定支架之间应设一个滑动支架。若两个固定支架间距小于 1.5 m，可不设滑动支架。两个接口之间至少应有一个支架。当立管在楼层上安装时，立管穿楼板应采用"穿楼板专用短管"，该短管的止水翼环应放在楼板厚度的 1/2 处，用膨胀水泥砂浆填筑楼板孔洞，既可防止渗漏又使该处成为固定支撑点，又可当作一个固定支架，如图 8 - 10 所示。

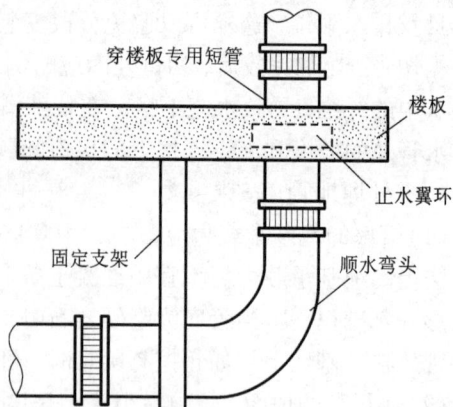

图 8 - 10　穿楼板专用短管

（2）立管底部应用支墩或用加强型支架。由于卡箍连接不能承受轴向拉力，依安装实际情况，若立管底部转弯处着地可采用 90°的鸭脚弯头配件固定于地板上，如图 8 - 11 所示。

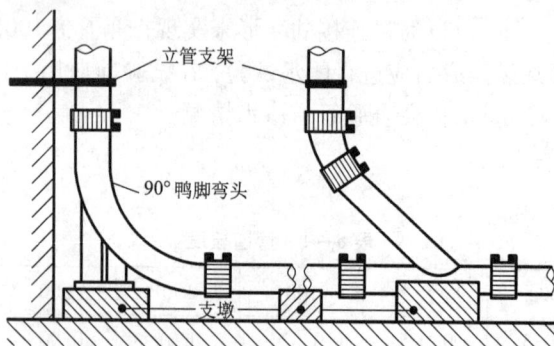

图 8 - 11　90°的鸭脚弯头

（3）立管转弯处悬空转到水平位置，应在弯头底部设加强型固定支架。

7）支管安装

排水支管起始端直接与洁具、地漏、雨水斗相连，直接承受水流的冲击扰动，所以支管固定问题更应重视。分以下三种情况分别固定：

（1）单个配件与管相连，在弯头底部加固定支架即可；

（2）多个配件与管相连，每个配件处加固定支架和吊架并相互间隔；

（3）在管配件比较密齐，几乎是管件相互连接时，应在管件下设置槽形管托，支（吊）架与管托相连接，固定支架和吊架相互间隔，每 3 m 一个，如图 8 - 12 所示。

二、U - PVC 管道安装施工工艺

U - PVC 管道工艺流程如图 8 - 13 所示。

1. 材料及设备要求

（1）管材为硬质聚氯乙烯（UPVC）。所用黏接剂应是同一厂家配套产品，应与卫生洁具

154

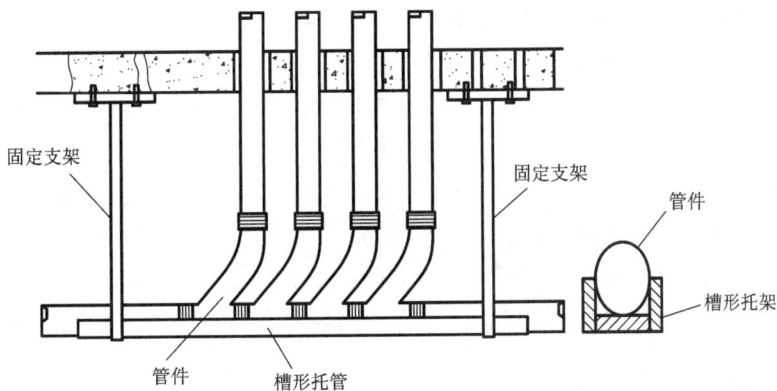

图 8 - 12　槽形管托架

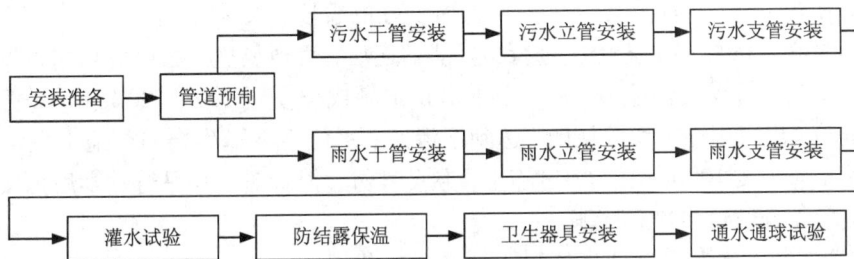

图 8 - 13　工艺流程图

连接相适宜，并有产品合格证及说明书。

（2）管材内外表层应光滑，无气泡、裂纹，管壁薄厚均匀，色泽一致。直管段挠度不大于1%。管件造型应规矩、光滑，无毛刺。承口应有梢度，并与插口配套。

（3）其他材料：黏接剂、型钢、圆钢、卡件、螺栓、螺母、肥皂等。

（4）管材和管件的连接方法采用承插式胶黏剂黏接。胶黏剂必须标有生产厂名称、生产日期和使用期限，并必须有出厂合格证和使用说明书，管材、管件和胶黏剂应有同一生产厂配套供应。

（5）管材和管件在运输、装卸和搬运适应小心轻放，不得抛、摔、滚、拖，也不得烈日暴晒。应分规格装箱运输。管材和管件应储存在温度不超过40℃的库房内，库房应有良好的通风条件。管件应分规格水平堆放在平整的地面上，如果用垫物支垫时，其宽度应不小于75 mm，间距不大于1 mm，外悬的端部不超过0.5 m，叠置高度不得超过1.5 m，且不允许不规则堆放与曝晒，管件不得叠置过高，凡能立放的管件均应逐层码放整齐，不得立放的管件，亦应顺向或使其承插相对地整齐排列。

2. 作业条件

（1）埋设管道，应挖好槽沟，槽沟要平直，必须有坡度，沟底夯实。

（2）暗装管道（包括设备层、竖井、吊顶内的管道）首先应核对各种管道的标高、坐标的排列有无矛盾。预留孔洞、预埋件已配合完成，土建模板已拆除，操作场地清理干净，安装高度超过3.5 m应搭好架子。

（3）室内明装管道要在与结构进度相隔二层的条件下进行安装。室内地平线应弹好，粗装修抹灰工程已完成，安装场地无障碍物。

3. 施工工艺流程及操作方法

（1）预制加工：根据图纸要求并结合实际情况，按预留口位置测量尺寸，绘制加工草图。

根据草图量好管道尺寸，进行断管。断口要平齐，用铣刀或刮刀除掉断口内外飞刺，外棱铣出15°。粘接前应对承插口先进行插入试验，不得全部插入，一般为承口深度的3/4。试插合格后，用棉布将承插口需粘接部位的水分，灰尘擦拭干净，如有油污需用丙酮除掉。用毛刷涂抹粘接剂，先涂抹承口后涂抹插口，随即垂直用力插入，插入粘接时将插口稍作转动，以使粘剂分布均匀，约30~60 s即可粘接牢固。粘牢后立即将溢出的粘接剂擦拭干净，多口粘接时应注意预留口方向。

（2）干管安装：首先根据设计图纸要求的坐标、标高预留槽洞或预埋套管。埋入地下时，按设计坐标、标高、坡向、坡度开挖槽沟并夯实。采用托吊管安装时应按设计坐标、标高、坡向做好托、吊架。施工条件具备时，将预制加工好的管段，按编号运至安装部位进行安装。各管段黏连时必须按黏接工艺依次进行，全部黏连后，管道要直，坡度应均匀，各预留口位置应准确。安装立管需装伸缩节，伸缩节上沿距地坪或蹲便台700~100 mm，干管安装完后应做闭水试验，出口用充气橡胶堵闭，达到不渗漏、水位不下降为合格。地下埋设管道应先用细砂回填至管上皮100 mm，上覆过筛土，夯实时勿碰损管道。托吊管黏牢后再按水流方向找坡度。最后将预留口封严和堵洞。

（3）立管安装：首先按设计坐标要求，将洞口预留或后剔，洞口尺寸不得过大，更不可损伤受力钢筋。安装前清理场地，根据需要支搭操作平台。将已预制好的立管运到安装部位。首先清理已预留的伸缩节，将锁母拧下，取出U形橡胶圈，清理杂物，复查上层洞口是否合适。立管插入端应先画好插入长度标记，然后涂上肥皂液，套上锁母及U形橡胶圈。安装时先将立管上端伸入上一层洞口内，垂直用力插入至标记为止（一般预留胀缩量为20~30 mm）。合适后即用抱卡紧固于伸缩节上沿，然后找正找直，并测量顶板距三通口中心是否符合要求。穿楼板的管段须进行防水处理，无误后即可堵洞，并将上层预留伸缩节封严。

①立管在底层和在楼层转弯处应设置立管检查口，没有卫生器具的两层以上建筑物的最高层的立管上也应设置立管检查口，其安装高度距地面1 m，检查口位置和朝向应便于检修，暗装立管在检查口处应设检修门。

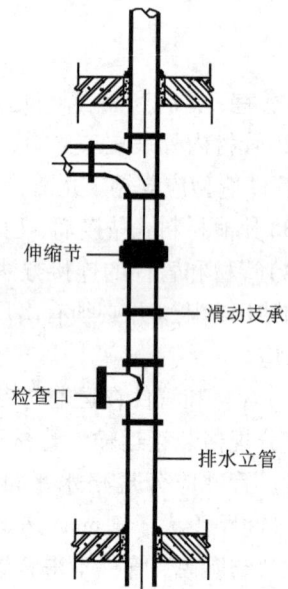

图8-14 立管穿越楼板示意示意图

（伸缩节）
（滑动支承）
（检查口）
（排水立管）

在水流转角小于135°的横管上应设置检查口或清扫口，公共建筑内，在连接4个以上的大便器的污水横管上宜设置清扫口。

横管、排水管直线距离大于表8-5的规定值时，应设置检查口或清扫口。

表8-5　检查口(清扫口)或检查井的最大距离

DN/mm	50	75	90	110	125	160
距离/m	10	12	12	15	20	20

②立管及非埋地管都应设置伸缩节。当层高 H 小于4 m时，立管上每层应设伸缩节一个，层高 H 大于或等于4 m时，应根据计算确定；悬吊管设置伸缩节应结合支撑情况确定，悬吊横直管上伸缩节之间的最大间距不宜超4 m，超过4 m时，应根据管道设计伸缩量和伸缩节最大允许的伸缩量计算确定。管道设计伸缩量不应大于表8-6中伸缩节的最大允许伸缩量。

表8-6　伸缩节最大允许伸缩量表

DN/mm	50	75	90	110	125	160
最大允许伸缩量/mm	12	15	20	20	20	25

为了使立管连接支管处位移最小，伸缩节应尽量设在靠近水流汇合管件处。为了控制管道的膨胀方向，两个伸缩节之间必须设置一个固定支架。

固定支撑每层设置一个，以控制立管膨胀方向，分层支撑管道的自重，当层高 H 小于4 m(DN 小于50 mm，H 小于3 m)时，层间设滑动支撑一个；若层高 H 大于4 m(DN 小于50 mm，H 大于3 m)时，层间设滑动支撑两个。

(4)支管安装：首先剔出吊卡孔洞或复查预埋件是否合适，清理场地，按需要支搭操作平台。将预制好的支管按编号运至场地，清除各黏接部位的污物及水分，将支管水平初步吊起，涂抹黏接剂，用力推入预留管口。根据管段长度调整好坡度，调整合适后固定卡架，封闭各预留管口和堵洞。

①管道支撑分滑动支撑和固定支撑两种。悬吊在楼板下的横支管上，若连接有穿越楼板的卫生器具排水竖向支管时，可视为一个滑动支撑，明装立管穿越楼板处有防漏水措施，采用细石混凝土补洞，分层填实后，可以形成固定支撑，应每层设置立管固定支撑一个。

表8-7　管道最大支撑间距表　　　　　　mm

DN/mm	立管	悬吊横管	
		干管	支管
40	1500		800
50	1500		1000
75	2000		1500
90	2000		1800
110	2000	1100	2000
125	2000	1250	2200
160	2000	1600	2500

②管道支撑件的内壁应光洁，滑动支撑件与管身之间应留有微隙，若内壁不够光洁，则应衬垫一层柔性材料；固定支撑件的内壁和管身外壁之间应夹一层橡胶软垫，安装时应将扁钢制成的 U 型卡用螺栓拧紧固定。

（5）器具连接管安装：核查建筑物地面、墙面做法、厚度。找出预留口坐标、标高，然后按准确尺寸修整预留洞口，分部位实测尺寸记录，并预制加工、编号。安装黏接时，必须将预留管口清理干净，再进行黏接，黏牢后找正、找直，封闭管口和堵洞打开下一层立管扫除口，用充气橡胶堵封闭上部，进行闭水试验。试验合格后，撤去橡胶堵，封好扫除口。

（6）闭水试验及通球试验：

①闭水实验，排水管道安装完毕后，按规定要求，必须进行闭水实验。灌水高度视其立管高度，满水 15 min 后，若水面下降再灌满延续 5 min，至液面不下降为合格。

②通球实验，隐蔽管道分项分工序进行卫生洁具及设备安装后进行通球实验。

③管道系统安装完毕，应对管道的外观质量和安装尺寸进行复核检查，检查无误后，再分层进行通水试验。排水系统按给水系统 1/3 配水点同时开放，检查排水是否畅通，有无渗漏。

④埋地管灌水试验的灌水高度不低于底层地面高度。灌满水 15 min 后，若水面下降，再灌满延续 5 min，以液面不下降为合格，放水后应将存水弯水封内积水排出。

4. 施工注意事项

（1）在民用建筑及公共建筑中，为减少立管水流的噪声和提高立管的防火能力，尽量将立管装设在管井或管中。

（2）管道穿楼板或穿墙时，须预留孔洞，孔洞直径一般可比管道外径大 50 mm，管道安装前，必须检查预留孔洞的位置和标高是否正确，安装施工应密切配合土建施工，做好预留洞或凿洞以及补洞工作。

（3）立管穿楼板处应加装 PVC－U 或其他材料的止水翼环，用 C20 细石混凝土分层浇筑填补，第一次为楼板厚度的 2/3，待强度达 1.2 MPa 以后，再进行第二次浇筑至与地面相平。

（4）冬季施工进行黏接时，凝固时间为 2～3 min。黏接场所通风应良好，远离明火。

5. 成品保护

（1）试水完毕后，将所有管口封闭，严密防止杂物进入造成管道堵塞，对其立管应用木板或塑料捆绑保护。严禁利用塑料管道作为脚手架的支点或安全带的拉点，不允许明火烘烤塑料管，以防管道变形。油漆喷浆粉刷前，将管道用纸包裹，以免污染管道。

（2）施工方除遵照本方案执行外，也应遵照《建筑排水用硬聚氯乙烯（PVC－U）管道安装》及《采暖和卫生工程施工及验收规范》有关规范指导施工。

复习思考题

1. 建筑给水系统分哪几类？由哪几部分组成？
2. 建筑给水系统有哪几种给水方式？有哪些使用条件？适用于怎样的建筑中？
3. 建筑给水系统常采用哪些管材？各种管材是如何连接的？
4. 建筑给水管道应安装哪些配水附件和控制附件？
5. 建筑给水管道布置应遵循哪些原则？有哪几种布置的形式？

158

6. 高层建筑为什么必须采取分区分压供水？与多层建筑供水有什么不同？

7. 高层建筑给水方式有哪几种？给水方式各有什么特点？

8. 水源的分类和选取的原则是什么？

9. 室外给水系统的组成和生活饮用水的常规处理工艺是什么？

10. 什么是排水体制？

11. 城市污水系统的组成、城市污水的一般处理方法有哪些？

12. 建筑给水系统分哪几类？由哪几部分组成？

13. 建筑给水系统有哪几种给水方式？有哪些使用条件？适用于怎样的建筑中？

14. 建筑给水系统常采用哪些管材？各种管材是如何连接的？

15. 建筑给水管道应安装哪些配水附件和控制附件？

16. 建筑给水管道布置应遵循哪些原则？有哪几种布置的形式？

17. 高层建筑为什么必须采取分区分压供水？与多层建筑供水有什么不同？

18. 高层建筑给水方式有哪几种？给水方式各有什么特点？

19. 消火栓系统的组成有哪些？消火栓供水方式有哪些？

20. 自动喷水灭火系统的主要组成有哪些？

21. 室外消防栓、室内消防栓、消防栓管道布置有何要求？

22. 自动喷水灭火系统主要包括哪些？

23. 简述湿式喷水灭火系统的工作原理。

24. 报警阀的作用是什么？目前在自动喷水灭火系统中常用的报警阀主要有哪几种类型？

25. 在热水供应系统中，对热水水质、水温有什么要求？

26. 室内热水供应系统分哪几类？由哪几部分组成？

27. 水的加热有几种方式？有哪些加热设备？

28. 热水管网布置和敷设有哪几种形式？施工时应考虑哪些因素？

29. 热水供应系统应安装哪些附件？各有何作用？

30. 简述建筑内部排水系统的组成。

31. 排水通气管有哪几种？建筑排水管道的敷设有何要求？

32. 简述高层建筑常用的排水系统。

33. 简述雨水系统的分类及其组成。

34. 简述建筑中水系统的定义及作用。

35. 简述建筑物中水系统的水源及选取顺序。

36. 如何做好建筑中水系统的安全防护？

37. 简述以优质杂排水和杂排水为水源的中水处理工艺流程。

模块二　建筑供暖与燃气供应工程

第九章　建筑供暖工程

第一节　供暖系统的分类与组成

当室外空气温度低于室内空气温度时，房间通过围护结构及通风孔道形成热损失。为了保持室内一定温度，供暖系统就会将热源产生的具有较高温度的热媒通过输送管道至给用户，通过补偿热损失，达到维持室内温度参数在要求范围，以达到适宜的生活条件或工作条件的技术。

一、供暖系统的分类

1. 按供暖热媒分

热媒是传递热量的媒介，也是建筑供暖系统管道和散热器中循环流动的介质。

1）热水供暖系统

热水采暖系统是以热水为热媒，将热量传给散热设备的供暖系统。按热水温度的不同分为低温供暖系统和高温供暖系统。我国一般认为：低于或等于100℃的热水，称为低温水；超过100℃的热水，称为高温水。建筑室内热水供暖系统多采用低温热水供暖系统，设计供回水温度多采用95℃/70℃；高温热水供暖系统宜在生产厂房中使用，设计供回水温度多采用120～130℃/70～80℃。

2）蒸汽供暖系统

蒸汽供暖系统是以蒸汽为热媒，将热量传给散热设备的供暖系统，按热媒蒸汽压力的不同又分为高压蒸汽采暖系统（蒸汽相对压力大于70 kPa）和低压蒸汽供暖系统（蒸汽的相对压力小于或等于70 kPa）。

3）热风供暖系统

热风供暖系统是利用风机内装设的加热器将空气加热，然后通过风口或散流器送入室内供暖。

2. 按供暖系统的作用范围分

1）局部供暖系统

它是将热源、输热管道及散热设备在构造上成为一个整体的供暖系统，如火炉采暖、煤气暖器、电暖器等。

2）集中采暖系统

它是热源远离供暖房间，利用输热管道将热媒送到一幢或几幢建筑物的供暖系统，是当前最常用的供暖系统。

3）区域供暖系统

它由一个区域锅炉房或热电厂为热源，通过区域性供热管道向城镇的某个生活区、商业区或厂区集中供热的供暖系统。

二、供暖系统的组成

供暖系统主要由热源、输热管道及散热设备三部分组成。

(1)热源是通常以煤、天然气、重油、轻油、液化所等为燃料产生热能的部分,将热媒加热成热水或蒸汽。常用加热设备有锅炉、加热器等。

(2)输热管道是指将热源提供的热量通过热媒输送到热用户,散热冷却后又返回热源的闭式循环管路。热源到热用户散热设备之间的连接管称为供热管,经散热设备散热后返加热源的管道称为回水管。

(3)散热设备是将热量散入室内的设备,主要包括各种散热器、辐射板和暖风机等。

第二节　热水采暖系统

一、热水供暖系统的分类

(1)按热水供暖循环动力分为自然循环系统和机械循环系统。

靠供、回水的密度差进行循环的系统,称为自然循环系统;靠机械力即水泵进行循环的系统,称为机械循环系统。

(2)管道敷设的方式分为垂直式系统和水平式系统。

垂直式系统按供、回水干管所处位置分为上供下回式、下供下回式、中供下回式和下供上回式。

(3)按散热器供、回水方式不同分为单管系统和双管系统。

二、自然循环热水供暖系统

自然循环热水供暖系统主要分单管和双管两种形式。图9-1左侧所示为双管上供下回式系统,双管系统散热器的供水和回水干管分别设置,特点是每组散热器都能组成一个循环环路,每组散热器的供水温度基本是一致的,各组散热器可自行调节热媒流量,互相不受影响。图9-1右侧所示为单管上供下回式系统,单管散热器的供、回水立管共用一根管,立管上的散热器串联起来构成一个循环环路,从上到下各楼层散热器的进水温度不同,温度依次降低,每组散热器的热媒流量不能单独调节。

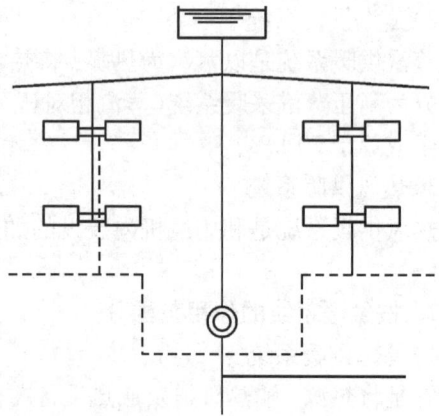

图9-1　自然循环上供下回式系统

为了克服单管式不能单独调节热媒流量,且下层散热器热媒入口温度过低的弊病,又产生了单管跨越式系统。热水在散热器前分成两部分,一部分流入散热器,另一部分流入散热器进出口之间的跨越管内。

上供下回式自然循环系统管道布置的一个显著特点是:供水干管设有向膨胀水箱方向上

升的坡向,与水流方向相反,其坡度为0.5%~1.0%。散热支管的坡度一般为1.0%,沿水流方向向下,这样便于空气逆水流方向经过干管汇聚到系统最高处,通过膨胀水箱排除。而回水干管则应有向锅炉方向向下的坡度,与水流方向相同,坡度为0.5%~1%,这样便于使系统顺利地排除空气,当系统停止运行或检修时能通过回水干管顺利地排水。

在双管系统中,各层散热器与锅炉间形成独立的循环,因而随着从上层到下层,冷却中心与加热中心的高差逐层减小,各层循环压力也出现由大到小的现象,上层作用压力大,流经散器的流量多,下层作用压力小,流经散热器的流量少,因而造成上热下冷的"垂直失调"现象,楼层越多,失调现象越严重。

对单管系统,由于各层的冷却中心串联在一个循环管路上,从上而下逐步冷却过程所产生的压力可以叠加在一起形成一个总压力,因此单管系统不存在双管系统的垂直失调问题。即使最底层散热器低于锅炉中心,也可以使水循环流动。由于下层散热器入口的热媒温度低,下层散热器的面积比上层要多。

自然循环热水供暖系统具有装置简单、操作方便、维护管理省力、不耗费电能、不产生噪声等优点,但由于系统作用压力有限,管路流速偏小,致使管径偏大,应用范围受到限制。自然循环热水供暖系统由于循环压力较小,其作用半径(总立管至最远立管的水平距离)不宜超过50 m,通常只能在单幢建筑中应用。

三、机械循环热水供暖系统

在机械循环热水供暖系统中,设置水泵为系统提供循环动力,由于水泵的作用压力大,使得机械循环系统的供暖范围扩大很多,可以负担单幢、多幢建筑的供暖,甚至还可以负担区域范围内的供暖,目前已成为应用最广泛的供暖系统。

机械循环供暖系统有以下几种形式:

1. 机械循环上供下回式热水供暖系统

该系统的供水干管敷设在屋面或顶层顶棚下,回水干管敷设在地下室或地沟内,在热水供暖系统中得到广泛的应用。该系统由热水锅炉、供水管道、散热器、回水管道、循环水泵、膨胀水箱、排气装置和控制附件等组成。图9-2所示为机械循环上供下回式热水供暖系统简图。在这种系统中,主要依靠水泵所产生的压力使水在系统内循环。水在热水锅炉中被加热,沿总立管、供水干管、供水立管,经散热器支管流入

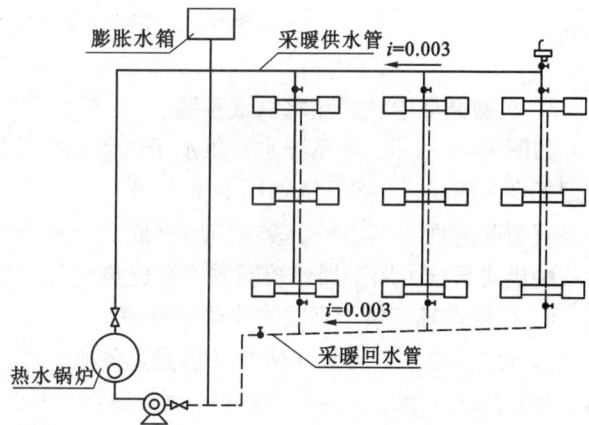

图9-2　上供下回式双管热水供暖系统

散热器,放热后经回水立管、回水干管,由循环水泵送回锅炉。

在机械循环热水供暖系统中,为了顺利排除系统中的空气,供水干管应沿水流方向有向上0.003的坡度,并在供水干管的最高点设置集气装置。

在这种系统中,水泵装在回水干管上,并将膨胀水箱设在水泵吸入端。膨胀水箱位于系

统最高点，它的作用主要是容纳水受热膨胀后增加的体积。将膨胀水箱连在水泵吸入端时，它可使整个系统处于正压（高于大气压）下工作，这就保证了系统中的水不致汽化，避免了因水汽化而中断水的循环。

2. 机械循环下供下回式双管热水供暖系统

该系统的供水和回水管都敷设在底层散热器下面，适于顶层难以布置干管的场合以及有地下室的建筑（图9-3）。当无地下室时，供、回水干管一般敷设在底层的地沟内。

与上供下回式系统相比，它有如下特点：

（1）在地下室内布置供水干管，管路直接散热给地下室，无效热损失小，可减轻上供下回式双管系统的垂直失调。

（2）在施工中，每安装好一层散热器即可供暖，给冬季施工带来很大方便。

（3）排除系统中空气较困难。

下供下回式系统排气方法主要有两种：一种是通过顶层散热器的放风阀，手动分散放气；另一种是通过专设的空气管，手动或集中自动排气。

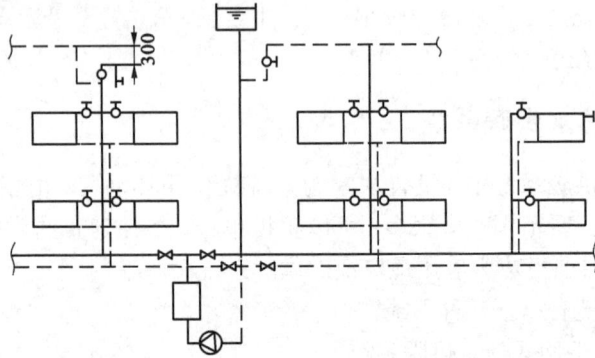

图9-3　下供下回式热水供暖系统

3. 机械循环中供式热水供暖系统

如图9-4所示，该系统水平供水干管敷设在系统的中部，上部系统可用上供下回式，也可用下供下回式，下部系统则用上供下回式。中供式系统减轻了上供下回式楼层过多而易出现垂直失调的现象，同时可避免顶层梁底高度过低导致供水干管挡住顶层窗户而妨碍其开启。中供式系统可用于加建楼层的原有建筑或"品"字形建筑。

4. 机械循环下供上回式热水供暖系统

该系统的供水干管设在所有散热器设备的下面，回水干管设在所有散热器上面，膨胀水箱连接在回水干管上。回水经膨胀水箱流回锅炉房，再被循环水泵送入锅炉，如图9-5所示。倒流式系统具有如下特点：

（1）水在系统内的流动方向是自下而上流动，与空气流动方向一致，可通过顺流式膨胀水箱排除空气，无需设置集中排气罐等排气装置。

（2）对热损失大的底层房间，由于底层供水温度高，底层散热器的面积减小，便于布置。

（3）当采用高温水采暖系统时，由于供水干管设在底层，这样可降低防止高温水汽化所需的水箱标高，减少布置高架水箱的困难。

166

（4）供水干管在下部，回水干管在上部，无效热损失小。

这种系统的缺点是散热器的放热系数比上供下回式低，散热器的平均温度几乎等于散热器的出口温度，这样就增加了散热器的面积。但用于高温水供暖时，这一特点却有利于满足散热器表面温度不致过高的要求。

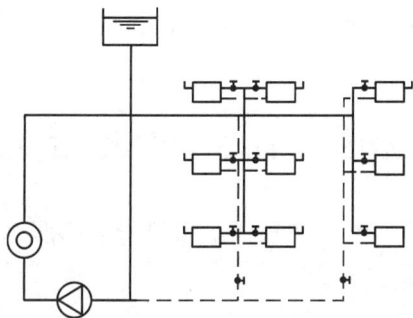

图 9-4　中供热水供暖系统

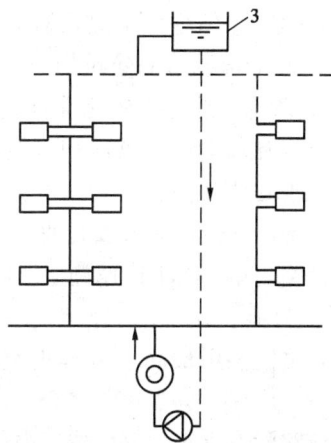

图 9-5　下供上回式热水供暖系统

5. 同程式与异程式系统

循环环路是指热水从锅炉流出，经供水管到散热器，再由回水管流回到锅炉的环路。如果一个热水采暖系统中各循环环路的热水流程长短基本相等，称为同程式热水采暖系统，如图 9-6 所示；热水环路流程相差很多时，称为异程式热水系统如图 9-7 所示。

由于异程式系统各立管循环环路长度不等，靠近总立管的回水管路短，压力损失小，通过的流量大；远离总立管的循环环路长，压力损失大，通过流量小。在远近立管处出现流量失调而引起的水平方向冷热不均的现象，称为系统的水平失调。

为了消防或减轻系统的水平失调，就可用同程式系统。由于通过最近处立管与通过最远处立管的循环环路的总长度相等，因而压力损失趋于平衡。所以，在较大的建筑物中，常采用同程式系统，但同程式系统管道耗用量大，工程造价要高于异程式系统。

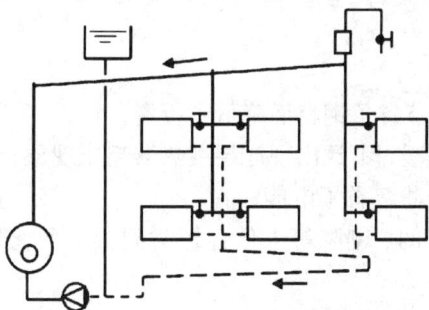

图 9-6　同程式热水供暖系统

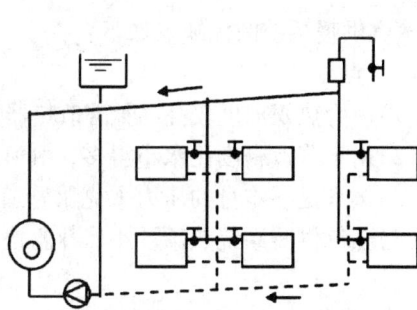

图 9-7　异程式热水供暖系统

6. 水平式热水供暖系统

水平式系统按供水与散热器的连接方式可分为顺流式(图9-8)和跨越式(图9-9)两类。

水平式系统的排气方式比垂直式上供下回系统复杂些。它需要在散热气上设置放气阀分散排气,或在同一层散热器上部串联一根空气管集中排气,如图9-9(b)所示,连接形式虽然稍费一些支管,但增大了散热器的传热系数。由于跨越式可以在散热器上进行局部调节,它适用于需要局部调节的建筑物中。

水平式系统的总造价要比垂直式系统少很多,但对于较大系统,由于有较多的散热器处于低水温区,尾端的散热器面积可能较垂直式系统的要多些。但它与垂直式(单管和双管)系统相比,还有以下优点:

(1)系统的总造价一般要比垂直式系统低。

(2)管路简单,便于快速施工。除了供、回水总立管外,无穿过各层楼管的立管,因此无需在楼板上打洞。

(3)有可能利用最高层的辅助空间架设膨胀水箱,不必在顶棚上专设安装膨胀水箱的房间。

(4)沿路没有立管,不影响室内美观。

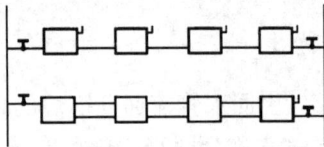

图9-8 水平顺流式

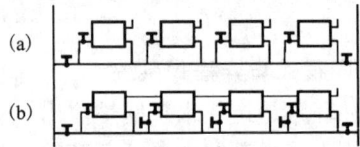

图9-9 水平跨越式

第三节 蒸汽采暖系统

在蒸汽供暖系统中,水在锅炉中被加热成具有一定压力和温度的蒸汽,蒸汽靠自身压力作用通过管道流入散热器内,在散热器内放出热量后,蒸汽变成凝结水,凝结水靠重力经疏水器(阻汽疏水)后沿凝结水管道返回凝结水箱内,再由凝结水泵送入锅炉重新被加热成蒸汽。

蒸汽供暖系统的优缺点如下:

1)优点

(1)因为热媒温度较高,所需散热器数量就少,节省了钢材而降低了投资;

(2)由于蒸汽密度比水小得多,用于高层建筑采暖,不致出现底层散热器超压现象;

(3)蒸汽是靠本身的压力来克服管道的阻力,因此节省了电能;

(4)蒸汽供暖系统热惰性小,升温快,适用于车间、剧院等人们停留时间集中而又短暂的建筑物。

2)缺点

(1)系统的热损失大,由于蒸汽温度高,一般为间歇采暖,引起系统骤冷骤热,容易使管件连接处损坏,造成漏水漏汽,另外凝结水回收率低而造成热量损失很大;

（2）散热器及管道表面温度高，灰尘易产生有害气体，污染室内空气，另外易烫伤人和造成室内燥热，人有不舒适感；

（3）室温不均匀，系统热得快，冷得也快；

（4）无效热损失大，锅炉排污，管网损失，疏水器漏汽，因此效率不高；

（5）凝结水管使用年限短，因管内不是满流，管中存有空气而腐蚀管壁。

蒸汽采暖系统按照供汽压力的大小，将蒸汽采暖分为三类：

（1）供汽的表压力高于 70 kPa 时，称为高压蒸汽采暖；

（2）供汽的表压力等于或低于 70 kPa 时，称为低压蒸汽采暖；

（3）当系统中的压力低于大气压力时，称为真空蒸汽采暖。

一、低压蒸汽供暖系统

1. 机械回水双管上供下回式系统

图 9 - 10 所示为双管上供下回式系统，该系统是低压蒸汽采暖系统常用的一种形式。从锅炉产生的低压蒸汽经分汽缸分配到管道系统，蒸汽在自身压力的作用下，克服流动阻力经室外蒸汽管道、室内蒸汽主管、蒸汽干管、立管和散热器支管进入散热器。蒸汽在散热器内放出汽化潜热变成凝结水，凝结水从散热器流出后，经凝结水支管、立管、干管进入室外凝结水管网流回锅炉房内凝结水箱，再经凝结水泵注入锅炉，重新被加热变成蒸汽后送入采暖系统。

2. 双管下供下回式系统

该系统（图 9 - 11）的室内蒸汽干管与凝结水干管同时敷设在地下室或特设地沟。在室内蒸汽干管的末端设置疏水器以排除管内沿途凝结水，但该系统供汽立管中凝结水与蒸汽逆向流动，运行时容易产生噪声，特别是系统开始运行时，因凝结水较多容易发生水击现象。

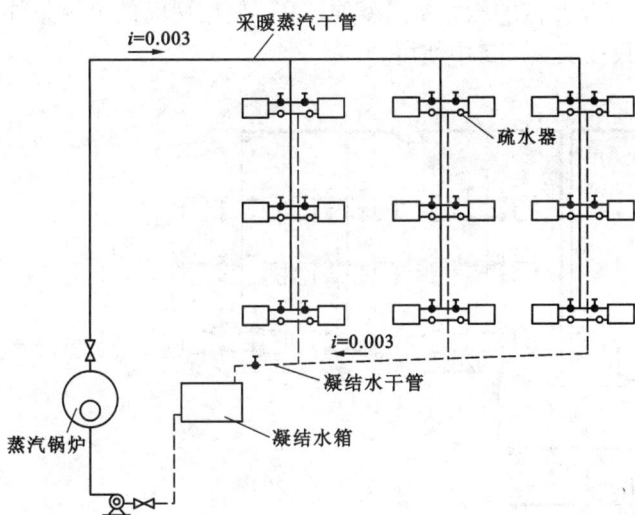

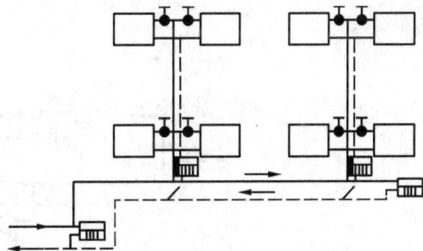

图 9 - 10　机械回水双管上供下回式蒸汽供暖系统图　　图 9 - 11　双管下供下回式蒸汽供暖系统图

3. 双管中供式系统

如多层建筑顶层或顶棚下不便设置蒸汽干管时可采用中供式系统,如图9-12所示,这种系统不必像下供式系统那样需设置专门的蒸汽干管末端疏水器,总立管长度也比上供式小,蒸汽干管的沿途散热也可得到有效的利用。

4. 单管上供下回式系统

该系统采用单根立管,可节省管材,蒸汽与凝结水同向流动,不易发生水击现象,但低层散热器易被凝结水充满,散热器内的空气无法通过凝结水干管排除,如图9-13所示。

图9-12 双管中供式

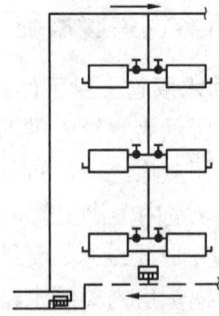

图9-13 单管上供下回式

二、高压蒸汽供暖系统

如图9-14所示,高压蒸汽由室外管网引入,以建筑物入口处设有分汽缸和减压装置。减压阀前的分汽缸是供生产用的,减压阀后的分汽缸是供采暖用的,通过分汽缸的作用,可以调节和分配各建筑物所需的蒸汽量。高压蒸汽的压力及温度均较高,使用房间的卫生条件差,且容易烫伤人,所以这种系统一般只在工业厂房中使用。

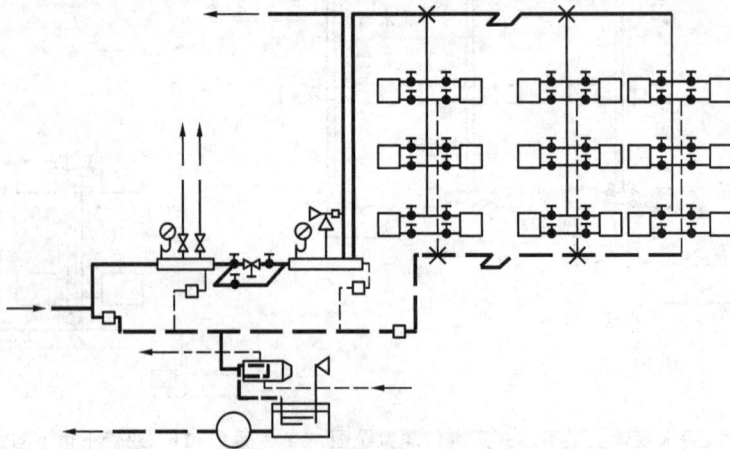

图9-14 高压蒸汽供暖系统

第四节　辐射采暖系统

辐射采暖就是利用建筑物内部顶棚、墙面、地面或其他表面进行供暖的系统。辐射采暖系统主要靠辐射散热方式向房间供应热量,其辐射散热量占总散热量的50%以上。目前地板辐射低温热水采暖已得到广泛应用,比较适合于民用建筑与公共建筑中考虑安装散热器会影响建筑物协调和美观的场合。

辐射采暖特点(与对流采暖相比)如下:

(1)具有最佳的舒适感。辐射采暖在辐射强度和环境温度的双重作用下,造成了真正符合人体散热要求的热状态。

(2)室内空气温度低。辐射采暖人体受到辐射照度和环境温度的综合作用,因而人体所感觉的温度要比室内实际的空气环境温度高2~3℃。

(3)设计热负荷小。沿房间的垂直方向温度分布均匀,即温度梯度小;辐射采暖房间的设计温度比对流供暖低。

(4)卫生条件好。辐射采暖减少了对流散热量,加之竖直方向的温度分布均匀,使得室内空气的流动速度降低,减少了上升气流带尘量。

(5)低温辐射供暖系统还具有节能、保温、热稳定性好、不占室内面积、使用广泛等优点。

(6)造价高,运行费用也比较高。几乎不用维修,一旦损坏,影响巨大。

地板辐射采暖大量用于饭店、商场、展览馆、体育场馆等大型公共建筑,而且已普及住宅,甚至使用在户外停车场、公路坡道化雪、花坛(圃)、草坪(足球场)、饲养场及农业种植大棚等场所,应用广泛。

地板辐射低温热水采暖系统:

地板辐射低温热水采暖是以温度不高于60℃的热水作为热源,在埋置于地板下的盘管系统内循环流动,加热整个地板,通过地面均匀地向室内辐射散热的一种供暖方式。与传统的对流散热相比,由于卫生条件好,室内温度梯度小,适感温度高且舒适性好的特点,该系统近年得到广泛应用。

该系统一般由温控阀、分水器、集水器、除污器、保温层、铝箔层和盘管等组成。

如图9-15所示,在钢筋混凝土地板上先用水泥砂浆找平,再铺聚苯或聚乙烯泡沫为保温层,板上部再覆一层夹筋铝箔层,在铝箔层上敷设加热盘管,并以卡钉将盘管与保温层固定在地板上,然后浇筑40~60 mm豆石混凝土作为埋管层,再在上面铺面层。

加热盘管在布置时应保证地板表面温度均匀。一般宜将高温管设在外窗或外墙侧,使室内温度分布尽可能均匀,盘管布置形式有回折式、平行式、双平行式,如图9-16所示。一般每组加热盘管总长度不宜大于120 m,盘管阻力不宜超过30 kPa,住宅加热盘管间距不宜大于300 mm。

低温热水地板辐射采暖施工安装要点:

1)地面构造

地面构造由楼板或与土壤相邻的地面、绝热层、加热管、填充层、找平层和面层组成,并应符合下列规定:

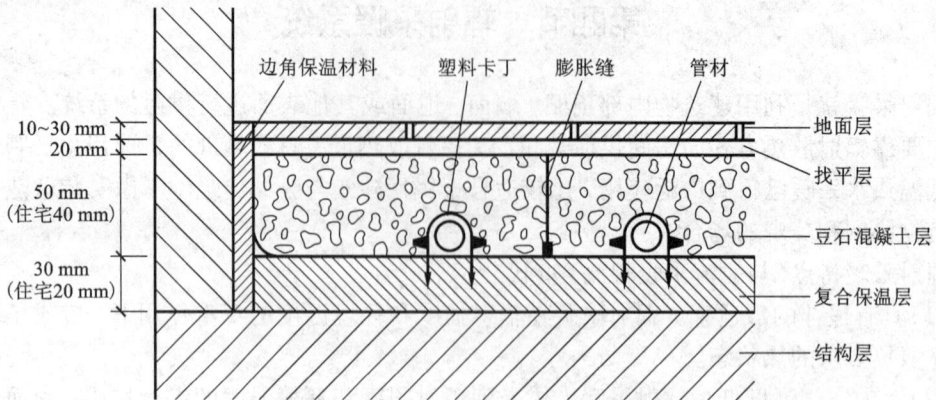

图 9-15 地板辐射低温热水采暖示意图

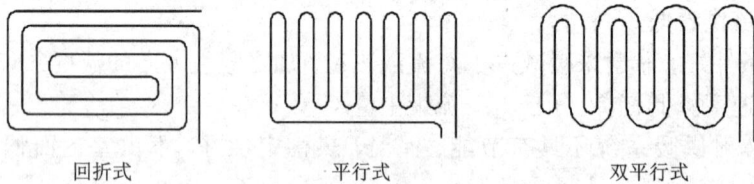

图 9-16 加热盘管

（1）当工程允许地面按双向散热进行设计时，各楼层间的楼板上部可不设绝热层。

（2）对卫生间、洗衣间、浴室和游泳馆等潮湿房间，在填充层上部应设置隔离层。

（3）与土壤相邻的地面，必须设绝热层，且绝热层下部必须设置防潮层；直接与塞外空气相邻的楼板，必须设绝热层。

地面辐射采暖系统绝热层采用聚苯乙烯 PS 泡沫塑料板时，其厚度不应小于有关的规定值；采用其他绝热材料时，可根据热阻相当的原则确定厚度。当工程条件允许时，宜在此基础上再增加 10 mm 左右。

2）有关技术措施和施工安装要求

（1）加热盘管及其覆盖层与外墙、楼板结构层间应设绝热层，当允许双向传热时可设绝热层。

（2）覆盖层厚度不宜小于 50 mm，并应设伸缩缝，立管穿过伸缩缝时宜设长度不小于 100 mm 的柔性套管。

（3）绝热层设在土壤上时应先做防潮层，在潮湿房间内加热管覆盖层上应做防水层。

（4）热水温度不应高于 60℃，民用建筑供水温度宜为 35～50℃，供、回水温差宜小于或等于 10℃。

人员经常停留区 24～26℃，最高限值 28℃；人员短期停留区 28～30℃，最高限值 32℃；无人停留区 35～40℃，最高限值 42℃；浴室及游泳池 30～33℃，最高限值 33℃。

（5）系统工作压力不应大于 0.8 MPa，否则应采取相应的措施。当建筑物高度超过 50 m 时，宜竖向分区。

172

（6）加热盘管宜在环境温度高于5℃条件下施工，并应防止油漆、沥青或其他化学溶剂接触管道。

（7）加热盘管伸出地面时，穿过地面构造层部分和裸露部分应设硬质套管；在混凝土填充层内的加热管上不得设可拆卸接头；盘管固定点间距，当直管段小于或等于1 m时，宜为500~700 mm，当弯曲管段小于0.35 m时，宜为200~300 mm。

（8）细石混凝土填充层强度不宜低于C15，应掺入防龟裂添加剂；应有膨胀补偿措施，当面积大于或等于30 m²，每隔5~6 m应设5~10 mm的伸缩缝；与墙、柱等交接处应设5~10 mm的伸缩缝；缝内应填充弹性膨胀材料。当浇捣混凝土时，盘管应保持大于或等于0.4 MPa的静压，养护48 h后再卸压。

（9）隔热材料应符合下列要求：导热系数小于或等于0.05 W/(m·K)，抗压强度大于或等于100 kPa，吸水率小于或等于6%，氧指数大于或等于32%。

（10）调试与试运行：初始加热时，热水温度应平缓。供水温度应控制在比环境温度高10℃左右，但不应高于32℃，并应连续运行48 h，随后每隔24 h水温升高3℃，直到设计水温，并对与分水器、集水器相连的盘管进行调节，直到符合设计要求。

第十章　采暖系统管材、附件和设备

第一节　管材与附件

一、供暖系统管材

近年来，供暖方式多样化，各种非金属管材大量涌现，供暖管道的材质应根据供暖热媒的性质、管道敷设方式选用。

1. 焊接钢管

俗称黑铁管。焊接钢管经过镀锌处理后，称为镀锌钢管，俗称白铁管。这两种钢管常用于低压流体，压力不超过 1 MPa，温度不超过 130℃，管径用 DN 表示，该管材可采用螺纹连接、法兰连接和焊接。当 $DN \leq 32$ mm 用丝接，与 $DN > 32$ mm 时用焊接方式。

2. 无缝钢管

具有承受高压及高温的能力，随着壁厚增加，承受压力及温度的能力也增加，用于输送高压蒸汽、高温热水和易燃、易爆物质及高压液体等。有热轧和冷拔两种管；管径用外径 × 壁厚表示。一般采用焊接方式。

3. 聚丙烯(PP‑R)管

该管材导热系数小、寿命长、节能保温效果好、噪声小、施工工艺简便，一般可采用热熔连接，施工速度快，密封性好，无渗漏。其缺点是硬度低、刚性差、线膨胀系数大，长期受紫外线照射易老化分解。管径用外径 × 壁厚表示。主要用于地热采暖输送热水。

4. 交联聚乙烯(PE‑X)管

交联聚乙烯管耐热性好，单根长度较长，适用于低温水地板辐射工程等室内埋地管道施工。

5. 铝塑管

是一种新型管材，其内外层为特种高密度聚乙烯，中间层为铝合金对接氩弧焊焊接而成，各层经特种胶黏合而成，集合了金属管和塑料管的优点。一般用铜质管件采用卡套式或卡压式连接。

二、常用附件

1. 阀门

阀门是装设在供暖系统中的机械构件，是用来控制管道和设备内热媒和设备内热媒流量与压力的机械产品，也可用于系统内的空气排除、泄水和排污等。

下面介绍几种供暖系统中常用的手动阀门。

（1）闸阀。如图 10‑1 所示，闸阀适用于热水供暖管道及全开或全关状态下工作，也可用于系统的泄水或排污，不宜用它调节热水的流量。其特点为比较严密且流动阻力小。介质可以从任一方向流动，但结构较为复杂，同口径的闸阀比截止阀阀体略大，明杆闸阀占据净空高度较大，密封面(闸板两侧)易擦伤而造成关闭不严。闸阀分螺纹及法兰两种连接。

(2)截止阀。如图10-2所示，用于蒸汽或热水供暖系统，起到截断汽、水通路的作用，或用于调节汽、水的流量，阻力较大。截止阀是在给水排水及供暖系统中采用较广泛的一种阀门，结构简单、密封性能好、维修方便。安装有方向性，应按箭头(阀体上)指示方向安装，不得装反。截止阀分内螺纹及法兰两种连接方式。

(3)直角汽阀。直角汽阀俗称八字阀，如图10-3所示，装于蒸供暖散热器的进口处或热水供暖散热器进、出口处，控制进入散热器的蒸汽量或热水量。其配套零件有螺栓短管和接头螺母。根据散热器的规格选用相应的直角阀门。

(4)减压阀。如图10-4所示，减压阀使介质通过收缩的过渡断面产生节流，节流损失使介质的压力降低，从而通过减压成为所需的低压介质。减压阀一般有弹簧式、活塞式及波纹管式，可根据各种类型减压阀的调压范围进行选择及调整。

(5)锁闭阀。如图10-5所示，锁闭阀适用于分户计量双管供热系统，安装在分户的进水主管道上，可以根据用户的实际需要人工设定。流量值可锁定，起到平衡热网热力分配及分户整体温度的控制，防止热量浪费，达到节能的目的。

图10-1　闸阀

图10-2　截止阀

图10-3　直角汽阀

图10-4　减压阀

图10-5　锁闭阀

2. 伸缩器

伸缩器又称补偿器。当供热管道内热介质的温度发生变化，管道就会发生热胀冷缩的变形。管道的伸缩会产生一个很大的沿管道细线方向的轴向应力，使管道弯曲、变形，接口松动漏水，工程中常设伸缩器来解决。伸缩器可以吸收因受热胀冷缩而延伸的长度，同时还可以补偿因冷却而缩短的长度，使管道不致因热胀冷缩而遭到破坏。常用伸缩器有以下几种。

（1）方形伸缩器。如图 10-6 所示，它是在直管道上专门增加弯曲管道，当管径小于或等于 40 mm 时用焊接钢管，当管径大于 40 mm 时用无缝钢管弯制。方形伸缩器具有构造简单，制作方便，补偿能力大，严密性好，不需要经常维修等特点，但其占地面积大，大管径不易弯制。

图 10-6 方形伸缩器

（2）套筒伸缩器。如图 10-7 所示，由直径不同的两段管子套在一起制成的。填料圈可保证两管之间接触严密，不漏水（或汽）。套筒伸缩器具有补偿能力大、占地面积小、安装方便和水流阻力小等优点，但需要经常维修、更换填料。

（3）波纹管式伸缩器。如图 10-8 所示，波纹管伸缩器是用金属片焊接成的像波浪形的装置，利用这些波片的金属弹性来补偿管道因热胀冷缩变化的长度，减轻管道热应力作用。波形伸缩器补常能力较小，一般用于压力较低的蒸汽管道和热水管道上。波纹管式伸缩器具有体积小、结构紧凑、补偿量较大和安装方便等优点，在采暖系统中经常使用。

图 10-7 套筒伸缩器

图 10-8 波纹管伸缩器

3. 除污器

如图 10-9 所示，除污器的作用是截留过滤，并定期清除系统中的杂质和污物，以保证水质清洁，减少阻力，防止管路系统和设备堵塞。有立式直通、卧式直通和角通除污器，按国标制作，根据现场情况选用。

除污器一般安装在采暖系统入口的供水管上、循环水泵的吸水管道上、各种换热设备之间、各种小口径调压装置，以及避免造成可能堵塞的某些装置间。

除污器后应装阀门，并设置旁通管，在排污或检修时使用。

4. 疏水器

如图 10-10 所示，疏水器用于蒸汽采暖系统中，使散热设备及管网中的凝结水和空气能自动而迅速地排出，并阻止蒸汽逸漏。根据疏水阀的动作原理，疏水阀主要有热力型、热膨胀型(恒温型)和机械型三种。

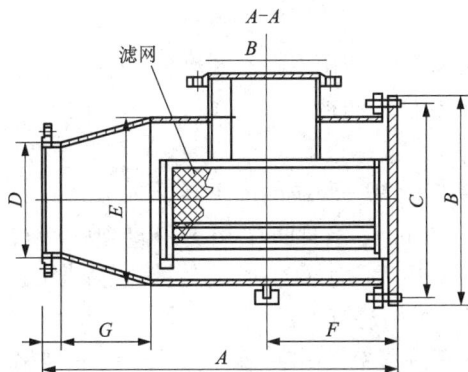

图 10 – 9　除污器

图 10 – 10　疏水器

第二节　散热器、膨胀水箱、集气装置

一、散热器

散热器是安装在采暖房间内的散热设备，热水或蒸汽在散热器内流过，它们所携带的热量便通过散热器以对流、辐射的方式不断地传给室内空气，达到供暖的目的。

对散热器要求：

1)热工方面

热工性能要好，即传热系数 K 值高。提高散热器的散热量，增大散热器的传热系数的方法，可以采用增加外壁散热面积(在外壁上加肋片)，提高散热器周围空气流动速度和增加散热器向外辐射强度等。

2)经济方面

散热器传给房间的单位热量所需金属耗量越少，成本越低，其经济性越好。

3)安装使用和制造工艺方面

散热器应具有一定机械强度和承压能力；散热器的结构形式应便于组合成所需要的散热面积，结构尺寸要小，少占房间空间；散热器的生产工艺应满足大批量生产的要求。

4)卫生和美观方面

散热器外表光滑，不积灰和易于清扫，散热器的装设不应影响房间观感。

5)使用寿命方面

不易被腐蚀和不易破损，使用年限长。

散热器一般布置在房间外窗下，这样散热器表面散出的热气流容重小而自行向上升，能阻止或减弱从外窗下降的冷气流，使流经工作地带的空气比较暖和。但双层门外室和门斗中不宜设置散热器，以防散热器冻裂。

散热器的安装方式有明装和暗装两种。明装是指散热器裸露在室内，暗装则有半暗装(散热器的一半宽度置于墙槽内)、全暗装(散热器宽度方向完全置于墙槽内，加罩后与墙面平齐）。

1. 散热器类型

1）铸铁散热器

铸铁散热器是由铸铁浇铸而成，结构简单，具有耐腐蚀、使用寿命长、热稳定性好等特点，因而被广泛应用。工程中常用的铸铁散热器有翼形和柱形两种。

（1）翼形散热器。

翼形散热器又分为圆翼形和长翼形，长翼型散热器如图 10 - 11 所示，它的表面上有许多竖向肋片，外壳内为一扁盒状空间。有高 600 mm、长 280 mm、紧身肋片 14 片和高 600 mm、长 200 mm、竖向肋片 10 片两种，习惯上称前者为大 60，后者为小 60。长翼型散热器制造工艺简单，耐腐蚀，外形较美观，但承压能力较低，多用于民用建筑中。

圆翼形热散热器如图 10 - 12 所示，是一根管外面带有许多圆肋片的铸件。管子内的规格有 D50 和 D75 两种，所带肋片分别为 24 片和 47 片，管长为 1 m，两端有法兰可以串联相接。圆翼型散热器单节散热面积较大，承压能力较高，造价低，但外形不美观。常用于对美观要求不高的公共建筑和灰尘较少的工业厂房中。

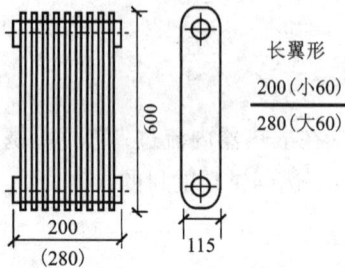

图 10 - 11　长翼形散热器

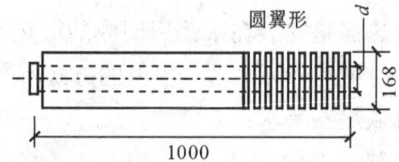

图 10 - 12　圆翼形散热器

（2）柱形散热器。

柱形散热器是呈柱状的单片散热器，每片各有几个中空的立柱相互连通，常用的有五柱、四柱和二柱 M - 132 三种，如图 10 - 13 所示。

柱型散热器同翼型散热器相比，传热系数大、外形美观、表面光滑、易于清洗，但制造工艺复杂。常用于住宅和公共建筑。

2）钢制散热器

钢制散热器耐压强度高、外形美观整洁、占地较少且便于布置，但易受到腐蚀、使用寿命较短，不适宜用于蒸汽采暖系统

图 10 - 13　柱形散热器

和潮湿及有腐蚀性气体的场所，主要有闭式钢串片、板式、柱形及光面排管四大类。

（1）闭式钢串片散热器。

闭式钢串片散热器由钢管、肋片、联箱、放气阀和管接头组成，如图 10 - 14 所示。钢串

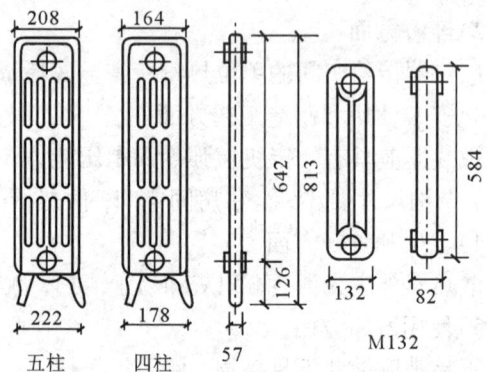

178

片为厚度为 0.5 mm 的薄钢片，串在钢管上。串片两端折边 90°，形成许多封闭的垂直空气通道，形成烟囱效应，增加对流放热能力。

闭式钢串片散热器体积小、重量轻、承压高、占地小，但是其阻力大，不易清除灰法，钢片易松动。

(2)钢制板式散热器。

由面板、背板、对流片、水管接头及支架等部件组成，如图 10－15 所示。

板式散热器外形美观，散热效果好，节省材料，占地面积小，但承压较低。

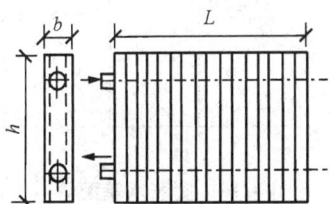

图 10－14　闭式钢串片散热器

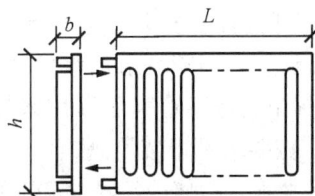

图 10－15　钢制板式散热器

3)散热器的选择原则

(1)散热器的工作压力，应满足系统的工作压力，并符合国家现行有关产品标准的规定。

(2)民用建筑宜选用外形美观，易于清扫的散热器。

(3)放散粉尘或防尘要求较高的工业建筑，宜采用易于清扫的(散热器。

(4)具有腐蚀性气体的工业建筑或相对湿度较大的房间，宜采用耐腐蚀的散热器。

(5)采用钢制散热器时，应采用闭式系统，并满足产品对水质的要求，在非采暖季节应充水保养；蒸汽采暖系统不应采用钢制柱型、板型和扁管散热器。

(6)采用铝制散热器时，应采用内防腐型铝制散热器，并满足产品对水质的要求。

(7)安装热量表和恒温阀的热水采暖系统，不宜采用水流通道内含有黏砂的散热器。

4)散热器的布置要求

(1)散热器宜安装在外墙窗台下，当安装有困难时(如玻璃幕墙、落地窗等)，也可安装在内墙，但不能影响散热。

(2)在双层外门的外室以及门斗中不应设置散热器以防冻裂。

(3)公用建筑楼梯间或有回马廊的大厅散热器应尽量分配在底层，住宅楼梯间可不设置散热器。

二、膨胀水箱

在热水供暖系统里，热媒被加热后，体积膨胀，为容纳这部分膨胀水量，原则上系统都要设计膨胀水箱；当系统温度降低，热媒体积收缩，或者系统水量漏失时，又需要膨胀水箱将水补给系统。在机械循环系统中，膨胀水箱还起着重要的定压作用，设置在系统最高点，并且其膨胀管连接在水泵吸入口附近的回水干管上。

膨胀水箱的配管如图 10－16 所示。

(1)膨胀管。在机械循环系统中，与系统回水干管相连接，是热水膨胀进入膨胀水箱和从膨胀水箱补水的管道，按要求膨胀管上不得装设阀门。

（2）循环管。是为防止膨胀水箱冻结而设置的。它的作用是与膨胀管相配合，使膨胀水箱中的水在两管内产生微弱的循环，防止膨胀水箱冻结。在系统中一般把它连接在膨胀管连接点前 3.0 m 左右处，按要求循环管上不得装设阀门。

（3）信号管。通常是引到锅炉房洗涤盆等容易观察及操作的地方，末端装有阀门，可以随时打开检查系统中的充水情况。

（4）溢流管。当膨胀水箱水量过多时，通过溢流管排出，溢流管也可以用来排除系统中的空气，按要求不得装设阀门。

（5）泄水管。检修或清洗水箱时使用，通常设在水箱最下部，按要求应装设阀门。

膨胀水箱一般由钢板焊接而成，有圆形和矩形两种。膨胀水箱应设在统一供暖系统

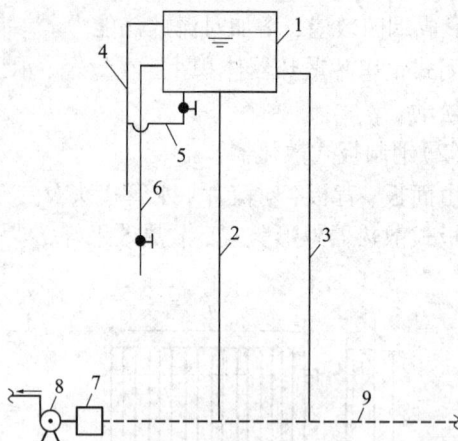

图 10-16　膨胀水箱配管

1—补水管；2—膨胀管；3—循环管；
4—溢流管；5—排污管；6—信号管；
7—水池；8—水泵；9—回水管

中最高建筑物的顶部，通常放在闷顶内，并作好防腐及保温防护；要将膨胀水箱置于承重墙或楼板梁上。另外，直接利用城市热网或区域供暖管网的工程，各系统可不另设膨胀水箱；小区锅炉房已有膨胀水箱的外网，单体建筑也不必另设膨胀水箱。

三、集气装置

自然循环热水供暖系统主要利用开式膨胀水箱排气，机械循环系统还需要在局部最高点设置排气装置。常用的排气装置有手动集气罐、自动排气阀、手动放气阀等。

1. 手动集气罐

手动集气罐可用走私为 100~250 mm 的钢管而成，如图 10-17 所示。根据安装形式分为立式和卧式两种，一般应设在系统的末端最高处。

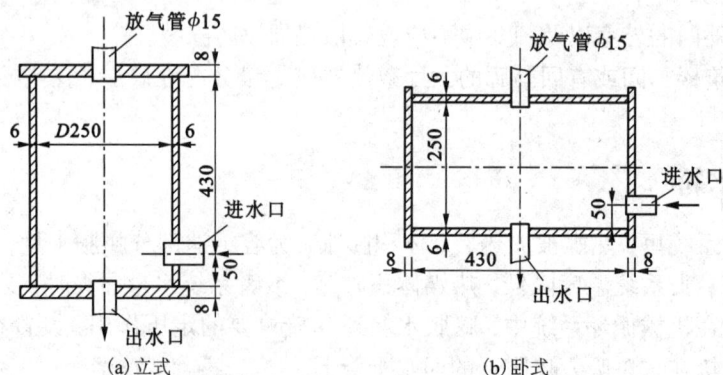

（a）立式　　　　　　　　　（b）卧式

图 10-17　集气罐

集气罐安装在干管的最高点，水中的气泡随水流一同进入罐内。在系统运行时，流入罐

内的热水流速降低，水中的气泡便可浮出水面，集聚在上部空间，定期打开阀门放气。采用集气罐排气应注意及时定期排出空气；否则，当罐体内空气过多时会被水流带走。

2. 自动排气阀

自动排气阀是靠阀体内的启闭机构自动排除空气的装置。它安装方便、体积小巧，且避免了人工操作管理的麻烦，在热水采暖系统中被广泛采用。

目前国内生产的自动排气阀，大多采用削球启闭机构。排气阀前应装一个截止阀，此阀常年开启，只有排气阀失灵，需检修时，才临时关闭，如图 10 - 18 所示。

3. 手动放气阀

手动放气阀又称手动跑风门，在热水供暖系统中安装在散热器的上端，定期打开手轮，排出散热器内的空气。

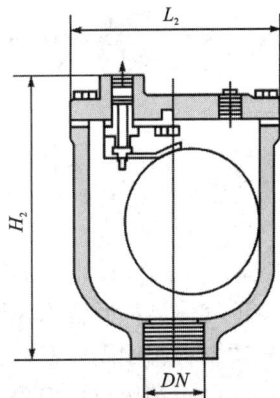

图 10 - 18　自动排气阀

第十一章　建筑燃气供应工程

第一节　燃气分类

各种气体燃料通常称为燃气。燃气是由可燃成分和不可燃成分组成的混合气体。

气体燃料相比固体燃料，具有更高的热能利用率、燃烧温度高、清洁卫生、输送方便和对环境污染小等优点。但也应当注意，当燃气和空气混合到一定比例时，遇到明火会发生燃烧或爆炸，燃气还具有强烈的毒性，容易引起中毒事故。因此，在施工和设计中，必须充分考虑燃气安全问题，防止燃气泄漏引起的失火和人身中毒事故。

城市燃气质量应符合如下标准：除发热值、杂质含量、含氧量及一氧化碳含量要达到要求外，城市燃气还应具有可以察觉的臭味，无臭味的燃气应加臭。

1. 天然气

天然气是指在地下多孔地质构造中自然形成的烃类气体和蒸汽的混合气体，有时也含有一些杂质，常与石油伴生。天然气又可根据来源分为四类：从气田开采的气田气、随石油一起喷出的油田伴生气、含有石油轻质馏分的凝析气田气以及从井下煤层抽出的矿井气。

天然气主要成分为甲烷，它比空气轻，无毒无味，但是极易与空气混合形成爆炸性混合物。当空气含有5%~15%的天然气泄漏量时，遇明火就会发生爆炸，供气部门在燃气中加入少量加臭剂（如四氢噻吩、乙硫醇等），泄漏量只要达到1%，用户就会闻到臭味，以避免发生中毒或爆炸等事故。

2. 人工煤气

人工煤气是指由固体燃料或液体燃料加工所产生的可燃气体。人工煤气的主要成分一般为甲烷、氢和一氧化碳。根据制气和加工方式不同，可生产多种类型的人工煤气，主要有干馏煤气、气化煤气、油煤气和高炉煤气等。

（1）干馏煤气。固体燃料在干馏炉中进行干馏时所获得的煤气称为干馏煤气，是我国目前城市煤气的重要气源之一。

（2）氧化煤气。氧化煤气是以煤或焦炭为原料，在煤气发生炉中进行氧化所获得的煤气。根据鼓入炉氧化剂的不同，可分为空气煤气、水煤气、混合发生炉煤气、蒸汽煤气和高压氧化煤气等。高压氧化煤气可作为城市煤气的气源，其他发生煤气因热值低、毒性大，不能单独作为城市气源，可以和干馏煤气、油制气掺混作为城市煤气的调度气源或用于工业加热。

（3）油煤气。油煤气是以炼油厂的重油为原料，以裂解后制取的可燃气体。它可作为城市煤气的基本气源。

（4）高炉煤气。高炉煤气是冶金石的副产气，主要作为焦炉的加热煤气，以取代焦炉煤气供应城市。

3. 液化石油气

液化石油气是石油开采和炼制过程中，作为副产品而获得的一部分碳氢化合物。液化石油气主要组分为丙烷、丙烯、正（异）丁烷、正（异）丁烯、反（顺）丁烯等石油系轻烃类，在常温常压下呈气态，但加压或冷却后很容易液化，便于储存和运输。

4. 沼气

沼气是各种有机物在隔绝空气的条件下受发酵微生物作用而生成的气体。沼气的主要可燃组分为甲烷。

第二节　燃气管道系统

城市燃气的供应目前有两种方式：一种是瓶装供应，它用于液化石油气，且距气源地不远、运输方便的城市；另一种是管道输送，它可以输送液化石油气，也可以输送人工煤气和天然气。这里主要介绍民用建筑室内燃气的管道系统。

一、室内燃气管道

室内燃气管道系统主要由用户引入管、干管、立管、用户支管、燃气计量表、用具连接管和燃气用具组成，如图 11 - 1 所示。

1. 引入管

用户引入管与城市或庭院低压分配管道连接，在分支管处设阀门。输送湿燃气的引入管一般由地下引入室内，当采取防冻措施时也可以由地上引入。输送湿燃气的引入管应有不小于 0.01 的坡度，坡向室外管道。在非采暖地区输送干燃气，且管径不大于 75 mm 时，可由地上引入室内。

引入管应直接引入用气房间（如厨房）内，不得敷设在卧室、浴室、厕所、易燃与易爆物仓库、有腐蚀性介质的房间、变配电间、电缆沟及烟（风）道内。

住宅燃气引入管宜设在厨房、外走廊、与厨房相连的阳台等便于检修的非居住房间内，当确有困难时，可从楼梯间引入，但高层建筑除外，并应采用金属管道且引入管上阀门，宜设在室外。

当引入管穿越房屋基础或管沟时，应预留孔洞，并加套管，间隙用油麻、沥青或环氧树脂堵塞。管顶间隙应不小于建筑物最大沉降量，具体做法如图 11 - 2 所示。当引入管沿外墙翻墙引入时，其室外部分应采取适当的防腐、保温和保护措施，具体做法如图 11 - 3 所示。

当建筑物设计沉降量大于 50 mm 时，对引入管可采取补偿措施：加大穿墙处的预留孔洞

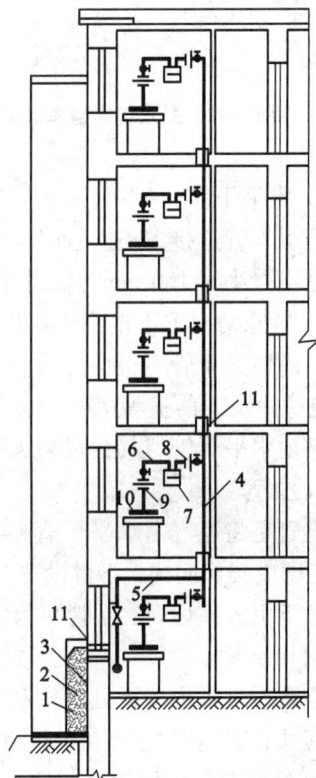

图 11 - 1　室内燃气管道系统

1—用户引入管；2—砖台；3—保温层；

4—立管；5—水平干管；6—用户支管；

7—燃气计量表；8—旋塞及活接头；

9—用具连接管；10—燃气用具；11—套管

尺寸；穿墙前水平或垂直弯曲 2 次以上，设置金属柔性管或波纹补偿器。

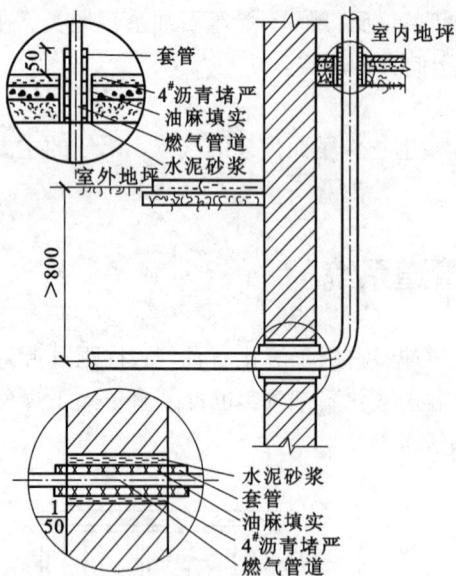

图 11-2 引入管穿越基础或外墙

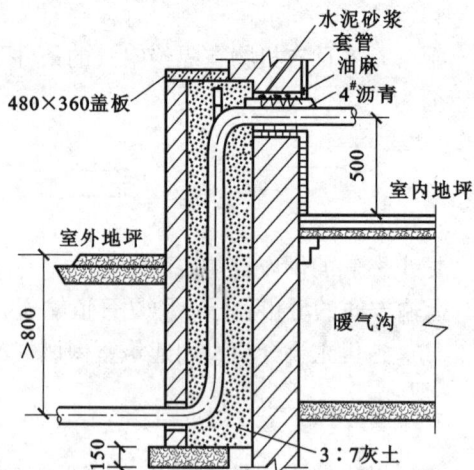

图 11-3 引入管沿外墙翻墙引入

2. 水平干管

当引入管连接多根立管时，应设水平干管。室内水平干管的安装高度不得低于 1.8 m，距顶棚不得小于 150 mm。输送干燃气管道可不设坡度，湿燃气的管道其敷设坡度应不小于 0.002，特殊情况下不得小于 0.0015。

室内燃气干管不得穿过易燃易爆仓库、变电室、卧室、浴室、厕所、空调机房、防烟楼梯间、电梯间及其前室等房间，也不得穿越烟道、风道及垃圾道等处；必须穿过时，要设于套管内。室内水平干管严禁穿过防火墙。

3. 立管

立管是将燃气由水平干管（或引入管）分送到各层的管道。立管宜明装，一般敷设在厨房、走廊或楼梯间内，不得设置在卧室、浴室、厕所、电梯井、排烟道及垃圾道内；当燃气立管由地下引入室内时，立管在第一层处设阀门，阀门一般设在室内，对重要用户应在室外另设阀门。

立管通过各层楼板处应设套管，套管高出地面至少 50 mm，底部与楼板平齐，套管内不得有接头；室内燃气管道穿过陌生墙或楼板时应加设钢套管，套管的内径应比管道外径大 25 mm。空墙套管的两边应与墙的饰面平齐，管内不得有接头。套管与管道之间的间隙应用沥青和油麻堵塞。

燃气立管支架间距，当管道 $DN \leqslant 25$ mm 时，每层中间高一个；$DN > 25$ mm 进，按需要设置。

由立管引向各单独用户计量表及燃气用具的管道为用户支管。室内燃气应明装，敷设于过道的管段不得装设阀门和活接头；支管穿墙时也应有套管保护。

用户支管在厨房内的高度不低于 1.7 m，敷设坡度应不小于 0.002，并由燃气计量表处分

184

别坡向立管和燃气用具。

4. 器具连接管

连接支管和燃气用具的垂直管段称为器具连接管，用具连接管可采用钢管连接，也可采用软管连接，采用软管连接时应符合下列要求：

（1）软管的长度不得超过 2 m，且中间不得有接口；

（2）软管宜采用耐油架强橡胶管或塑料管，其耐压能力就大于 4 倍工作压力；

（3）软管两端连接处应采用压紧帽或管卡夹紧以防脱落；

（4）软管不得穿墙、门、和窗。

二、室内燃气管道布置和敷设要求

室内燃气管道一般宜明装。当建筑物或工艺有特殊要求时，也可以采用暗装，但必须敷设在有入孔的闷顶或有活盖的墙槽内，以便安装和检修，暗装部分不宜有接头。

室内燃气管道不应敷设在潮湿或有腐蚀性介质的房间内。当必须穿过该房间时，则应采取防腐措施。

当室内燃气管道需要穿过卧室、浴室或地下室时，必须设置在套管中。

室内燃气管道敷设在可能冻结的地方时，应采取防冻措施。

用气设备与燃气管道可采用硬管连接或软管连接。当采取软管时，其长度不应超过 2 m；当使用液化石油气时，应选用耐油软管。

室内燃气管道力求设在厨房内，穿过过道，厅（闭合间）的管段不宜设置阀门和活接头。

进入建筑物内的燃气管道可采用镀锌钢管或普通焊接钢管。连接方式可以用法兰，也可以焊接或用螺纹连接，一般管径小于或等于 50 mm 的管道均用螺纹连接。如果室内管道采用普通焊接钢管，安装前应先除锈，刷一道防腐漆，并在安装后再刷两道银粉或灰色防锈漆。

三、燃气管道系统管材及附属设备

1. 管材

低压燃气管道宜采用热镀锌钢管或焊接钢管螺纹连接；中压管道宜采用无缝钢管焊接连接；住宅及公共建筑室内明装燃气管道宜采用热镀锌钢管螺纹连接；燃气引入管、地下室和地上密闭房间内的管道、管道竖井和吊顶内的管道、锅炉房和直燃机房内的管道及室内中压燃气管道宜采用无缝钢管焊接连接；用户暗埋室内的低压燃气支管可采用不锈钢管或铜管，暗埋部分不应设接头，明露部分可用卡套、螺纹连接；燃具前低压燃气管道可采用橡胶管或家用燃气软管，连接可用压紧螺帽或管卡的方法；凡有阀门等附件处可采用法兰或螺纹连接，法兰宜采用平焊法兰，法兰垫片宜采用耐油石棉校胶垫片，螺纹管件宜采用可锻铸铁件，螺纹密封填料采用聚四氟乙带或尼龙绳等。

民用建筑和快建筑室内燃气管道供气压力不得超过 0.15 MPa，可根据工作压力和使用场所，管道的管壁应符合设计要求。

2. 附属设备

为保证煤气管网的安全运行和检修的需要，需在管道的适当位置设置阀门、补偿器、排水器和放散管等附属设备，在地下管网安装附属设备时，还要修建闸井。

1）阀门安装

阀门用来启闭管道通路和调节管内煤气的流量。常用的阀门有闸阀、旋塞阀、截止阀、球阀和蝶阀等。当室内燃气管道 $DN \leqslant 65$ mm 时采用旋塞阀，当 $DN > 65$ mm 时采用闸阀；室外燃气管道一般采用闸阀；截止阀和球阀主要用于天然气管道。

室内燃气管道应在引入管处、立管的起点处、从这室内燃气干管或立管接至各用户的分支管上（可与表前阀门合设 1 个）、每个用气设备前、点火棒和测压计前及放散管起点处设置阀门。

2）补偿器

补偿器用于调节管段的伸缩量。有波形补偿器和橡胶－卡普隆补偿器。补偿器用常用于架空管道和需要进行蒸汽吹扫的管道上。在埋地燃气管道上，多采用钢制波形补偿器，橡胶－卡普隆补偿器多用于通过山区、坑道和多地震地区的中、低压管道上。

3）排水器

排水器用于排除燃气管道中的凝结水和天然气管道中的轻质油。根据燃气管道中压力的不同，分为不能自喷的低压排水器和能自喷的高、中压排水器。

4）放散管

放散管主要用于排放燃气管道中的空气或燃气。在管道投入运行时利用放散管排除管道内空气，防止管内形成爆炸性的混合气体；在管道或设备检修时，利用放散管排除管内的燃气。

放散管一般安装在闸井阀门前；住宅和公共建筑的立管上端和最远燃具前水平管末端应设 $DN > 15$ mm 的放散用堵头。

四、室内燃气管道安装施工

1. 引入管安装

（1）室内燃气管道的安装顺序一般是先安装引入管，后安装立管、水平管、支管等。当水平管道遇障碍物，直管不能通过时，可采取煨弯或使用管件绕过障碍物。当两层楼的墙面不在同一平面上时，应采用"来回弯"的形式敷设。

（2）燃气引入管不得敷设在卧室、浴室、地下室内；严禁敷设在易燃或易爆品的仓库、有腐蚀介质的房间、配电间、变电室、电缆沟、烟道和进风道等部位。引入管应设在厨房或走廊等便于维修的非居住房间内，当确有困难时可从楼梯间引入，此时引入管阀门宜设在室外。进入密闭室时，密闭室必须进行改造。

（3）当燃气引入管穿过建筑物基础、墙或管沟时，均应加设套管，并应考虑沉降的影响，必要时采取补偿措施，套管穿墙孔洞应与建筑物沉降量相适应，套管尺寸可按表 11 - 1 选用，套管与管道间的缝隙用沥青油麻堵严，热沥青封口。

表 11 - 1　穿墙套管尺寸　　　　　　　　　　　　　　　单位：mm

燃气管公称直径	15	20	25	32	40	50	70
套管公称直径	32	40	50	50	70	80	100

（4）燃气引入管应采用壁厚大于 3.5 mm 的无缝钢管，最小公称直径不得小于 40 mm，引入管坡度不得小于 0.002，坡向干管。

2. 干管安装

（1）建、构筑物内部的燃气管道应明设，燃气管道敷设高度（以地面到管道底部）应符合下列要求：

1）在有人行走的地方，敷设高度不应小于 2.2 m；

2）在有车通行的地方，敷设高度不应小于 4.5 m，可暗设，但必须便于安装和检修。

（2）当室内燃气管道穿过楼板、楼梯平台、墙壁和隔墙时，必须加设套管，套管内不得有接头，穿墙套管的长度与墙的两侧平齐，穿楼板套管上部应高出楼板 30~50 mm，下部与楼板平齐。穿墙套管尺寸如表 11-1 所示。

（3）室内燃气管道不得穿过易燃或易爆品仓库、配电间、变电室、电缆沟、烟道、进风道等地方。

（4）室内燃气管道不应敷设在潮湿或有腐蚀性介质的房间内。当必须敷设时，必须采取防腐蚀措施。

（5）燃气管道严禁引入卧室。当燃气水平管道穿过卧室、浴室或地下室时，必须采用焊接的方式，并必须设置在套管中。燃气管道立管不得敷设在卧室、浴室或厕所中。

（6）燃气管道敷设高度（以地面到管道底部）应符合下列要求：

①在有人行走的地方，敷设高度不应小于 2.2 m；

②在有车通行的地方，敷设高度不应小于 4.5 m。

（7）燃气管道必须考虑在工作环境温度下的极限变形，当自然补偿不能满足要求时，应设补偿器，但不宜采用填料式补偿器。

（8）室内燃气管道和电气设备、相邻管道之间的净距不应小于有关规定。

（9）地下室、半地下室、设备层敷设燃气管道时应符合下列条件：

①净高不应小于 2.2 m；

②应有良好的通风设施，地下室和地下设备层内有机械通风和事故排风设施；

③应设有固定的照明设备；

④当燃气管道与其他管道一起敷设时，应敷设在其他管道的外侧；

⑤燃气管道应采用焊接或法兰连接；

⑥应用非燃烧体的实体墙与电话间、变电室、修理间和储藏室隔开；

⑦地下室内燃气管道末端应设放散管，并应引出地上，放散管的出口位置应保证吹扫放散时的安全和卫生要求。

（10）25 层以上建筑宜设燃气泄漏集中监视装置和压力控制装置，并适宜设有检修值班室。

3. 立管安装

（1）核对各层预留孔洞位置是否垂直，将预制好的管道按编号顺序运到安装地点。

（2）安装前，先卸下阀门盖，有钢套管的先穿到管上，按编号从第一节开始安装。涂铅油缠麻将立管对准接口转动入扣，拧到松紧适度，对准调直标记要求，丝扣外露 2~3 扣，预留口平正为止，并清净麻头。

（3）检查立管的每个预留口标高、方向等是否准确、平整。将事先载好的管卡子松开，把管放入卡内拧紧螺栓，用吊杆、线坠从第一节开始找好垂直度，扶正钢套管，最后配合土建填堵好孔洞，预留口必须加好临时丝堵。立管阀门安装的朝向应便于操作和修理。

（4）燃气立管一般敷设在厨房内或楼梯间。当室内立管管径不大于 50 mm 时，一般每隔一层楼装设一个活接头，位置距地面不小于 1.2 m。遇有阀门时，必须装设活接头，活接头的位置应设在阀门后边。管径大于 50 mm 的管道上可不设活接头。

当建筑物位于防雷区外时，放散管的引线应接地，接地电阻应小于 10 Ω。

（5）高层建筑的燃气立管应有承重支撑和消除燃气附加压力的措施。

4. 支管安装

（1）检查燃气表安装位置及立管预留口是否准确。量出支管尺寸和灯叉弯的大小，管道与墙面的净距为 30～50 mm，水平管应保持 0.1%～0.3% 的坡度，坡向燃具。

（2）安装支管，按量出支管的尺寸，然后断管、套丝、煨灯叉弯和调直。将灯叉弯或短管两头缠聚四氟乙烯胶带，装好油任，接燃气表。横向燃气管与给水管道上、下平行敷设时，燃气管必须在给水管上面。

（3）用钢尺、水平尺、线坠校对支管坡度和平行距离尺寸，并复查立管及燃气表有无移动，合格后用支管替换下燃气表。按设计或规范规定压力进行系统试压及吹洗，吹洗合格后在交工前拆下连接管，安装燃气表。合格后办理验收手续。

暗装燃气管道方法如下：

①可设在墙上的管槽或管道井中，暗设的燃气水平管，可设在吊顶内和管沟中；

②管槽应设活动门和通风孔，暗设燃气管道的管沟应设活动盖板，并填充干沙；

③工业和实验室用的燃气管道可敷设在混凝土地面中，其燃气管道的引用和引出处应设套管，套管应高出地面 50～100 mm，套管两端采用柔性的防水材料密封，管道应有防腐绝缘层；

④可与空气、惰性气体、上水、热力管道等一起敷设在管道井、管沟或设备层中，此时燃气管道应采用焊接连接；

⑤当敷设燃气管道的管沟与其他管沟相交时，管沟之间应密封，燃气管道应敷设在钢套管中；

⑥敷设燃气管道的设备层和管道井应通风良好，每层的管道井应设在楼板耐火极限相同的防火隔断层，并应有进出方便的检修门；

⑦燃气管道应涂以黄色的防腐识别漆。

五、室内燃气管道强度严密性试验与吹扫

1. 强度严密性试验

耐压试验范围为进气管总阀至每个接灶管转心门之间的管段。试验介质宜采用压缩空气或氮气。燃气表不进行强度试验，装表处应用短管将管道暂时连通。进行严密性试验时，在上述范围内增加燃气表及所有灶具设备。

1）住宅内燃气管道

（1）强度试验压力为 0.1 MPa，用肥皂液涂抹所有接头至不漏气为合格。

（2）严密性试验：未接燃气表前用 7 kPa 压力进行观察，10 min 压降不超过 0.2 kPa 为合格；接通燃气表后用 3 kPa 压力进行观察，5 min 压降不超过 0.2 kPa 为合格。

2）公共建筑内燃气管道

（1）强度压力试验：低压燃气管道压力为 0.1 MPa，中压燃气管道压力为 0.15 MPa，用肥皂液涂抹所有接头至不漏气为合格。

（2）严密性试验：低压燃气管道试验压力为 7 kPa，观察 10 min，压降不超过 0.2 kPa 为合格；中压燃气管道试验压力为 0.1 MPa，稳压 3 h，观察 1 h，压降不超过 1.5% 为合格。接通燃气表后用 3 kPa 压力，观察 5 min 压降不超过 0.2 kPa 为合格。

2. 管道吹扫

严密性试验进行完毕后，应对室内燃气管道系统进行吹扫。宜采用压缩空气或氮气吹扫，吹扫时可将系统末端用户燃烧器的喷嘴作为放散口，反复数次，直到吹净为止，并办理验收手续。

第三节　燃气用具与用气安全

一、燃气用具

1. 燃气表

燃气表是计量燃气用量的仪表，如图 11-4 所示。为了适应燃气本身的性质和城市用气量波动的特点，燃气表应具有耐腐蚀、不易受燃气中杂质影响、量程宽和精度高等特点。当使用人工煤气和天然气时，安装隔膜表的工作环境应高于 0℃；当使用液化石油气时，应高于其露点 5℃ 以上。

图 11-4　燃气表

燃气表种类繁多。在居住与公共建筑内，最常用的是一种膜式燃气表，可计量人工燃气、天然气和液化石油气。为便于收费和管理，配有智能卡的燃气表已得到广泛应用。

使用管道燃气的用户均应设置燃气表。居住建筑应一户一表，使用小型燃气表，一般把表和用气设备一起布置在厨房内。

燃气计量表适宜安装在下列位置：

（1）非燃烧结构的室内通风良好的地方。

（2）公共建筑和工业企业生产用气的计量装置宜设置在单独的房间内。

（3）燃气表的安装应满足抄表、检修、保养和安全使用的要求，当燃气表安装在燃气灶具的上方时，燃气表与燃气灶的水平净距不应小于 0.3 m。

燃气计量表严禁安装在下列场所：

（1）卧室、浴室、卫生间及更衣室内。

（2）有电源、电器开关及其他电气设备的管道井内，或有可能滞留泄漏燃气的隐蔽场所。

（3）环境温度高于 45℃ 的地方。

（4）经常潮湿的地方。

（5）堆放易燃、易腐蚀或有放射性物质等危险的地方。

(6)有变(配)电等电气设备的地方。

(7)有明显振动影响的地方。

(8)高层建筑中避难层及安全疏散楼梯间内。

2. 燃气灶

厨房燃气灶的形式很多,有单眼、双眼、多眼灶等。最常见的是双眼灶,由炉体、工作面和燃烧器三个部分组成,如图11-5所示。其灶面采用不锈钢材料,燃烧器为铸铁件。

图11-5 燃气灶

燃气灶具在安装时,其侧面及背面应离可燃物(墙壁面等)20 cm以上,达不到时,应进行防火隔热防护;与墙面净距不得小于10 cm;若上方有悬挂物时,炉面与悬挂物之间的距离应保持在100 cm以上。

放置燃气灶的灶台应采用不燃烧材料,当采用难燃材料时,应加防火隔热板。

3. 燃气热水器

为了洗浴方便,越来越多的家庭配置了燃气热水器。燃气热水器可分为直流式快速热水器和容积式热水器两种,目前采用最多的是直流式快速热水器。直流式快速热水器是冷水流经带有翼片的蛇形管被热烟气加热,得到所需要的热水温度的水加热器。直流式快速热水器能快速、连续地供应热水,热效率比容积式热水器要高5%~10%。

绝对禁止把燃气热水器安装在浴室内使用,可将其安装在厨房或其他房间内,该房间应具有良好的通风,房间容积不得小于12 m³,房高不低于2.6 m,安装时热水器应距地面1.2~1.5 m。图11-6所示为燃气热水器安装示意图。

除以上介绍的几种常用燃气设备外,还有供应开水和温开水的燃气开水炉、不需要电的吸收式制冷设备——燃气冰箱以及燃气空调机等,这里不再一一介绍。

目前常用的通风排气方式有机械通风和自然通风两种。机械通风方式是在使用燃气用具的房间安装诸如抽油烟机、排风扇等设备来通风换气;自然排气方式指各式各样的排气筒。

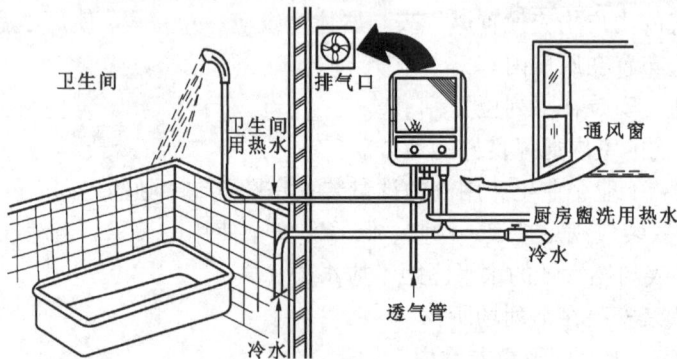

图11-6 燃气热水器安装示意图

二、用气安全

燃气燃烧后所排出的废气成分中含有浓度不同的一氧化碳,当空气中的一氧化碳容积浓度超过 0.16% 时，人呼吸 20 min 会在 2 h 内死亡。因此，设有燃气用具的房间，都应有良好的通风设施。

为保证人身和财产安全，使用燃气时应注意以下几点：

（1）管道燃气用户应在室内安装燃气泄漏报警切断装置。

（2）使用燃气应有人看管。

（3）如果发现燃气泄漏，应进行如下处理：

①切断气源。

②杜绝火种。严禁在室内开启各种电器设备，如开灯、打电话等。

③通风换气。应该及时打开门窗，切忌开启排气扇，以免引燃室内混合气体，造成爆炸。

④不能迅速脱下化纤服装，以免由于静电产生火花引起爆炸。

⑤如果发现邻居家有燃气泄漏，不允许按门铃，应敲门告知。

⑥到室外拨打当地燃气抢修报警电话或 119。

（4）用户在临睡、外出前和使用后，一定要认真检查，保证灶前阀和炉具开关关闭完好，以防燃气泄漏，造成伤亡事故。

（5）不准在燃气灶附近堆放易燃或易爆物品。

（6）燃气灶前软管的安装和使用应注意：

①灶前软管的安装长度不能大于 2 m。

②灶前软管不能穿墙使用。

③对于天然气和液化石油气一定要使用耐油的橡胶软管。

④要经常检查软管是否已经老化，连接接头是否紧密。

⑤要定期更换该灶前软管。

（7）燃气设施的标志性颜色是黄色。城市中的黄色管道和设施一般都是城市燃气设施。

（8）户内燃气管不能当接地线使用。这是因为燃气具有易燃、易爆的特性。凡是存在有一定浓度燃气的场所，遇到由静电产生的火花，能点燃燃气，有引起火灾或爆炸的可能。由于户内燃气管对地电阻较大，若把户内燃气管作为家用电器的接地线使用时，一旦家电漏电或感应电传到燃气管上，使户内的燃气管对地产生一定的电位差，可能引起对临近金属放电，产生火花，点燃或引爆燃气，造成安全事故，因而户内燃气管道不能当接地线用。

第十二章 建筑供暖工程施工图

第一节 供暖施工图的组成

供暖施工图由设计说明、平面图、系统图、详图和设备材料表组成，简单工程可不编制设备材料表，其基本内容如下所述。

1. 设计说明

设计图纸上用图或符号表达不清楚的问题，或用文字能更简单明了表达清楚的问题，用文字加以说明，构成设计说明。主要内容有：

（1）建筑物的供暖面积；

（2）供暖系统的热源种类、热媒参数、系统总负荷；

（3）系统形式，进出口压力差（即供暖所需压力）；

（4）各个房间设计温度；

（5）散热器型号及安装方式；

（6）管材种类及连接方式；

（7）管道防腐、保温的做法；

（8）所采用标准图号及名称；

（9）施工注意事项，施工验收应达到的质量要求，系统的试压要求；

（10）图例列表。

一般中小型工程的设计说明可以直接写在图纸上，当工程较大、内容较多时另附专页编写，放在一份纸的首页。施工人员看图时，应首先看设计说明，然后再看图，在看图的过程中，针对图上的问题再看设计说明。

2. 平面图

供暖平面图是供暖施工图的主要部分。采用的比例与建筑图相同，常用 1∶100、1∶200。在供暖平面图中，供暖管道用粗实线，回水管道用粗虚线表示，其余均用细实线表示。

平面图要求表达出房屋内部各个房间的分布和过道、门窗、楼梯位置等情况以及供暖系统在水平方向的布置情况。它把供暖系统的干管、立管、支管和散热器以及其他附属设备等在水平方向的连接和布置都表达出来。但要注意，这种平面布置图，房屋尺寸应严格按照比例绘制，但对于管道和散热器的位置，不能精确表达，因为管线之间、管线与设备之间靠得很近，精确表达反而无法识别，此时往往会采用一些示意的画法表达清楚。具体的定位，将由安装大样图表达并按图施工；对一些普通性要求，则在施工说明中作出规定。除图形外，还需标注尺寸，对于房屋建筑，要标注定位轴线的距离、外墙总长度、地面和楼板标高等。

对于管道系统要标注各管段管径，在立管的附近标注立管的编号，在散热器旁标出散热器的片数或长度。管道和散热器的尺寸，通常在安装大样图中说明，平面图就不再另注。除此之外，还要在各个房间标注房间热负荷的值。

3. 系统图

系统图又称轴测图，是按正面斜轴测图的方式绘制的。表示供暖系统中管道、附件及散热器的空间位置及空间走向；管道之间的连接方式；散热器与管道的连接方式；立管编号；各管道的管径和坡度；散热器的片数；供、回水干管的标高；膨胀水箱、集气罐（或自动排气阀）、疏水器、减压阀等设备位置和标高等。系统图上各立管的编号应与平面图上一一对应，散热器的片数也应与平面图完全对应。

4. 详图

当某些设备的构造或管道之间的连接情况在平面图和系统图上表达不清楚，也无法用文字说明时，可以将这些部位局部放大比例，画出详图，详图包括标准详图和节点详图。

第二节　供暖施工图的识读方法

一、建筑采暖施工图图示要求

1. 一般规定

1）线型

供暖、供热、供汽干管、立管用单根粗实线绘制；供暖回水、凝结水管用单根粗虚线绘制；散热器及连接支管用中粗实线绘制；建筑物部分均用细实线绘制。

2）比例

供暖平面图、系统图的常用比例为 1:50、1:100；供暖详图的常用比例为 1:1、1:2、1:5、1:10、1:20。

3）图例

供暖设备及配件均采用国标规定的图例表示，如表 12-1~表 12-3 所示。

4）标高与坡度

管道应标注管中心标高，一般注在管段的始端或末端；散热器宜标注底标高，同一层、同标高的散热器只标右端的一组。

管道的坡度用单面箭头表示，数字表示管道铺设坡度，箭头表示坡向的下方。

5）管道的转向、连接、交叉的表示

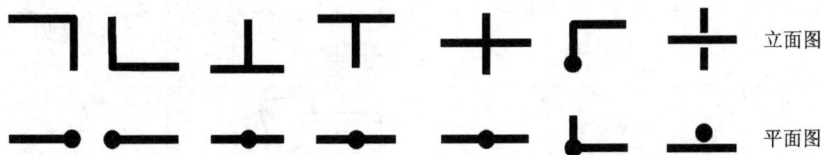

立面图

平面图

表 12-1 采暖图例——管道与附件

序号	名称	图例	说明	序号	名称	图例	说明
1	管道	 ———	用于一张图为只有一种管道	6	套管伸缩器	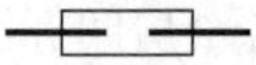	
		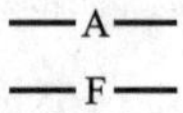 —A—	用汉语拼音字母表示管道类别	7	波形伸缩器		
		—F—		8	弧形伸缩器		
		– – –	用图例表示管道类别	9	球形伸缩器		
2	采暖 供水(气)管 回(凝结)水管	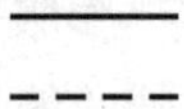 – · – · –		10	流向		
3	保暖管		可用说明代替	11	丝堵		
4	软管			12	滑动支架		
5	方形伸缩器			13	固定支架		左图：单管 右图：多管

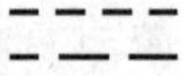

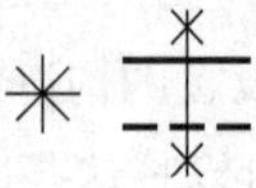

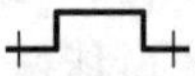

表 12-2 采暖图例——阀门

序号	名称	图例	说明	序号	名称	图例	说明
1	截止阀	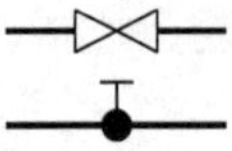		10	疏水器		
2	闸阀			11	散热器三通阀		
3	止回阀			12	球阀		
4	安全阀			13	电磁阀		
5	减压阀		左侧：底压 右侧：高压	14	角阀		
6	膨胀阀			15	三通阀		
7	散热器放风门	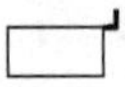		16	四通阀	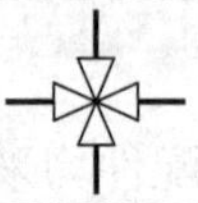	
8	手动排气阀			17	节流孔板	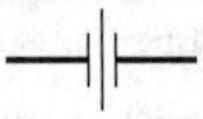	
9	自动排气阀			18	蝶阀	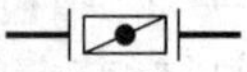	本书主编增补

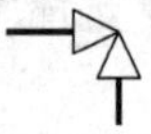

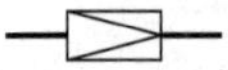

表 12-3 采暖图例——采暖设备

序号	名称	图例	说明
1	散热器	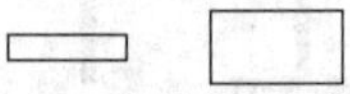	左图：平面 右图：立面
2	集气罐	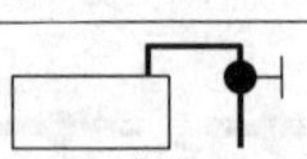	

序号	名称	图例	说明
3	管道器		
4	过滤器		
5	除污器		上图：平面 下图：立面
6	暖风机		

6）中断表示

管道在本图中断,转至其他图上或管道由其他图引来时的表示方法。

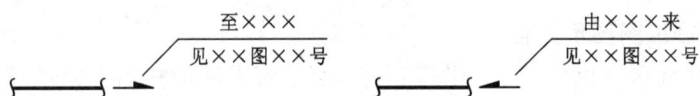

6）中断表示:

7）管径标注法

管径应标注公称直径，如 $DN15$ 等；一般标注在管道变径处，水平管道注在管道线上方，斜管道注在管道斜上方，竖直管道注在管道左侧，当管道无法按上述位置标注时，可用引出线引出标注。

8）供暖立管与供暖入口编号

供暖立管的编号：Ln：L——供暖立管代号，n——立管编号（阿拉伯数字）。

供暖入口编号：Rn：R——供暖入口代号，n——立管编号（阿拉伯数字）。

9）散热器的规格及数量的标注（图 12 –1）

柱式散热器只标注数量，如 14；

圆翼形散热器应注根数、排数，如 2×2；

光管散热器应注管径、长度和排数，如 $D76×3000×3$；

串片式散热器应注长度和排数，如 1.0×2。

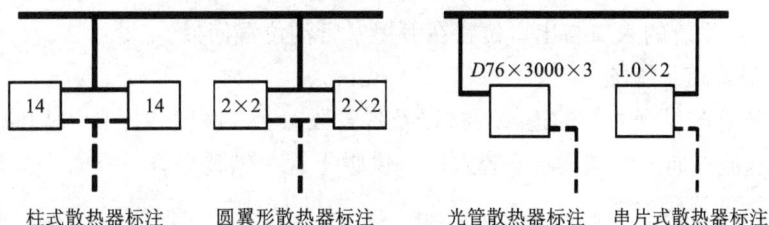

柱式散热器标注　　圆翼形散热器标注　　光管散热器标注　　串片式散热器标注

图 12 –1　散热器标注方法

在平面图中，散热器的规格和数量应标注在散热器所靠窗户外侧附近；而在管道系统图中，应标注在散热器图例内或上方。

2. 建筑供暖施工图图示方法

对多层建筑，原则上应分层绘制，若楼层平面散热器布置相同，可绘制一个楼层供暖平面图(即标准层供暖平面图)，以表明散热器和供暖立管的平面布置，但底层和顶层供暖平面图应单独绘制。

在供暖平面图中，管线与墙身的距离不反映管道与墙身的实际距离，仅表示管道沿墙的走向，即使是明装管道也可绘制在墙身内，但应在施工说明中注明。

供热、回水管道不论管径大小，均用单线条表示。供热管用粗实线绘制，回水管用粗虚线绘制。管径用公称直径 DN 表示，供暖平面图主要表达供热干管、供暖立管、回水管道和散热器在室内的平面布置。

供暖系统图是运用正面斜等轴测投影原理，将房屋的长度、宽度方向作为 X、Y 方向，楼层高度作为 Z 方向，三个轴向伸缩系数均为1。

供热干管、立管用单根粗实线表示，回水干管用单根粗虚线表示。管道上的各种附件均用图例绘制。

3. 建筑供暖施工图图示内容

供暖平面图主要表达供热干管、供暖立管、回水管道和散热器在室内的平面布置。基本内容包括：

(1)建筑平面图(含定位轴线)，与供暖设备无关的细部省略不画；

(2)供暖管道系统的干管、立管、支管的平面位置，立管编号和管道安装方式；

(3)散热器的位置、规格、数量及安装方式；

(4)供暖干管上的阀门、固定支架等其他设备的平面位置；

(5)管道及设备安装的预留洞、管沟等。

4. 建筑供暖施工图阅读方法

供暖平面图和供暖管道系统图是建筑供暖施工图中最基本图样，两者必须互为对照和相互补充，进而将室内散热器和管道系统组合成完整的工程体系，明确各种散热器及其附属设备的具体位置和供暖管路在空间的布置情况。

1)粗读各层供暖平面图

首先要搞清楚两个问题：

(1)各层供暖平面图中，哪些房间有散热器和管道？供暖管道上附属设备有哪些？其位置在何处？

(2)供暖管道系统的入口与出口位置在哪里？管沟位置何处？

2)阅读供暖管道系统图

弄清楚散热器与供暖立管的连接形式以及各管段管径、坡度和标高，从供暖管道系统入口处开始，按水流方向依次阅读：系统入口→供暖干管→供暖立管→支管→散热器。弄清散热器与供暖立管的连接形式。

二、室内供暖施工图实例

图 12 - 2 所示为某综合楼供暖一层平面图，图 12 - 3 所示为供暖为二层平面图，图 12 - 4 所示为供暖系统图。

1．设计说明

（1）本工程采和低温水供暖，供回水温度为 95℃ ~70℃；

（2）系统采用上供下回单管顺流式；

（3）管道采用焊接钢管，DN32 以下为丝扣连接，DN32 以上为焊接；

（4）散热器选用铸铁四柱 813 型，每组散热器设手动放气阀；

（5）集气罐采和《采暖通风国家标准图集》N103 中 I 型卧式集气阀；

（6）明装管道和散热器等设备，附件及支架等刷红丹防锈漆两遍，银粉两遍；

（7）室内地沟断面尺寸为 500 mm×500 mm，地沟内管道刷防锈漆两遍，50 mm 厚岩棉保温，外缠玻璃纤维布；

（8）图中未注明管径的立管均为 DN20，支管为 DN15；

（9）其余未说明部分，按施工及验收规范有关规定进行。

2．平面图

识读平面图的主要目的是了解管道、设备及附件的平面位置和规格、数量等。

在一层平面图（图 12 - 2）中，热水管道入口设在靠近⑥轴右侧位置，供、回水干管管径均为 DN50。供水干管引入室内后，在地沟内敷设，地沟断面尺寸为 500 mm×500 mm。主立管设在靠近⑦轴处。回水干管分成两个分支环路，右侧分支连接 L1 ~ L7 共 7 根立管，左侧分支连接 L8 ~ L15 共 8 根立管。回水干管在过门和厕所内局部做地沟。

在二层平面图（图 12 - 3）中，从供水主闭立管 D 轴和⑦交界处分为左、右两个分支环路，分别向各立管供水，末端干管分别设置卧式集气罐，型号详见说明，放气管管径为 DN15，引至二层水池。

建筑物内各房间散热器均设置在外墙窗下。一层走廊、楼梯间因有外门、散热器设在靠近外门内墙处；二层设在外窗下。散热器为铸铁四柱 813 型（见设计说明），各组片数标注在散热器旁。

3．系统图

阅读供暖系统图时，一般从热水入口处起，先弄清干管的走向，再逐一看各立、支管。

参照图 12 - 4，系统热力入口供、回水干管均为 DN50，并设同规格阀门，标高为 -0.900 m。引入室内后，供水干管标高为 -0.300 m，有 0.003 上升的坡度，经主立管引到二层后，分为两个分支，分流后设阀门。两分支环路起点标高均为 6.500 m，坡度为 0.003，供水干管末端为最高点，分别设卧式集气罐，通过 DN15 放气管引至二层水池，出口处设阀门。

各立管采用单管顺流式，上下端设阀门。图口未标注的立、支管管径详见设计说明（立管为 DN20，支管为 DN15）。

回水干管分为两个分支，在地面以上明装，起点标高为 0.100 m，有 0.003 沿水流方向向下降的坡度。设在局部地沟内的管道，末端为最低点，并设泄水丝堵。两分支环路汇合前设阀门，汇合后进入地沟，回水排至室外。

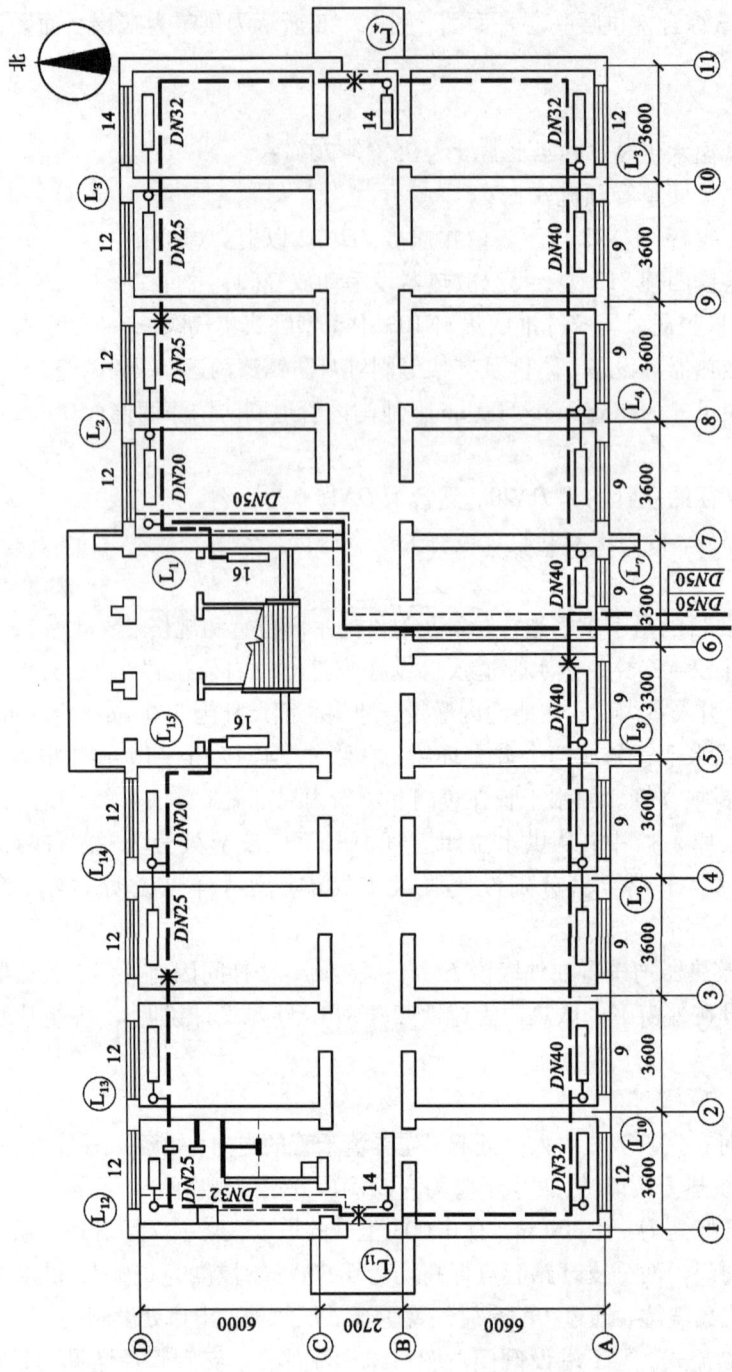

图12-2 供暖一层平面图

198

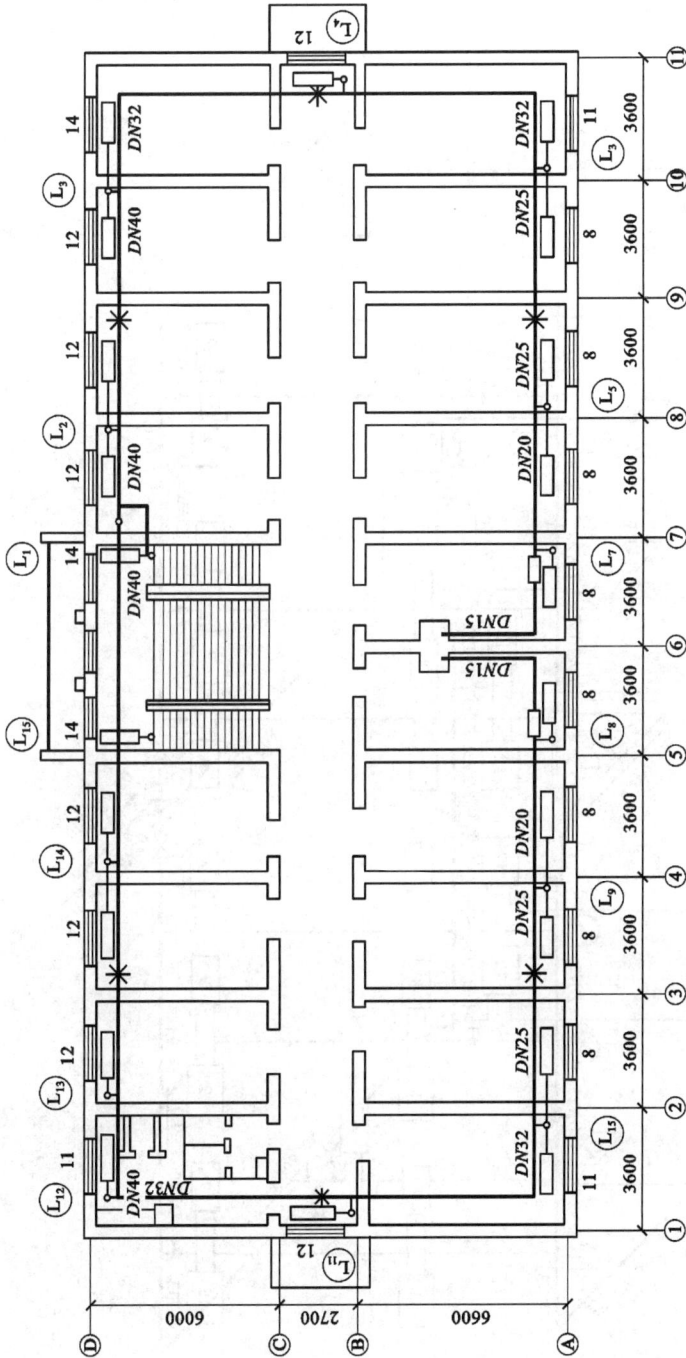

图12-3 供暖二层平面图

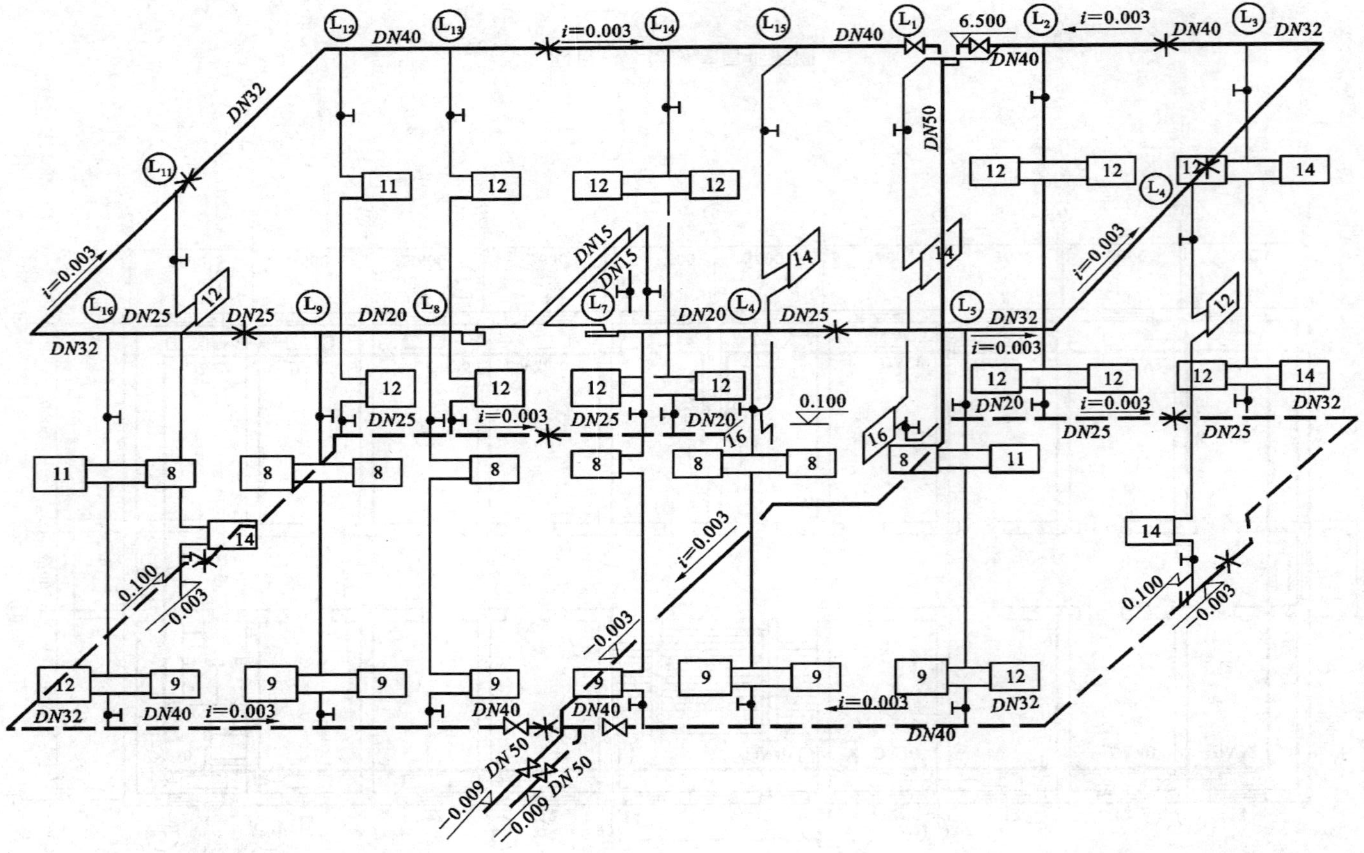

图12-4 供暖系统图

第十三章　建筑供暖工程安装施工工艺

一、室内采暖管道的布置要求

室内采暖系统所用材料及设备的规格、型号应符合设计要求。

热力入口的位置及采暖系统的形式确定后，即可在建筑平面图上布置散热器和供、回水干管、立管和连接散热器支管等，并绘出室内采暖管系统图。布置采暖管网时，管路沿墙、梁、柱平行敷设，力求管道最短，安装、维修方便，不影响室内美观。

室内采暖管路敷设方式可分为明装和暗装两种。除了在对美观装饰方面有较高要求的房间内采用暗装外，一般均采用明装，有利于散热器和管路的安装检修，常用于一般民用建筑、公共建筑以及工业厂房等。

1. 干管的布置

供水干管水平布置要有正确的坡度、坡向，应在采暖管道的高点设放气装置、低点设泄水装置；回水干管或凝水干管一般敷设在地下室顶析板之下或底层地面以下的地沟内。在下供式采暖系统中，供热干管、回水干管、凝水干管均敷设在建筑地下室顶板之下或管沟内，地沟应设有活动盖板或检修入孔，沟底应有 0.001 ~ 0.002 的坡度，并在最低点设积水井。

回水干管也可敷设在地面上，若明装敷设在房间地面上的回水干管或凝结水管道过门时，需设置过门地沟或门上绕行管道，便于排气和泄水。热水采暖系统可按如图 13 – 1 所示的方法进行处理，此时应注意安装坡度以便于排气。蒸汽采暖系统，凝水干管在门下已形成水封，使空气不能顺利通过，须设置空气绕行管，如图 13 – 2 所示。

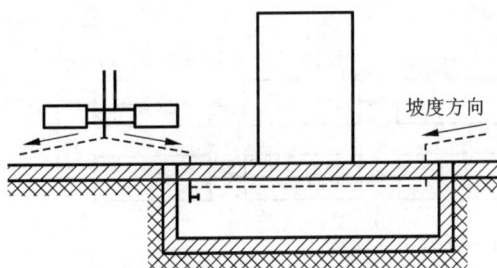

图 13 – 1　热水干管过门

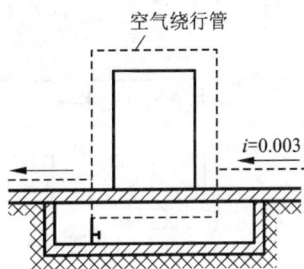

图 13 – 2　蒸汽干管过门

2. 立管的布置

立管可布置在房间的窗间墙或房间的墙角处，对于两面外墙的房间，由于两面外墙的交接处温度最低，极易结露冻结，因此在房屋的外墙转角处应布置立管。楼梯间中的采暖管路和散热器冻结的可能性较大，因此楼梯间的立管应尽量单独设置。

暗装立管可敷设在墙体预留的沟槽内，也可敷设在管道竖井内。在多层建筑物中，沟槽、管井应每层用隔板隔开，每层还应设检修门供检修之用。

3. 支管的布置

支管的布置与散热器的位置及进水口和出水口的位置有关。支管与散热器的连接方式有3种，如图13-3所示。进水口、出水口可以布置在同侧，也可以布置在异侧。连接散热器的支管应有坡度以利于排气，坡度一般为1%。进水、回水支管均沿流向顺坡。

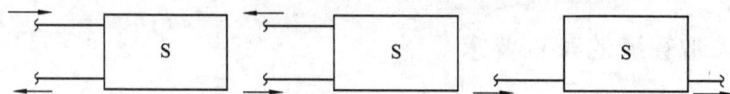

图13-3　散热器支管连接方式

二、室内采暖管道的安装

1. 作业条件

1）室内

（1）干管安装：位于地沟内的干管，一般情况下，在已砌筑完成和清理好的地沟、未盖沟盖板前进行安装、试压和隐蔽；位于顶层的干管，在结构封顶后安装；位于楼板上的干管，须在楼板安装后，方可安装；位于天棚内的干管，应在封闭前安装、试压和隐蔽。

（2）立管安装：一般应在抹灰后和散热器安装完后进行，如需在抹地面前安装，要求土建的地面标高线必须准确。

（3）支管安装：必须在抹完墙面和散热器安装完后进行。

2）室外

（1）安装直埋管道，必须在沟底找平夯实，沿管线铺设位置无杂物，沟宽及沟底标高尺寸复核无误。

（2）安装架空的干管，应先搭好脚手架，稳装好管道支架后进行。

室内采暖管道的安装工艺流程（图13-4）：

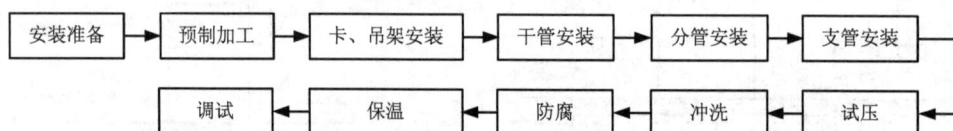

图13-4　室内采暖管道的安装工艺流程

一般按总管及其入口→干管→立管→支管的施工顺序进行。工艺流程：安装准备→管道预制加工→支架安装→干管安装→立管安装→支管安装→试压→冲洗→防腐→保温→调试。

2. 室内采暖管道安装的技术要求

（1）采暖管道采用低压液体输送钢管（不镀锌焊接钢管，或称黑铁管），$DN \leqslant 32$ mm 的管道（支管），宜采用螺纹连接并选用不镀锌螺纹管件；$DN > 32$ mm 的管道，宜采用焊接连接。所有管道接口，不得置于墙体内或楼板内。管道穿越基础、墙和楼板时应配合土建施工预留孔洞。

202

（2）管道和散热器等设备安装前，必须认真清除内部杂物，安装中断或完毕后，管道敞口处应适当封闭，防止进入杂物堵塞管道。

（3）水平管道的坡度，如设计无要求时，应按下列要求执行：热水采暖及汽水同向的蒸汽和凝结水管，坡度一般为0.003，得不得小于0.002；汽水逆向的蒸汽管道，坡度不得小于0.005。

（4）管道穿越内墙及穿越楼板时应加套管。穿内墙的套管，两端应与墙壁饰面平齐，管道穿越楼板时应加装钢套管，其底面也楼板平齐，顶端高出楼层地面20 mm（卫生间内应高出30 mm），套管比管大1~2号，其间隙应均匀堵塞柔性材料。

（5）管道从门窗或其他洞口、梁柱、墙垛等处绕过，转角处如高于或低于管道水平走向，在其最高点和最低点应分别安装排气或泄水装置。

（6）明装钢管成排安装时，直线部分应互相平行，曲线部分曲率半径应相等。

（7）安装管道 $DN \leq 32$ 的不保温采暖双立管，两管中心距应为80 mm，允许偏差5 mm。热水或者蒸汽立管应该置于面向的右侧，回水立管置于左侧。

（8）管道支架附近的焊口，要求焊口距支架净距大于50 mm，最好位于两个支座间距的1/5位置上。

2. 室内采暖管道的安装

室内采暖干管的安装程序、安装方法和安装要求根据工程的施工条件、劳动力、材料、设备和机具的准备情况确定。同样的工程，施工条件不同，安装程序、方法和要求也不同。有的工程在土建施工时，安排墙上支架和穿墙套管同时进行；有的工程在土建工程完成后单独安排采暖工程。

1）干管的安装

干管安装程序一般是：栽支架→管道就位→对口连接→管道找坡并固定在支架上。

干管安装一般按下述步骤进行：

（1）按照图纸要求，在建筑物实体上定出管道的走向、位置和标高，确定支架位置。

（2）栽支架。根据确定好的支架位置，把已经预制好的支架栽到墙上或焊在预埋的铁件上。

（3）管道预制加工。在建筑物墙体上，依据施工图纸，按照测线方法，绘制各管段的加工图，划分出加工管段，分段下料，编好序号，打好坡口以备组对。

（4）管道就位。把预制好的管段对号入座，摆放到栽好的支架上。根据管段的长度不同，重量也不同，适当地选用滑轮、绞磨、卷扬机或者手动链式葫芦等各种机具吊装。注意摆在支架上的管道要采取临时固定措施，以免掉下来。

（5）管道连接。在支架上，把管段对好口，按要求焊接或者丝接，连成系统。

（6）找坡。按设计图纸的要求，将干管找好坡度。如栽支架时已考虑找坡问题，当干管连成系统之后，要再检查校对坡度，合格后把干管固定在支架上。

干管的安装应符合下列要求：

（1）横向干管的坡向和坡度，要符合设计图纸的要求和施工验收规范的规定，要便于管道泄水和排气。

（2）干管的弯曲部位，有焊口的部位不要接支管。设计上要求接支管时，也要按规范要求躲开焊口规定的距离。

（3）当热媒温度超过100℃时，管道穿越易燃和可燃性墙壁，必须按照防火规范的规定加设防火层。一般管道与易燃和可燃建筑物的净距离需保持100 mm。

（4）采暖干管中心与墙、柱距离应符合规定。

2）立管的安装

立管安装程序：检查各层楼板预留管洞的位置和尺寸→立管就位（自下而上逐层安装）→立管用管卡固定。

立管安装要符合下列要求：

（1）管道外表面与墙壁抹灰面的距离规定为：当 $DN \leqslant 32$ 时为 $25 \sim 35$ mm；$DN > 32$ 时为 $30 \sim 50$ mm。

（2）立管上接支管的三通位置，必须能满足支管的坡度要求。

（3）立管卡子安装。层高不超过4 m的房间，每层安装一个立管卡子，距地面高度为 $1.5 \sim 1.8$ m。立管卡子的安装方法如同栽支架。

（4）立管与支管垂直交叉时，立管应该设半圆形让弯（也叫抱弯）绕过支管。

（5）主立管用管卡或托架安装在墙壁上，其间距为 $3 \sim 4$ m。主立管的下端要支撑在坚固的支架上。管卡和支架不能妨碍主立管的胀缩。

3）散热器支管的安装

散热器支管应在散热器安装并经稳固、校正合格后进行。散热器支管安装的基本技术要求是：

（1）散热器支管的安装必须具有良好坡度，支管全长小于或等于500 mm，坡度为5 mm；大于500 mm，坡度为10 mm。当一根立管接往两根支管，任其一根超过500 mm，其坡度均为10 mm。

（2）供水（汽）管、回水支管与散热器的连接均应可拆卸连接。

（3）采暖支管与散热器连接时，对半暗装散热器应用直管段连接，对明装和全暗装散热器，应用煨制或弯头配制的弯管连接。用弯管连接时，来回弯管中心距散热器边缘尺寸不宜超过150 mm。

三、散热器的安装

散热器的安装，一般应在供暖系统安装一开始就进行，主要包括散热器的组对、单组水压试验、安装、跑风门安装、支管安装和刷漆等。

1. 散热器的组对

铸铁散热器为单片供货，必须按设计片数组对工序连接成散热器组后，方可投入安装，散热器的组对材料有对丝、气泡垫、丝堵和补芯。

散热片通过钥匙用对丝组合而成；散热器与管道连接处通过补心连接；散热器不与管道连接的端部，用散热丝堵堵住。落地安装的柱型散热器，散热器应由中片和足片组对，14片以下两端装带足片；$15 \sim 24$ 片装3个带足片，中间的足片应置于散热器正中间。

散热器组对的连接零件叫对丝，使用的工具叫汽包钥匙。柱形、辐射对流散热片组对时，用短钥匙；长翼形散热片组对时，用长钥匙。组对时应在木制组对架上进行。

2. 散热器单组水压试验

组对加固好的散热器，轻轻搬至集中地点，准备试压。试压时，用工作压力的 1.5 倍试压，试压不合格的须重新组对或修整，直至合格。

3. 散热器的安装

散热器的安装应在土建内墙抹灰以及地面施工完成后进行，安装前应按图纸提供在墙上画线、打眼，并把做过防腐处理的托钩安装固定。同一房间内散热器的高度要一致，挂好散热器后，再安装与散热器连接的支管。

四、供暖系统试压

采暖系统安装完毕（包括散热器安装），管道保温之前应进行水压试验，以检查管路的机械强度与严密性。水压试验，可以分段进行，也可以对整个系统试压。

1. 试验压力

采暖系统的试验压力应符合设计要求。当设计未注明时，应符合下列规定：

（1）系统工作压力≤0.07 MPa 的蒸汽采暖系统，应以系统顶点工作压力的 2 倍进行水压试验，同时系统在顶点不得小于 0.25 MPa。

（2）热水采暖系统或工作压力超过 0.07 MPa 的蒸汽采暖系统，应以系统顶点工作压力加 0.1 MPa 进行水压试验，同时系统在顶点不得小于 0.3 MPa。

（3）采暖系统进行水压试验时，其系统低点压力若大于散热器所能承受的最大压力，则应分层进行水压试验。

2. 试验前准备

试验前应在试压系统的最高点设排气阀，在系统最低点装设手压泵或电泵。打开系统中全部阀门，但须关闭与室外系统相连的阀门。对水采暖系统水压试验，应在隔断锅炉和膨胀水箱的条件下进行。

3. 试压过程

（1）注水排气：试压时，先通过自来水管向试压系统由下向上注水，待系统最高点处的排气阀出水后，暂停注水。过数分钟后，若排气阀处水位下降再进行注水排气。反复数次，直至系统空气排尽。

（2）回压检漏：当加压到试验压力的一半时，暂停加压，对系统管道进行检查，无异常情况，再继续回压，并继续检查。当压力升至试验压力后，停止加压，稳压 10 min，若管道系统正常，且 5 min 内压力降不大于 0.02 MPa，则系统强度试验合格。然后将压力降至工作压力，进行系统的严密性试验，各接口不渗、不漏则合格。检查过程中若有小的渗漏，先做好标记，待放水泄压后修好，再重新试压，直至合格。

五、采暖系统试运转和调试

采暖系统安装完毕后，应在采暖期内与热源进行联合试运转和调试。联合试运转和调试结果应符合设计要求，采暖房间温度相对于设计计算温度不得低于2℃，且不高于1℃。

复习思考题

1. 供暖系统是如何进行分类的？
2. 供暖系统由哪几部分组成？

3. 机械循环热水供暖系统主要形式有哪些？各有何特点？

4. 蒸汽供暖系统的主要形式有哪些？各有何特点？

5. 供暖系统常用管材有哪些？各适用于什么情况？

6. 膨胀水箱的作用是什么？配管有哪些？作用是什么？

7. 排气装置有几种？有何作用？

8. 散热器是如何进行分类的？各有何特点？

9. 燃气分为哪几类？

10. 燃气系统由哪几部分组成？

11. 供暖系统管道安装有何要求？

12. 供暖系统施工图由哪几部分组成？

模块三　建筑通风与空气调节工程

第十四章 建筑通风

第一节 通风系统概述

一、通风系统的作用和任务

通风是为改善生产和生活条件，采用自然或机械的方法，对某一空间进行换气，以形成安全、卫生等适宜空气环境的技术。换句话说，通风是利用室外空气(称新鲜空气或新风)来置换建筑物内的空气(称室内空气)以改善室内空气品质。通风的主要功能有：提供人呼吸所需要的氧气；稀释室内污染物或气味；排除室内生产过程中产生的污染物；除去室内多余的热量(称余热)或湿量(称余湿)；提供室内燃烧设备燃烧所需要的空气。建筑中的通风系统，可能只能完成其中的一项或几项任务。其中利用通风除去室内余热与余湿的功能是有限的，它受室外空气状态的限制。

根据服务对象的不同，通风可以分为民用建筑通风与工业建筑通风。民用建筑通风是对民用建筑中人员活动所产生的污染物进行治理而进行的通风；工业建筑通风是对生产过程中的余热、余湿、粉尘和有害气体等进行控制和治理而进行的通风。

建筑通风的任务是把室内被污染的空气直接或经过净化后排至室外，把室外新鲜空气或经过净化的空气补充进来，以保持室内的空气环境满足卫生标准和生产工艺的要求。

二、通风系统的分类

通风系统主要有三种分类方法：

(1)按照通风系统处理房间空气方式不同，可分为送风和排风。送风是将室外新鲜空气送入房间，以改善空气质量；排风是将房间内被污染的空气(有害气体、粉尘、余热和余湿等)直接或经过有效处理后排出室内。

(2)按照通风动力的不同，通风系统可分为自然通风和机械通风两类。

自然通风不消耗机械动力，是一种经济的通风方式。机械通风是依靠风机造成的压力使空气流动的。

自然通风是依靠室外风力造成的风压和室内外空气温度差所造成的热压使空气流动，以达到交换室内外空气的目的(如图 14-1、14-2 所示)。自然通风可分为有组织自然通风和无组织自然通风两类。

(3)按照通风作用范围的不同，通风系统可分为全面通风和局部通风。

全面通风又称为稀释通风，它一方面用清洁空气稀释室内空气中的有害物浓度，另一方面不断把污染空气排至室外，使室内空气中有害物浓度不超过卫生标准规定的最高允许浓度。

局部通风系统分为局部进风和局部排风两大类，它们都是利用局部气流，使局部工作地点不受有害物的污染，营造良好的空气环境。

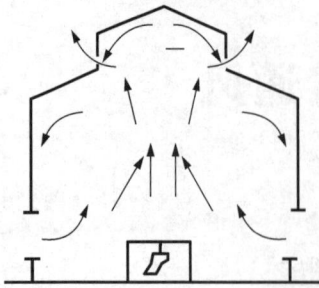

图 14 - 1　热压作用下的自然通风

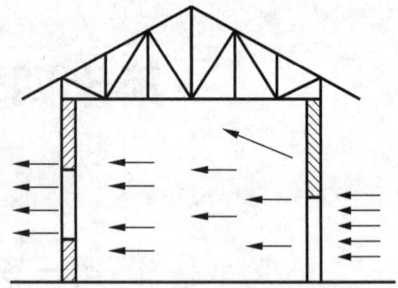

图 14 - 2　风压作用下的自然通风

图 14 - 3　全面机械通风系统

图 14 - 4　局部机械排风系统

210

三、机械送风系统的组成

机械通风是依靠风机提供的动力强制性地进行室内、外空气交换的通风方式。与自然通风相比，机械通风的作用范围大，可采用风道把新鲜空气送到需要的地点或把室内指定地点被污染的空气排到室外，其通风量和通风效果可人为地加以控制，不受自然条件的影响。

机械通风系统一般包括风管、风管部件、配件、风机及空气处理设备等。风管部件指各类风口、阀门、排气罩、消声器、检查测定孔、风帽、吊托支架等；风机配件指弯管、三通、四通、异径管、静压箱、倒流叶片、法兰及法兰连接件等。

机械通风系统需要消耗能量，结构也较复杂，初投资和运行费用较大。机械通风系统根据其作用范围的大小，可分为全面通风和局部通风两种类型（如图 14-3、14-4 所示）。

1. 全面通风

全面通风是对整个房间进行通风换气，用送入室内的新鲜空气把整个房间里的有害物浓度稀释到卫生标准的允许浓度以下，同时把室内被污染的污浊空气直接或经过净化处理后排放到室外大气中去。

全面通风包括全面送风和全面排风，两者可同时或单独使用。单独使用时需要与自然进、排风方式相结合。

图 14-5 所示为全面机械排风、自然进风系统的示意图。室内污浊空气在风机作用下通过排风口和排风管道排到室外，而室外新鲜空气在排风机抽吸造成的室内负压的作用下，通过外墙上的门、窗孔洞或缝隙进入室内。这种通风方式由于室内是负压，可以防止室内空气中的有害物向邻室扩散。

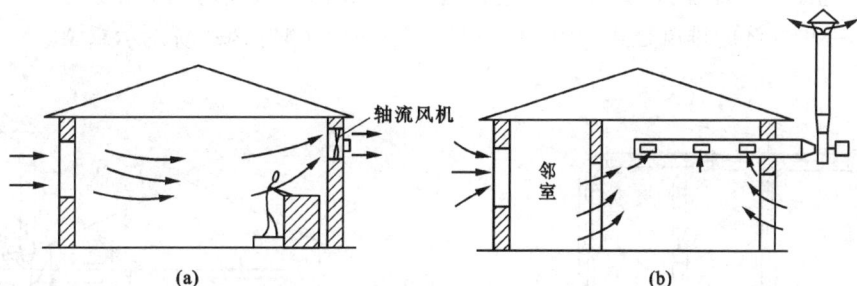

图 14-5　全面机械排风、自然进风示意图

图 14-6 所示为全面机械送风、自然排风系统的示意图。室外新鲜空气经过空气处理设备处理达到要求的送风状态后，用风机经送风管和送风口送入室内。这时，室内因不断地送入空气，压力升高，呈正压状态。使室内空气在正压作用下，通过外墙上的门、窗孔洞或缝隙排向室外。这种通风方式与室内卫生条件要求较高的房间相邻时不宜采用，以免室内空气中的有害物在正压作用下向邻室扩散。

图 14-7 所示为全面机械送、排风系统的示意图。室外新鲜空气在送风机作用下经过空气处理设备、送风管道和送风口送入室内，污染后的室内空气在排风机的作用下直接排至室外，或送往空气净化设备处理，达到允许的有害物浓度的排放标准后排入大气。

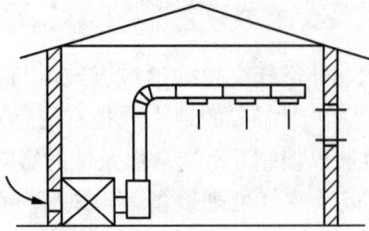

图 14 −6　全面机械送风、自然排风示意图

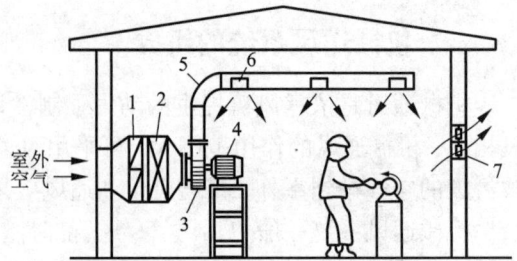

图 14 −7　全面机械送、排风示意图

1—空气过滤器；2—空气加热器；3—风机；4—电动机；

5—风管；6—送风口；7—轴流风机

2. 局部通风

局部通风系统包括局部送风和局部排风系统，两者都是利用局部气流，使局部的工作区域不受有害物的污染，以营造良好的局部工作环境。

（1）局部送风系统。

对于面积较大且工作人员很少的生产车间（如高温车间），采用全面通风的方法改善整个车间的空气环境既困难又不经济，而且往往也没有必要。这时，可采用局部送风的方法，向少数工作人员停留的地点送风，使局部工作区保持较好的空气环境即可，如图 14 −8 所示。

（2）局部排风系统。

局部排风是把有害物质在生产过程中的产生地点直接捕集起来、排放到室外的通风方法。这是防止有害物质向四周扩散的最有效的措施。与全面通风相比，局部排风除了能有效地防止有害物质污染环境和危害人们的身体健康外，还可以大大地减少排除有害物质所需的通风量，是一种经济的排风方式。图 14 −9 所示为一个局部排风系统的示意图。

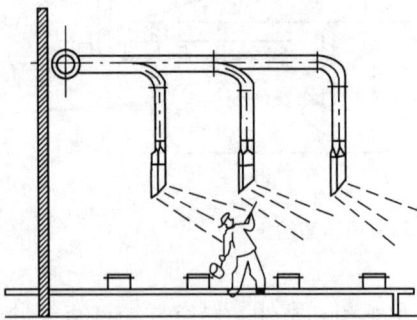

图 14 −8　局部送风系统示意图

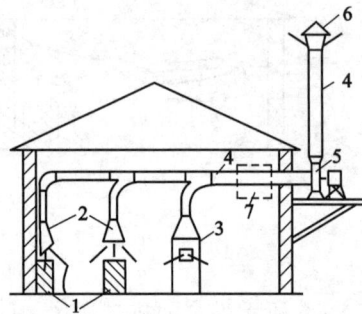

图 14 −9　局部排风系统示意图

局部排风用局部排风罩捕集有害物质。局部排风罩的形式很多，概括起来可分为密闭罩、外部吸气罩、接受式排风罩和吹吸式排风等类型。

第二节　通风系统管道、部件和主要设备

一、通风管道

通风管道是通风系统的重要组成部分,其作用是输送气体。根据制作所用的材料不同可分为风管和风道两种。

1. 通风管道的材料

在工程中采用较多的是风管(如图 14 - 10 所示)。风管是用板材制作的。风管的材料应根据输送气体的性质(如一般空气或腐蚀性气体等)来确定。常用的风管材料有:

(1)普通薄钢板,又称"黑铁皮",结构强度较高,具有良好的加工性能,价格便宜,但表面易生锈,使用时应进行防腐处理。用于一般通风系统和除尘系统。

(2)镀锌铁皮,又称"白铁皮",是在普通薄钢板表面镀锌而成,既具有耐腐蚀性能,又具有普通薄钢板的优点。主要用于潮湿环境的通风系统。

(3)不锈钢板,在普通碳素钢中加入铬、镍等惰性元素,经高温氧化形成一个紧密的氧化物保护层,这种钢就叫"不锈钢"。不锈钢板具有防腐、耐酸、强度高、韧性大、表面光洁等优点,但价格高。常用在化工等防腐要求较高的通风系统中。

(4)铝板,其塑性好、易加工、耐腐蚀,受摩擦时不产生火花。常用在有防爆要求的通风系统中。

(5)塑钢复合板,在普通薄钢板表面上喷一层厚度为 0.2～0.4 mm 的塑料层,使之既具有塑料的耐腐蚀性能,又具有钢板强度大的性能。常用在 -10～70℃ 温度下的耐腐蚀通风系统中。

镀锌风管　　　　圆形不锈钢四通　　　　塑料复合风管

玻璃钢风管　　　　塑料软管　　　　金属软管

梅花状微孔
内层外带胶
高密度超细玻璃纤维布
玻璃棉
防潮外套　1. PVC
2. PVC高密涂层布

图 14 - 10　风管

(6)玻璃钢板。玻璃钢是由玻璃纤维和合成树脂组成的一种新型材料。它具有质轻、强度高、耐腐蚀、耐火等特点,被广泛用在纺织、印染等含有腐蚀性气体以及含有大量水蒸气

的排风系统中。

在工程中有时还可以用砖、混凝土、矿渣石膏板等建筑材料制作风道。

2. 通风管道截面

通风管道截面形状有两种：一种是圆形截面风管，其特点是节省材料、强度较高，而且流动阻力小，但制作较困难。当风管中流速高、直径较小时采用圆风管。另一种是矩形截面风管或风道，其特点是美观、管路易与建筑结构相配合。当截面尺寸大时，为充分利用建筑空间常采用矩形截面风管或风道。

3. 通风管道的布置与敷设

（1）地面以下的通风管道采用暗装，地面以上的通风管道采用明装。工业厂房内风管沿墙、柱敷设在支架上。若管道离墙、柱太远，也可以用吊架吊在楼板或桁架下面。管道力求顺直，以减少局部阻力，同时力求简短，以减少摩擦阻力，并降低造价。

（2）管道根据介质的湿度情况可水平布置，也可按一定坡度布置。除尘管道应尽量避免水平敷设，一般与水平面夹角应大于45°，以防粉尘在风管内沉积，造成管路堵塞。

（3）为控制和调节的需要，须在管路分支处和设备处设置阀门。还应根据需要设置必要的测孔，其位置和数量应符合检测要求。

（4）地下通风管道应避免与工艺设备及建筑物的基础相冲突，与其他管道的距离应满足有关要求。

（5）在居住和公共建筑内，砖砌风道最好与建筑结构相配合，可砌筑在墙内，也可在墙外设置贴附风道，要注意解决因温度低而引起的结露和影响自然通风作用压力的问题。

二、通风系统的主要部件

1. 室内送、排风口

室内送风口的作用是将管道输送来的空气以适当的速度、数量和角度送到工作地区。

室内排风口的作用是将一定数量的污染空气，以一定的速度排出。

常用的送、排风口有：单层百叶风口、双层百叶风口及散流器等（如图14-11所示）。

百叶风口的结构如图14-12所示。百叶格的作用是：①使空气在整个风口断面上分布均匀；②调节空气流量和气流流出角度。单层百叶风口一般作为送、排风口，双层百叶风口多作为送风口。这两种风口均可安装在风管上或镶入墙中与墙中管道相接。

2. 室外进、排风装置

1）室外进风装置。

室外进风装置是送风系统的始端装置。它的作用是采集室外新鲜空气，以便经管道送入室内。

室外进风装置有设于外围护结构墙上的采气口和独立设置的进风塔两种，如图14-13所示。其中图14-13（a）所示为进风小室常用的采气口，其中百叶窗的作用是阻挡雨雪和杂物（如树枝、纸片等）进入，还可使空气在流通断面上分布均匀。保温阀用于调节进风量和冬季关闭进气口。图14-13（b）所示为进风塔，其进风口结构同墙上采气口相同，布置在空气比较新鲜、灰尘较少、远离室外排风口的地方。其底部应高出地面2 m以上，以保证采集干净的空气。

单层百叶风口　　　　　　双层百叶风口　　　　　　旋流风口

散流器　　不锈钢方形散流器　　宽面板散流器　　方形散流器(铝合金)

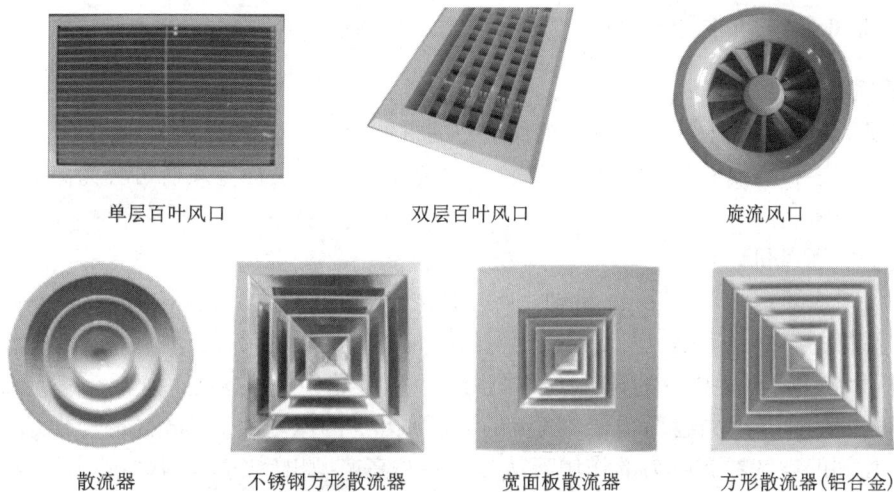

图 14-11　风口形式

2)室外排风装置。

室外排风装置是排风系统的末端装置。它的作用是将室内污染空气排到大气中去。

图 14-14 所示为设在民用建筑屋面上的排风装置。为防止雨雪倒灌,设有百叶格,如图 14-14(a)所示。为保证排风系统的排气效果,可设置排风帽,如图 14-14(b)所示。为防止排出的污浊空气污染周围的空气环境,排风装置应高出屋面 1 m 以上,并应高出和远离进风口。

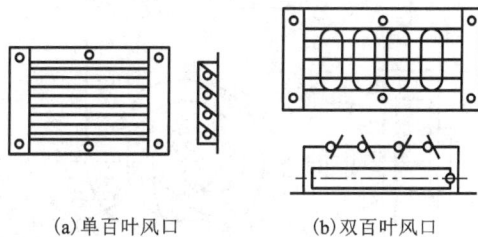

(a)单百叶风口　　　　　(b)双百叶风口

图 14-12　百叶风口

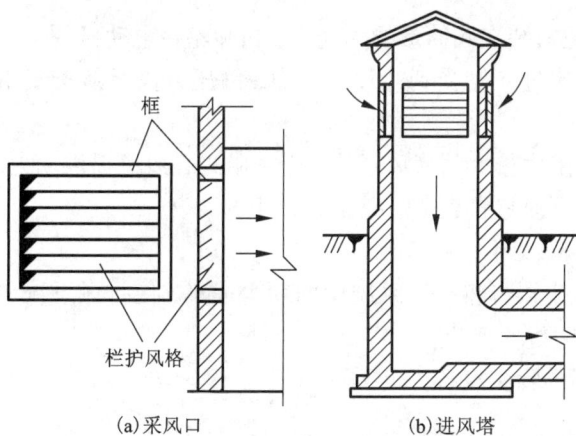

(a)采风口　　　　　(b)进风塔

图 14-13　室外进风装置

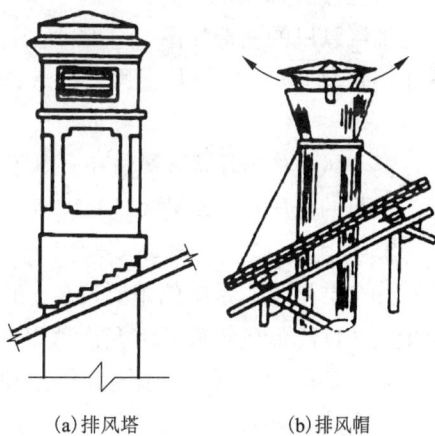

(a)排风塔　　　　　(b)排风帽

图 14-14　室外排风装置

三、通风系统的主要设备

1. 通风机

风机是为通风系统中的空气流动提供动力的机械设备。在排风系统中，为了防止有害物质对风机的腐蚀和磨损，通常把风机布置于空气处理设备的后面。风机可分为离心风机和轴流风机两种类型。

1）离心式通风机。

离心风机主要由叶轮、机壳、机轴、吸气口、排气口等部件组成，构造如图 14–15 所示。

离心风机的工作原理是：当装在机轴上的叶轮在电动机的带动下作旋转运动时，叶片间的空气在随叶轮旋转所获得的离心力的作用下，从叶轮中心高速抛出，压入螺旋形的机壳中，随着机壳流通断面的逐渐增加，气流的动压减小，静压增大，以较高的压力从排气口流出。当叶片间的空气在离心力的作用下从叶轮中心高速抛出后，叶轮中心形成负压，把风机外的空气吸入叶轮，形成连续的空气流动。

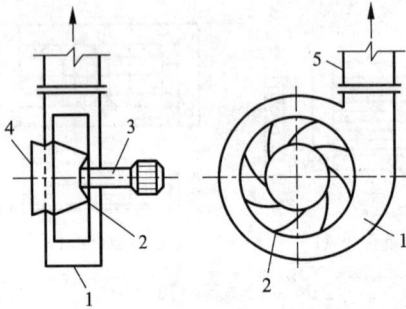

图 14–15　离心式通风机

1—机壳；2—叶轮；3—机轴；4—导流器；5—排气口

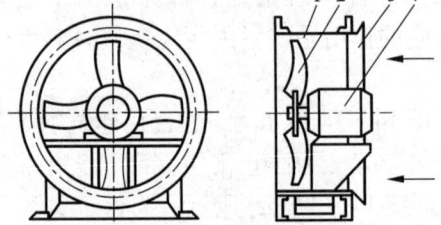

图 14–16　轴流式通风机

1—机壳；2—叶轮；3—吸入口；4—电动机

2）轴流式通风机。

轴流风机的构造如图 14–16 所示，叶轮安装在圆筒形的外壳内，当叶轮在电动机的带动下作旋转运动时，空气从吸风口进入，轴向流过叶轮受到叶片的推力，静压升高后从排气口流出。

离心风机的全压大、风量小，对于管路阻力较大的通风系统，应采用离心风机提供动力。轴流风机的全压小、风量大，一般用于不需要设置管道或管路阻力较小的场合。

2. 除尘器

除尘器是除尘系统的重要设备，通过除尘器可将排风系统中的粉尘捕集，使排风系统中粉尘的浓度降低到排放标准允许值以下，保护大气环境。

除尘器的种类很多，下面介绍两种常用的除尘设备。

1）重力沉降室。

重力沉降室是一种粗净化的除尘设备，其构造如图 14–17 所示。当含尘气流从管道中以一定的速度进入重力沉降室时，由于流通断面突然扩大，使气流速度降低，重物下沉，所以，粉尘边前进、边下落，最后落到沉降室底部被捕集。

此种除尘器是靠重力除尘的,因此,只适合捕集粒径大的粉尘。为达到较好的除尘效果,要求重力沉降室具有较大的尺寸。但因其结构简单、制作方便、流动阻力小等优点,目前多用于双级除尘的第一级除尘。

2)旋风除尘器。

旋风除尘器的构造如图 14 – 18 所示。当含尘气流以一定速度沿切线方向进入除尘器后,在内外筒之间的环形通道内作由上向下的旋转运动(形成外涡旋),最后经排出管排出。含尘气流在除尘器内运动时,尘粒受离心力的作用被甩到外筒壁,受重力的作用和向下运动的气流带动而落入除尘器底部灰斗,从而被捕集。

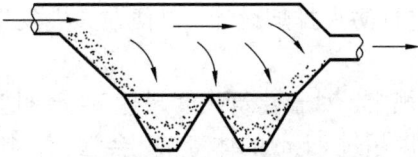

图 14 – 17　重力沉降室

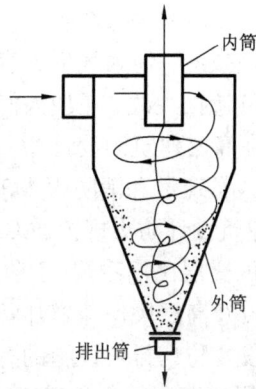

图 14 – 18　旋风除尘器

旋风除尘器可设置在墙体的支架上,也可设置在独立的支座上;可单独使用,亦可多台并联使用。

旋风除尘器具有结构简单、体积小、维修方便等优点,所以,在通风除尘工程中应用广泛。

第十五章　建筑防火排烟系统

一、概述

在火灾事故的死伤者中，大多数人员是由于吸入烟气导致的窒息或中毒。在现代高层建筑中，由于各种在燃烧时产生有毒气体的装修材料被广泛使用，以及高层建筑中各种竖向管道产生的烟囱效应，使烟气更加容易迅速扩散到各个楼层，不仅造成人身伤亡和财产损失，而且由于烟气遮挡视线，还使人们在疏散时产生心理上的恐慌，给消防抢救工作带来很大困难。因此，在高层建筑的设计中，必须认真慎重地进行防火排烟设计，以便在火灾发生时，顺利地进行人员疏散和消防灭火工作。

根据《建筑设计防火规范》(GB 50016—2014)的规定，对于建筑高度超过 24 m 的新建、扩建和改建的高层民用建筑(不包括单层主体建筑高度超过 24 m 的体育馆、会堂、影剧院等公共建筑，以及高层民用建筑中人民防空地下室)及与其相连的裙房，都应进行防火设计。其中，需要设置防烟排火设施的有如下部位：

一类高层建筑和建筑高度超过 32 m 的二类高层建筑的下列部位：

(1)长度超过 20 m 的内走道；

(2)面积超过 100 m²，且经常有人停留或可燃物较多的房间；

(3)高层建筑的中庭和经常有人停留或可燃物较多的地下室；

(4)防烟楼梯间及前室，消防电梯前室；

(5)封闭避难层(间)。

建筑物一旦起火，要立即使用各种消防措施，隔绝新鲜空气的供给，同时切断燃烧的部位等。因为消防灭火需要一定的时间，当采取了以上措施后，仍不能灭火时，为确保有效地疏散通路，必须具备防烟设施。这是由于火灾产生的烟气，随燃烧的物质种类而异，由高分子化合物燃烧所产生的烟气，其毒性尤为严重。这些火灾烟气直接危及人身，对疏散和扑救也造成了很大的威胁。所以防止建筑物的火灾危害，很大程度上是解决火灾发生时的防、排烟问题。

建筑物内烟气流动大体上取决于两种因素：一是在火灾房间及其附近，烟气由于燃烧而产生热膨胀和浮力产生流动；另一种是因外部风力或在固有的热压作用下形成比较强烈的对流气流，对火灾后产生的大量烟气产生影响，促使其扩散而形成的比较强烈的气流。

当建筑房间发生火灾时，作为室内人员的疏散通道，一般路线是经过走廊、楼梯间前室、楼梯到达安全地点。把以上各部分用防火墙或防烟墙隔开，采取防火排烟措施，就可使室内人员在疏散过程中得到安全保护。其中，室内疏散人员在从一个分区向另一个分区移动中需要花费一定的时间，因此移动次数越多，就越有足够的安全性。

1. 防火分区

在建筑设计中进行防火分区的目的是防止火灾的扩大，可根据房间的用途和性质的不同对建筑物进行防火分区，分区内应设置防火墙、防火门、防火卷帘等设备。通常规定楼梯间、通风竖井、风道空间、电梯、自动扶梯升降通路等形成竖井的部分要作为防火分区。

根据我国高层建筑设计防火规范的规定：一类高层建筑每个防火分区最大允许面积为 1000 m²，二类高层建筑为 1500 m²，地下室为 500 m²。如果防火分区内设有自动灭火设备，防火分区的面积可增加一倍。每个防火分区允许最大建筑面积的确定见表 15 – 1。

表 15 – 1　每个防火分区允许最大建筑面积

建筑类别	每个防火分区允许最大建筑面积/m²	备注
一类建筑	1000	设有自动灭火系统时，面积可增大 1 倍
二类建筑	1500	设有自动灭火系统时，面积可增大 1 倍
地下室	500	设有自动灭火系统时，面积可增大 1 倍
商业营业厅、展览厅等	4000（地上） 2000（地下）	设有火灾自动报警系统和自动灭火系统，且采用不燃烧或难燃烧材料装修
裙房	2500	高层建筑与裙房之间设有防火墙等防火设施，设有自动喷水灭火系统时，面积可增加 1 倍

2. 防烟分区

在建筑设计中进行防烟分区的目的则是对防火分区的细分化，防烟分区内不能防止火灾的扩大，它仅能有效地控制火灾产生的烟气流动。要在有发生火灾危险的房间和用作疏散通道的走廊间加设防烟隔断，在楼梯间设置前室，并设自动关闭门，作为防火、防烟的分界。此外还应注意竖井分区，如百货公司的中央自动扶梯处是一个大开口，应设置用烟雾感应器控制的隔烟防火卷帘。

规范规定：设置排烟设施的走道和净高不超过 6 m 的房间，应采用挡烟垂壁、隔墙或从顶棚下凸出不小于 0.5 m 的梁划分防烟分区。每个防烟分区的面积不宜超过 500 m²，且防烟分区的划分不能跨越防火分区。防烟楼梯间与前室或合用前室采用自然排烟方式与机械加压送风方式的组合有多种。它们之间的组合关系以及防烟设施的设置部位见表 15 – 2。

表 15 – 2　垂直疏散通道防烟部位的设置表

组合关系	防烟部位
不具备自然排烟条件的防烟楼梯间	楼梯间
不具备自然排烟条件的防烟楼梯间与采用自然排烟的前室或合用前室	楼梯间
采用自然排烟的防烟楼梯间与不具备自然排烟条件的前室或合用前室	前室或合用前室
不具备自然排烟条件的防烟楼梯间与合用前室	楼梯间或合用前室
不具备自然排烟条件的消防电梯间前室	前室

二、高层建筑的自然排烟

自然排烟是利用风压和热压作为动力的排烟方式(如图 15 - 1 所示)。自然排烟方式的优点是结构简单,不需要电源和复杂的装置,运行可靠性高,平时可用于建筑物的通风换气等;缺点是排烟效果受风压、热压等因素的影响,排烟效果不稳定,设计不当会适得其反。考虑走廊、房间、中庭或地下室采用自然排风时,内走廊长度不超过 60 m,而且可开启外窗面积不小于该走廊面积的 2% ;需要排烟的房间可开启外窗面积不小于该房间面积的 2% ;中庭的净高不小于 12 m,而且可开启天窗或高侧窗的面积不小于该中庭地面面积的 5% 。

目前,在我国,除建筑高度超过 50 m 的一类公共建筑和建筑高度超过 100 m 的居住建筑外,具有靠外墙的防烟楼梯间及其前室、消防电梯间前室和合用前室的建筑宜采用的排烟方式。为了确保火灾发生时人员疏散和消防扑救工作的需要,高层建筑的防烟楼梯间和消防电梯间应设置前室或合用前室,目的有以下几个:

1)阻挡烟气直接进入防烟楼梯间或消防电梯间。

2)作为疏散人员的临时避难场所。

3)降低建筑物竖向通道产生的烟囱效应,以减小在垂直方向的蔓延速度。

4)作为消防人员到达着火层开展扑救工作的起始点和安全区。

高层建筑的自然排烟方式主要有以下两种。

1)用建筑物的阳台、凹廊或在外墙上设置便于开启的外窗或排烟窗排烟(如图 15 -2 所示)。

这种方式是利用高温烟气产生的热压或浮力,以及室外风压造成的抽力,把火灾产生的高温烟气通过阳台、凹廊或在楼梯间外墙上设置的外窗和排烟窗排至窗外。应注意,采用自然排烟的方式,要结合相邻建筑物对风的影响,将排烟口设在建筑物常年主导风向的负压区内。

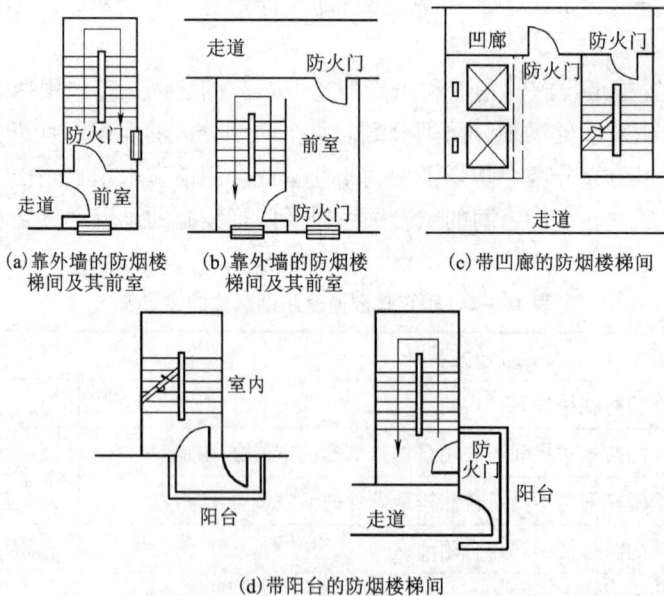

(a)靠外墙的防烟楼梯间及其前室　　(b)靠外墙的防烟楼梯间及其前室　　(c)带凹廊的防烟楼梯间

(d)带阳台的防烟楼梯间

图 15 - 1　自然排烟方式示意图

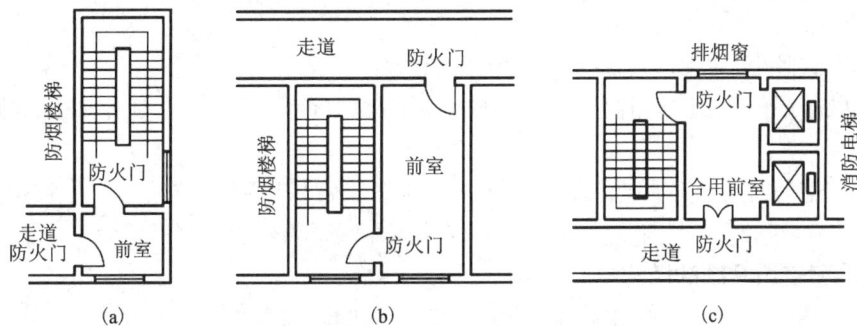

图 15 - 2　利用直接向外开启的窗排烟

自然排烟口应设于房间的上方，宜设在距顶棚或顶板下 800 mm 以内，其间距以排烟口的下边缘计。自然进风口应设于房间的下方，设于房间净高的 1/2 以下，其间距以进风口的上边缘计。内走道和房间的自然排烟口，至该防烟分区最远点应在 30 m 以内。自然排烟窗、排烟口、送风口应设开启方便、灵活的装置。

2）利用竖井自然排烟。

三、机械防、排烟

1. 机械防烟

机械防烟，是采取机械加压送风的方式，以风机所产生的气体流动和压力差控制烟气的流动方向的防烟技术。在火灾发生时用风机气流所造成的压力差阻止烟气进入建筑物的安全疏散通道内，保证人员疏散和消防扑救的需要。

机械防烟设置原则：

（1）防烟楼梯间及其前室、消防电梯前室和两者合用前室，应设置机械防烟设施。

（2）防烟楼梯间前室或合用前室有敞开的阳台、凹廊或前室内有不同朝向的可开启外窗，能自然排烟时，该楼梯间可不设机械防烟设施。

（3）避难层属全封闭式时，应设加压送风设施。

（4）楼梯间每隔 2～3 层设置一个送风口；前室应每层设一个送风口。加压送风口应采用自垂式百叶风口或常开百叶风口。当采用常开百叶风口时，应在加压风机的压出管上设置止回阀；当设计为常闭型时，发生火灾只开启着火层的风口。风口应设手动和自动开启装置，并与加压送风机的启动装置联锁。

2. 机械排烟

机械排烟以风机所产生的气体流动和压力差，利用排烟管道将烟气排出或稀释烟气的浓度。

应用：适用于不具备自然排烟条件或较难进行自然排烟的内走道、房间、中庭及地下室。带裙房的高层建筑防烟楼梯间及其前室，消防电梯间前室或合用前室，当裙房以上部分利用可开启外窗进行自然排烟，裙房部分不具备自然排烟条件时，其前室或合用前室应设置局部机械排烟设施。

机械排烟的特点：

（1）不受外界条件（如内外温差、风力、风向、建筑特点、着火位置等）的影响，能保证有稳定的排烟量。

（2）风道截面小，可以少占用有效建筑面积。

（3）机械排烟的设施费用高，需要经常保养维修，否则有可能在使用时因故障而无法启动。

（4）机械排烟需要有备用电源，防止火灾发生时正常供电系统被破坏而导致排烟系统不能运行。

3. 通风和空调系统的防火

措施：在通风和空调系统的通风管道中设置防火阀。

防火阀设置位置：穿越防火分区的隔墙处；穿越机房及重要房间或有火灾危险性房间的隔墙和楼板处；与垂直风道相连的水平风道交接处；穿越变形缝的两侧。

防火阀的动作温度：70℃。

（1）通风空调管道中所用的管道、保温材料、消声材料和胶黏剂等应采用不燃材料或难燃材料制作。

（2）穿过防火墙和变形缝两侧各 2 m 范围内、管内设电加热器前后各 800 mm 范围内、穿过容易起火部位的管道及材料必须采用不燃材料。

（3）垂直风管应设在管防火阀是防火阀、防火调节阀、防烟防火阀、防火风口的总称。

（4）若空气中含有易燃、易爆物质，通风设备应采用防爆型设备。

四、防火、防排烟设备及部件

主要有：防火阀、排烟阀及排烟风机等。

1. 防火阀（图 15 - 3）

防火阀与防火调节阀的区别在于叶片开度能否调节。

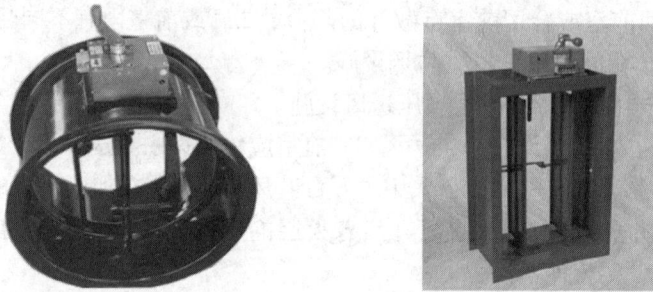

图 15 - 3　防火阀

1）防火阀的控制方式。

主要有热敏元件、感烟感温器及复合控制等。

（1）热敏元件控制。

常用热敏元件有易熔环、热敏电阻、热电偶和双金属片等。

采用易熔环：火灾时易熔环熔断脱落，阀门在弹簧力或自重力作用下关闭。

采用热敏电阻、热电偶、双金属片：通过传感器及电子装置驱动微型电动机工作将阀门关闭。

井内、风管内有电加热器时,风机应与电加热器联锁。

若空气中含有易燃、易爆物质,通风设备应采用防爆型设备。

(2)感烟感温器控制。

通过感烟感温控制设备的输出信号,控制执行机构的电磁铁、电动机动作,或控制气动执行机构,实现阀门在弹簧力作用下的关闭或电动机转动使阀门关闭。

(3)复合控制。

前两种控制方式的组合,设备中既有热敏元件,又有感烟感温器。

2)防火阀的阀门关闭驱动方式。

重力式、弹簧力驱动式(或称电磁式)、电机驱动式及气动驱动式等四种。

3)常用防火阀。

(1)重力式防火阀。

有矩形和圆形两种,构造如图 15 – 4 和图 15 – 5 所示。

防火阀平时处于常开状态。阀板式叶片由易熔片将其悬吊成水平或水平偏下 5°状态。

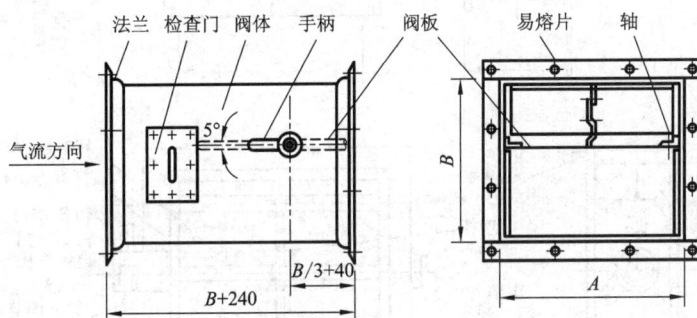

图 15 – 4　重力式矩形单板防火阀

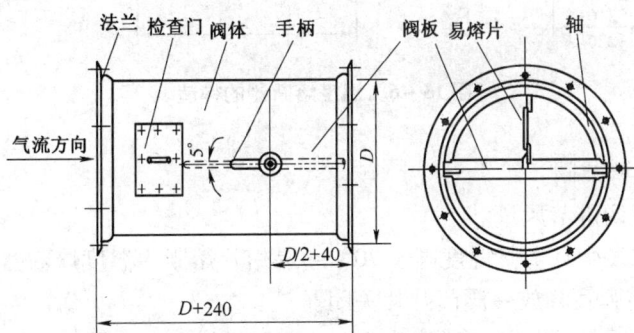

图 15 – 5　重力式圆形单板防火阀

工作原理:发生火灾且空气温度高于 70℃→易熔片熔断→阀板或叶片靠重力自行下落→自锁簧片动作→阀门关闭、自锁。

复位:旋松自锁簧片前的螺栓,手握操作杆,摇起阀板或叶片,接上易熔片,摆正自锁簧片，旋紧螺栓。

（2）弹簧式防火阀。

有矩形和圆形两种。

工作原理：发生火灾且空气温度高于70℃→易熔片熔断→温度熔断器内的压缩弹簧释放→内芯弹出→手柄脱开→轴后端的扭转弹簧释放→阀门关。

温度熔断器的构造如图15－6所示。

复位：装好易熔片和温度熔断器，摇起叶片或阀板并固定在温度熔断器内芯上。

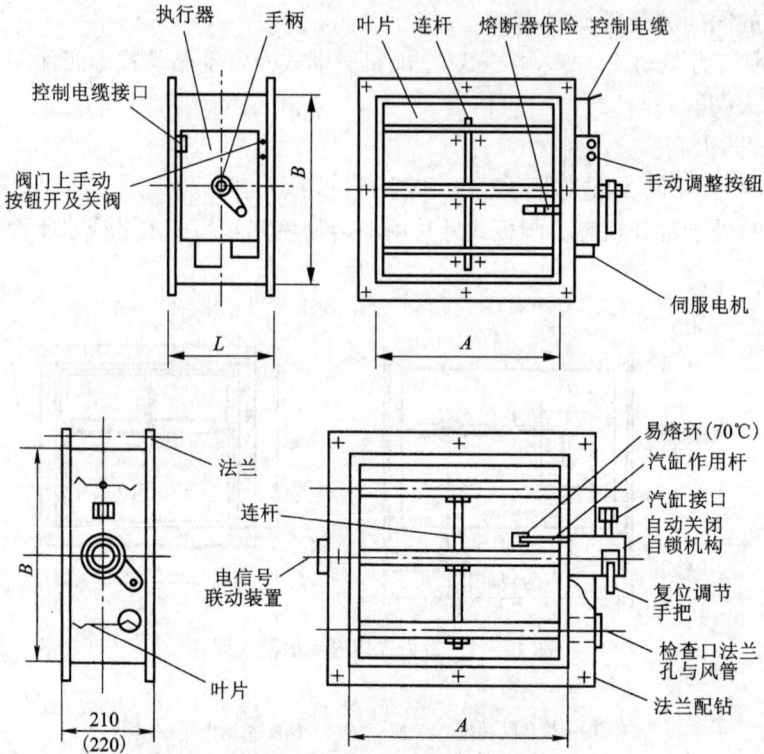

图15－6　温度熔断器的构造

（3）弹簧式防火调节阀。

平时常开，并可调进节风量。

工作原理：火灾发生且空气温度高于70℃→易熔片熔断→温度熔断器内芯弹出→离合器脱开→轴两端的扭转弹簧释放→阀门叶片关闭。

复位：旋转调节手柄，发出"咯咯"声音时，调节机构和离合器已合拢。此时调节指示与复位指示同步转动，再装好温度熔断器，即可恢复正常工作状态。

（4）防烟防火调节阀。

常应用于有防烟防火要求的空调、通风系统，如图15－7所示。其构造与防火调节阀基本相同，区别在于控制方式不同。

温度熔断器控制和烟感电信号控制（电磁机构）同时输出联锁电信号。

224

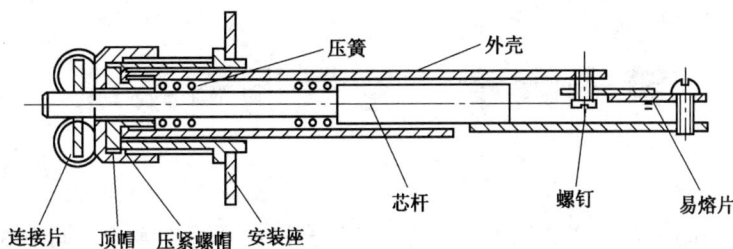

图 15 - 7　防烟防火调节阀

复位方式和风量调整方法与防火调节阀相同。

（5）防火风口。

常应用于有防火要求的通风、空调系统的送风口、回风口及排风口处。防火风口由铝合金的风口与防火阀组合而成，风口可调节气流方向，防火阀可在 0 ~ 90° 范围内调节通过风口的风量。发生火灾时阀门上的易熔片或易熔环受热而熔化，使阀门关闭。

2. 常用的排烟阀

（1）排烟阀。

安装在排烟系统的风管上，平时阀的叶片关闭，火灾时烟感探头发出火警信号，使控制中心将排烟阀电磁铁的电源接通，叶片打开（或手动打开）进行排烟。

排烟阀有圆形和矩形两种，构造与排烟防火阀相同，区别在于无温度传感器。

（2）排烟防火阀。

安装的部位及叶片关闭与排烟阀相同，区别在于它具有防火功能，当烟气温度达到280℃ 时，可通过温度传感器。

（3）远控排烟阀。

安装在排烟系统的风管上或排烟口处，平时关闭。

火灾→烟感器火警信号→控制中心向控制器电磁铁通电→排烟阀开启。也可手动开启和复位。

（4）远控排烟防火阀。

动作原理与远控排烟阀相同，区别在于带温度传感器，具有防火功能，可手动将阀门开启或复位。

（5）板式排烟口。

安装在走道的顶板上或墙上和防烟室前，也可直接安装在排烟风管的末端，动作方式与一般排烟阀相同。

（6）多叶排烟口。

多叶排烟口是排烟阀和排风口的组合体，安装在走道或防烟室前、无窗房间的排烟系统上，排风口安装在防烟前室内的侧墙上，其动作方式与一般排烟阀相同。

第十六章　空气调节系统

实现对某一房间或空间内的温度、湿度、洁净度和空气流速等进行调节和控制，并提供足够量的新鲜空气的方法叫作空气调节，简称空调。空调可以实现对建筑热湿环境、空气品质全面的控制，包含了采暖和通风的部分功能。

第一节　空调系统的分类

一、空气调节的目的

（1）舒适性空调：人体舒适、健康的环境。
（2）工艺性空调：生产工艺过程所要求的环境。

二、空气调节要解决的问题（图16-1）

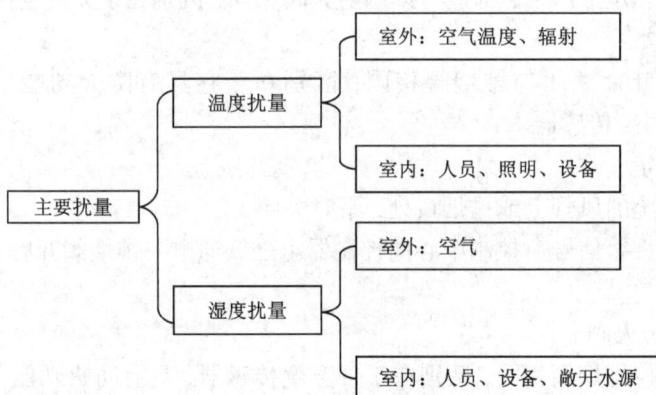

图16-1　空调解决的问题

三、空气调节系统分类（图16-2）

1. 承担室内热负荷、冷负荷和湿负荷的介质分类

（1）全空气系统。以空气为介质，向室内提供冷量或热量，由空气来全部承担房间的热负荷或冷负荷，如图16-3（a）所示。

（2）全水系统。全部用水来承担室内的热负荷和冷负荷。当为热水时，向室内提供热量，承担室内的热负荷；当为冷水（常称冷冻水）时，向室内提供制冷量，承担室内冷负荷和湿负荷，如图16-3（b）所示。由于水携带能量（冷量或热量）的能力要比空气大很多，所以无论是夏天还是冬天，在空调房间空调负荷相同的条件下，只需要较小的水量就能满足空调系统

226

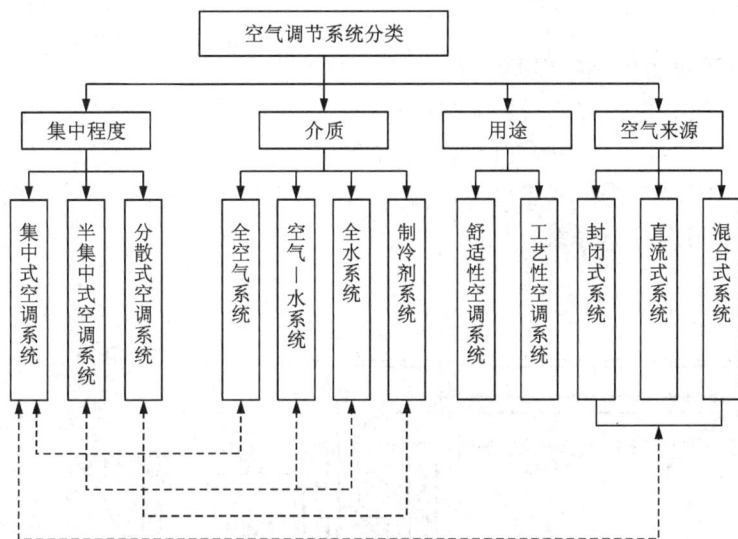

图 16 – 2 空调系统分类

的要求，从而减少了风道占据建筑空间的缺点，因为这种系统是用管径较小的水管输送冷（热）水管道代替了用较大断面尺寸输送空气的风道。

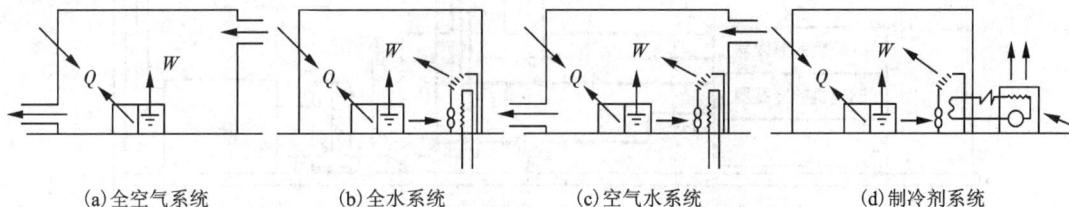

(a)全空气系统　　(b)全水系统　　(c)空气水系统　　(d)制冷剂系统

图 16 – 3 按承担室内负荷的介质分类的空调系统

（3）空气－水系统。以空气和水为介质，共同承担室内的负荷。空气－水系统是全空气系统与全水系统的综合应用，它既解决了全空气系统因风量大导致风管断面尺寸大而占据较多有效建筑空间的矛盾，又解决了全水系统空调房间的新鲜空气供应问题，因此这种空调系统特别适合大型建筑和高层建筑，如图 16 – 3（c）所示。以水为介质的风机盘管向室内提供冷量或热量，承担室内部分冷负荷或热负荷，同时有一新风系统向室内提供部分冷量或热量，而又满足室内对室外新鲜空气的需要。

（4）制冷剂系统。以制冷剂为介质，直接用于对室内空气进行冷却、去湿或加热。实际上，这种系统是用带制冷机的空调器（空调机）来处理室内的负荷，所以这种系统又称机组式系统。如现在的家用分体式空调器，它分为室内机和室外机两部分。其中室内机实际就是制冷系统中的蒸发器，并且在其内设置了噪声极小的贯流风机，迫使室内空气以一定的流速通过蒸发器的换热表面，从而使室内空气的温度降低，室外机就是制冷系统中的压缩机和冷凝器，室内设有一般的轴流风机，迫使室外的空气以一定的流速流过冷凝器的换热表面，让室

外空气带走高温、高压制冷剂在冷凝器中冷却成高压制冷剂液体放出的热量,如图 16 –3(d)
所示。

2. 按空气处理设备的集中程度分类

(1)集中式系统。集中式空调系统的特点是系统中的所有空气处理设备,包括风机、冷却器、加热器、加湿器、过滤器等都设置在一个集中的空调机房里,而空气处理所需的冷、热源由集中设置的冷冻站、锅炉或热交换站供给,其组成如图 16 –4 所示。目前常用的全空气系统中大部分是属于集中式系统。

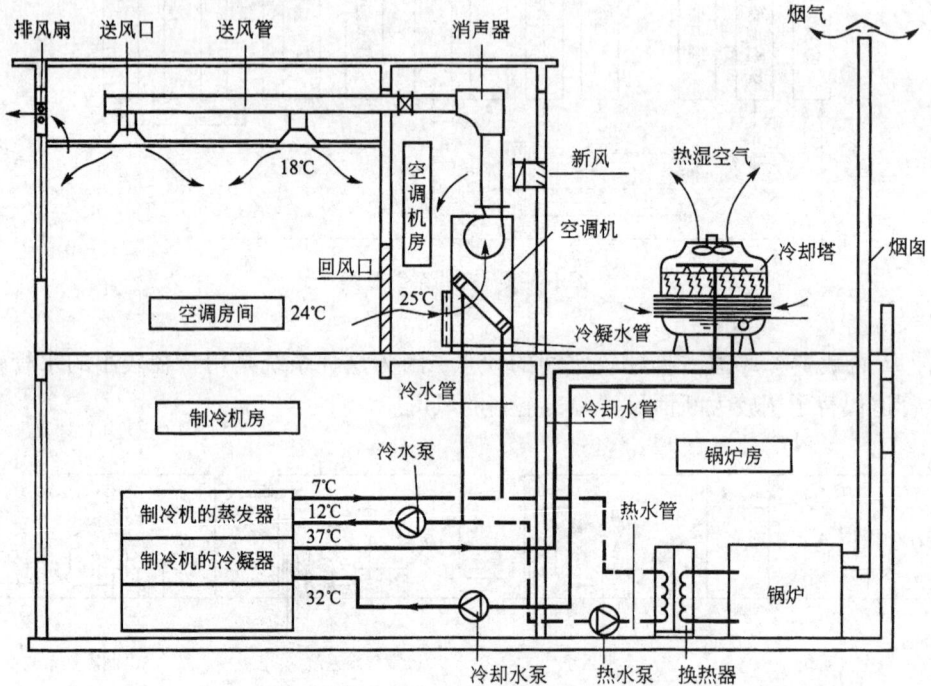

图 16 –4　集中式空调系统示意图

集中式全空气系统可分为单风道系统和双风道系统。

①单风道系统。适用于空调房间较大或各房间负荷变化情况类似的场合,如办公大楼、剧场等。该系统主要由集中设置的空气处理设备、风机、风道及阀部件、送风口、回风口等组成。常用的有封闭式、直流式和混合式三类(如图 16 –5 所示)。

②双风道系统。由集中设置的空气处理设备、送风机、热风道、冷风道、阀部件及其混合箱、温控装置等组成。冷热风分别送入混合箱,通过室温调节器控制冷热风混合比例,从而保证各房间温度独立控制。该系统尤其适合负荷变化不同或温度要求不同的用户。其缺点是初期投资大、运行费用高、风道断面占用空间大、难于布置。

(2)半集中式系统。对室内空气处理(加热或冷却、去湿)的设备分设在各个被调节和控制的房间内,而又集中部分处理设备,如冷冻水或热水集中制备或新风进行集中处理等,全水系统、空气—水系统、水环热泵系统、变制冷剂流量系统都属于这类系统。半集中式系统在建筑中占用的机房少,可以容易满足各个房间各自的温、湿度控制要求,但房间内设置空

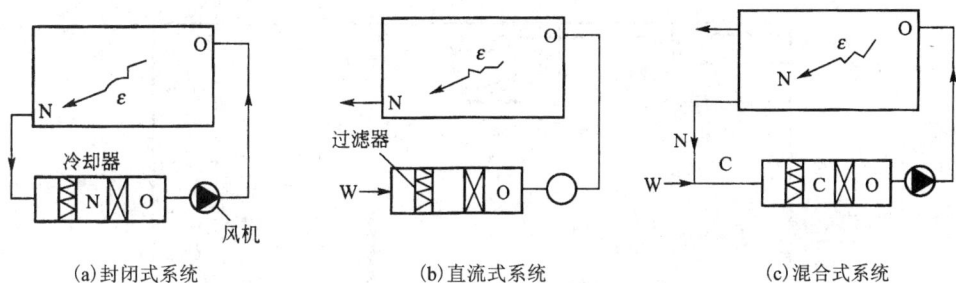

图 16 - 5 普通集中式空调系统的三种形式

N—室内空气；W—室外空气；C—混合空气；O—冷却器后的空气状态

气处理设备后，管理维修不方便，如设备中有风机还会给室内带来噪声。主要形式有风机盘管加新风系统和诱导器系统。

①风机盘管加新风系统，也属于空气—水系统，它由风机盘管机组和新风系统两部分组成。风机盘管设置在空调系统内作为系统的末端装置，将流过机组盘管的室内循环空气冷却、加热后送入室内；新风系统是为了保证人体健康的卫生要求，给房间补充一定的新鲜空气的系统。通常室外新风经过处理后，送入空调房间，如图 16 - 6 所示。

从风机盘管的结构特点来看，它的主要优点是布置灵活，各房间可独立地通过风量、水量（或水温）的调节，改变室内的温、湿度，房间不住人时可方便地关闭风机盘管机组而不影响其他房间，从而比较节省运转费用。此外，房间之间空气互不串通，又因风机多挡变速，在冷量上能由使用者直接进行一定的调节。

风机盘管加新风空调系统具有半集中式空调系统和空气—水系统的特点。目前这种系统已广泛应用于宾馆、办公楼、公寓等商用或民用建筑。

风机盘管空调机组的新风供给方式主要有三种，如图 16 - 7 所示。

②诱导式空调系统。诱导器加新风的混合系统称为诱导式空调系统。该系统中新风通过集中设置的空气处理设备进行处理，经风道送入设置于空调房间的诱导器中，再由诱导器喷嘴高速喷出，同时吸入房间内的空气，使得这两部分空气在诱导器内混合后送入空调房间。空气—水诱导式空调系统，诱导器带有空气处理装置（即盘管），可通入冷、热水，对诱导进入的二次风进行冷、热处理。冷、热水可通过冷源或热源提供。

诱导式空调系统的优点是节省建筑面积和空间，房间之间交叉污染的可能性小，用于产生有爆炸危险的气体或粉尘的房间不会有危险。缺点是对电气净化要求高的地方不宜使用，不利于节能，喷嘴处风速高时可能产生噪声以及管路复杂，施工不便。

③风机盘管的种类如图 16 - 8 所示。

（3）分散式系统，又称作局部式空调系统，如图 16 - 9（a）所示，该系统由空气处理设备、风机、制冷设备、温控装置等组成，这些设备集中安装在一个壳体内，由厂家集中生产、现场安装。该系统基本无风道，适用于用户分散、负荷小、距离远的场合。常用的有窗式空调器 ［图 16 - 9（b）］、分体挂壁式空调器［图 16 - 9（c）］、立柜式空调机组等。

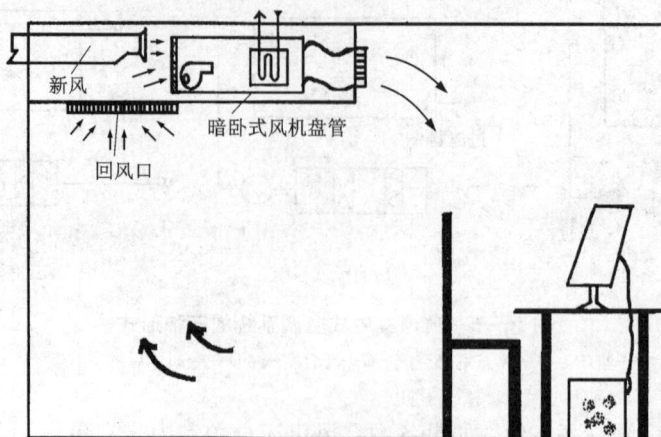

(a)新风与风机盘管送风示意图

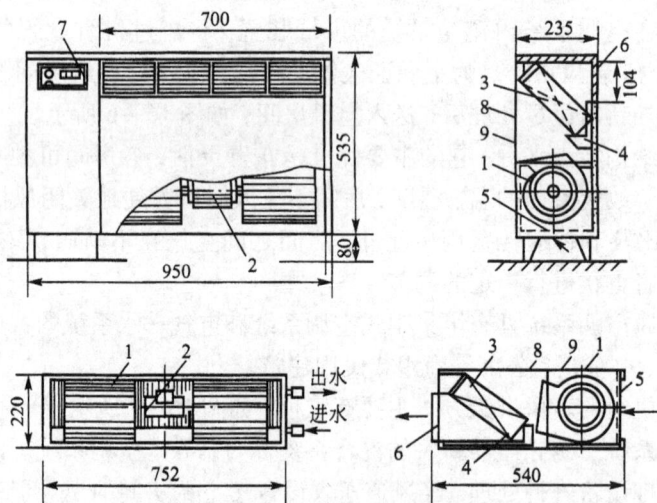

(b)风机盘管构造示意图

图 16-6　风机盘管加新风系统示意图

1—风机；2—电动机；3—盘管；4—凝结水盘；5—循环风进口及过滤器；
6—出风格栅；7—控制器；8—吸声材料；9—箱体

(a)室外渗入新风　　(b)外墙洞口引入新风　　(c)独立新风系统　　(d)独立新风系统
　　　　　　　　　　　　　　　　　　　　　　　　　（上部送入）　　　（送入风机盘管机组）

图 16-7　风机盘管系统的新风供给方式

暗装　　　　明装　　　　　　　暗装　　　　明装
卧式风机盘管　　　　　　　　　　立式风机盘管

卡式风机盘管　　　　　　　高静压风机盘管，
　　　　　　　　　　　　　外形同卧式风机盘管

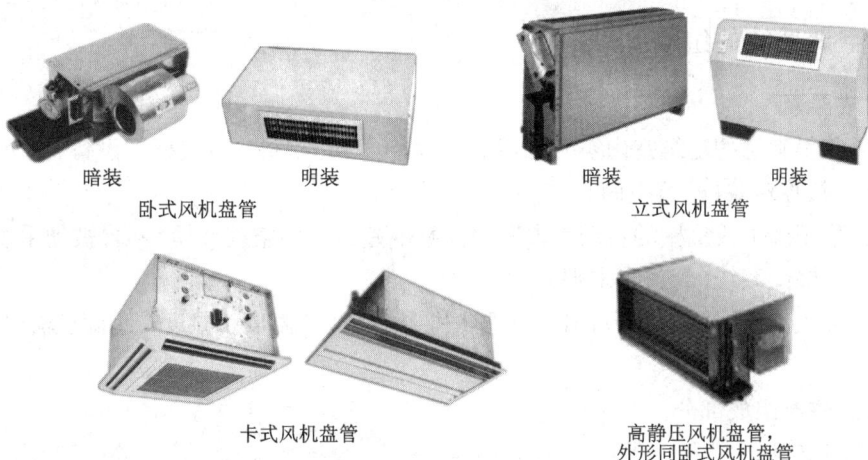

图 16 – 8　风机盘管

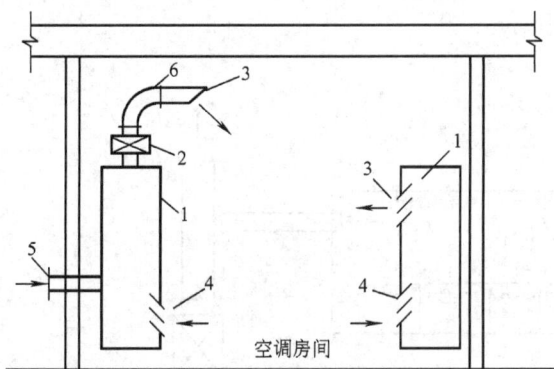

（a）分散式空调系统
1—空调机组；2—电加热器；3—送风口；
4—回风口；5—新风口；6—送风管道

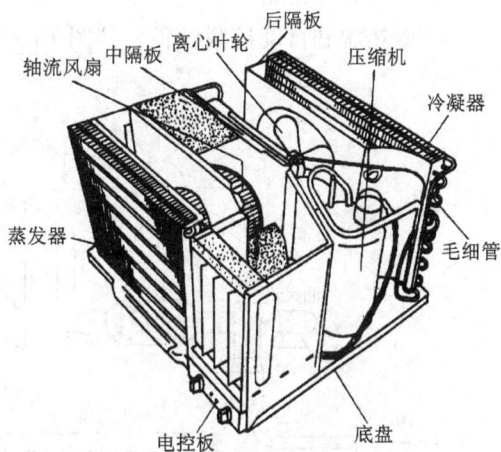

（b）窗式空调器

后隔板
中隔板　离心叶轮　　　压缩机
轴流风扇　　　　　　　　　　　冷凝器
蒸发器　　　　　　　　　　　毛细管
电控板　　　　　　　　　　底盘

热交换器
可拉出的滤网
可吹到房间内的撑风口
室内空气循环用横流风机
电控系统
横流风扇电机
温度及定时显示
房间温度传感器
温控器
低噪声操作防止噪声污染
高效转子压缩机

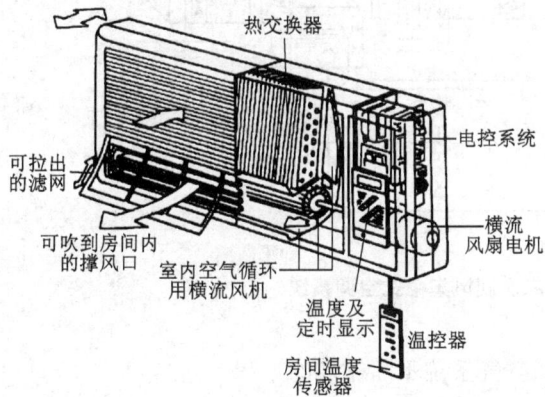

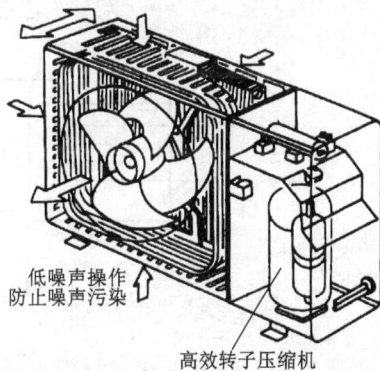

（c）分体壁挂式空调

图 16 – 9　分散式系统示意图

四、空调系统的组成

1. 组成要素

广义：获得满意的建筑室内空气环境的手段。含冷、热源，空气处理设备，输配系统（管道和末端），被控对象（建筑空间）。

狭义：采用人工或机械的主动手段获得满意的建筑室内空气环境（不含被动手段）。含空气处理设备，输配系统（管道和末端）。

更狭义：人工或机械的手段同时处理空气多个参数（温度、湿度、速度、辐射、空气质量等）。

2. 四大主要组成部分

(1)空调空间；

(2)空气输送和分配设备；

(3)空气处理设备；

(4)冷热源和自动控制设备。如图16-10所示。

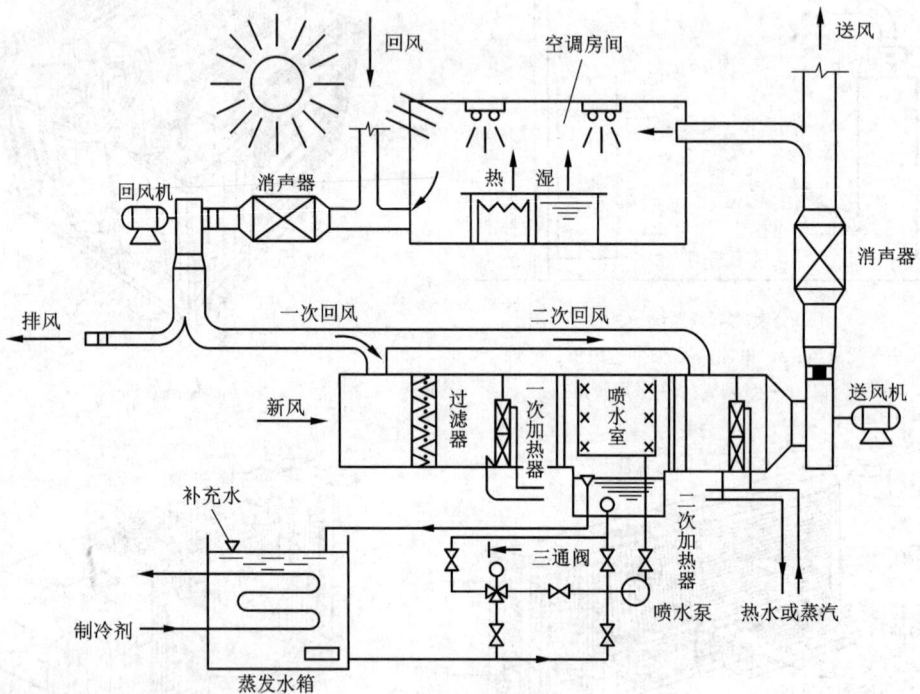

图16-10 二次回风集中式空调系统

空气调节的工作过程就是制冷系统和空气系统不断循环的过程。

(1)蒸发器是制冷剂从冷冻水回水摄取热量的装置。在蒸发器中，低压液态制冷剂从冷冻水回水摄取热量后蒸发为低温、低压的蒸汽。

(2)压缩机是提高蒸发后的低温、低压制冷剂蒸汽压力，使其在冷凝器中容易液化的装置。在压缩机中，蒸发后的低温、低压蒸汽制冷剂被压缩到可以液化的高温、高压蒸汽。

（3）冷凝器是把压缩后的高温、高压制冷剂蒸汽进行冷却液化的装置。在冷凝器中，把制冷剂从冷冻水回水摄取的汽化潜热和压缩机产生的压缩热传递给冷却水，使制冷剂冷凝为高压液体。

（4）膨胀阀（或毛细管）是把冷凝后的液化制冷剂的压力降到能使其达到蒸发压力状态的装置。高压液态制冷剂经过膨胀阀（或毛细管）降到低压制冷剂，以便使它能够在低压蒸发器中膨胀蒸发，从而完成制冷循环。

（5）冷却塔是冷却循环水的装置。经过冷凝器的冷却水吸收了制冷剂的冷凝热而升温，为了使冷却水能循环使用，使它在流经冷却塔的过程中进行强制降温，然后返回冷凝器，从而完成冷却水的循环。

（6）在完成上述制冷工作循环的同时，经蒸发器降温了的冷冻水进入空调箱，在其中把空气系统中的回风和新风冷却后送入风道至末端空调室，在空调室升温的空气进入回风道，经过部分减排后回到空调箱与新风一起再行冷却，从而完成空气循环。

如此周而复始，空气调节工作过程持续不断地进行下去。

第二节　空气处理设备

一、喷水室

喷水室是空调系统中夏季对空气冷却除湿、冬季对空气加热加湿的设备。它是通过水直接与被处理的空气接触来进行热、湿交换，在喷水室中喷入不同温度的水，可以实现空气的加热、冷却、加湿和减湿等过程。用喷水室处理空气的主要优点是：能够实现多种空气处理过程，冬夏季工况可以共用一套空气处理设备，具有一定的净化空气的能力，金属耗量小，容易加工制作。缺点是：对水质条件要求高，占地面积大，水系统复杂，且耗电较多。在空调房间的温、湿度要求较高的场合，如纺织厂、卷烟厂等工艺性空调系统中，得到广泛的应用。

图 16-11 所示为应用较多的低速、单级卧式和立式喷水室的结构示意图。立式喷水室占地面积小，空气是从下而上流动，水则是从上向下喷淋。因此，空气与水的热、湿交换效果比卧式喷水室的好。一般用于要处理的空气量不大或者空调机房层高较高的场合。此外，根据空气热、湿处理的要求，还有带旁通风道的喷水室和加填料层的喷水室。前者可使一部分空气不经喷水室处理，直接与经过喷水室处理的空气混合，达到要求的空气终参数，后者可进一步提高空气的净化和热、湿交换效果。

在喷水室中，被处理的空气先经过前挡水板（其作用是挡住可能飞溅出来的水滴，并使进入喷水室的空气能均匀地流过整个断面），与喷嘴喷出的水滴接触进行热、湿交换，处理后的空气经过后挡水板流出（后挡水板的作用是把夹在空气中的水滴分离出来，减少空气带走的水量）。

喷淋段通常设有 1~3 排喷嘴，喷水方向根据与被处理空气的流动情况分为顺喷、逆喷和对喷。喷出的水滴与空气进行热、湿交换后落入底池中。

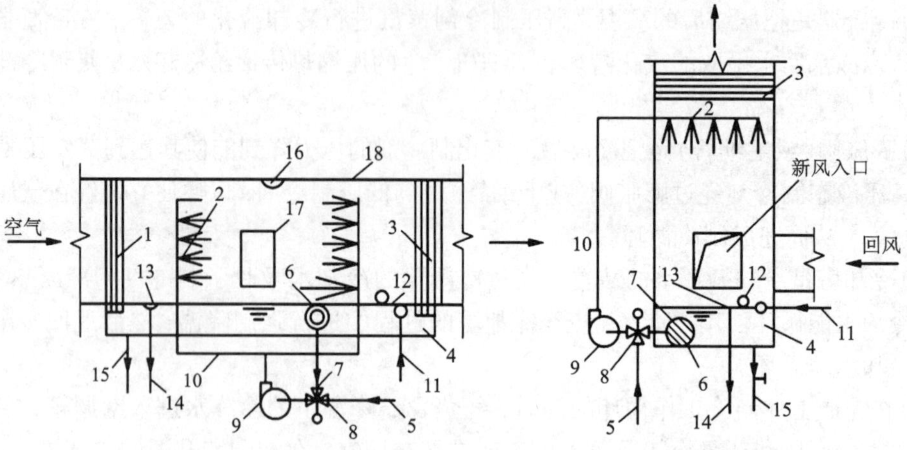

(a)卧式喷水室   (b)立式喷水室

图 16-11 喷水室的构造

1—前挡水板；2—喷嘴与排管；3—后挡水板；4—底池；5—冷水管；6—滤水器；
7—循环水管；8—三通混合阀；9—水泵；10—供水管；11—补水管；12—浮球阀；
13—溢水器；14—溢水管；15—泄水管；16—防水灯；17—检查门；18—外壳

二、表面式换热器

用表面式换热器处理空气时，对空气进行热、湿交换的工作介质不直接和被处理的空气接触，而是通过换热器的金属表面与空气进行热、湿交换。在表面式加热器中通入热水或蒸汽，可以实现对空气的等湿加热过程，通入冷水或制冷剂，可以实现对空气的等湿和减湿冷却过程。

表面式换热器具有构造简单、占地面积小、水质要求不高、水系统阻力小等优点，因而，在机房面积较小的场合，特别是高层建筑的舒适性空调中得到了广泛的应用。

表面式换热器的构造如图 16-12 所示，为了增强传热效果，表面式换热器通常采用肋片管制作。

表面式换热器通常垂直安装，也可以水平或倾斜安装。但是，以蒸汽作为热媒的空气加热器不宜水平安装，以免集聚凝结水而影响传热效果。此外，垂直安装的表面式冷却器必须使肋片处于垂直位置，以免肋片上部积水而增加空气阻力。

表面式冷却器的下部应装设集水盘，以接收和排除凝结水，集水盘的安装如图 16-13 所示。

表面式换热器根据空气流动方向可以并联或串联安装。通常是通过的空气量大时采用并联，需要的空气温升(或温降)大时采用串联。

为了便于使用和维修，在冷、热媒管路上应装设阀门、压力表和温度计。在蒸汽加热器管路上还应装设蒸汽压力调节阀和疏水器。为了保证换热器正常工作，在水系统的最高点应设排除空气装置，最低点设泄水和排污阀门。

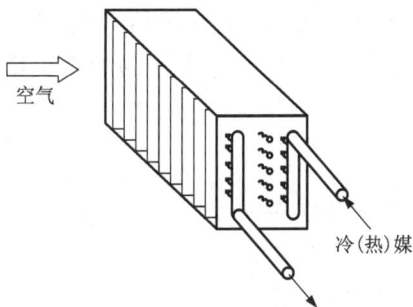

图 16 – 12 表面式空气换热器

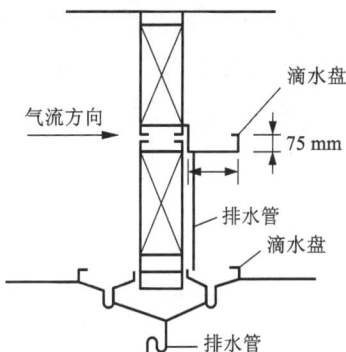

图 16 – 13 集水盘的垂直安装

三、电加热器

电加热器是让电流通过电阻丝发热来加热空气的设备。具有结构紧凑、加热均匀、热量稳定、控制方便等优点。但由于电费较高，通常只在加热量较小的空调机组采用。在恒温精度较高的空调系统里，常安装在空调房间的送风支管上，作为控制房间温度的调节加热器。

电加热器分为裸线式和管式两种。裸线式电加热器的构造如图 16 – 14 所示。它具有结构简单、热惰性小、加热迅速等优点。但由于电阻丝容易烧断，安全性差，使用时必须有可靠的接地装置。为方便检修，常做成抽屉式的。

管式电加热器的构造如图 16 – 15 所示，它是把电阻丝装在特制的金属套管内，套管中填充有导热性好但不导电的材料，这种电加热器的优点是加热均匀、热量稳定、经久耐用、使用安全性好，但它的热惰性大，构造也比较复杂。

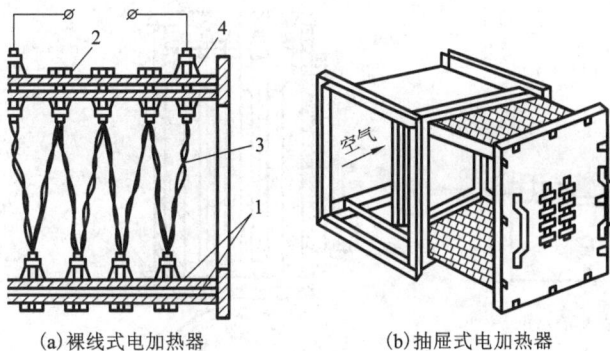

(a)裸线式电加热器　　(b)抽屉式电加热器

图 16 – 14 裸线式电加热器

1—接线端子；2—瓷绝缘子；3—电阻丝；4—紧固装置

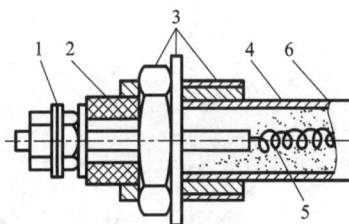

图 16 – 15 管式电加热器

1—钢板；2—隔热层；
3—金属套管；4—瓷绝缘子；
5—绝缘材料；6—电阻丝

四、加湿器

加湿器是用于对空气进行加湿处理的设备，常用的有干蒸汽加湿器和电加湿器两种类型。

1. 干蒸汽加湿器

蒸汽加湿向空气中所喷的是干蒸汽。干蒸汽加湿器的构造如图 16 – 16 所示，它是使用锅炉等加热设备生产的蒸汽对空气进行加湿处理。为了防止蒸汽喷管中产生凝结水，蒸汽先进入喷管外套1，对喷管7中的蒸汽加热、保温，然后经导流板进入加湿器筒体3，分离出产生的凝结水后，再经导流箱4和导流管5进入加湿器内筒体6，在此过程中，使夹带的凝结水蒸发，最后进入喷管7的便是没有凝结水的干蒸汽。

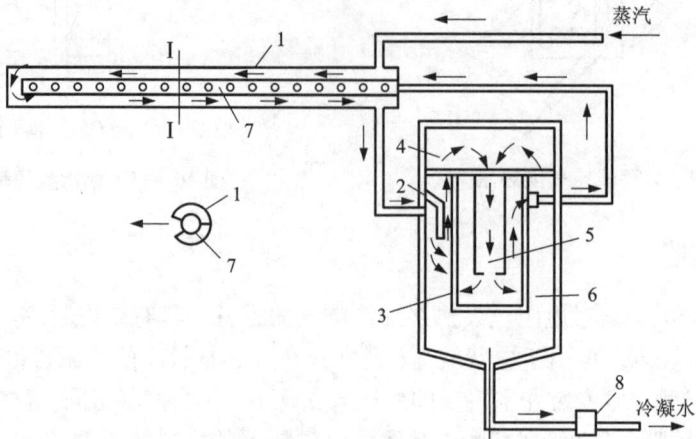

图 16 – 16　干蒸汽加湿器

1—喷管外套；2—导流板；3—加湿器筒体；4—导流箱；5—导流管；6—加湿器内筒体；7—加湿器喷管；8—疏水器

2. 电加湿器

电加湿器是使用电能生产蒸汽来加湿空气。根据工作原理不同，有电热式和电极式两种，如图 16 – 17 所示。

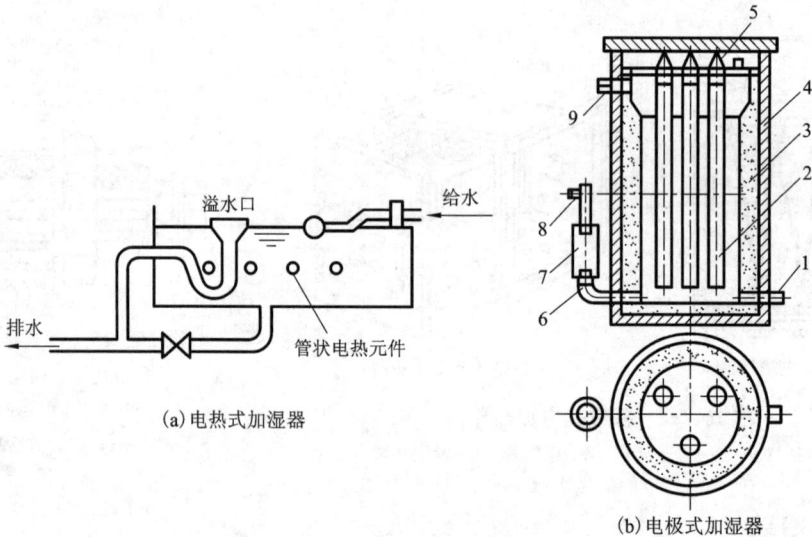

(a)电热式加湿器

(b)电极式加湿器

图 16 – 17　电加湿器

1—进水管；2—电极；3—保温层；4—外壳；5—接线柱；6—溢水管；7—橡皮短管；8—溢水嘴；9—蒸汽出口

电热式加湿器是在水槽中放入管状电热元件，元件通电后将水加热产生蒸汽。补水靠浮球阀自动控制，以免发生断水空烧现象。

电极式加湿器是利用三根铜棒或不锈钢棒插入盛水容器中作电极,当电极与三相电源接通后,电流从水中流过,水的电阻转化的热量将水加热产生蒸汽。

电极式加湿器结构紧凑,加湿量易于控制,但耗电量较大,电极上容易产生水垢和易被腐蚀。因此,适用于小型空调系统。

五、空气过滤器

空气过滤器是用来对空气进行净化处理的设备,通常分为粗效、中效和高效过滤器三种类型。为了便于更换,一般做成块状,如图 16－18 所示。此外,为了提高过滤器的过滤效率和增大额定风量,可做成抽屉式(图 16－19)或袋式(图 16－20)。

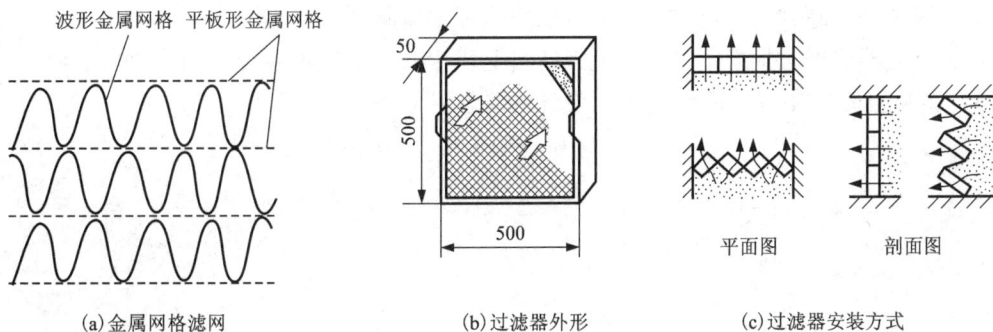

(a)金属网格滤网　　　　(b)过滤器外形　　　　(c)过滤器安装方式

图 16－18　粗效过滤器(块状)

粗效过滤器主要用于空气的初级过滤,过滤粒径在 10～100 μm 范围的大颗粒灰尘。通常采用金属网格、聚氨酯泡沫塑料及各种人造纤维滤料制作。

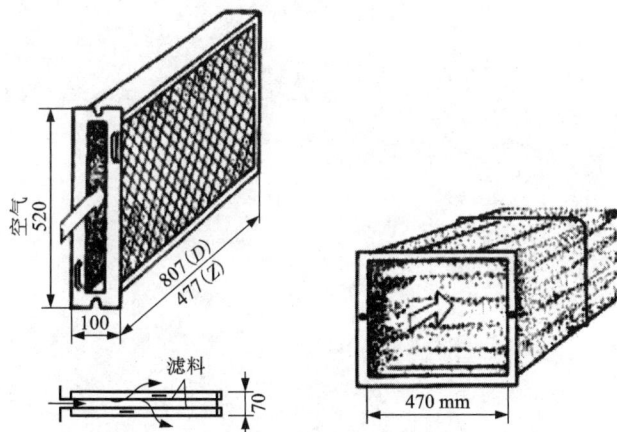

图 16－19　抽屉式过滤器

中效过滤器用于过滤粒径在 1～10 μm 范围的灰尘。通常采用玻璃纤维、无纺布等滤料制作。为了提高过滤效率和处理较大的风量,常做成抽屉式或袋式等形式。

高效过滤器用于过滤粒径在 0.5～1 μm 范围的灰尘,应用在对空气洁净度要求较高的净

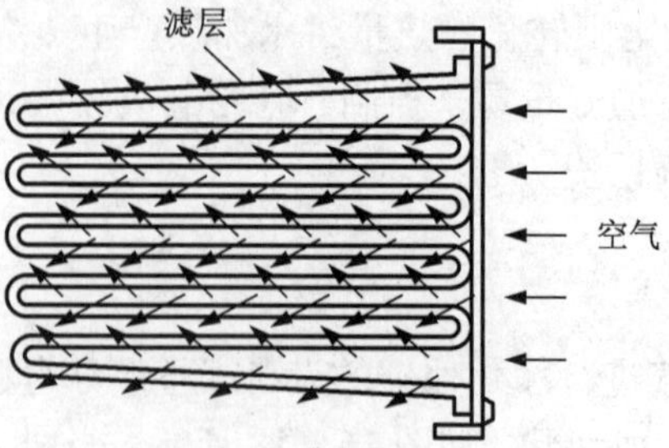

图 16 – 20 袋式过滤器

化空调。通常采用超细玻璃纤维、超细石棉纤维等滤料制作。

空气过滤器应经常拆换清洗,以免因滤料上积尘太多,风管系统的阻力增加,使空调房间的温、湿度和室内空气洁净度达不到设计的要求。

第十七章 通风空调系统施工图

一、通风空调系统施工图的组成

通风与空调系统施工图一般由两大部分组成，即文字部分和图纸部分。文字部分包括图纸目录、设计施工说明、设备及主要材料表。图纸部分包括基本图和详图。基本图包括通风空调系统的平面图、剖面图、轴测图、原理图等。详图包括系统中某局部或部件的放大图、加工图、施工图等。如果详图中采用了标准图或其他工程图纸，那么在图纸目录中必须附有说明。

1. 文字部分

1）图纸目录。

包括在工程中使用的标准图纸或其他工程图纸目录和该工程的设计图纸目录。在图纸目录中必须完整地列出该工程设计图纸名称、图号、工程号、图幅大小、备注等。

2）设计施工说明。

设计施工说明具体包括以下内容：

（1）需要通风空调系统的建筑概况。

（2）通风空调系统采用的设计气象参数。

（3）空调房间的设计条件。包括冬季、夏季的空调房间内空气的温度、相对湿度（或湿球温度）、平均风速、新风量、噪声等级、含尘量等。

（4）空调系统的划分与组成。包括系统编号、系统所服务的区域、送风量、设计负荷、空调方式、气流组织等。

（5）空调系统的设计运行工况（只有要求自动控制时才有）。

（6）风管系统。包括统一规定、风管材料及加工方法、支吊架要求、阀门安装要求、减振做法、保温等。

（7）水管系统。包括统一规定、管材、连接方式、支吊架做法、减振做法、保温要求、阀门安装、管道试压、清洗等。

（8）设备。包括制冷设备、空调设备、供暖设备、水泵等的安装要求及做法。

（9）油漆。包括风管、水管、设备、支吊架等的除锈、油漆要求及做法。

（10）调试和试运行方法及步骤。

（11）应遵守的施工规范、规定等。

3）设备与主要材料表。

设备与主要材料的型号、数量一般在《设备与主要材料表》中给出。

2. 图纸部分

1）平面图。

平面图包括建筑物各层面各通风空调系统的平面图、空调机房平面图、制冷机房平面图等。

（1）通风空调系统平面图。

通风空调系统平面图主要说明通风空调系统的设备、系统风道、冷热媒管道、凝结水管道的平面布置。通风空调系统的内容主要包括：①风管系统；②水管系统；③空气处理设备；④尺寸标注。

此外，对于引用标准图集的图纸，还应注明所用的通用图、标准图索引号。对于恒温恒湿房间，应注明房间各参数的基准值和精度要求。

（2）空调机房平面图。

空调机房平面图一般包括以下内容：

①空气处理设备。注明按标准图集或产品样本要求所采用的空调器组合段代号，空调箱内风机、加热器、表冷器、加湿器等设备的型号、数量，以及该设备的定位尺寸。

②风管系统。用双线表示，包括与空调箱相连接的送风管、回风管、新风管。

③水管系统。用单线表示，包括与空调箱相连接的冷、热媒管道及凝结水管道。

④尺寸标注。包括各管道、设备、部件的尺寸大小、定位尺寸。

如图17-1所示，是某大楼底层空调机房平面图。

其他的还有消声设备、柔性短管、防火阀、调节阀门的位置尺寸。

（3）冷冻机房平面图。

冷冻机房与空调机房是两个不同的概念，冷冻机房内的主要设备为空调机房内的主要设备——空调箱提供冷媒或热媒。也就是说，与空调箱相连接的冷、热媒管道内的液体来自于冷冻机房，而且最

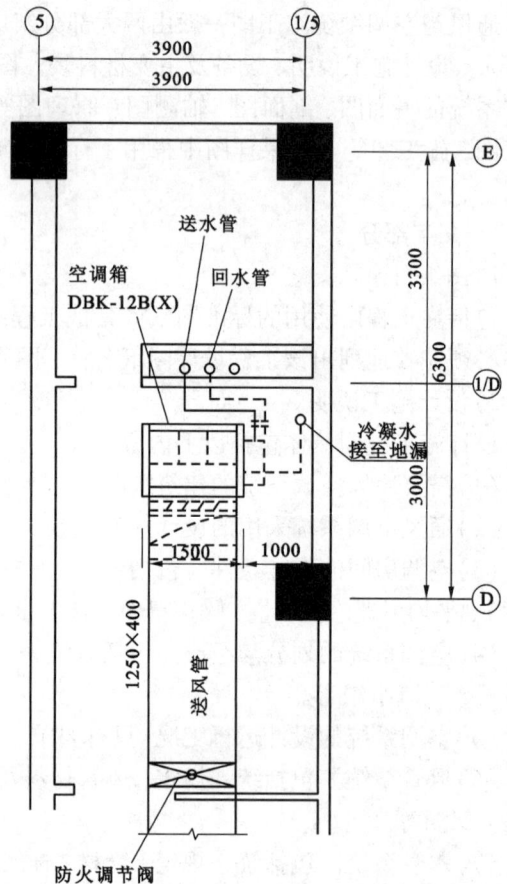

图17-1 某大楼底层空调机房平面图

终又回到冷冻机房。因此，冷冻机房平面图的内容主要有制冷机组的型号与台数、冷冻水泵和冷凝水泵的型号与台数、冷（热）媒管道的布置以及各设备、管道和管道上的配件（如过滤器、阀门等）的尺寸大小和定位尺寸。

2）剖面图。

剖面图总是与平面图相对应的，用来说明平面图上无法表明的情况。因此，与平面图相对应的通风空调施工图中剖面图主要有通风空调系统剖面图、通风空调机房剖面图和冷冻机房剖面图等。至于剖面和位置，在平面图上都有说明。剖面图上的内容与平面图上的内容是一致的，其区别是：剖面图上还标注有设备、管道及配件的高度。

240

3）系统图（轴测图）。

系统轴测图采用的是三维坐标，如图 17 - 2 所示。它的作用是从总体上表明所讨论的系统构成情况及各种尺寸、型号和数量等。

具体地说，系统图上包括该系统中设备、配件的型号、尺寸、定位尺寸、数量以及连接于各设备之间的管道在空间的曲折、交叉、走向和尺寸、定位尺寸等。

系统图上还应注明该系统的编号。如图 17 - 3 所示，是用单线绘制的某通风空调系统的系统图。系统图可以用单线绘制，也可以用双线绘制。

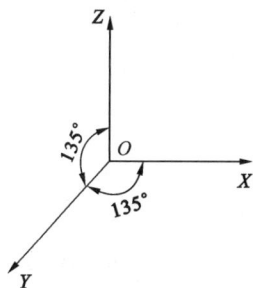

图 17 - 2　系统轴测图的三维坐标

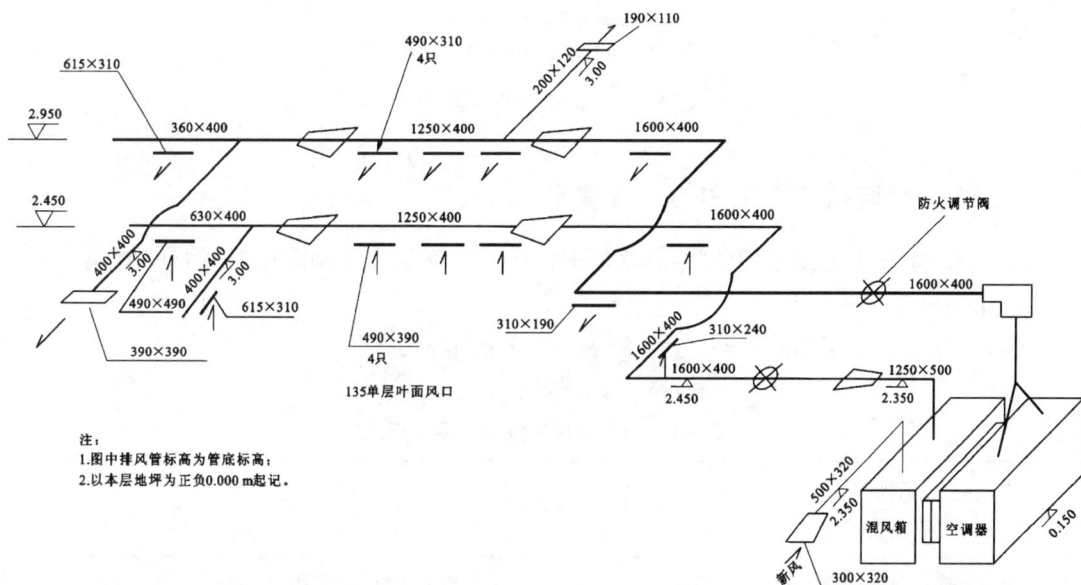

图 17 - 3　用单线绘制的某通风空调系统的系统图

4）原理图。

原理图一般为空调原理图，它主要包括以下内容：系统的原理和流程；空调房间的设计参数、冷热源、空气处理和输送方式；控制系统之间的相互关系；系统中的管道、设备、仪表、部件；整个系统控制点与测点间的联系；控制方案及控制点参数；用图例表示的仪表、控制元件型号等。

5）详图。

通风空调系统图所需要的详图较多。总的来说，有设备、管道的安装详图，设备、管道的加工详图，设备、部件的结构详图等。部分详图有标准图可供选用。

图 17 - 4 所示是风机盘管接管详图。

可见，详图就是对图纸主题的详细阐述，而这些是在其他图纸中无法表达但却又必须表达清楚的内容。

以上是通风空调系统施工图的主要组成部分。可以说，通过这几类图纸就可以完整、正确地表述出通风空调工程的设计者的意图,施工人员根据这些图纸也就可以进行施工、安装了。

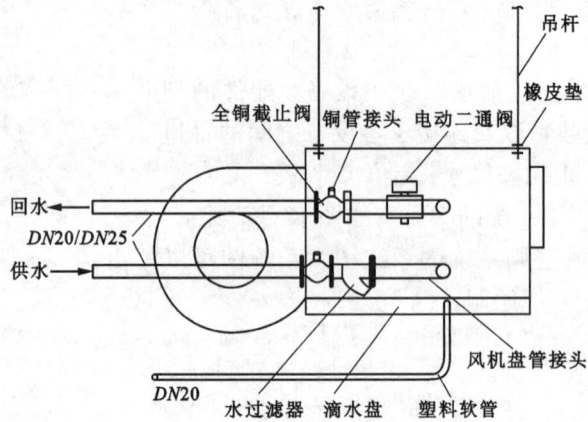

图 17 - 4　风机盘管接管详图

二、通风空调系统施工图的一般规定

通风空调系统施工图应符合《给排水制图标准》和《暖通空调制图标准》的有关规定。

1. 比例规定

通风空调系统施工图的比例,宜按照表 17 - 1 选用。

表 17 - 1　通风空调系统施工图常用比例

名称	比例
总平面图	1∶500、1∶1000、1∶2000
剖面图等基本图	1∶50、1∶100、1∶150、1∶200
大样图、详图	1∶1、1∶2、1∶5、1∶10、1∶20、1∶50
工艺流程图、系统原理图	无比例

2. 风管标注规定

矩形风管的标高标注在风管底部,圆形风管为分管中心线标高;圆形风管的管径用 ϕ 表示,如 $\phi120$,表示直径为 120 mm 的圆形风管;矩形风管用断面尺寸即长×宽表示,如 200 mm × 100 mm,表示长 200 mm、宽 100 mm 的矩形风管。

3. 图例规定

通风空调系统施工图上的图形不能反映实物的具体形象与结构,它采用了国家规定的统一的图例符号来表示,这是通风空调系统施工图的一个特点,也是对阅读者的一个要求:阅读前,应首先了解并掌握与图纸有关的图例符号所代表的含义。

通风空调系统施工图常用图例见表 17 - 2、表 17 - 3。

表 17 - 2　风道代号

代号	风道名称	代号	风道名称
K	空调风管	H	回风管(一、二次风可附加1、2区别)
S	送风管		排风管
X	新风管		排烟管或排风、排烟共用管道

表 17 - 3　通风空调系统施工图常用图例

序号	名称	图例	备注
		风道、阀门及附件	
1	砌筑风、烟道	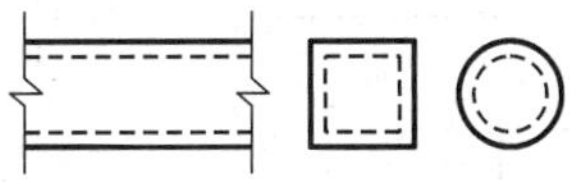	其余均为: 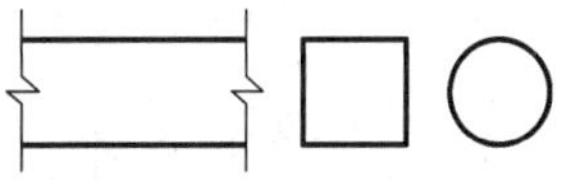
2	带导流弯头	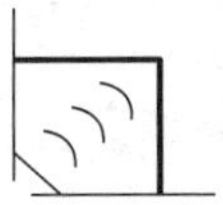	
3	消声器 消声弯头	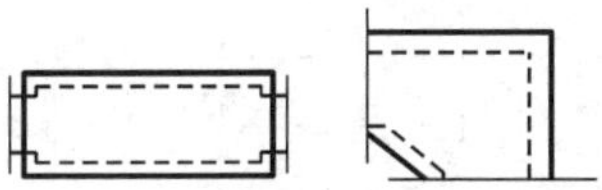	也可表示为: 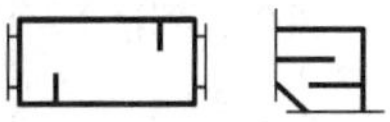
4	插板阀	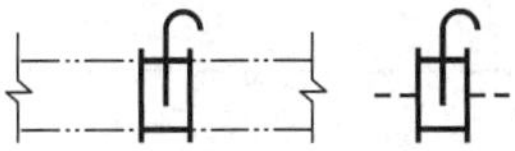	
5	天圆地方	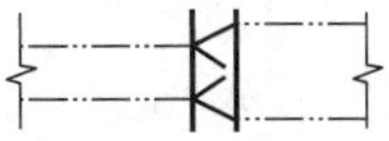	左接矩形风管,右接圆形风管
6	蝶阀		
7	对开多叶调节阀	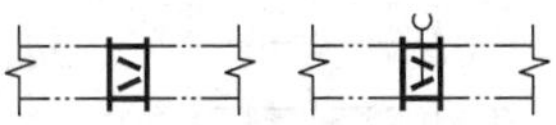	左为手动,右为电动
8	风管单向阀	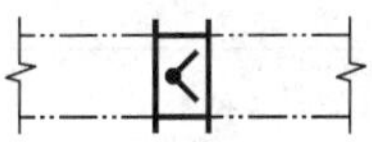	
9	三通调节阀	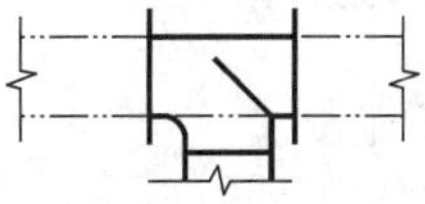	

序号	名称	图例	备注
10	防火阀	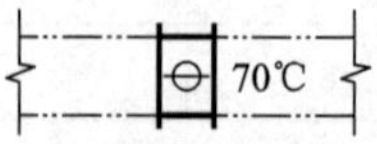	表示 70℃ 动作的常开阀。若图面小可表示为： 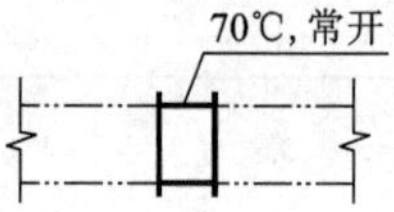
11	排烟阀	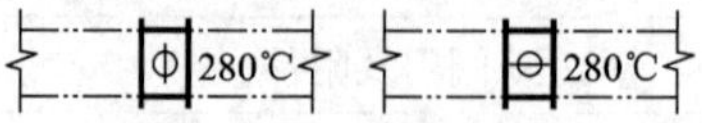	左为 280℃ 动作的常闭阀，右为常开阀。若图面小，方法同上。
12	软接头	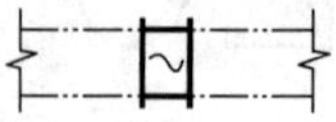	也可表示为： 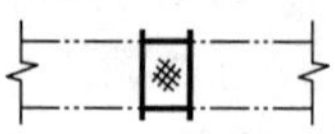
13	软管	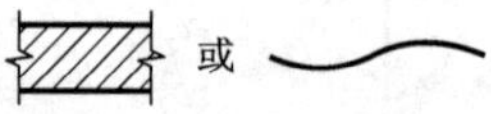	
14	风口(通用)	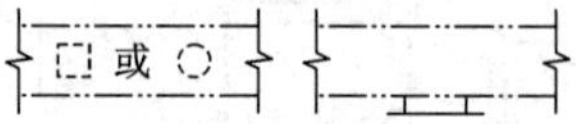	
15	气流方向		左为通用表示法，中为送风，右为回风
16	百叶窗		
17	散流器	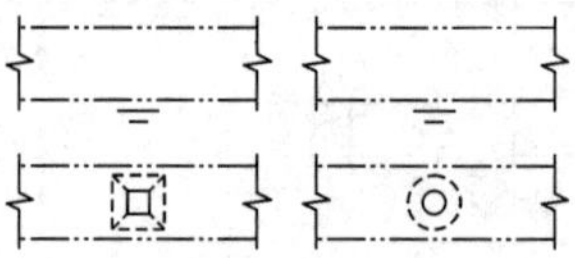	左为矩形散流器，右为圆形散流器。散流器为可见时，虚线改为实线
18	检查孔测量孔	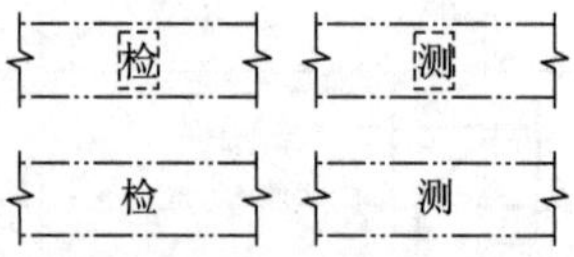	

序号	名称	图例	备注
		空调设备	
1	轴流风机	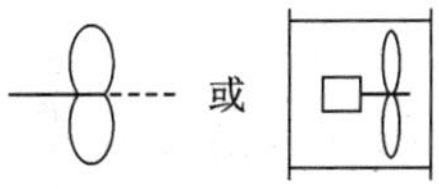	
2	离心风机	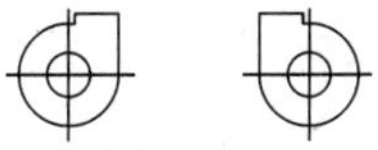	左为左式风机，右为右式风机
3	水泵		左侧进水，右侧出水
4	空气加热、冷却器		左、中分别为单加热、单冷却，右为双功能换热装置
5	空气过滤器	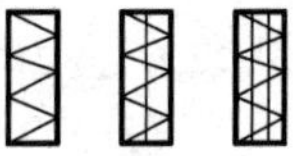	左为粗过滤，中为中效，右为高效
6	电加热器	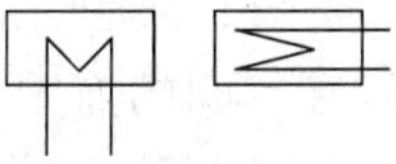	
7	加湿器	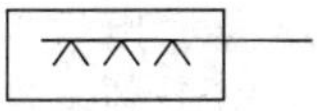	
8	挡水板	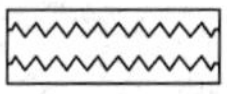	
9	窗式空调器	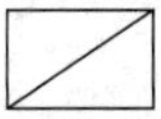	
10	分体式空调器	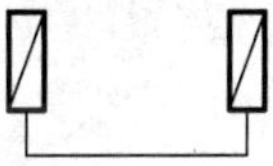	
11	风机盘管	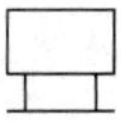	可标注型号，如：FP-5 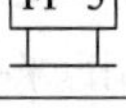
12	减振器	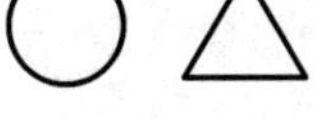	左为平面图画法，右为剖面图画法

通风、空调系统施工图的基本规定和图样画法：

（1）通风空调管道和设备布置平面图、剖面图应以直接正投影法绘制。管道系统图的基本要求应与平面图、剖面图相对应，如采用轴测投影法绘制，宜采用与相应的平面图一致的比例，按正等轴测或正面斜二轴测的投影规则绘制。原理图（即流程图）不按比例和投影规则绘制，其基本要求是应与平面图、剖面图及管道系统图相对应。

（2）通风与空调施工图依次包括图纸目录、选用图集（纸）目录、设计施工说明、图例、设备及主要材料表、总图、工艺（原理）图、系统图、平面图、剖面图、详图等。

（3）设备表一般包括序号、设备名称、技术要求、数量、备注栏。

材料表一般包括序号、材料名称、规格或物理性能、数量、单位、备注栏；设备部件需标明其型号、性能时，可用明细栏表示。

（4）通风与空调图样包括平面图、剖面图、详图、系统图和原理图。通风与空调平面图应按本层平顶以下俯视绘出，剖面图应在其平面图上选择能反映该系统全貌的部位直立剖切。通风与空调剖面图剖切的视向宜向上、向左。平面图、剖面图应绘出建筑轮廓线，标出定位轴线编号、房间名称，以及与通风空调系统有关的门、窗、梁、柱、平台等建筑构配件。

平面图、剖面图中的风管宜用双线绘制，以便增加直观感。风管的法兰盘可用单线绘制。平面图、剖面图中的各设备、部件等宜标注编号。通风与空调系统如需编号时，宜用系统名称的汉语拼音字头加阿拉伯数字进行编号。如：送风系统 S－1、S－2 等，排风系统 P－1、P－2 等。设备的安装图应由平面图、剖面图、局部详图等组成，图中各细部尺寸应注清楚，设备、部件均应标注编号。

通风与空调系统图是施工图的重要组成部分，也是区别于建筑、结构施工图的一个主要特点。它可以形象地表达出通风与空调系统在空间的前后、左右、上下的走向，以突出系统的立体感。为使图样简洁，系统图中的风管宜按比例以单线绘制。对系统的主要设备、部件应注出编号，对各设备、部件、管道及配件要表示出它们的完整内容。系统图宜注明管径、标高，其标注方法应与平面图、剖面图一致。图中的土建标高线，除注明其标高外，还应加文字说明。

三、通风空调系统施工图的特点

1. 风、水系统环路的独立性

在通风空调施工图中，风管系统与水管系统（包括冷冻水、冷却水系统）按照它们的实际情况出现在同一张平、剖面图中，但是在实际运行中，风系统与水系统具有相对独立性。因此，在阅读施工图时，首先将风系统与水系统分开阅读，然后再综合起来。

2. 风、水系统环路的完整性

通风空调系统中，无论是水管系统还是风管系统，都可以称之为环路，这就说明风、水管系统总是有一定来源，并按一定方向，通过干管、支管，最后与具体设备相接，多数情况下又将回到它们的来源处，形成一个完整的系统，图 17－5 所示为冷媒管道系统环路图。

图 17－5　冷媒管道系统环路图

可见，系统形成了一个循环往复的完整的环路。我们可以从冷水机组开始阅读，也可以从空调设备处开始，直至经过完整的环路又回到起点。

风管系统同样可以写出这样的环路，如图 17－6 所示。

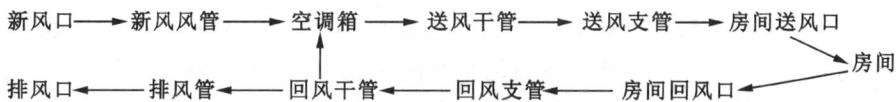

新风口 ——→ 新风风管 ——→ 空调箱 ——→ 送风干管 ——→ 送风支管 ——→ 房间送风口

排风口 ←—— 排风管 ←—— 回风干管 ←—— 回风支管 ←—— 房间回风口 ←—— 房间

图 17－6 风管系统环路图

对于风管系统，可以从空调箱处开始阅读，逆风流动方向看到新风口，顺风流动方向看到房间，再至回风干管、空调箱，再看回风干管到排风管、排风门这一支路。也可以从房间处看起，研究风的来源与去向。

3. 通风空调系统的复杂性

通风空调系统中的主要设备，如冷水机组、空调箱等，其安装位置由土建决定，这使得风管系统与水管系统在空间的走向上往往是纵横交错，在平面图上很难表示清楚，因此，通风空调系统的施工图中除了大量的平面图、立面图外，还包括许多剖面图与系统图，它们对读懂图纸有重要帮助。

4. 与土建施工的密切性

通风空调系统中的设备、风管、水管及许多配件的安装都需要土建的建筑结构来容纳与支撑，因此，在阅读通风空调系统施工图时，要查看有关图纸，密切与土建配合，并及时对土建施工提出要求。

四、通风、空调系统施工图识读

通风、空调施工图的识图基础，需要特别强调并掌握以下几点：

(1)空调调节的基本原理与空调系统的基本理论。

这些是识图的理论基础，没有这些基本知识，即使有很高的识图能力，也无法读懂通风空调施工图的内容。因为通风空调施工图是专业性图纸，没有专业知识作为铺垫就不可能读懂图纸。

(2)投影与视图的基本理论。

投影与视图的基本理论是任何图纸绘制的基础，也是任何图纸识图的前提。

(3)通风空调施工图的基本规定。

通风空调施工图的一些基本规定，如线型、图例符号、尺寸标注等，直接反映在图纸上，有时并没有辅助说明。因此，掌握这些规定有助于识图过程的顺利完成，不仅帮助我们认识通风空调施工图，而且有助于提高识图的速度。

1. 通风空调施工图的识图方法与步骤

1)阅读图纸目录。

根据图纸目录了解该工程图纸的概况，包括图纸张数、图幅大小及名称、编号等信息。

2)阅读施工说明。

根据施工说明了解该工程概况，包括空调系统的形式、划分及主要设备布置等信息。在这基础上,确定哪些图纸代表着该工程的特点、属于工程中的重要部分,图纸的阅读就从这些重要图纸开始。

3)阅读有代表性的图纸。

在第二步中确定了代表该工程特点的图纸,现在就根据图纸目录,确定这些图纸的编号,并找出这些图纸进行阅读。在通风空调施工图中,有代表性的图纸基本上都是反映空调系统布置、空调机房布置、冷冻机房布置的平面图,因此,通风空调施工图的阅读基本上是从平面图开始的,先是总平面图,然后是其他的平面图。

4)阅读辅助性图纸。

对于平面图上没有表达清楚的地方,就要根据平面图上的提示(如剖面位置)和图纸目录找出该平面图的辅助图纸进行阅读,包括立面图、侧立面图、剖面图等。对于整个系统可参考系统图。

5)阅读其他内容。

在读懂整个通风空调系统的前提下,再进一步阅读施工说明与设备及主要材料表,了解通风空调系统的详细安装情况,同时参考加工、安装详图,从而完全掌握图纸的全部内容。

2. 识图举例

下面以某大厦多功能厅的空调系统为例,说明识读通风空调施工图的方法和步骤。

1)空调系统施工图的识读

图 17-7 所示为多功能厅的空调平面图,图 17-8 所示为其剖面图,图 17-9 所示为风管系统轴测图。

从图中可以看出空调箱设在机房内,我们从空调机房开始识读风管系统。在空调机房 C 轴外墙上有一带调节阀的风管(新风管),新风由此新风管从室外将新鲜空气吸入室内。在空调机房②轴线内墙上有一消声器 4,这是回风管。空调机房有一空调箱 1,从剖面图 17-8 看出在空调箱侧下部有一接短管的进风口,新风与回风在空调房混合后,被空调箱由此进风口吸入,经冷热处理后,由空调箱顶部的出风口送至送风干管。送风首先经过防火阀和消声器 2,继续向前,管径变为 800 mm × 500 mm,又分出第二个分支管,继续前行,流向管径为 800 mm × 250 mm 的分支管,每个送风支管上都有方形散流器(送风口),送风通过这些散流器送入多功能厅。大部分回风经消声器与新风混合被吸入空调箱的进风口,完成一次循环。

从 A-A 剖面图可看出,房间高度为 6 m,吊顶距地面高度为 3.5 m,风管暗装在布顶内,送风口直接开在吊顶面上,风管底标高分别为 4.25 m 和 4 m,气流组织为上送下回。

从 B-B 剖面可看出,送风管通过软接头直接从空调箱上部接出,沿气流方向高度不断减小,从 500 mm 变成了 250 mm。从剖面图上还可看出三个送风支管在总风管上的接口位置及支管尺寸。

2)金属空气调节箱总图的识读。

看详图时,一般是在了解这个设备在系统中的地位、用途和工况后,从主要的视图开始,找出各视图间的投影关系,并结合明细表,再进一步了解它的构造和相互关系。

如图 17-10 所示为叠式金属空气调节箱,即标准化的小型空调器,可参见采暖通风标准图集。本图为空调箱的总图,分别为 A-A、B-B 和 C-C 剖面图。该空调箱总的分为上、下两层,每层三段,共六段,制造时用型钢、钢板等制成箱体,分六段制作,再装上配件和设备,最后再拼接成整体。

上层分为中间段、加热和过滤段。中间段没有设备空箱，只供空气从此通过；加热和过滤段左边为设加热器的部位(本工程未设)，中部顶上的矩形管是用来连接新风和送风管的，右部为装过滤器的部位。

下层分为中间段、喷雾段和风机段。中间段只供空气通过；中部是喷雾段，右部装有导风板，中部有两根冷水管，每根管上接有三根立管，每根立管上接有六根水平支管，支管端部装尼龙或铜质喷嘴，喷雾段的进、出口都装有挡水板。下部设有水池，喷淋后的冷水经过滤网过滤回到制冷机房的冷水箱以备循环使用，水池设溢水槽和浮球阀；风机段在下部左侧，装有离心式风机，是空调系统的动力设备。空调箱要做厚度为 30 mm 的泡沫塑料保温层。

由上可知，空气调节箱的工作过程是新风从上层中间顶部进入，向右经空气过滤器过滤、热交换器加热或降温，向下进入下层中间段，再向左进入喷雾段处理，然后进入风机段，由风机压送到上层左侧中间段，经送风口送出到与空调箱相连的送风管道系统，最后经散流器进入各空调房间。

3)冷、热媒管道施工图的识读

空调箱是空气调节系统处理空气的主要设备，空调箱需要供给冷冻水、热水或蒸汽。制造冷冻水就需要制冷设备，设置制冷设备的房间称为制冷机房，制冷机房制造的冷冻水要通过管道送到机房的空调箱中，使用过的水经过处理再回到制冷机房循环使用。由此可见，制冷机房和空调机房内均有许多管路与相应设备连接，而要把这些管子和设备的连接情况表达清楚，要用平面图、剖面图和系统图来表示。一般用单线条来绘制管线图。

图 17-11 ~ 图 17-13 所示分别为冷、热媒管道底层、二层平面图和管道系统图。

从图中可见，水平方向的管子用单线条画出，立管用小圆圈表示，向上、向下弯曲的管子、阀门及压力表等都用"图例"符号来表示，管道都在图样上加注图例说明。

从图 17-11 可以看到从制冷机房接出的两根长的管子即冷水供水管 L 与冷水回管 H，水平转弯后，就垂直向上走。在这个房间内还有蒸汽管 Z、凝结水管 N、排水管 P，它们都吊装在该房间靠近顶棚的位置上，与图 17-12 所示二层管道平面图中调-1 管道的位置是相对应的。在制冷机房平面图中还有冷水箱、水泵和相连接的各种管道，同样可根据图例来分析和阅读这些管子的布置情况。由于没有剖面图，可根据管道系统图来表示管道、设备的标高等情况。

图 17-13 所示为表示管道空间方向情况的系统图。图中画出了制冷机房和空调机房的管路及设备布置情况。从调-1 空调机房和制冷机房的管路系统来看，从制冷机组出来的冷媒水经立管和三通进到空调箱，分出三根支管，两根将冷媒水送到连有喷嘴的喷水管，另一支管接热交换器，给经过热交换器的空气降温；从热交换器出来的回水管 H 与空调箱下的两根回水管汇合，用 $DN100$ 的管子接到冷水箱，冷水箱中的水由水泵送到冷水机组进行降温。当系统不工作时，水箱和系统中存留的水都由排水管 P 排出。

总之，在了解整个工程系统的情况下，再进一步阅读施工设计说明、材料设备表及整套施工图样，对每张图样要反复对照去看，了解每一个施工安装的细节，从而完全掌握图样的全部内容。

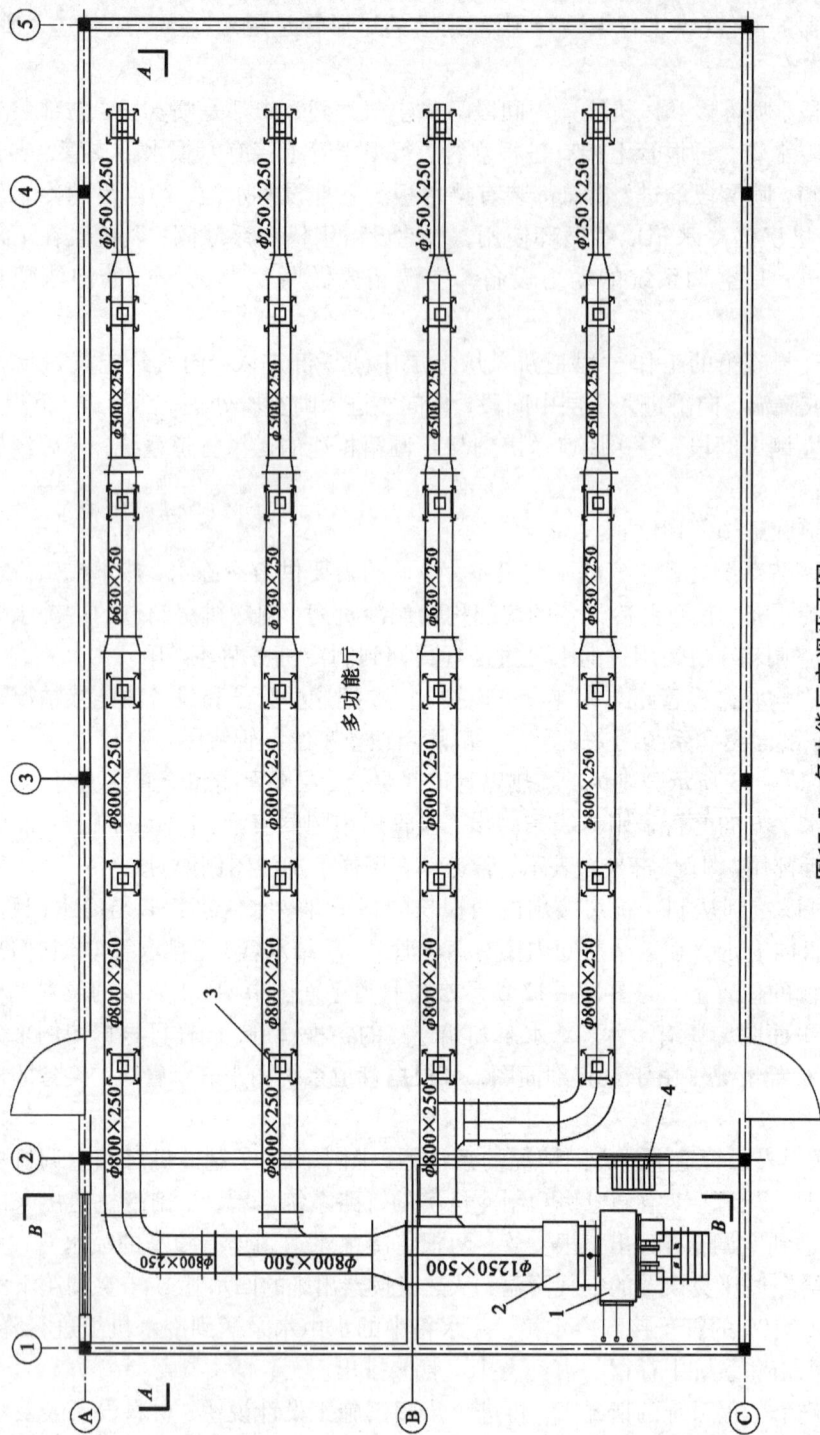

图17-7 多功能厅空调平面图

1—变风量空调箱BFP×18，风量18000 m³/h，冷量150 kW，余压400 Pa，电机功率4.4 kW；
2—微穿孔板消音器1250×500；
3—铝合金方形散流器240×240，共24只；
4—阻抗复合式消音器1600×800，回风口

250

A—A剖面图1:150

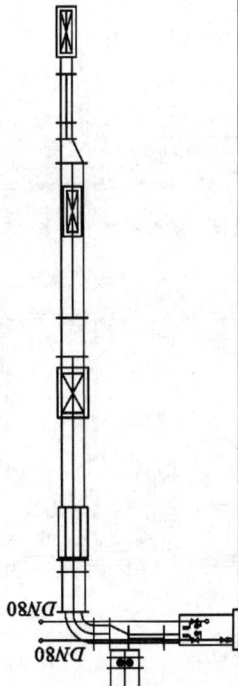

800×250　800×250　600×250　500×250　250×250

4250

5　4000

28000

8000　8000　8000

2000　4000　4000　4000　4000　4000　4000　2000

1　2　3　4　5

6000

3500

DN80

DN80

B—B剖面图1:150

图17-8　多功能厅空调剖面图

1—变风量空调箱BFP×18，风量18000 m³/h，余压4000 Pa，电动机功率4.4 kW，冷量150 kW；
2—微穿孔板消声器1250×500；
3—铝合金方形散流器240×240，共24只；
4—阻抗复合式消声器1600×800，回风口

251

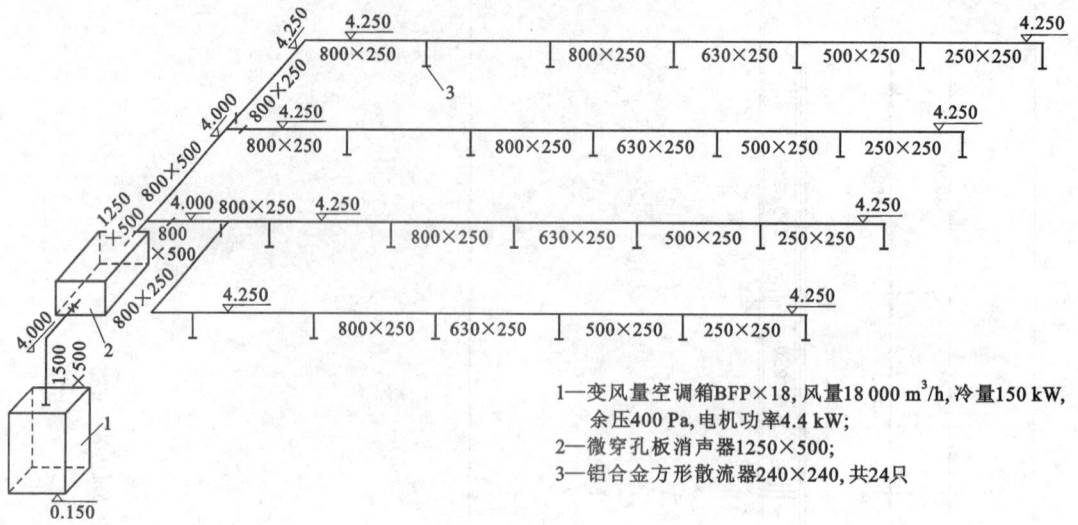

图 17 – 9　多功能厅空调风管系统轴测图 1:150

1—变风量空调箱BFP×18, 风量18 000 m³/h, 冷量150 kW,
　余压400 Pa, 电机功率4.4 kW;
2—微穿孔板消声器1250×500;
3—铝合金方形散流器240×240, 共24只

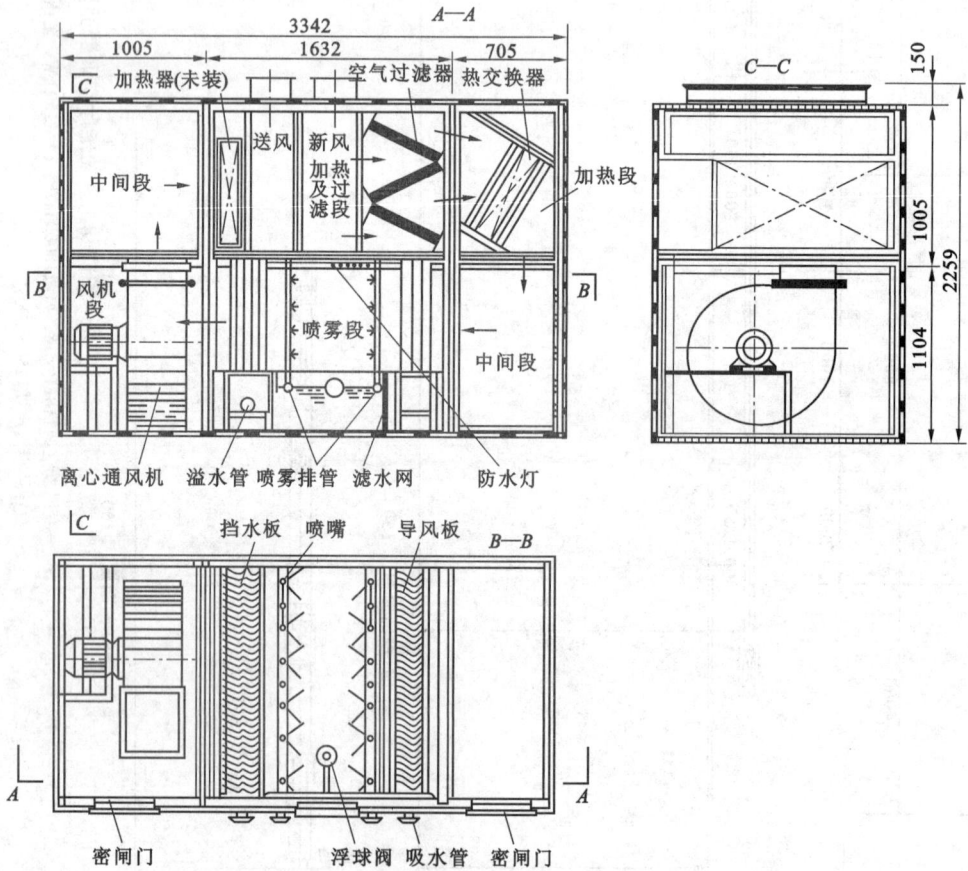

图 17 – 10　叠式金属空调箱总图

252

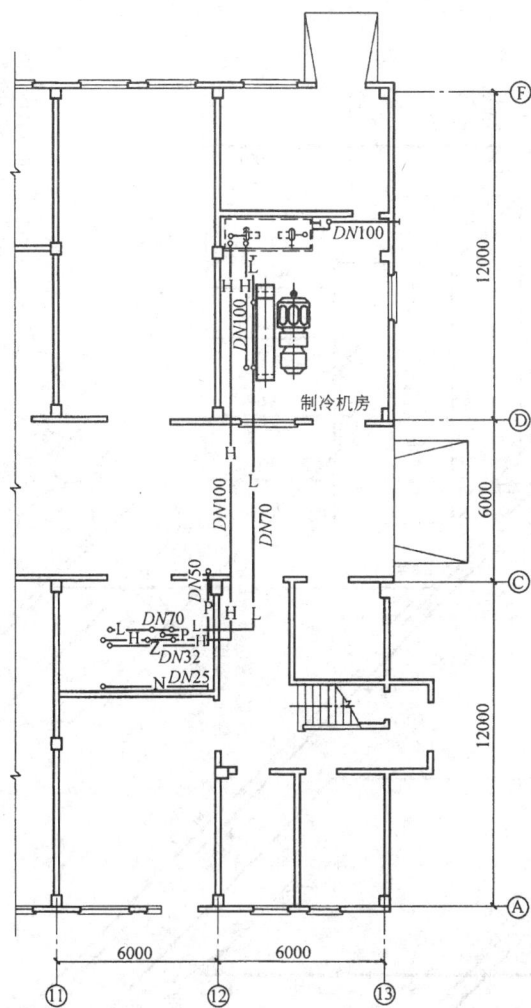

图 17－11　冷、热媒管道底层平面图

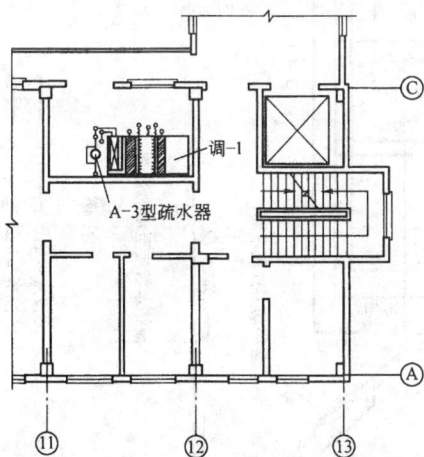

图 17－12　冷、热媒管道二层平面图

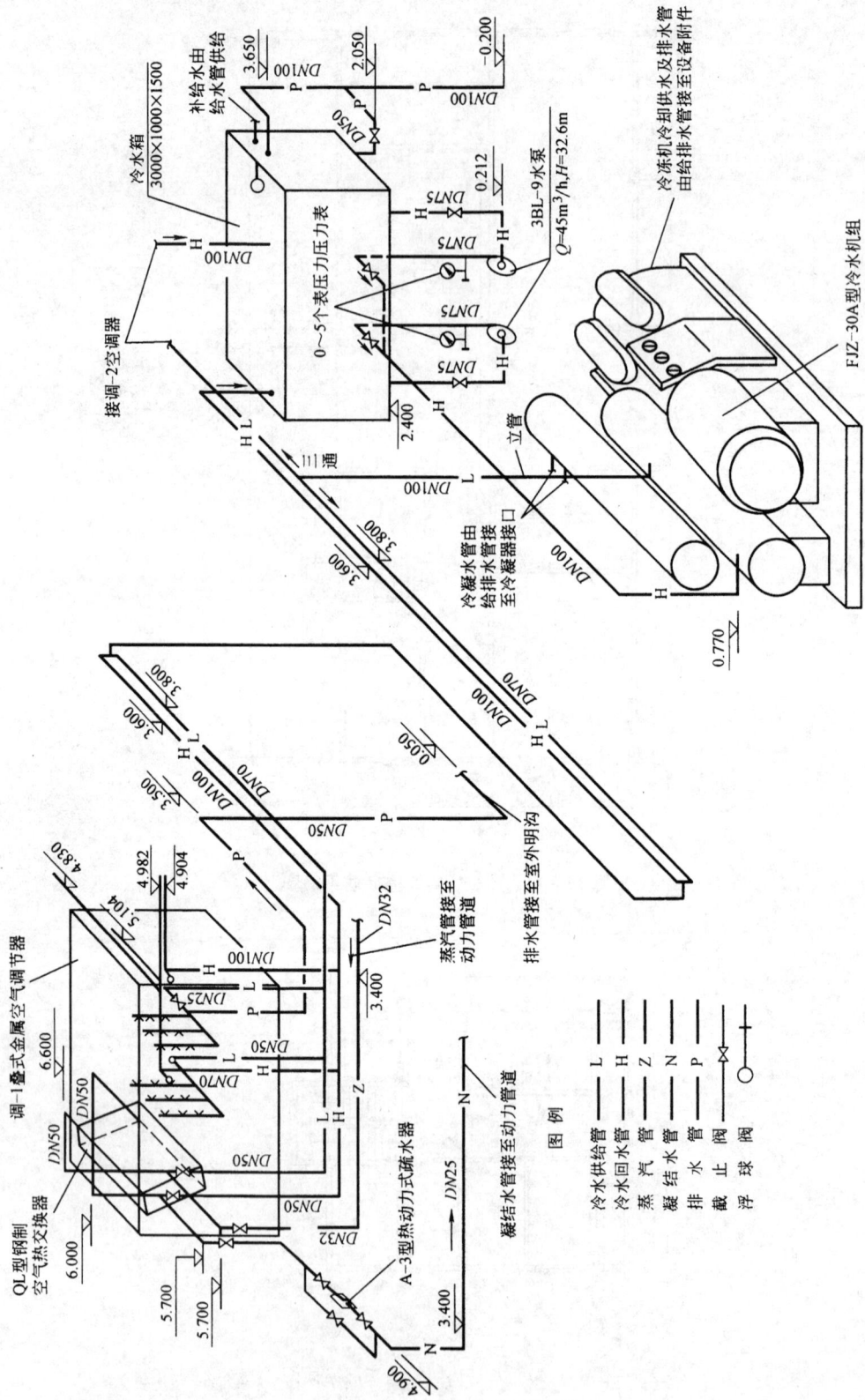

图17-13 冷、热媒管道系统图

254

第十八章 建筑通风与空调系统施工工艺

一、通风空调管道的加工制作

建筑通风、空调管道及阀部件大多是根据工程需要现场加工制作。因此,可根据工程的实际要求加工成圆形和矩形。

1. 通风空调工程常用材料

(1)板材。通风工程中常用的板材有金属板材和非金属板材两大类,其中金属板材有普通钢板、镀锌钢板、不锈钢、铝板等,一般的通风空调管道可采用厚度为 0.5~1.5 mm 的钢板,有防腐及防火要求的场合可选用不锈钢和铝板;非金属板材有塑料复合钢板(在普通钢板表面喷涂厚度为 0.2~0.4 mm 的塑料层,用于防腐要求高或温度在 -10~70℃ 间有腐蚀性的空调系统,连接方式只能是咬口和铆接)、塑料板、玻璃钢等。塑料板因其光洁耐腐蚀,有时用于洁净空调系统中。玻璃钢板材耐腐蚀强度好,常用于带有腐蚀性气体的通风系统中。

(2)型材。通风空调工程中常用的角钢、扁钢、槽钢等制作管道及设备支架、管道连接用法兰、管道加固框。

(3)垫料。每节风管两端法兰接口之间要加衬垫,衬垫应具有不吸水、不透气、耐腐蚀、弹性好等特点。衬垫的厚度一般为 3~5 mm。目前,在一般通风空调系统中应用较多的垫料是橡胶板。输送烟气温度高于70℃的风管,可用石棉橡胶板或石棉绳。另外,泡沫氯丁胶垫也是应用较广的一种衬垫材料。

2. 通风空调管道及阀部件、配件的加工制作

风管和配件广泛的制作方法是由平整的板材加工而成的。从平板到成品的加工由于材质的不同形状的一样而有各种要求,但从工艺上看,其基本工序可分为:划线、剪切成型,拆方和卷圈、连接,咬口和焊接,以及安装法兰等步骤。

二、通风空调管道的安装

风管的安装应与土建专业及其他相关工艺设备专业的施工配合进行:

(1)一般送排风系统和空调系统的安装,需在建筑物的顶面完成,安装部位的障碍物已基本清理干净的条件下进行。

(2)空气洁净系统的安装,需在建筑内部有关部位的地面干净、墙面已抹灰、室内无大面积扬灰的条件下进行。

在安装前应对到货的设备和加工成品进行检查:

①加工成品的出厂合格证有清单;

②风管配件有无损失、遗失,各种阀门、风口等部件的调节装置、开关是否灵活,保温层、油漆层是否损伤;

③金属空调器、除尘器、热交换器、消声器、静压箱、风机盘管、诱导器和通风机等设备

的技术文件是否齐全，核对型号、外形尺寸、性能标注等是否与设计要求一致。可动部分是否灵活，接口法兰是否平整，内外部有无锈蚀、开焊、松动、破损等现象。

安装前应对施工现场进行如下检查：

①预留孔洞、支架、设备基础的位置、方向及尺寸是否正确；

②安装场地是否清理干净，安全无碍，安装机具是否齐备；

③本系统的安装同其他专业工程（如给排水、电气照明等）的管线有无相碰之处。

安装工作开始前，还需要进行现场测绘，测绘安装简图。

现场测绘师根据设计，在安装地点进行管路和设备器具的实际位置测绘、距离尺寸及角度，安装简图是以施工图中的平立图、系统图为依据，结合现场具体条件，画出通风系统的单线图，标出安装距离及各部尺寸。

风管及部件安装工艺流程如图18-1所示。

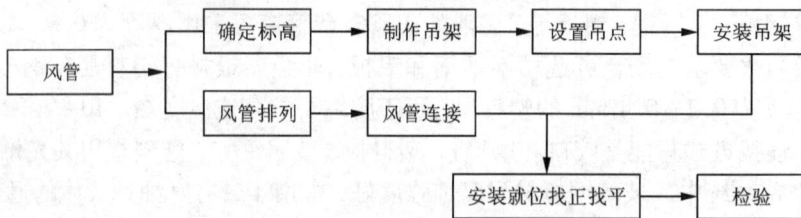

图 18-1 风管及部件安装流程图

1. 风管支架制作安装

风管一般都是沿屋内楼板，靠墙或柱子敷设的，有的是主管设在技术夹层内。它需要各种形式的支架将风管固定支撑在一定空间位置，风管支架的形式基本和钢管支架类似，有吊架、托架和立管卡等。

支架应在风管吊装前，先栽固在建筑结构上，最好采用膨胀螺栓法安装，这样可以边做支架边安装风管，如采用灌浆法，需待混凝土达到强度以后方可使用。

风管支架根据风管重量和现场情况，可用扁钢、角钢或槽钢制作，吊筋用 ϕ10 mm 圆钢。具体选用应按设计要求和参照标准图制作安装。不承重的管箍，可采用镀锌钢板的边角料加工制作。

图 18-1 所示是各种风管支架形式。

风管支架安装注意事项：

(1)按风管的中心线找出吊杆安装位置（吊点的位置根据风管中心线对称设置），单吊杆安装在风管的中心线上；双吊杆可按托架的螺孔间距或风管的中心线对称安装。吊杆与吊件应进行安全可靠的固定，对焊接后的部位应补刷油漆。

(2)立管管卡安装时，应先把最上面的一个管件固定好，再用线坠在中心处吊线，下面的风管即可进行固定。

(3)当风管较长要安装成排支架时，先把两端安好，然后以两端的支架为基准，用拉线法找出中间各支架的标高进行安装。

(4)支、吊架不得设置在风口、阀门、检查门及自控机构处，离风口或插接管的距离不宜小于 200 mm。

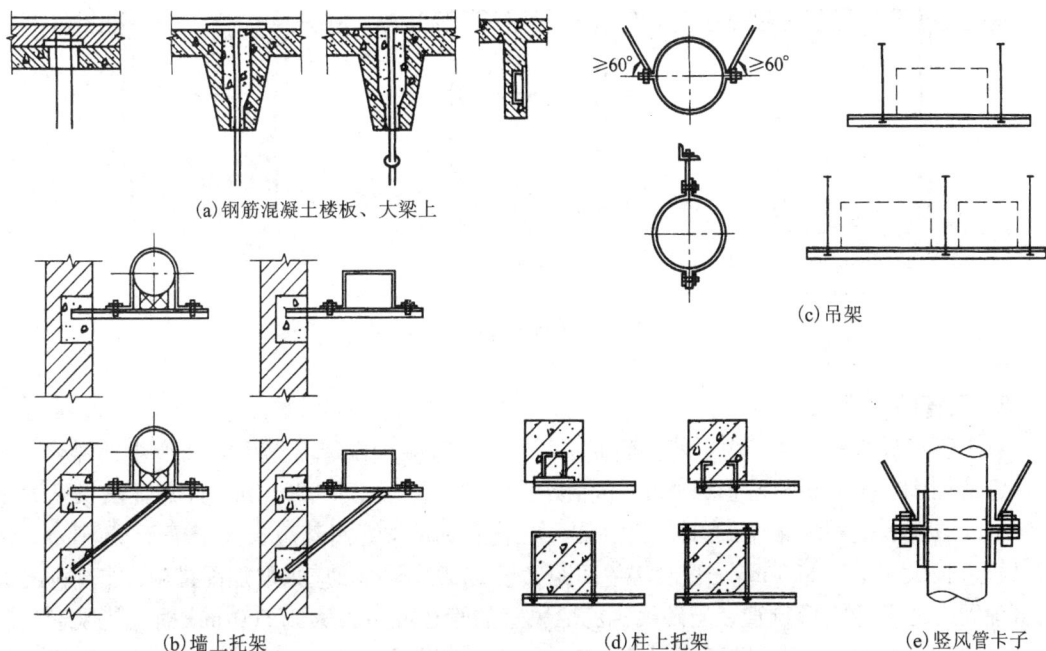

(a)钢筋混凝土楼板、大梁上

(c)吊架

(b)墙上托架

(d)柱上托架

(e)竖风管卡子

图18－2　风管支架形式

(5)抱箍支架的折角应平直,抱箍应紧贴并抱紧风管。安装在支架上的圆形风管应设托座和抱箍,其圆弧应均匀,且与风管外径相一致。

(6)保温风管的支、吊架装置宜放在保温层外部,保温风管不得与支、吊托架直接接触,应垫上坚固的隔热防腐材料,其保温厚度与保温层相同,防止产生"冷桥"。

2. 风管间的连接

风管最主要的连接方式是法兰连接,但除此之外还可采用无法兰连接的形式,即抱箍式无法兰连接、插接式无法兰连接、插条式无法兰连接。

1)法兰连接。

风管与扁钢法兰之间的连接可采用翻边连接。当风管与角钢法兰之间的连接关闭厚度小于或等于1.5 mm时,可采用翻边铆接;管壁厚度大于1.5 mm时,可采用翻边点焊或周边满焊。法兰盘与风管连接方式如图18－3所示。

风管由于受材料限制,每段长度均在2 m以内,故工程中法兰的数量非常大,密封垫及螺栓量也非常庞大。法兰连接工程中耗钢量大,工程投资大。

2)无法兰连接。

无法兰连接改进了法兰连接耗钢量大的缺点,可大大降低工程造价。其中,抱箍式连接主要用于钢板圆风管和螺旋风管连接,先把每一管段的两端轧制出鼓筋,并使其一端缩为小口。安装时按气流方向把小口插入大口,外面用钢制抱箍将两个管端的鼓箍抱紧连接,最后用螺栓穿在耳环中固定拧紧。插接式连接主要用于矩形或圆形风管的连接。先制作连接管,然后插入两侧风管,再用自攻螺丝或拉铆钉将其紧密固定。插条式连接主要用于矩形风管连接。是将不同形式的插条插入风管两端,然后压实。

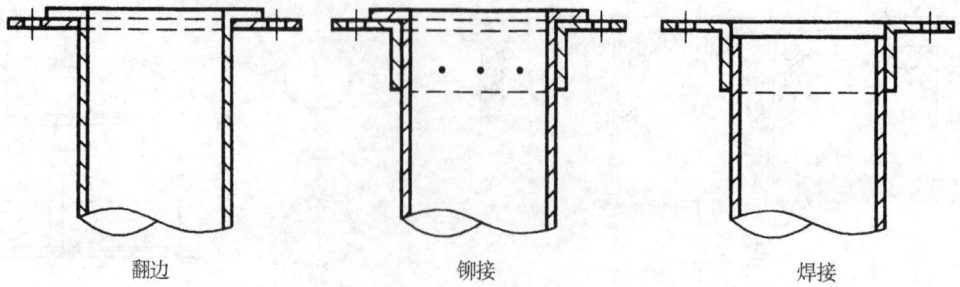

| 翻边 | 铆接 | 焊接 |

图 18-3　法兰盘与风管的连接

3. 风管的加固

对于管径较大的风管，为了使其断面不变形，同时减少由于管壁振动而产生的噪声，需要对管壁加固。金属板材圆形风管(不包括螺旋风管)直径大于 800 mm，且其管段长度大于 1250 mm 或总表面积大于 4 m² 时均需加固；矩形不保温风管当其边长大于等于 630 mm，保温风管边长大于等于 800 mm、管段法兰间距大于 1250 mm 时，应采取加固措施；非规则椭圆风管加固方法参照矩形风管。当硬聚氯乙烯风管的管径或边长大于 500 mm 时，其风管与法兰的连接处设加强板，且间距不得大于 450 mm；当玻璃风管边长大于 900 mm，且管段长度大于 1250 mm 时，应采取加固措施。风管加固可采用以下几种方法，如图 18-4 所示。

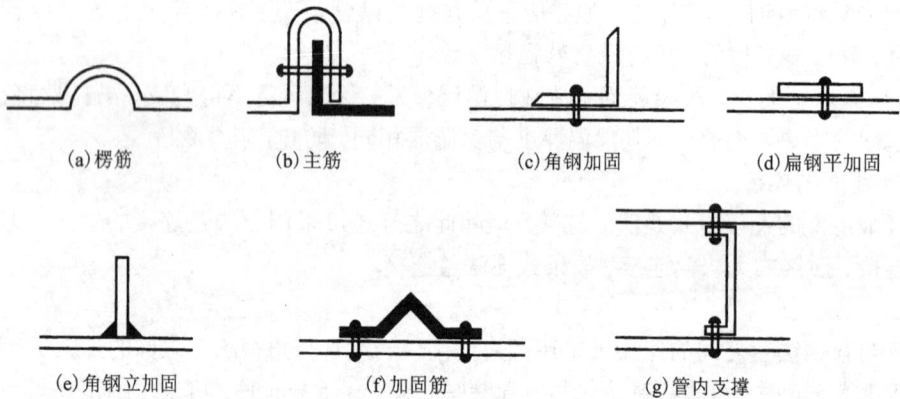

| (a)楞筋 | (b)主筋 | (c)角钢加固 | (d)扁钢平加固 |

| (e)角钢立加固 | (f)加固筋 | (g)管内支撑 |

图 18-4　风管加固形式

4. 风管安装要求

(1)风管穿墙、楼板一般要预埋管或防护套管，钢套管板材厚度不小于 1.6 mm，至少高出楼面 20 mm，套管内径应以能穿过风管法兰及保温层为准。需要封闭的防火、防爆墙体或楼板套管内，应用不燃且对人体无害的柔性材料封堵。

(2)钢板风管安装完毕后需除锈、刷漆，若为保温风管，只刷防锈漆，不刷面漆。

(3)风管穿屋面应做防雨罩，具体做法如图 18-5 所示。

(4)风管穿出屋面高度超过 1.5 m，应设拉索。拉索用镀锌铁丝制成，并不少于 3 根。拉索不应落在避雷针或避雷网上。

（5）当聚氯乙烯风管直管段连续长度大于 20 m 时，应按设计要求设置伸缩节。

5. 洁净空调系统风管的安装

（1）风管安装前对施工现场彻底清扫，做到无尘作业，并应建立有效的防尘措施。

（2）风管连接处必须严密；法兰垫料应采用不产尘和不易老化的弹性材料，严禁在垫料表面刷涂料；法兰密封垫应尽量减少接头，接头采用阶梯或企口形式。

（3）经清洗干净并包装密封的风管及部件，安装前不得拆除。如安装中间停顿，应将端口重新封好。

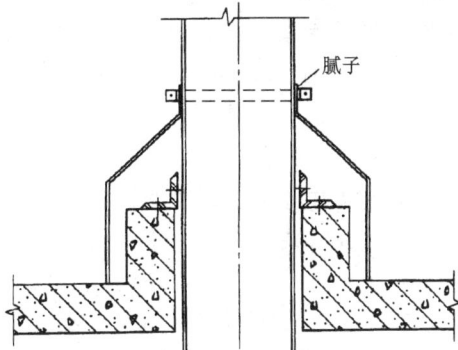

图 18 – 5　风管穿屋面做法

（4）风管与洁净室吊顶、隔墙等围护结构的穿越处应严密，可设密封填料或密封胶，不得有渗漏现象发生。

6. 风管的检测

风管系统安装后，必须通过工艺性的检测或验证，合格后方能交付下道工序。风管检验以主干管为主，其强度和严密性要求应符合设计或下列规定：

（1）风管的强度应能满足在 1.5 倍工作压力下接缝处无开裂。

（2）风管严密性检测方法有漏光检测法和漏风量检测法两种。

在加工工艺得到保证的前提下，低压系统可采用漏光法检测，按系统总量的 5% 检查，且不得少于一个系统。检测不合格时，应按规定抽检率进行漏风量检测。中压系统风管应在系统漏光检测合格后，对系统进行漏风量的抽查，抽检率 20%，且不得少于一个系统。高压系统全部进行漏风量检测。

净化系统风管的严密性检测，洁净等级 1 ~ 5 级的系统，按高压系统风管的规定执行；6 ~ 9 级按系统风压执行。排烟、除尘、低温送风系统按中压系统风管的规定执行。

被抽查的系统，若检测结果全部合格，则视为通过，若有不合格时，则应再加倍检查，直至全数合格。

三、通风阀部件及消声器制作与安装

1. 阀门制作安装

阀门制作按照国家标准图集进行，并按照《通风与空调工程施工质量验收规范》的要求进行验收。阀门与管道间的连接方式一样，主要是法兰连接。通风与空调工程中常用的阀门有以下几种：

（1）调节阀。如对开多叶调节阀、蝶阀、防火调节阀、三通调节阀、插板阀等；插板阀安装阀板必须为向上拉启；水平安装阀板还应顺气流方向插入。

（2）防火阀。风管防火阀如图 18 – 6 所示。防火阀时通风空调系统中的安全装置，对其质量要求严格，要保证在发生火情时能立即关闭，切断气流，避免火从风道中传播蔓延。通常使用的防火阀其关闭方式采用温感易熔件，熔断点为 72℃。当火灾发生时，气温升高，达到熔断点，易融片熔化断开，阀板自行关闭，将系统气流切断。制作阀体板厚不应小于

2.0 mm 时，遇热后不能有显著变形。阀门轴承可动部分必须采用耐腐蚀材料制成，以免发生火灾时因锈蚀导致动作失灵。防火阀制成后应进行漏风实验。

防火阀有水平安装、垂直安装和左式、右式之分，安装时不可随意改变。阀板开启方向中应有逆气流方向，不得装反。易熔件材质严禁代用，它安装于气源一侧。

另有一种防火阀门采用咽干器报讯，由中央控制室自动发出关闭信号，执行机构进行关闭。执行机构有电动和气动两种。

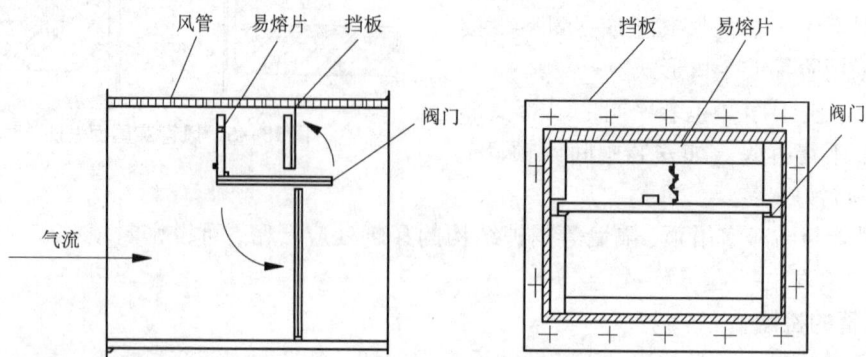

图 18-6　风管防火阀

（3）单向阀。单向阀防止风机停止运转后气流倒流。单向阀安装时，开启方向要与气流方向一致。安装在水平位置和垂直位置的止回阀不可混用。

（4）圆形瓣式启动阀及旁通阀。圆形瓣式启动阀及旁通阀为离心式风机启动用阀门。

风阀安装前应检查框架结构是否牢固，调节、制动、定位等装置是否准确灵活。

风管阀门安装时，应使阀件的操纵装置便于人工操作。其安装方向应与阀体外壳标注的方向一致。安装完的风管阀门，应在阀体外壳上有明显和准确的开启方向、开启程度的标志。

2. 风口安装

通风系统中风口设置于系统末端，安装在墙上或顶棚上，与风管的连接要严密牢固，边框与建筑装饰面贴实，外表面平整不变形。空调系统常用风口形式有：百叶窗式风口、格栅风口、条缝式风口、散流器等。净化系统风口与建筑结构接缝处应加设密封垫料或密封胶。

3. 软管接头安装

软管接头设在离心风机的出口与入口处，以减小风机的震动及噪声向室内传递。一般通风空调系统的软管接头用厚帆布制成，输送腐蚀性气体时用耐酸橡胶板或厚度为 0.8～1.0 mm 的聚氯乙烯塑料布制成；空气洁净系统则用表面光滑不易积尘与韧性良好的材料制成，如橡胶板、人造革等。软管接头长度为 150～250 mm，两端固定在法兰上，一端与风管相连，另一端与风机相接。安装时应松紧适宜，不得扭曲。

当系统风管跨越建筑物的沉降缝时，也应设置软管接头，其长度视沉降缝的宽度适当加长。

4. 消声器安装

消声器内部装设吸声材料，用于消除管道中的噪声。消声器常设置于风机进、出风管上

260

以及产生噪声的其他空调设备处。消声器制可按国家标准图集现场加工制作，也可购买成品，常用的有片式消声器、矿棉管式消声器、聚酯泡沫管式消声器、卡普龙纤维管式消声器、弧形声流式消声器、阻抗复合式消声器、消声弯头等。消声器一般单独设置支架，以便拆卸和更换。

四、通风与空调系统常用设备安装

1. 空调机组安装

空调机组的安装工艺流程如图18-7所示。

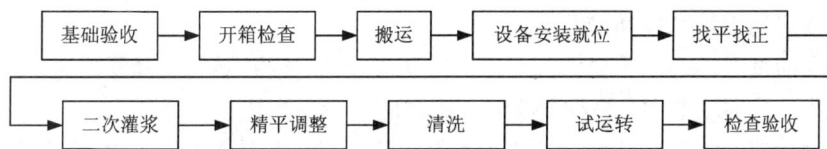

```
基础验收 → 开箱检查 → 搬运 → 设备安装就位 → 找平找正
                                                    ↓
二次灌浆 → 精平调整 → 清洗 → 试运转 → 检查验收
```

图18-7　空调机组的安装工艺流程图

工程中常用的空调机组有装配式空调机组、整体式空调机组和单元式空调机组。

1）设备基础的验收。

根据安装图对设备基础的强度、外形尺寸、坐标、标高及减振装置进行认真检查。

2）设备开箱检验。

（1）开箱前检查外包装有无损坏和受潮。开箱后认真核对设备及各段的名称、规格、型号、技术条件是否符合设计要求。产品说明书、合格证、随机清单和设备技术文件应齐全。逐一检查主机附件、专用工具、备用配件等是否齐全，设备表面应无缺陷、缺损、损坏、锈蚀、受潮的现象。

（2）取下风机段活动板或通过检查门进入，用手盘动风机叶轮，检查有无与机壳相碰、风机减振部分是否符合要求。

（3）检查表冷器的凝结水部分是否畅通、有无渗漏，加热器及旁通阀是否严密、可靠，过滤器零部件是否齐全、滤料及过滤形式是否符合设计要求。

3）设备运输。

空调设备在水平运输和垂直运输之前尽可能不要开箱并保留好底座。现场水平运输时，应尽量采用车辆运输或钢管、跳板组合运输。室外垂直运输一般采用门式提升架或吊车，在机房内采用滑轮、倒链进行吊装和运输。整体设备允许的倾斜角度参照说明书。

4）装配式空调机组安装。

（1）阀门启闭应灵活，阀叶须平直。表面式换热器应有合格证，在规定期间内外表面又无损伤时，安装前可不进行水压试验，否则应进行水压实验。试验压力等于系统最高工作压力的1.5倍，且不低于0.4 MPa，试验时间为2~3 min，试验时压力不得下降。空调器内挡水板可阻挡喷淋处理后的空气夹带水滴进入风管内，使空调房间湿度稳定。挡水板安装时前后不得装反。要求机组清理干净，箱体内无杂物。

（2）现场有多套空调机组，安装前将段体进行编号，切不可将段位互换调错，并按厂家说明书，分清左式、右式，段体排列顺序应与图纸吻合。

（3）从空调机组的一端开始，逐一将段体抬上底座就位找正，加衬垫，将相邻两个段体用螺栓连接牢固、严密，每连接一个段体前，将内部清扫干净。组合式空调机组各功能段间连接后，整体应平直，检查门开启要灵活，水路畅通。

（4）加热段与相邻段体间应采用耐热材料作为垫片。

（5）喷淋段连接处要严密、牢固可靠，喷淋段不得渗水，喷淋段的检视门不得漏水。积水槽应清理干净，保证冷凝水畅通，不溢水。凝结水管应设置水封，水封高度根据机外余压确定，防止空气调节器内空气外漏或室外空气进入。

（6）安装空气过滤器时方向应符合要求：

①框式及袋式粗、中效空气过滤器的安装要便于拆卸及更换滤料。过滤器与框架间、框架与空气处理室的维护结构间应严密。

②自动浸油过滤器的网子要清扫干净，传动应灵活，过滤器间接缝要严密。

③卷绕式过滤器安装时，框架要平整，滤料应松紧适当，上下筒平行。

④静电过滤器的安装应特别注意平稳，与风管或风机相连的部位设柔性短管，接地电阻要小于 $4\ \Omega$。

⑤亚高效、高效过滤器的安装应符合以下规定：按出厂标志方向搬运、存放，安置于防潮洁净的室内。其框架端面或刀口端面应平直，其平整度允许偏差为 $\pm 1\ mm$，其外框不得改动。洁净室全部安装完毕，并全面清扫擦净。系统连续试车 12 h 后，方可开箱检查，不得有变形、破损和漏胶等现象，合格后立即安装。安装时，外框上的箭头与气流方向应一致。用波纹板组合的过滤器在竖向安装时，波纹板垂直地面，不得反向。过滤器与框架间必须加密封垫料或涂抹密封胶，厚度为 $6 \sim 8\ mm$，定位胶贴在过滤器边框上，用梯形或榫形拼接，安装后的垫料的压缩率应大于 50%。采用硅橡胶密封时，先清除边框上的杂物和油污，在常温下挤抹硅橡胶，应饱满、均匀、平整。采用液槽密封时，槽架安装应水平，槽内保持清洁无水迹。密封液宜为槽深的 2/3。现场组装的空调机组，应进行漏风量测试。

（7）当安装完的空调机组静压为 700 Pa 时，漏风率不大于 3%；当空气净化系统机组静压为 1000 Pa，在室内洁净度低于 1000 级时，漏风率不应大于 2%；当洁净度高于或等于1000 级时，漏风率不应大于 1%。

5）整体式空调机组的安装。

（1）安装前认真熟悉图纸、设备说明书以及有关的技术资料。检查设备零部件、附属材料及随机专用工具是否齐全，制冷设备充有保护气体时，应检查有无泄漏情况。

（2）空调机组安装时，坐标、位置应正确。基础达到安装强度。基础表面应平整，一般应高出地面 100 ~ 150 mm。

（3）空调机组加减振装置时，应严格按设计要求的减振器型号、数量和位置进行安装并找平、找正。

（4）水冷式空调机组的冷却水系统、蒸汽、热水管道及电气、动力与控制线路的安装工应持证上岗。充注冷冻剂和调试应由制冷专业人员按产品说明书的要求进行。

6）单元式空调机组安装。

（1）分体式室外机组和风冷整体式机组的安装。安装位置应正确，目测呈水平，凝结水的排放应畅通。周边间隙应满足冷却风的循环。制冷剂管道连接应严密、无渗漏。穿过的墙孔必须密封，雨水不得渗入。

（2）水冷柜式空调机组的安装。安装时其四周要留有足够的空间，方能满足冷却水管道连接和维修保养的要求。机组安装应平稳，冷却水管连接应严密，不得有渗漏现象，应按设计要求设有排水坡度。

（3）窗式空调器的安装。其支架的固定必须牢靠。应设有遮阳、防雨措施，但注意不得妨碍冷凝器的排风。安装时其凝结水盘应有坡度，出水口设在水盘最低处，应将凝结水从出口用软塑料管引至排放地。安装后，其面板应平整，不得倾斜，用密封条将四周封闭严密。运转时应无明显的窗框振动和噪声。

2．风机盘管及诱导器安装

风机盘管及诱导器的安装工艺流程如图 18－8 所示。

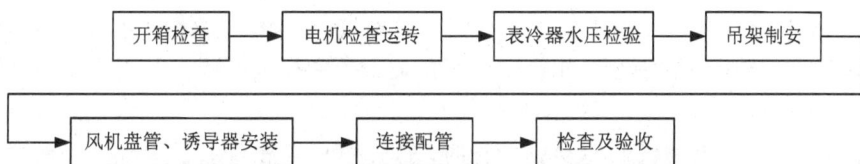

图 18－8　风机盘管及诱导器安装工艺流程图

1）基础验收：

（1）风机安装前，应根据设计图纸对设备基础进行全面检查，坐标、标高及尺寸应符合设备安装要求。

（2）风机安装前，应在基础表面铲出麻面，以使二次浇灌的混凝土或水泥能与基础紧密结合。

2）通风机检查及搬运

（1）按设备装箱清单清点，核对叶轮、机壳和其他部位的主要尺寸是否符合设计要求，做好检验记录。

（2）进、出风口的位置及方向、叶轮旋转方向应符合设备技术文件的规定。

（3）检查风机外露部分应无锈蚀，转子的叶轮和轴径，齿轮的齿面和齿轮轴的轴径等装配零件、部件的重要部位应无变形或锈蚀、碰损的现象。

（4）进、出风口应有盖板严密遮盖，防止尘土和杂物进入。

（5）搬运设备应有专人指挥，使用的工具及绳索必须符合安全要求。

（6）现场组装风机，绳索的捆缚不得损伤机件表面，转子、轴径和轴封等处均不应作为捆缚部位。

3）设备清洗：

（1）风机安装前，应将组装配合面、滑动面轴承、传动部位及调节机构进行拆卸、清洗，使其转动灵活。

（2）用煤油或汽油清洗轴承时严禁吸烟或用火，以防发生火灾。

4）风机安装：

（1）风机就位前，按设计图纸并依据建筑物的轴线、边缘线及标高线放出安装基准线。将设备基础表面的油污、泥土、杂物清除和地脚螺栓预留孔内的杂物清除干净。

（2）整体安装的风机，搬运和吊装的绳索不得捆绑在转子和机壳上盖或轴承盖的吊环上。风机吊至基础上后，用垫铁找平，垫铁一般应放在地脚螺栓两侧，斜垫铁必须成对使用，风机安装好后，同一组垫铁应点焊在一起，以免受力时松动。

（3）风机安装在无减振器的支架上，应垫厚度为 4～5 mm 的橡胶板，找平、找正后固定牢。

（4）风机安装在有减振器的机座上时，地面要平整，各组减振器承受的荷载压缩量应均匀，不偏心，安装后采取保护措施，防止损坏。

（5）通风机的机轴应保持水平，水平度偏差不应大于 0.1/1000；风机与电动机用联轴器连接时，两轴中心线应在同一直线上，联轴器径向位移不应大于 0.025 mm、两轴线倾斜度不应大于 0.2/1000。

（6）通风机与电动机三角皮带传动时，应对设备进行找正，以保证电动机与通风机的轴线平行，并使两个皮带轮的中心线相重合。三角皮带扯紧程度控制在可用手敲打已装好的皮带中间，以稍有弹跳为准。

（7）安装通风机与电动机的传动皮带轮时，操作者应紧密配合，防止将手碰伤。挂皮带轮时不得把手指插入皮带轮内，以防止事故发生。

（8）风机的传动装置外露部分应安装防护罩，风机的吸入口或吸入管直通大气时，应加装保护网或其他安全装置。

（9）通风机出口的接出风管应顺叶轮旋转方向接出弯管。在现场条件允许的情况下，应保证出口至弯管的距离 A 大于或等于风口出口长边尺寸的 1.5～2.5 倍。如果受现场条件限制达不到要求，应在弯管内设导流叶片弥补。

（10）输送特殊介质的通风机转子和机壳内如涂有保护层应严加保护。

（11）大型组装轴流风机，叶轮与机壳的间隙应均匀分布，符合设备技术文件要求。

（12）通风机附属的自控设备和观测仪器、仪表安装，应按设备技术文件规定执行。

5）检查项目

诱导器安装前必须逐台进行质量检查，检查项目如下：

（1）各连接部分不得有松动、变形和产生破裂等情况；喷嘴不能脱落、堵塞。

（2）静压箱封头处缝隙密封材料不能有裂痕和脱落；一次风调节阀必须灵活可靠，并调到全开位置。

6）按设计要求就位安装

诱导器经检查合格后按设计要求就位安装，并检查喷嘴型号是否正确。

（1）暗装卧式诱导器应用支、吊架固定，并便于拆卸和维修。

（2）诱导器与一次风管连接处应严密，防止漏风。

（3）诱导器水管接头方向和回风面朝向应符合设计要求。立式双面回风诱导器为利于回风，靠墙一面应留 50 mm 以上空间。卧式双回风诱导器，要保证靠楼板一面留有足够空间。

3. 通风机安装

作为通风空调系统的主要设备之一的通风机，其常用的型号有离心式和轴流式。按压力等级不同，离心式风机可分为低压 $H \leqslant 1000$ Pa，中压 $1000 < H \leqslant 3000$ Pa，高压 $H > 3000$ Pa；轴流式风机可分为低压 $H \leqslant 500$ Pa，高压 $H > 500$ Pa。多用低压风机。

通风机型号常用以下参数表示：

名称	→	型号	→	机号	→	传动方式	→	旋转方向	→	出风口位置

名称即在通风机型号前冠以用途字样，也可忽略不写，或用简写字母代替。

通风机安装的基本工艺流程如图 18 - 9 所示。

基础验收	→	开箱检查	→	搬运	→	清洗	→	安装、找平、找正	→	试运转、检查验收

图 18 - 9　通风机安装基本工艺流程图

1) 离心风机安装。

离心式风机安装前首先开箱检查，根据设备清单核对型号、规格等是否符合设计要求；用手拨动叶轮等部位检查活动是否灵活，有无卡壳现象；检查风机外观是否有缺陷。

安装前根据不同连接方式检查风机、电动机和联轴器基础的标高、基础尺寸及位置、基础预留地脚螺栓位置大小等是否符合安装要求。

将风机机壳放在基础上，放正并穿上地脚螺栓（暂不拧紧），再把叶轮、轴承和带轮的组合体吊放在基础上，叶轮穿入机壳，穿上轴承箱底座的地脚螺栓，将电动机吊装上基础；分别对轴承箱、电动机、风机进行找平、找正，找平用平垫铁或斜垫铁，找正以通风机为准，轴心偏差在允许范围内；垫铁与底座之间焊牢。

在混凝土基础预留孔洞及设备底座与混凝土基础之间灌浆，灌浆的混凝土标号比基础的标号高一级，待初凝后再检查一次各部分是否平正，最后上紧地脚螺栓。

风机在运转时所产生的结构振动和噪声，对通风空调的效果不利。为消除或减少噪声和保护环境，应采取减震措施。一般在设备底座、支架与楼板或基础之间设置减震装置，减震装置支撑点一般不少于 4 个。减震装置有以下几种形式：

(1) 弹簧减震器，常用的有 ZT 系列阻尼弹簧减震器、JD 型和 TJ 型弹簧减震器等。

(2) JG 系列橡胶剪切减震器，系用橡胶和金属部件组合而成。

(3) JD 型橡胶减震垫。

通风机传动机构外露部分以及直通大气的进出口必须装设防护罩（网）或采取其他安全措施，防护罩具体做法可参见国标图集 T108。

2) 轴流式通风机安装。

轴流式通风机多安装于风管中间、墙洞内或单独安装于支架上。在风管内安装的轴流风机与在支架上安装的风机相同，将风机底座固定在角钢支架上，支架按照设计要求标高及位置固定于建筑结构之上，支架钻螺栓孔位置与风机底座相匹配，并且在支架与底座之间垫上厚度为 4~5 mm 的橡胶板，找平、找正，拧紧螺栓即可。轴流风机安装时应留出电动机检查接线用的孔。

在墙洞内安装的轴流风机，应在土建施工时预留孔洞，孔洞的尺寸、位置及标高应符合要求，并在孔洞四周预埋风机框架及支座。安装时，风机底座与支架之间垫减振橡胶板，并用地脚螺栓连接，四周与挡板框拧紧，在外墙侧安装 45°的防雨雪弯管。

五、通风与空调系统的检测及调试

在通风与空调工程安装完成，需要对施工后的通风空调系统进行检测及调试。通过检测及调试，一方面可以发现系统设计、施工质量和设备性能等方面的问题，另一方面也为通风空调系统经济合理地运行积累资料。通过测定找出原因并提出解决方案。

通风空调系统安装完毕后，按照《通风与空调工程施工及验收规范》的规定应对系统中风管、部件及配件进行测定和调整，简称为调试。系统调试包括设备单机试运转及调整、系统无负荷联合试运转的测定与调整。无负荷联合试运转的测定与调整包括：通风机风量、风压和转数的测定，系统与风口风量的平衡，制冷系统压力、温度的测定等，这些技术数据应符合有关技术文件的规定；空调系统带冷、热源的正常联合试运转等。

六、通风与空调系统验收

1. 提交资料

施工单位在进行无负荷试运转合格后，应向建设单位提交以下资料：

（1）设计修改的证明文件、变更图和竣工图。

（2）主要材料、设备仪表、部件的出厂合格证或检验资料。

（3）隐蔽工程验收记录。

（4）分部分项工程质量评定记录。

（5）制冷系统试验记录。

（6）空调系统无负荷联合试运转记录。

2. 竣工验收

由建设单位组织，由质量监督部门及安全、消防等部门逐项验收，待验收合格后，将工程正式移交给建设单位管理使用。

复习思考题

1. 通风、空调的概念是什么？

2. 通风系统有几种分类方法，每种方法各能分哪几类？

3. 空调系统有几种分类方法，每种方法各能分哪几类？

4. 局部机械送、排风系统各由哪几部分组成？

5. 集中式空调系统由哪几部分组成？

6. 集中式、半集中式、分散式空调系统各有哪些特点？

7. 板材的连接方法有哪几种，如何选择？

8. 风管的连接方法有哪几种？圆形、矩形风管无法兰连接有哪几种形式？

9. 风管的加固方法有哪几种？钢板风管在什么情况下需要加固？

10. 简述风管系统的安装程序。

11. 防火阀的作用是什么，其设置部位对安装有什么要求？

12. 简述通风空调系统检测与调试的程序。

13. 通风空调系统施工图包括哪些内容？

14. 概述通风空调施工图的识读步骤。

15. 怎样识读通风空调系统施工图？

模块四　建筑电气工程

第十九章　建筑电气系统概述

第一节　电工学基本知识

一、电路基本知识

1. 电路的组成

电路由电源、负载和导电线路3个部分组成。其中电源的作用是为电路提供能量，如发电机利用机械能或核能转化为电能，蓄电池利用化学能转化为电能，光电池利用光能转化为电能；负载则将电能转化为其他形式的能量加以利用，如电动机将电能转化为机械能，电炉将电能转化为热能等；导电线路用作电源和负载的连接体，包括导线和开关控制设备。

2. 电路的工作状态

1）通路。

将电源和电路接通，构成闭合回路，电路中就有电流通过，如图19－1所示。在内电路中，电流方向由负到正，是电位升的方向，即电动势的正方向；在外电路中，电流方向由正到负，是电位降的方向，即电压的正方向。

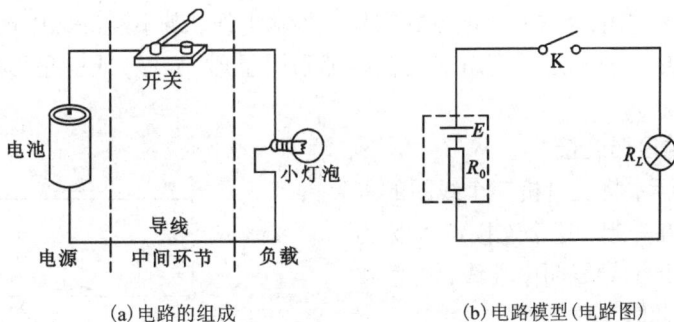

(a)电路的组成　　　　　　　　　　(b)电路模型(电路图)

图19－1　电路的组成及电路模型

2）短路。

短路是闭合电路的一种特殊形式，它是指闭合电路中外电路的电阻接近零的状态，称为整个电路或某分电路的短路。其特征是电流往往很大，它会烧坏绝缘，损坏设备，当然也可以利用短路电流所产生的高温进行金属焊接等。

3）断路(开路)。

整个电路中的某一部分断开，表现出无限大的电阻，使电路呈不闭合、无电流通过的状态。断路可以是外电路的断路，如利用开关故意造成的断路，包括工作断路和事故断路。

3. 电路的基本物理量

电路的基本物理量有电流、电压等。

(1)电流：电流是电荷的定向移动，习惯上正电荷运动的方向规定为电流的方向。按照其方向和大小电流可分为直流电流和交流电流。在国际单位制中，电流的单位是安培，简称安(A)。其中一个周期内电流的平均值为零的变动电流称为交变电流，简称交流电流。

(2)电压：电压不仅有方向也有大小，按照方向和大小的变化情况也分为直流电压和交流电压。方向和大小随时间变化的电压称为变动电压，其中一个周期内电压的平均值为零的交变电压，简称交流电压。电压的单位是伏特，简称伏(V)。

(3)功率：电流单位时间内做的功为电功率，简称功率。在国际单位制中，功率的单位为瓦特，简称瓦(W)。

(4)电能：在实际应用中，常用到电能这个物理量。电能的单位常用千瓦时(kWh)或度表示，1 kWh = 1 度电。

(5)电阻：电荷在电场力作用下沿输电体做定向运动时要受到阻碍作用，这种阻碍电荷运动的作用称为输电体的电阻，用符号 R 来表示。电阻的单位是欧姆(Ω)。

二、交流电基本概念

建筑电气工程的主要功能之一是输送电能、分配电能和应用电能，而电能的应用形式主要是交流电。随时间按照正弦规律变化的电动势、电压和电流统称为正弦交流电，简称交流电。以交流电的形式产生电能或供给电能的设备称为交流电源。由交流电源、用电设备和连接导线组成的电流流通路径称为交流电路。

1. 三相交流电的产生

三相交流电由三相交流发电机产生。三相发电机的每一相绕组都可以看作是一个独立的单相电源分别向负载供电。这种供电方式需用六根输电线，既不经济又体现不出三相交流电的优点。因此，发电机三相定子绕组都是在内部采用星形(Y形)或三角形(△形)两种连接方式向外输电。

2. 三相电源的星形连接

如图19-2所示，将发电机三个线圈的末端 X，Y 和 Z 连接在一起，这个连接点 N 称为中性点，自该点引出的导线叫中性线，中性线通常与大地相连，此时又称零线。

从三相线圈的首端 A，B 和 C 分别引出三根导线，统称为相线(俗称火线)。供电方式有三相四线制、三相三线制。

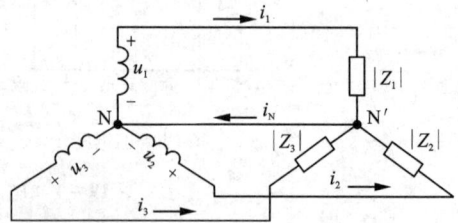

图 19-2　三相电源的星形连接

三相四线制供电的特点是可以提供给用电设备(负载)两种电压。

一种称为相电压(220 V)，即相(火)线与零线之间的电压，共有三个，分别用 u_A，u_B，u_C 表示。

另一种称为线电压(380 V)，即相线与相线之间的电压，也有三个，分别用 u_{AB}，u_{BC}，u_{CA} 表示。

三相电源的星形(Y形)连接应用的比较多，其优点是可以同时得到两种不同等级的电压向三相用电设备和单相用电设备供电。

3. 三相交流电路

由于三相交流电在生产、输送和应用等方面有很多优点，因此建筑物中的供电、配电和用电均是组成三相交流电路来进行。

三相交流电路中的电源有三个，每一个电源称为一相电源，一般称为 A，B 和 C 三相电源。

三相电源向外供电是采用三相三线制、三相四线制或三相五线（增加一条接地保护线）的形式。

所谓三相四线制就是三根相线（火线）一条中性线（零线）的供电体制。

4. 正弦交流电的有效值

表 19-1 所示为正弦交流电的基本物理量。

表 19-1　正弦交流电的基本物理量

名称	定　义
最大值	交流电在正、反方向对其数值达到的最高点，用 I_m 表示
周期	交流电流每重复变化一次所需的时间叫周期，用 T 表示，单位：s（秒）
频率	交流电流的瞬时值每秒重复的次数称为频率，用 f 表示，单位：Hz（赫兹）
相位	相位是表示交流电在某一瞬间所变化的电角度
角频率	表示交流电每秒变化的电角度，用 ω 表示，单位：弧度/秒
初相角	正弦量在 $t=0$ 时刻的相位叫做初相位或初相角，用 j 表示
有效值	交流电流和直流电流通过同一电阻时产生的热量相等，这个直流电流的大小作为交流电的有效值，用 I 或 U 表示
瞬时值	交流电在某一时刻的大小称为这一时刻交流电的瞬时值

由于正弦量随时间瞬息变化，不便用它来计量交流电的大小，因而工程中常用有效值表示正弦量的大小。把一交变电流 i 和一直流电流 I 分别通过两个等值的电阻 R，若在相同的时间内它们产生热量相等，则此直流电流就叫该交流电流的有效值。正弦交流电的有效值等于其最大值的 $1/\sqrt{2}$。

工程计算与实际应用中所说的交流电压和电流的大小，都是指它的有效值。电机、电器等的额定电压、额定电流都是用有效值来表示的。例如，说一个灯泡的额定电压是 220 V，某台电动机的额定电流是 10 A，都是指其有效值，一般的电流表和电压表的刻度（读数）也是根据有效值来定的。

5. 电路的种类

1）纯电阻电路。

在电路中，白炽灯、碘钨灯、电阻炉等负载的电感、电容与电阻相比很小，可以忽略不计。这种负载所组成的交流电路，在实际中就认为是纯电阻电路。

2）纯电感电路。

纯电感电路是指电路中电感 L 起主要作用，电阻和电容的影响可忽略不计，如日光灯镇流器、变压器线圈等。

3）纯电容电路。

如果把电容接在交流电路中，只有电容器起作用，电阻和电感的影响可以忽略不计，这样的电路叫作纯电容电路，如给电池、电熔瓶充电等。

4）电阻、电感和电容组成的混合交流电路。

在实际电路中，一个线圈的导线中一定存在电阻，匝间还有电容。电容器总存在漏电现象，电阻也会存在寄生电感和寄生电容，也就成为电阻、电感和电容组成的混合交流电路。

6. 三相负载的连接

把三相负载分别接在三相电源的一根相线和中线之间的接法称为三相负载的星形连接，如图 19-3 所示。其中电源线 L_A，L_B 和 L_C 为三根相线，N 为中线，Z_a，Z_b 和 Z_c 为各相线的阻抗值。

把三相负载分别在三相电源每两根相线之间的连接称为三角形连接，如图 19-4 所示，在三角形连接中，由于各相负载是接在两根相线之间，因此负载的相电压就是电源的线电压。

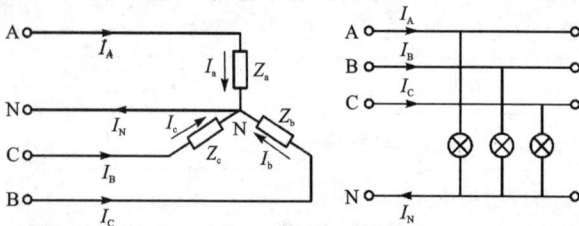

图 19-3　三相负载的星形连接

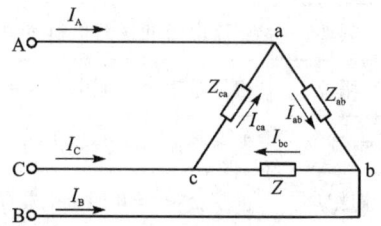

图 19-4　三相负载的三角形连接

第二节　建筑电气系统的分类与组成

一、建筑电气系统概述

1. 建筑电气工程的主要功能（输送、分配、应用电能、传递信息）

电能应用主要是交流电（工频强电）把电能引入建筑物，进行电能再分配并通过用电设备将电能转换成机械能、热能和光能等。

信息传递主要是高频弱电或直流电，实现建筑物内部以及内部和外部间的信息交换、信息传递及信息控制等。

2. 建筑电气工程的分类

建筑电气工程按电压高低划分为强电系统、弱电系统，按功能划分为供配电系统、建筑动力系统、建筑电气照明系统、建筑弱电系统。

强电工程涉及范围：动力工程、照明工程、变配电工程、防雷接地工程、其他电力工程。

弱电工程涉及范围：通信与计算机网络、电视与卫星电视、闭路电视和监控系统、安全防范系统、电话通信系统、火灾自动报警系统。

二、供配电系统

供配电系统是建筑电气的最基本系统，它对电能起着接受、变换和分配的作用，向各种用电设备提供电能。

供配电设备主要有变压器、高压配电装置、低压配电装置。

三、动力及控制系统

动力及控制系统是指应用可以将电能转换为机械能的电动机来拖动水泵、风机等机械设备运转，为整个建筑提供舒适、方便的生产、生活条件而设置的各种系统。如供暖、通风、供水、排水、热水供应、运输系统等。维持这些系统工作的机械设备，如鼓风机、引风机、除渣机、上煤机、给水泵、排水泵、电梯等，全部是靠电动机拖动的。因此，可以说动力及控制系统，实质上就是给电动机配电以及对电动机进行控制的系统。其具体内容见第二十一章。

四、电气照明系统

应用可以将电能转换为光能的电光源进行采光，保证人们在建筑物内正常从事生产和生活活动，满足其他特殊需要的照明设施，称"建筑电气照明系统"。电气照明系统由电气和照明两个部分组成。其具体内容见第二十一章。

五、有线电视系统

有线电视从最初的共用天线电视接收系统（MATV），到有小前端的共用天线电视系统（CATV），由于它以有线闭路形式传送电视信号，不向外界辐射电磁波，所以也被人们称之为闭路电视（CCTV）。经过不断发展，有线电视功能不断增加，节目由几套增加到几十套甚至几百套。目前，电缆电视（CableTV，也称 CATV）在我国也一律被称为"有线电视"。其传输手段也不局限于同轴电缆，现已采用光缆、微波以及多路微波分配系统（MMDS）。

为了区别于无线电视，人们仍称上述诸传输分配系统为"有线电视"。有线电视几乎汇集了当代电子技术许多领域的成就，包括电视、广播、传输、微波、光纤、数字通信、自动控制、遥控遥测和电子计算机等技术。人们已经不满足于娱乐性、爱好性节目的传送，而要求信息交换业务的发展。即不仅可以下载常规节目，而且可以上传用户信息，如视频点播即 VOD，为家庭服务。此外，还有某些节目予以加扰处理，然后在用户端解扰，并收取一定费用的"付费电视"。

有线电视系统的基本组成，包括天线及前端设备、信号传输分配网络和用户终端（或用户输出端）。其具体内容见第二十三章。

六、广播音响系统

建筑广播音响系统包括公众广播、背景音乐、客房音乐、舞台音乐、多功能厅的扩声系统、讲堂的扩声和收音系统，以及会议厅的扩声和同声传译系统等。高级旅馆、饭店等高层建筑的广播音响系统，包括一般广播、紧急广播和音乐广播等部分。公众广播的对象为公共场所,在走廊、电梯门厅、电梯轿厢、入口大厅、商场、餐厅酒吧间、宴会厅、天台花园等处,装设组合式声柱或分散式扬声器箱。其平时播放背景音乐(可自动回带循环播放),发生火灾时,则可兼作事故广播,用以指挥疏散。因此,公众广播音响的设计,应与消防报警系统互相配合,实行分区控制。分区的划分,与消防的分区划分相同。广播系统一般由播音室(广播站房)、线路和放音设备三部分组成。其具体内容见第二十三章。

七、电话通信系统

建筑电话通信系统,是指以电话站为中心,借助于电话通信网络的电话系统,包括电传、电话传真和无线传呼。此外,还包括广播音响系统。

建筑通信系统由电话站、传输系统、话机等组成。电话站包括电话交换机、配线架、电源等设备。传输系统由配线电缆、交接箱、配线箱、壁龛、分线盒、出线盒等组成。其具体内容见第二十三章。

八、火灾报警与消防联动控制系统

随着科技的发展和社会的进步,现代建筑功能越来越复杂,建筑设备越来越多,建筑物的防火要求越来越高,能早期预报火灾并扑灭火灾的火灾报警与联动控制系统的应用,已越来越普及。

火灾报警与消防联动控制系统由火灾探测器、火灾报警控制器和消防联动设备等三大部分组成。其具体内容见第二十三章。

九、安保监视系统

安保监视系统是一种民用闭路监视电视系统。其特点是以电缆或光缆的方式,在特定范围内传输图像信号,达到远距离监视的目的。安保监视系统的组成,如图 19-5 所示。该系统包括摄像、传输、显示及控制四个部分。当需要记录监视目标的图像时,应设置磁带录像装置。在监视目标的同时,若需要监听声音,可配置声音传输、监听和记录系统。

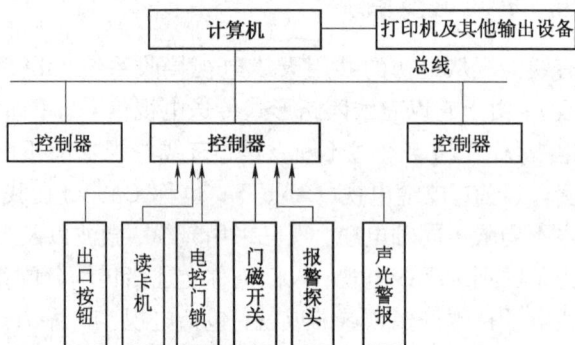

图 19-5 安保监视系统

十、建筑物智能化系统

所谓智能化建筑,就是在智能建筑环境内,由系统集成中心(SIC)通过综合布线系统(GCS)来控制 3A(BA:建筑设备自动化;CA:通信自动化;OA:办公自动化)系统,实现高度信息化、自动化及舒适化的现代建筑物,其具体内容见第二十三章。

第二十章　建筑供、配电系统

第一节　电力系统的概述

除自备发电机外，一般建筑均由电力系统供电。因电能的生产、输送、消耗全过程几乎在同一时间内完成，因此需将它们有机地联成一体，这就构成了电力系统。电力系统是由发电设备、电力网、用电设备组成的完整体系，也称供电系统。图 20 - 1 所示为电力系统和电力网示意图。

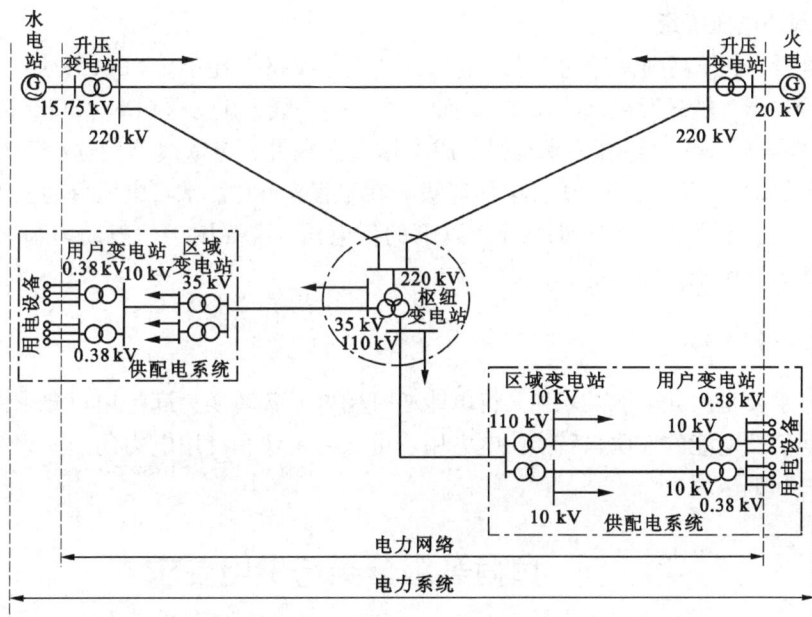

图 20 - 1　电力系统和电力网示意图

一、发电厂

发电厂又称发电站，是将自然界蕴藏的各种一次能源转换成电能的工厂，可分为火力发电厂、水力发电厂、风力发电厂及核能发电厂等。一般情况下，各类发电厂是并网同时发电的，以保证电力网稳定可靠地向用户供电，同时也便于调节电能的供求关系。

二、变、配电所

变电所又称为变配电站，是输电和配电的集结点，是电力系统中变换电压、接受和分配电能、控制电力的流向和调整电压的电力设施，它通过其变压器将各级电压的电网联系起来。主要包括变压器、母线、线路开关设备、建筑物及电力系统中安全和控制所需的设施。

按变压器作用不同，变电站可分为升压变电站和降压变电站。

三、电力线路(电力网)

1. 电力网分类

电力网是由变配电设备及不同电压等级的电力线路组成的，其作用是变换、输送、分配电能，将发电厂、变电所和电力用户联系起来。

按功能通常分为输电与配电两种电网。

(1)输电网：由 35 kV 以上的输电线路及相应变配电设备组成。其任务是将电能输送到各地区或大型用户处。

(2)配电网：由 10 kV 以下的配电线路及相应变配电设备组成。任务是将电能分配给不同用户。其中 1 kV 以上为高压配电网，1 kV 以下为低压配电网。建筑供配电线路多为 380 V/220 V低压线路，分为架空线路和埋地电缆线路。

2. 电力网的电压等级

单从输电看，电压高则输送功率大、输送距离远、线路损耗小。如 0.38 kV 架空线，其输送功率 <100 kW，输送距离 <0.25 km，而 10 kV 架空线，其输送功率 <3000 kW，输送距离 <15 km。但电压高相对绝缘要求也高，成本增大。因此，应依线路用途合理地选择电压等级，目前有 0.22～550 kV 共 10 种电压等级。在工程实际中，常将电压分为三类：36 V 以下的安全电压，主要用于安全照明；1 kV 以下的低电压，主要用于一般动力和照明；10 kV 以上的高电压主要用于送配电能。

四、电力用户

电力用户主要是消耗电能的场所，将电能通过用电设备转换为满足用户要求的其他形式的能量。根据消费电能的性质与特点，电力用户可分为工业和民用电力用户。根据供电电压分为高压用户和低压用户。

第二节　负荷等级分类与供电要求

一、负荷等级分类

负荷指用电设备，负荷的大小指用电设备功率的大小。不同的负荷，重要程度是不同的。重要的负荷对供电可靠性的要求高，反之则低。用户供电的可靠性程度是由用电负荷的性质来决定的。因此，我们根据对供电可靠性的要求及中断供电对政治、经济等造成的损失或影响程度进行分级，并针对不同的负荷等级确定其对供电电源的要求，分为一级负荷、二级负荷、三级负荷。

1. 一级负荷

一级负荷是指：中断供电将造成人员伤亡者；中断供电将造成重大政治影响者；中断供电将造成重大经济损失者；中断供电将造成公共场所秩序严重混乱者。

2. 二级负荷

二级负荷是指：中断供电将造成较大政治影响者；中断供电将造成较大经济损失者；中断供电将造成公共场所秩序混乱者。

3. 三级负荷

三级负荷是指凡不属一级和二级负荷者。

对各类电力负荷的供电方式要求不同，一级负荷要求采用两个独立电源供电，当其中任一电源发生故障或因检修而停电时，不会影响另一个电源继续供电，以保证供电的可靠性和连续性；二级负荷一般采用双回路供电，若有困难，则采用及 6 kV 以上专用架空线路；三级负荷对供电无特殊要求。

二、供电要求

1. 供电电源

供电电源应根据建筑物内的用电负荷的大小和用电设备的额定电压数值，以及供电可靠性要求等因素确定，一般有如下几种方式：

1）单相 220 V 电源。

用于建筑物较小或用电设备负荷量较小，而且均为单相、低压用电设备的场合。

2）三相 380/220 V 电源。

用于建筑物较大或用电设备的容量较大，但全部为单相和三相低压用电设备而且总设备功率在 240 kW 以下的场合。

3）10 kV 高压供电电源。

用于建筑物很大或用电设备的容量很大，虽全部为单相和三相低压用电设备，但采用高压供电在技术和经济上合理且满足供电部门要求的场合。此时，在建筑物内应装置变压器，布置变电室。若建筑物内有高压用电设备时，应引入高压电源供其使用，同时装置变压器，满足低压用电设备的电压要求。

在电力系统中，一般将 1 kV 及以上的电压称为高压，1 kV 以下的电压称为低压。6～10 kV 的电压用于送电距离 10 km 左右的工业与民用建筑供电。

2. 供电质量

通常从安全、可靠、优质、经济四方面反映供电质量，其中电压和频率是衡量供电是否优质的两个基本参数。电压指标包括电压偏差和电压波动两部分，其值过大会造成设备损坏或不能正常工作；频率指标是系统运行稳定性指标，其值过大会造成系统的瓦解，此外，还应考虑由大量整流负荷引起的电压波形变化，其值过大会造成计量仪表度量的不准确。

第三节　供配电线路

一、低压配电线路

低压配电线路是把降压变电所降至 380/220 V 的低压，输送和分配给各低压用电设备的线路。如室内照明供电线路的电压，除特殊需要外，通常采用 380/220 V、50 Hz 三相四线制供电，即由市电网的用户配电变压器的低压侧引出三根相（火）线和一根零线。相线与相线之间的电压为 380 V，可供动力负载使用；相线与零线之间的电压为 220 V，可供照明负载使用。

二、室内照明供电线路的组成

室内照明供电线路的组成如图 20－2 所示。

(1) 进户线。从外墙支架到室内总配电箱的这段线路称为进户线。进户点的位置就是建筑照明供电电源的引入点。

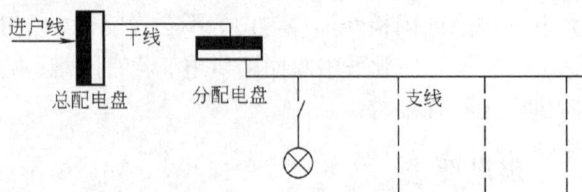

(2) 配电箱。配电箱是接受和分配电能的电气装置。对于用电负荷小的建筑物，可以只安装一

图 20－2　室内照明供电线路的组成

只配电箱；对于用电负荷大的建筑物，如多层建筑可以在某层设置总配电箱，而在其他楼层设置分配电箱。在配电箱中应装有空气开关、断路器、计量表、电源指示灯等。

(3) 干线。从总配电箱引至分配电箱的一段供电线路称为干线，其布置方式有放射式、树干式、混合式。

(4) 支线，从分配电箱引至电灯等用电设备的一段供电线路，又称回路。支线的供电范围一般不超过 20～30 m，支线截面不宜过大，一般应在 1.0～40 mm 范围之内。

三、室内照明供电线路的布置

室内照明供电线路布置的原则是力求线路短，以节约导线。但对于明装导线要考虑整齐美观，必须沿墙面、顶棚作直线走向。对于同一走向的导线，即使长度要略微增加，仍应采取同一合并敷设。

1. 进户线

进户点的选择应符合下列条件：保证用电与运行维护方便；供电点尽可能接近用电负荷中心；考虑市容美观和邻近进户点的一致性。一般应尽量从建筑的侧面和背面进户。进户点的数量不宜过多，建筑物的长度在 60 m 以内者，都采用一处进线；超过 60 m 的可根据需要采用两处进线。进户线距室内地平面不得低于 3.5 m，对于多层建筑物，一般可以由二层进户。一般按结构形式分为架空进线和电缆埋地进线两种进线方式。

2. 干线

建筑物供电接线方式目前常采用的有放射、树干、环形、链式、混合等多种方式。低压配线常采用以下三种方式：

1) 放射式接线

如图 20－3(a)所示，其特点是线路间互不影响，每一独立负荷或集中负荷均由一单独配电线路供电，操作维护方便。但所用设备与导线多，成本高，考虑到保护动作时限，仅限于两级内供电。适用于一级负荷或对供电可靠性要求较高的公共场所和大型设备等。有单、双回路和公共备用线等三种形式。

2) 树干式接线。

如图 20－3(b)所示，由变压器或低压配电箱低压母线上仅引出一条干线，沿干线走向再

278

引出若干条支线，然后再引至各个用电设备。其特点是系统灵活、设备少、耗材少、成本低、敷设简单。但供电可靠性差，适用于容量小且分布较均匀的用电设备。有直接连接、链串式连接等形式。

3）混合式接线。

如图20-3(c)所示，其实质是低压母线放射式配电的树干式接线。对于一般容量小的设备采用树干式供电；容量大的设备(电热器、空调机组等)采用放射式供电。一般高层建筑或有少量重要负荷的建筑物常采用这种接线方式。

3. 支线

布置支线时，应先将电灯、插座或其他用电设备进行分组，并尽可能均匀地分成几组，每一组由一条支线供电，每一条支线连接的电灯数不要超过20盏。一些较大房间的照明，如阅览室、绘图室等应采用专用回路，

图 20-3　低压配线方式

(a)放射式　　(b)树干式　　(c)混合式

走廊、楼梯的照明也宜用独立的支线供电。插座是线路中最容易发生故障的地方，如需要安装较多的插座时，可以考虑专设一条支线供电，以提高照明线路的供电可靠性。

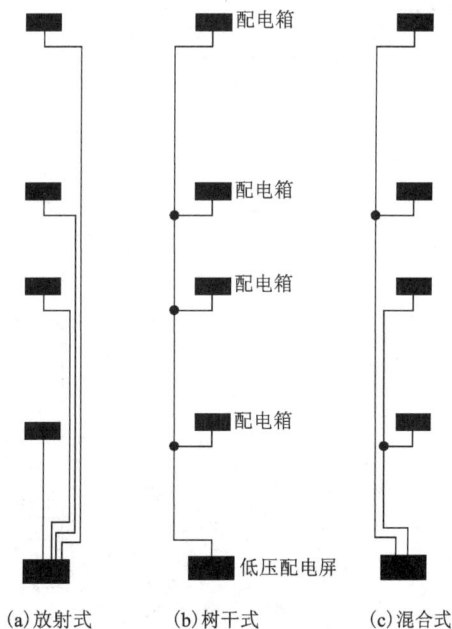

第四节　常用的低压电气设备和材料

一、变压器

变压器是根据电磁感应原理，将某一种电压、电流的交流电能转换成另一种电压、电流的交流电能的静止电气设备。

1. 变压器的类型

(1)按变压器的用途分：电力变压器、调压变压器、仪用变压器。

(2)按变压器的绕组数量分：单绕组变压器、双绕组变压器、三绕组变压器、多绕组变压器。

(3)按变压器的相数分：单相变压器、三相变压器、多相变压器。

(4)按变压器的冷却方式分：油浸式变压器、环氧树脂浇注型干式变压器、充气变压器。

(5)变压器的型号的表示及含义如下：

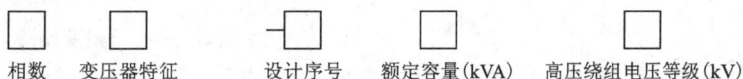

相数　　变压器特征　　设计序号　　额定容量(kVA)　　高压绕组电压等级(kV)

例如 S7-560/10 表示油浸自冷式三相铜绕组变压器，额定容量 560 kVA，高压侧额定电压 10 kV。变压器型号标准代号参见表 20-1。

表 20 - 1　变压器型号标准

名称	相数及代号	特征	特征代号
单相变压器	单相 D	油浸自冷	—
		油浸风冷	F
		油浸风冷、三线圈	FS
		风冷、强迫油循环	FP
三相变压器	三相 S	油浸自冷铜绕组	—
		有载调压	Z
		铝绕组	L
		油浸风冷	F
		树脂浇注干式	C
		油浸风冷、有载调压	FZ
		油浸风冷、三绕组	FS
		油浸风冷、三绕组、有载调压	FSZ
		油浸风冷、强迫油循环	FP
		风冷、三绕组、强迫油循环	FPS
三相电力变压器	三相 S	水冷、强迫油循环	SP
		油浸风冷、铝绕组	FL

2. 变压器的基本构造

变压器主要由铁芯和绕组两部分构成：

（1）铁芯是变压器的基本部分，变压器的一次、二次绕组都绕在铁芯上。它的作用是在交变的电磁转换中，提供闭合的磁路，让磁通绝大部分通过铁芯构成闭合回路，所以变压器的铁芯多采用硅钢片叠压而成。

（2）绕组就是绕在铁芯上的线圈与电源相连接，从电源吸取能量的绕组称为原绕组，与负载相连接，对负载供电的绕组称为副绕组。绕组一般都是由绝缘的圆导线或扁导线绕成（铜线或铝线）。

按照绕组与铁芯的相对位置不同，变压器又可以分为芯式和壳式两种。

（3）三相变压器的铁芯有三个芯柱，每个芯柱上都套装原、副绕组并浸在变压器油中，其端头经过装在变压器铁盖上绝缘套管引到外边，如图 20 - 4 所示。

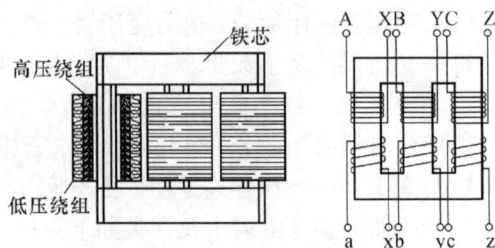

图 20 - 4　三相变压器

3. 变压器的安装方式

变压器的安装形式有杆上安装、户外露天安装和室内安装等。

(1)杆上安装。杆上安装是将变压器固定在电杆上，以电杆为支架离开地面架设。

(2)户外露天安装。户外露天安装是将变压器安装在户外露天，固定在钢筋混凝土基础上。

(3)室内安装。室内变压器安装是将变压器安装在室内。

二、电动机

1. 电动机的类型

电动机根据使用的电源不同又可分为直流和交流电动机两种；交流电动机又可分为三相电动机、单相电动机、异步电动机和同步电动机等。

在建筑设备中广泛采用的是三相交流异步电动机，如图 20 - 5 所示。对于三相鼠笼式异步电动机：凡中心高度为 80 ~ 355 mm，定子铁芯外径为 120 ~ 500 mm 的称为小型电动机；凡中心高度为 355 ~ 630 mm，定子铁芯外径为 500 ~ 1000 mm 的称为中型机；凡中心高度大于 630 mm，定子铁芯外径大于 1000 mm 的称为大型电动机。

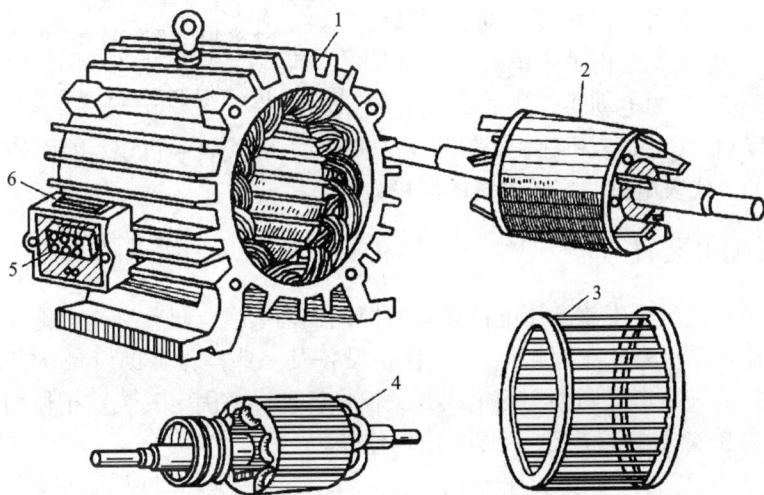

图 20 - 5　三相异步电动机的构造

1—定子；2—笼型转子；3—金属笼；4—绕线转子；5—接线盒；6—铭牌

2. 三相异步电动机的基本结构

定子和转子构成三相异步电动机两个基本组成部分。

1)定子。

异步电动机的定子主要是由机座、定子绕组和定子铁芯三部分组成。定子铁芯安放在机座内部，是电动机磁路的一部分。为了减少涡流损失，它由厚度为 0.5 mm 的相互绝缘的硅钢片叠合而呈筒形。在铁芯的内表面分布有与转轴平行的槽，用以安放定子绕组。定子绕组是定子中的电路部分，它是用绝缘导线绕制成线圈，然后按照一定的规律嵌置在定子铁芯的槽孔内。

2）转子。

转子是电动机的转动部分，它是由转轴、转子铁芯和转子绕组所组成。电动机转轴一般是由碳钢制成的，用以支撑转子铁芯和传递功率，两端放置在电动机的端盖内的轴承上。转子铁芯也是采用厚度 0.5 mm 的硅钢片叠合而成的圆柱体，并且片与片之间相互绝缘。在转子铁芯硅钢片的圆周上冲有凹槽，槽中嵌放转子绕组。转子绕组有鼠笼式和绕线式两种形式。

3. 三相异步电动机的工作原理

（1）当定子三相绕组接上三相交流电源，通过绕组和三相电流会产生一个在空间旋转的磁场。

（2）旋转的磁场由于与转子导体发生相对运动，使转子导体上产生感应电流。

（3）这个旋转磁场又与转子导体上的感应电流发生相互作用，产生一个电磁转矩，驱动转子发生转动。

4. 三相电动机的铭牌

每台三相交流异步电动机出厂前，机壳上都钉有一块铭牌，如图 20 - 6 所示，它是一个最简单的说明书（主要包括型号、额定值和接法等）。

三相交流异步电动机			
型号	Y280M-2	功率	90 kW
电压	380 V	电流	164 A
接法	Y	转速	2970 r/min
频率	50 Hz	绝缘等级	B
工作方式	S1	防护等级	IP44
重量	551 kg	效率	0.92

××电机股份有限公司　2006年×月×日

图 20 - 6　Y 系列三相交流异步电动机的铭牌

Y 系列是小型笼式三相异步电动机；JR 系列是小型转子绕组式三相异步电动机。例如型号是 Y160M2 - 2 的电动机，其中 Y 代表 Y 系列异步电动机；160 代表机座中心高度为 160 mm；M 代表中机座；前面的 2 代表铁芯长度代号；后面的 2 代表电机的旋转磁场的磁极数。

三、高压配电装置

高压配电装置是用于安放高压电器设备的柜式成套装置，起着接受电能、分配电能的作用，柜内安装有高压开关设备、测量仪表、保护设备及一些操作辅助设备（图 20 - 7）。按其结构可分为固定式和手车式两种。固定式开关柜将各种设备固定安装在柜体内；手车式开关柜将主要开关设备安装在手车上，可以拿出柜体外。

一般将高压开关柜集中安装于专门的高压配电室内，但当高压开关柜台数少于 5 台时，也可和低压配电装置共处一室。当高压开关柜在布置时，需要考虑足够的维修和操作通道。固定式高压开关柜一般靠墙安装，单侧布置时柜前操作通道宽度不小于 1.5 m，一般宜为 2 m 以上；双列布置时，柜间间距应不小于 2 m，一般为 2.5 m 以上。手车式高压开关柜离墙安装，柜后通道不小于 0.8 m，单侧布置时柜前通道不小于手车长加 0.9 m，双列式柜间间距为双车长加 0.6 m。

图 20 - 7　高压配电箱实物图

四、低压配电装置

低压配电装置是用于安放低压电器设备的成套柜式装置，可分为固定式和抽屉式(图20-8)。抽屉式低压配电柜将主要开关设备安装在类似抽屉的结构上。

为维修方便，低压配电柜一般离墙安装，间距0.8~1 m；为了进出线和安装维修方便，高低压配电柜底部和后侧均设电缆沟，一般沟深0.8~1 m。

五、互感器

图20-8　低压配电箱实物图

互感器是一种特殊的变压器，是供配电系统二次回路变换电压和电流的电气设备。按照作用不同，分为电压互感器和电流互感器。使用互感器可以扩大仪表和继电器等二次设备的使用范围，并能使仪表和继电器与主电路绝缘，既可避免主路的高电压直接引入仪表、继电器，又可防止仪表、继电器的故障影响主电路。

1. 电流互感器

电流互感器用于提供测量仪表和断电保护装置用的电源。

2. 电压互感器

电压互感器相当于一个降压变压器，当工作时，一次绕组并联在供电系统的一次电路中，二次绕组与仪表、继电器的电压线圈并联。

六、刀开关

刀开关是一种简单手动操作电器，用于非频繁通断、容量不大的配电线路上。

刀开关的电气图形符号和文字符号如图20-9所示。

刀开关按灭弧装置可分为有或无灭弧罩两种，前者可拉断少量负荷电流，如负荷开关；后者只起隔离电源作用但不能带负荷开断电路，如开启刀闸。

图20-9　刀开关实物图及电气图形符号和文字符号

开启式开关也称隔离开关，因无防护而只能用在配电柜或配电箱内，当前推荐使用的有HD13，HD14，HS11，HS13等系列，主要起隔离电源的作用。开启式负荷开关也称胶木刀开关，有一定灭弧能力，用于小电流系统，当前推荐使用的有HK2系列产品。

封闭式负荷开关又称铁壳开关，灭弧能力强于HK系列且有短路保护作用，适于各种配电设备及不需频繁通断负荷的配电线路上，推荐使用的有HH10，HH11等系列。在使用时注意将金属外壳可靠接地，并检查机械联锁、弹簧是否正常。

熔断式开关也称刀熔开关，是熔断器和刀开关组合的电器，具有一定的短路分断能力，可替代分开的开关和熔断器，推荐使用的有HR5系列，主要用于不频繁通断的440 V，600 A以下的配电系统中。

刀开关型号含义如图20-10所示。

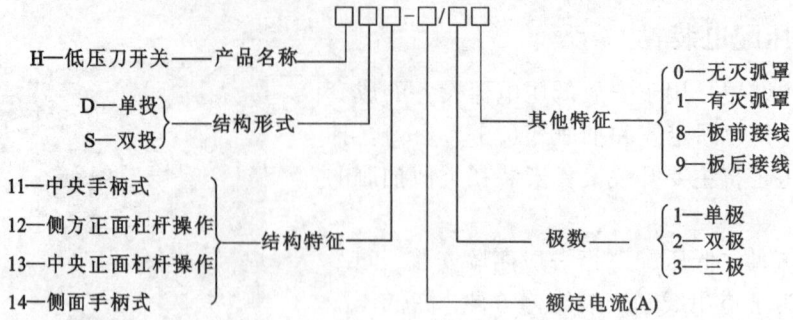

图 20 – 10　刀开关型号含义

七、主令电器

常用于 380 V 以下电路中,控制小容量异步机或照明控制电路,用来在控制电路中发布命令,但不能用来切断故障电流,包括控制按钮(图 20 – 11)、行程开关和转换开关(图 20 – 12)等。

图 20 –11　控制按钮

图 20 –12　转换开关

八、低压断路器(也称自动开关、空气自动开关)

低压断路器是这是一种具有失压、短路、过载保护作用并自动切换电路的控制电器。正常状态下起着合断闸的作用；当电路中出现短路或过载时能自动切断电路；动作值可调整以适用于频繁操作的电路中。其种类多，应用广，分类方式也很多，但基本形式可分为万能式与装置式两大类。

低压断路器的实物图和文字符号如图 20 – 13 所示。

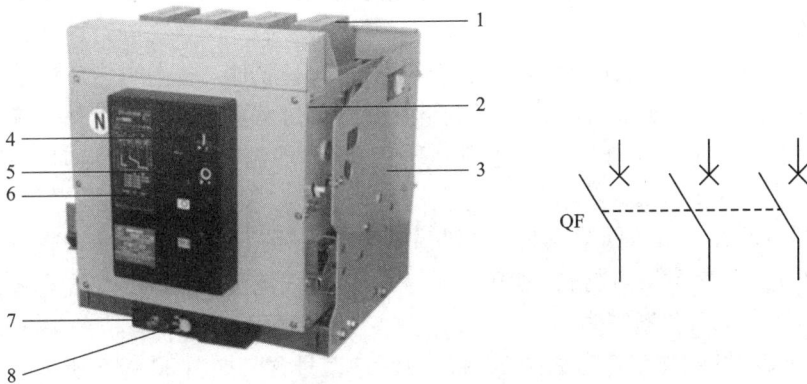

图 20 – 13　低压断路器实物图及电气图形符号和文字符号

1—灭弧罩；2—开关本体；3—抽屉座；4—合闸按钮；5—分闸按钮；
6—智能脱扣器；7—摇匀柄插入位置；8—连接/试验/分离指示

型号含义如图 20 – 14 所示。

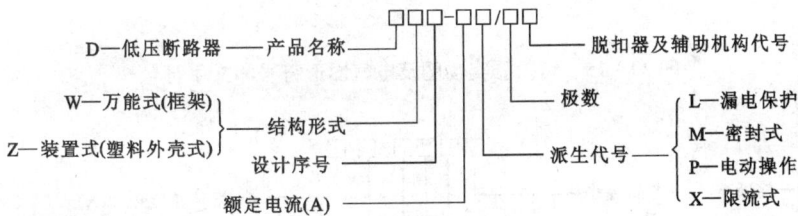

图 20 – 14　国产低压断路器型号含义

DW 系列也称框架式断路器，此种断路器没有外壳，体积大，容量为 100～6000 A，灭弧能力较强，极限短路分断能力高，特别适用于低压配电系统的保护。目前推荐使用的有 DW15，DW16 和 DW17 等系列产品。

DZ 系列也称塑料壳式断路器，它的塑料外壳体积小，容量小于 600 A，适用于 380 V 的线路。其保护动作由不同脱扣器实现，如失压、断路、过载分别由失压、电磁热脱扣器实现。拉、合闸所有触头都是同时动作，避免了用熔断器作断路保护时因一相熔断而造成的电动机缺相运行，这种电动机损坏是建筑工地上最常见的。推荐使用的有 DZ10，DZ12 和 DZ15 等系列产品。

近年来,新产品向体积小、工作可靠、寿命长等方向发展,如 C, S, MZ 和 AH 等系列产品。

九、低压熔断器(俗称保险器)

熔断器是一种结构简单、使用方便、价格低廉的保护电器,用于供电线路及电气设备的短路和严重过载保护。

熔断器主要由熔体(俗称保险丝)和安装熔体的熔管或熔座两部分组成。熔体是熔断器的核心部件;熔管是装熔体的外壳,熔管及熔管内填充材料可防止熔体熔断时金属液滴飞溅并兼有灭弧作用。

熔断器的熔体串接在被保护线路中。当电路工作正常时,电流的热效应使熔体温度上升,但熔体温升低于其熔点而不熔断;当电路发生严重过载或短路时,熔体中流过很大的故障电流,电流的热效应使熔体的温度急剧上升,当熔体的温升超过其熔点时,熔体熔断,切断电路,从而达到保护目的。

熔体材料有两种,一是低熔点材料(如锡铅合金),因其分断能力小,适于小电流下使用,如一般民宅;二是高熔点材料(如银、铜等),适于大电流下使用,如配电系统。主要参数有额定电压、电流及分断能力。

熔断器的实物图和文字符号如图 20 - 15 所示,型号含义如图 20 - 16 所示。

图 20 - 15　熔断器实物图及电气图形符号和文字符号

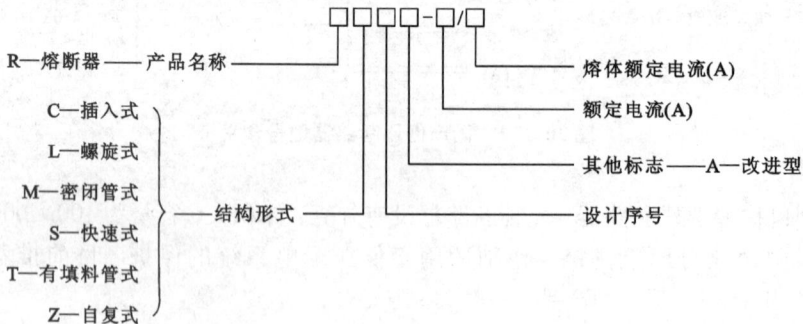

图 20 - 16　低压熔断器型号含义

十、漏电保护器

漏电保护器是将漏电保护装置与自动空气开关组合在一起的自动电器,又称漏电保护开关(图 20 – 17)。当线路或设备出现漏电或接地故障时，它能迅速自动切断电源，保护人身与设备的安全，避免事故进一步扩大，同时还能提供线路的过载与短路保护。因而要求民用建筑和施工现场必须使用，成为国家强制认证产品。

漏电保护器按动作原理可分为电压型、电流型、脉冲型；按结构可分为电磁式、电子式，各有用途。

漏电保护器种类多、型号多，如 DZ 系列。也有引入国外先进技术生产的具有结构紧凑、体积小、性能稳定可靠、安装方便的新型漏电保护器，如 FIN 和 FNP 等型号。

图 20 – 17　家用漏电保护器

十一、接触器

接触器是一种接通或切断电动机或其他负载主电路的自动切换电器。它是利用电磁力来使开关打开或断开的电器，适用于频繁操作、远距离控制强电电路，并具有低压释放的保护性能。接触器通常分为交流接触器和直流接触器。

交、直流接触器结构相似，图 20 – 18 所示为交流接触器结构图，常见的型号有 CJI2B，CJ20，3TF，LCI 等。

接触器的实物图和文字符号如图 20 – 19 所示。

接触器可以通过线圈的小电流去控制主触头的大电流，并可以通过按钮远距离控制，广泛应用于需要实现自动控制的电气设备电路，与热继电器、熔断电器等配合可以实现过负荷、短路等保护作用。例如，电动机的启动、停止、正转、反转等控

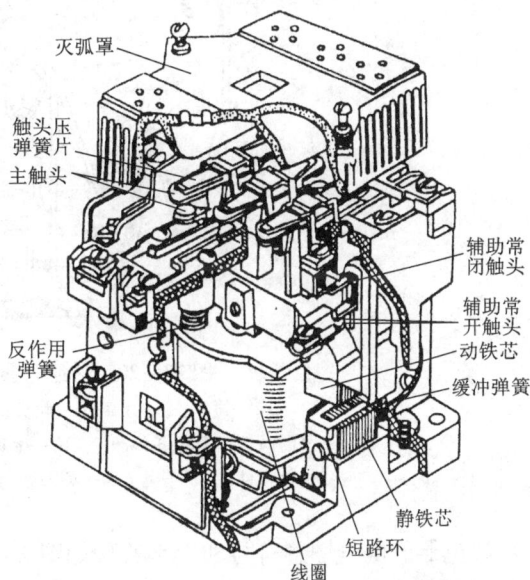

图 20 – 18　交流接触器的构造

287

图20－19　接触器实物图及电气图形符号和文字符号

制。在电容器柜中应用它，是为了自动控制电容器组的投入数量，自动调节供电系统的功率因数。

十二、热继电器

热继电器是一种与接触器配合用于过负荷保护的保护电器。它是利用热效应原理制成的，其结构由热元件、双金属片、传动装置、触头等组成（图20－20）。热元件串接在被保护的电路中，当主电路的电流过大时，热元件发热使双金属片弯曲，通过传动装置使触头动作，切断接触器的线圈电流，接触器释放而断开被保护的主电路。

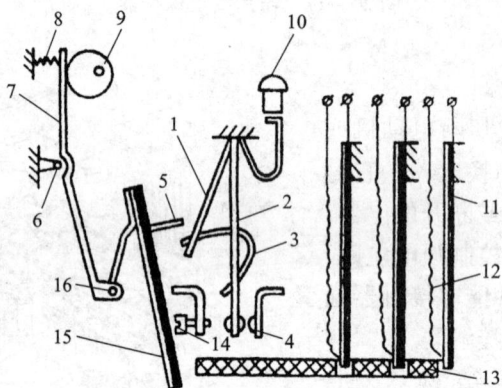

图20－20　热继电器的结构原理图

1、2—簧片；3—弓簧；4—触头；5—推杆；6—固定转轴；
7—杠杆；8—压簧；9—凸轮；10—手动复位按钮；11—主双金属片；
12—热元件；13—导板；14—调节螺钉；15—补偿双金属片；16—轴

热继电器的电气图形符号和文字符号如图20－21所示。

常见的型号有JR16，JR20，3UA，LR2，3RB等。中间继电器（用作增加触点数量）、电压继电器（反映电压）、电流继电器（反映电流）、速度继电器（反映速度）、热继电器（反映电流热效应）和时间继电器等。

288

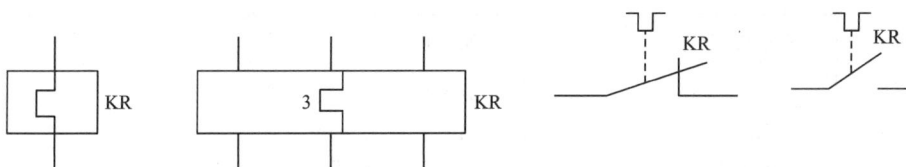

图 20-21　热继电器的电气图形符号和文字符号

十三、低压配电箱

低压配电箱是小容量供电系统的配电中心，一般将开关电器和保护电器装为一体（图 20-22）。种类很多，在建筑供电中使用广泛的是照明和动力两种配电箱，目前推荐尽量使用标准化的配电箱，主要有 XM-4，XM（R）-7 和 XL（F）-14、XL（F）-20 等系列配电箱。

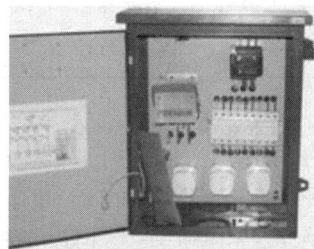

图 20-22　配电箱实物图

十四、电气工程材料

1. 导线

导线分为裸导线和绝缘导线。

导线的线芯要求导电性能良好、机械强度大、质地均匀、表面光滑且耐腐蚀性能好。导线的绝缘层要求绝缘性能良好、质地柔韧、耐侵蚀，且具有一定的机械强度。

1）裸导线。

无绝缘层的导线称为裸导线。裸导线又分为硬裸导线和软裸导线。

裸导线一般用于高、低压架空电力线路输送电能，软裸导线主要用于电气装置的接线，元件的接线及接地线。

裸导线的材料有铜、铝和钢，按结构可分为圆单线、扁线和绞线。常见的有铜绞线（TJ）、铝绞线（LJ）和钢芯铝绞线（LGJ）（图 20-23）。

裸导线的规格分为 10，16，25，50，70 和 95 mm²。

软裸导线的规格分为 0.012，0.03，0.06，0.12，0.20 和 0.30（mm²）。

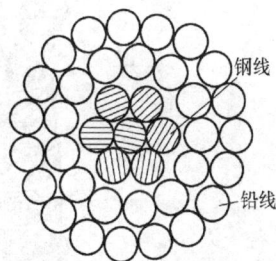

图 20-23　钢芯铝绞线 LGJ

2）绝缘导线。

（1）橡皮绝缘导线。橡皮绝缘导线可用于室外敷设。长期工作温度不得超过 60℃，额定电压不得超过 250 V 的橡皮绝缘导线用于照明线路。

（2）塑料绝缘导线。塑料绝缘导线具有耐油、耐腐蚀及防潮等特点，常用于电压 500 V 以下的室内照明线路，可穿管敷设及直接在墙上敷设。

绝缘导线分类、型号说明及主要用途如表 20-2 所示。

表20-2　绝缘导线分类、型号说明及主要用途

分类	型号名称	型号说明	主要用途
V-聚氯乙烯绝缘导线	BV	铜芯聚氯乙烯绝缘导线	适用于交流额定电压450/750 V及以下动力装置的固定敷设
	BLV	铝芯聚氯乙烯绝缘导线	
	BVR	铜芯聚氯乙烯绝缘软导线	
	BVV	铜芯聚氯乙烯绝缘聚氯乙烯护套圆形导线	
	BLVV	铝芯聚氯乙烯绝缘聚氯乙烯护套圆形导线	
	BVVB	铜芯聚氯乙烯绝缘聚氯乙烯护套平形导线	
	BV-105℃	铜芯聚氯乙烯耐高温绝缘导线	

2. 电缆

电缆是一种多芯导线，即在一个绝缘软管内裹有多根互相绝缘的线芯。电缆的结构由缆芯、绝缘层和保护层3部分组成。

1) 电力电缆。

电力电缆是用来输送和分配大功率电能的导线。无铠装的电缆适用于室内、电缆沟内、电缆桥架内和穿管敷设，但不可承受压力和拉力。钢带铠装电缆适于直埋敷设，能承受一定的压力，但不能承受拉力。

电缆按绝缘材料的不同，有油浸纸绝缘电力电缆和交联聚乙烯绝缘电力电缆。额定的工作电压一般有1 kV，3 kV，6 kV，10 kV，20 kV和35 kV等6种。电力电缆结构如图20-24所示。

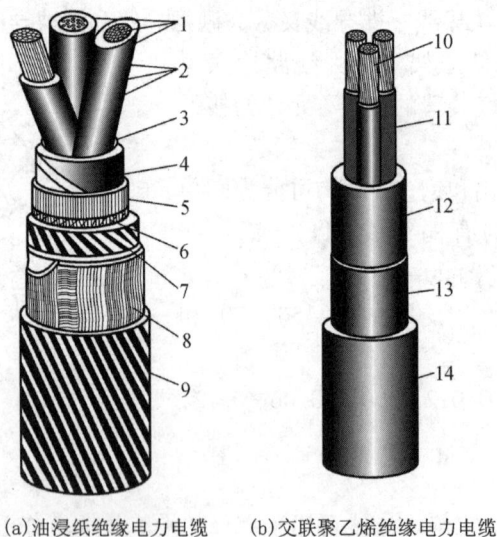

(a)油浸纸绝缘电力电缆　　(b)交联聚乙烯绝缘电力电缆

图20-24　电力电缆结构

1—铝芯；2—油浸纸绝缘层；3—麻筋(填料)；4—油浸纸；5—铝包(或铅包)；6—涂沥青的纸带(内护层)；
7—涂沥青的麻包(内护层)；8—钢铠(外护层)；9—麻包(外护层)；10—铝芯(或铜芯)；11—交联聚乙烯(绝缘层)；
12—聚氯乙烯护套(内护层)；13—钢铠(或铝铠)；14—聚氯乙烯外壳

我国常用的电力电缆型号及名称见如表 20 - 3。

表 20 - 3　电力电缆型号及名称

型号		名　称
铜芯	铝芯	
VV	VLV	聚氯乙烯绝缘聚氯乙烯护套电力电缆
VV - 22	VLV22	聚氯乙烯绝缘钢带铠装聚氯乙烯护套电力电缆
ZR - VV	ZR - VLV	阻燃聚氯乙烯绝缘聚氯乙烯护套电力电缆
ZR - VV22	ZR - VLV22	阻燃聚氯乙烯绝缘钢带铠装绝缘聚氯乙烯护套电力电缆
NH - VV	NH - VLV	耐火聚氯乙烯绝缘聚氯乙烯护套电力电缆
NH - VV22	NH - VLV22	耐火聚氯乙烯绝缘钢带铠装绝缘聚氯乙烯护套电力电缆
YJV	YJLV	交联聚乙烯绝缘聚乙烯护套电力电缆
YJV22	YJLV22	交联聚乙烯绝缘钢带铠装聚乙烯护套电力电缆

2）控制电缆。

控制电缆用于配电装置、继电保护和自动控制回路中传送控制电流、连接电气仪表及电气元件等。

控制电缆运行电压一般在交流 500 V、直流 1000 V 以下，线芯数为几芯到几十芯不等，截面为 $1.5 \sim 10 \ mm^2$。

控制电缆的结构与电力电缆的相似。

3. 母线

母线也叫干线或汇流排。它是电路的主干线，在供电工程中，一般把电源送来的电流汇集在母线上，然后按需要从母线送到各分支的电路上分配出去，因此母线就是一段汇总和分配电流的导体。

母线按其质量可分为轻型母线和重型母线；按其材质可分为铜母线和铝母线；按其形状可分为带形母线和槽形母线；按其结构层可分为单母线和双母线；按其性质可分为软母线和硬母线。

4. 配线用管材

配线常用的管材有金属管和塑料管，工程中称为电线保护管或电线管。

1）金属管。

配管工程中常使用的有厚壁钢管、薄壁钢管、金属波纹钢管和普利卡套管 4 类。

（1）厚壁钢管又称焊接钢管或低压流体输送钢管（水煤气管），有镀锌和不镀锌之分。又分为普通钢管和加厚钢管两种。

在工程图中标注的代号，焊接钢管为 SC，厚壁钢管的公称口径按内径标注。

厚壁钢管（水煤气钢管）用作电线、电缆的保护管，可用于一些潮湿场所或直埋于地下，也可以沿建筑物、墙壁或支吊架敷设。明敷设一般在生产厂房中出现较多。

（2）薄壁钢管（电线管）。

在工程图中标注的代号为 MT。薄壁钢管的公称口径按外径标注。

电线管多用于敷设在干燥场所的电线、电缆的保护管，可明敷或暗敷。

套接紧定式钢(JDG)导管和套接扣压式薄壁钢(KBG)导管是专为配线工程研发的电线管,应用也非常广泛。套接紧定式钢(JDG)导管的管路连接为套接,并研发有配套的直管接头和弯管接头,套接后用自带的紧定螺钉拧紧,其直管公称管径是外径。套接扣压式薄壁钢(KBG)导管的管路连接为扣押套接式,也研发有配套的直管接头和弯管接头,套接后用专用工具扣压,其直管公称管径也是外径。

钢管暗配工程应选用镀锌金属盒,即灯位盒、开关(插座)盒等,其厚壁不应小于1.2 mm.常用的八角和尺寸为90 mm×90 mm×45 mm。

(3)金属波纹管。

金属波纹管也叫金属软管或蛇皮管,主要用于设备上的配线,如车床、铣床、冷水机组、水泵等。它是用0.5 mm以上的双面镀锌薄钢带加工压边卷制而成,轧缝处有的加石棉网,有的不加,其规格尺寸与电线管相同。

(4)普利卡金属套管。

普利卡金属套管是电线、电缆保护套管的更新换代产品,其种类很多,但其基本结构类似,都是由镀锌钢带卷绕成螺纹状,属于可绕性金属套管。具有搬运方便、施工容易等特点。在建筑电气工程中的使用日益广泛,可用于各种场合的明、暗敷设和现浇混凝土内的暗敷设。

2)塑料管。

配线所用的电线保护管多为PVC塑料管,PVC是聚氯乙烯的代号,是用电石和氯气(电解食盐产生)制成的,根据加入增塑剂的多少可制成不同硬度的塑料。建筑电气工程中常用的塑料管有以下四种,管材连接和弯曲工艺有所不同:

(1)硬质聚氯乙烯管(PVC塑料管):是由聚乙烯树脂加入稳定剂、润滑剂等助剂经捏合、滚压、塑化、切粒、挤出成型加工而成,主要用于电线、电缆的保护套管等。管材长度一般4 m/根,颜色一般为灰色。管材连接一般为加热承插式连接和塑料热风焊,弯曲必须在加热条件下进行。

(2)刚性阻燃管PC:称刚性PVC管或PVC冷弯电线管,分为轻型、中型、重型。管材长度4 m/根,颜色有白、纯白,弯曲时需用专用弯曲弯簧。管子的连接方式采用专用接头插入法连接,在连接处接合面涂专用胶合剂,接口密封。

刚性阻燃管是刚性、硬质、阻燃的,在浇注混凝土过程中不易变形,现在被广泛应用。一般的住宅使用PVC管均用刚性阻燃管。

(3)半硬质阻燃管FPC:也叫PVC阻燃塑料管,由聚氯乙烯树脂加入增塑剂、稳定剂及阻燃剂等经挤出成型而得,用于电线保护,一般颜色为黄、红、白等,成捆供应,每捆100 m。管子连接采用专用接头抹塑料胶黏接,管道弯曲自如,无须加热,在箱盒之间直接连接中间不需要接头。

半硬质塑料管是软质的,硬度不够,在浇注混凝土过程中经常变形造成管路不畅通,所以一般用在砖墙内。

(4)塑料波纹管(可挠型):常用在吊顶或空间较高的房间,吊顶内的管子(接线盒)距吊顶有一段垂直距离,因塑料波纹管可以自由弯曲,用于接线盒与灯具盒之间连接导线的保护管。

5. 型材

（1）扁钢可用来制作各种抱箍、撑铁、拉铁和配电设备的零配件、接地母线及接地引线等。扁钢常用普通碳素钢热轧而成，其规格以"宽度×厚度"表示，单位 mm。

（2）角钢是钢结构中最基本的钢材，可作单独构件或组合使用，被广泛用于桥梁、建筑输电塔构件、横担等。角钢规格以"边长×边长×厚度"表示，并在规格前加"L"，单位是 mm。工程中常用等边角钢，即边宽相等。

（3）工字钢由两个翼缘和一个腹板构成。工字钢被广泛用于各种电气设备的固定底座、变压器台架等。

（4）圆钢主要用来制作各种金属、螺栓、接地引线及钢索等，常用普通碳钢的热轧圆钢（直条），直径用 ϕ 表示，单位用 mm。

（5）槽钢一般用来制作固定底座、支撑和导轨等。槽钢的表示方法为 匚 加数字，如 匚20，表示槽钢截面高度 200 mm。槽钢分为普通型和轻型两种，工程中常用普通型。

（6）薄钢板分镀锌钢板和不镀锌钢板。钢板可制作各种电器及设备的零部件、平台、垫板和防护壳等。

（7）铝板用来制作设备零部件、防护板、防护罩及垫板等。

6. 常用的紧固件

1）塑料胀管。

塑料胀管加木螺钉用于固定较轻的构件。该方法多用于砖墙或混凝土结构，不需用水泥预埋，具体方法是用冲击钻钻孔，孔的大小及深度应与塑料胀管的规格匹配，在孔中填入塑料胀管，然后靠拧进木螺钉使胀管胀开，从而拧紧螺母后使元件固定在操作面上。

2）膨胀螺栓。

膨胀螺栓用于固定较重的构件。该方法与塑料胀管固定方法相同。钻孔后将膨胀螺栓填入孔中，通过拧紧膨胀螺栓的螺母使膨胀螺栓胀开，从而拧紧螺母后使元件固定在操作面上。

3）预埋螺栓。

预埋螺栓用于固定较重的构件。预埋螺栓一头为螺扣，一头为圆环或燕尾，可分别预埋在地面内、墙面和顶板内，通过螺扣一端拧紧螺母使元件固定。

4）六角头螺栓。

一头为螺母一头为丝扣螺母，将六角螺栓穿在两元件之间通过拧紧螺母固定两元件。

5）双头螺栓。

两头都为丝扣螺母，将双头螺栓穿在两元件之间，通过拧紧两端螺母固定两元件。

6）木螺钉。

木螺钉用于木质件之间及非木质件之间的联结。

7）机螺钉。

机螺钉用于受力不大且不需要经常拆装的场合，其特点是一般不用螺母，而把螺钉直接旋入被联结件的螺纹孔中，使被联结件紧密连接起来。

第二十一章 建筑照明与动力系统

第一节 电光源及常用灯具

一、电光源

电光源的种类很多,但从发光原理来看,电光源可分为三大类:热辐射光源、气体放电光源及新型电光源。

1. 热辐射光源

利用电流将灯丝加热到白炽程度而辐射出的可见光的原理所制造的光源,称为热辐射光源。

1)普通白炽灯。

普通白炽灯的结构如图 21 - 1 所示。其灯头形式分为插口式和螺口式两种。一般适用于照度要求低,开关次数频繁的室内外场所。

普通白炽灯泡的规格有 15 W, 25 W, 40 W, 60 W, 100 W, 150 W, 200 W, 300 W 和 500 W 等,电压一般为 220 V。

2)卤钨灯。

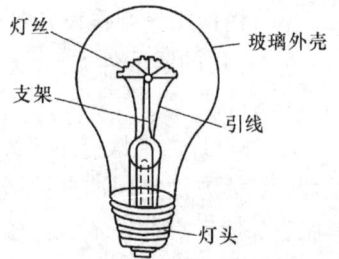

图 21 - 1 普通白炽灯结构

其工作原理与普通白炽灯一样,其突出特点是在灯管(泡)内充入惰性气体的同时加入微量的卤素物质,所以称为卤钨灯。卤钨灯包括碘钨灯、溴钨灯,其结构如图 21 - 2 所示。在白炽灯泡内充入微量的卤化物,其发光效率比白炽灯高 30%,适用于体育场、广场及机场等场所。

为了使卤钨循环顺利进行,卤钨灯必须水平安装,倾斜角不得大于 4°,由于灯管功率大、点燃后表面温度很高,不能与易燃物接近,不允许采用人工冷却措施(如电风扇冷却),勿溅上雨水,否则将影响灯管的寿命。

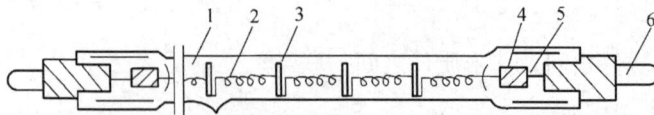

图 21 - 2 碘钨灯构造

1—石英玻璃管;2—灯丝;3—支架;4—钼箔;5—导丝;6—电极

2. 气体放光电源

利用气体放电时发光的原理所制造的光源,称为气体放电光源。

（1）荧光灯。荧光灯的构造如图 21 - 3 所示。荧光灯由镇流器、启辉器和灯管组成，具有体积小、光效高、造型美观、安装方便等特点，有逐渐代替白炽灯的发展趋势。灯管的类型有直管、圆管和异型管等。荧光灯按光色分为日光色、白色及彩色等。

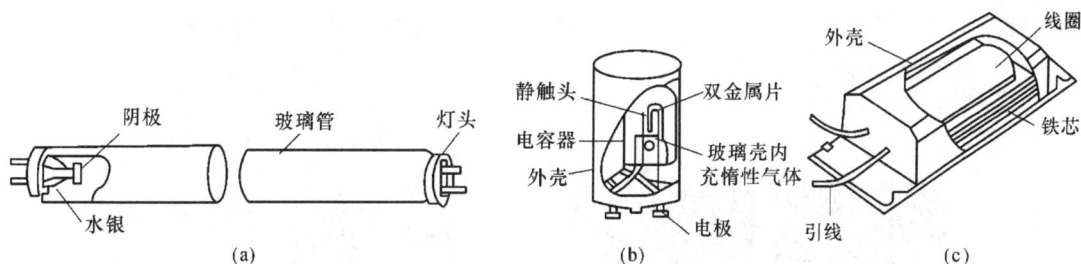

图 21 - 3　荧光灯构造

（2）高压汞灯。又称高压水银灯，靠高压汞气体放电而发光。按结构可分为外镇流式和自镇流式两种，如图 21 - 4 所示。自镇流式高压汞灯使用方便，在电路中不用安装镇流器，适用于大空间场所的照明，如礼堂、展览馆、车间、码头等。

（3）钠灯。钠灯是在灯管内放入适量的钠和惰性气体，故称为钠灯。钠灯分为高压钠灯和低压钠灯两种，具有省电、光效高、透雾能力强等特点，适用于道路、隧道等场所照明。

（4）氙灯。氙灯是一种弧光放电灯，在放电管两端装有钍钨棒状电极，管内充有高纯度的氙气。具有功率大、

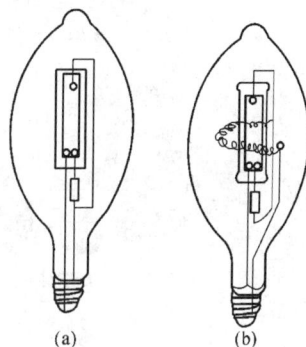

图 21 - 4　高压汞灯构造

光色好、体积小、亮度高、启动方便等优点，被人们誉为"小太阳"，其使用寿命 1000 ~ 5000 h，多用于广场、车站、码头、机场等大面积场所照明。这些年也用于汽车的大灯照明。

（5）金属卤化物灯。它是在高压汞灯的基础上添加某些金属卤化物，并靠金属卤化物的循环作用，不断向电弧提供相应的金属蒸气，提高管内金属蒸气的压力，有利于发光效率的提高，从而获得了比高压汞灯更高的光效和显色性。

（6）霓虹灯。霓虹灯又称氖气灯。霓虹灯不作为照明用光源，常用于建筑灯光装饰、娱乐场所装饰、商业装饰，是用途最广泛的装饰彩灯。

3. LED 光源

LED 又称发光二极管，它们利用固体半导体芯片作为发光材料，当两端加上正向电压，半导体中的载流子发生复合，放出过剩的能量而引起光子发射产生可见光（图 21 - 5）。

LED 光源的优点为：体积小、重量轻，是用环氧树脂封装，可承受高强度机械冲击和震动，不易破碎，安全可靠性强；发热量低，无热辐射，为冷光源，光色柔和，无眩光；发光效率高，耗电量少，在同样照明效果的情况下，耗电量是白炽灯泡的 1/8，荧光灯管的 1/2，例如桥梁护栏灯，同样效果的一支日光灯 40 W，而采用 LED 每支的功率只有 8 W；有红、绿、蓝、黄等多种颜色，内置微处理系统可以控制发光强度，调整发光方式，实现光与艺术的结

合；使用寿命长，采用 LED 灯平均寿命达 10 万 h，LED 灯具使用寿命可达 5～10 年，大大降低灯具的维护费用；LED 为全固体发光体，耐震、耐冲击，不易破碎，废弃物可回收，有利于环保。

LED 的典型用途是显示屏及指示灯，用于装饰照明的技术已经成熟，组合灯具的色彩和构图可以由程序控制，为设计提供了广阔的空间。如果成功发展高亮度白光 LED，可以实现对传统光源的替代。

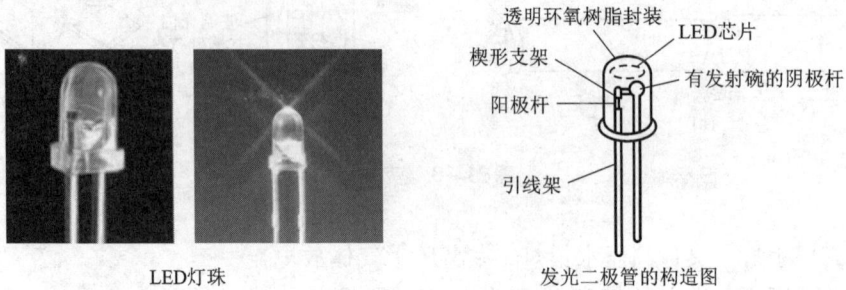

LED灯珠

透明环氧树脂封装
LED芯片
楔形支架
阳极杆
有发射碗的阴极杆
引线架

发光二极管的构造图

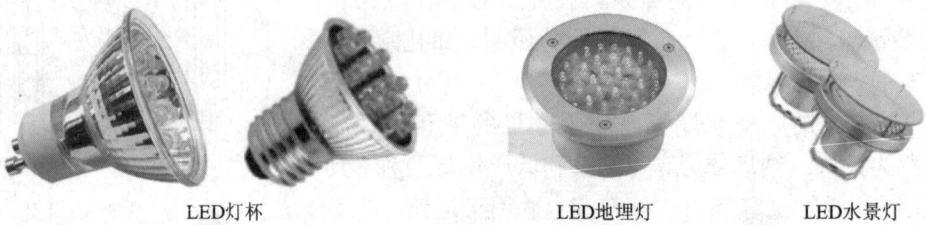

LED灯杯　　　　LED地埋灯　　　　LED水景灯

图 21－5　LED 光源

二、照明灯具组成及分类

1. 照明灯具组成

灯具主要由灯座和灯罩组成（图 21－6）。灯具的作用是固定和保护电源、控制光线方向和光通量，同时也有不可忽视的美观装饰作用。

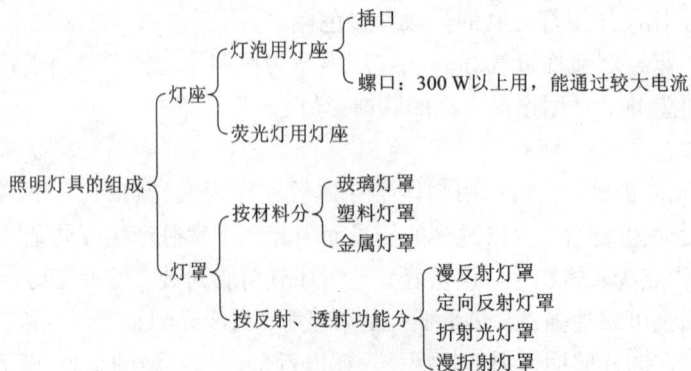

照明灯具的组成
- 灯座
  - 灯泡用灯座
    - 插口
    - 螺口：300 W以上用，能通过较大电流
  - 荧光灯用灯座
- 灯罩
  - 按材料分
    - 玻璃灯罩
    - 塑料灯罩
    - 金属灯罩
  - 按反射、透射功能分
    - 漫反射灯罩
    - 定向反射灯罩
    - 折射光灯罩
    - 漫折射灯罩

图 21－6　照明灯具的组成

2. 照明灯具的分类

灯具的品种繁多，形状各异，各具特色，可以按不同的方式加以分类。

（1）按照防护形式可分为：防水防尘灯、安全灯和普通灯。

（2）按结构分为开启型、闭合型、密封型和安全型等。

（3）按照灯具的安装方式可将灯具分为壁灯、吊灯、吸顶灯、嵌入式灯。

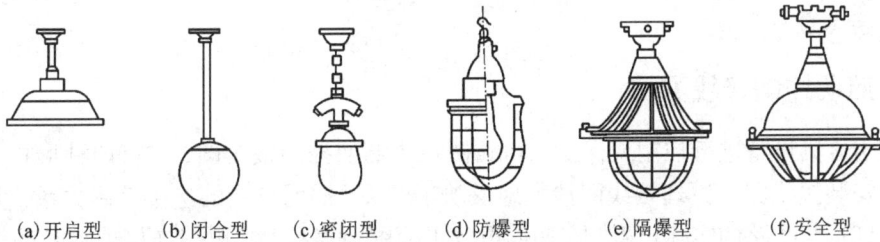

(a)开启型　　(b)闭合型　　(c)密闭型　　(d)防爆型　　(e)隔爆型　　(f)安全型

图 21-7　灯具按结构分类的灯型

第二节　照明的种类与照明方式

一、照明的种类

（1）正常照明：正常照明指满足一般生活、生产需要的室内、外照明。所有居住的房间和供工作、运输、人行的走道以及室外场地，都应设置正常照明。

（2）应急照明：应急照明指因正常照明的电源发生故障而启用的照明。它又可分为备用照明、安全照明和疏散照明等。

（3）警卫照明：警卫照明指在一般工厂中不必设置，但对某些有特殊要求的厂区、仓库区及其他有警戒任务的场所应设置的照明。

（4）值班照明：值班照明指在非工作时间内，为需要值班的场所提供的照明。

（5）障碍照明：障碍照明指为了保障飞机起飞和降落安全以及船舶航行安全而在建筑物上装设的用于障碍标志的照明。

（6）装饰照明：装饰照明指为美化市容夜景以及节日装饰和室内装饰而设计的照明。

二、照明方式的选择

根据工作场所对照度的不同要求，照明方式可分为一般照明、局部照明、混合照明三种方式。按照照明的功能不同又可分为正常照明、应急照明、警卫照明、障碍照明、装饰照明等。

（1）一般照明：灯具比较均匀地布置在整个场地，而不考虑局部对照明的特殊要求，这种人工设置的照明称为一般照明方式。

（2）局部照明：为满足某些部位的特殊光照要求，在较小范围内或有限空间内，采用辅助照明设施的布置方式。如写字台上设置的台灯及商场橱窗内设置的投光照明，都属于局部照明。

（3）混合照明：由一般照明和局部照明共同组成的照明布置方式，是在一般照明的基础上再加强局部照明，有利于提高照度和节约能源。

第三节　照明控制线路

在照明工程平面图中，将大量遇到照明灯具与其控制开关和电气连接线路，但这种连接线路只表示二者相互关系的电气示意图，要真正懂得其含义，就必须标清照明控制的原理接线与安装接线的关系。

一、照明控制接线方法

对照明灯具设备进行控制或保护的电路图称为照明控制接线图，它有两种形式，即原理接线图和安装接线图。原理接线图清楚地反映了开关、照明灯具的连接控制关系，但不具体表示照明灯具与线路的实际位置，在照明电气平面图上表示上述电气连接关系时都采用电气安装接线图的形式。从安装接线图上虽不能清楚地反映电气接线原理，但它可以清楚地表明照明灯具、开关、线路的具体位置及安装方法，这种图有一个重要的特征，就是同一走向，同一标高的导线只用一根线条表示。

从电工原理知道，照明灯具、插座等都属于单相负载，它们在电路中应该并联连接，即火线经开关至灯头，零线直接接在灯头的另一端上，保护地线与灯具金属外壳相连接，但在一个建筑物内，灯具、插座数量很多，它们是如何相互连接在一起的呢？在电气施工中通常采用两种方法连接：

(1)各照明灯具、插座、开关等直接从电源干线上引接，导线中间允许有接头，但要装接线盒，这种方法叫直接接线法。如瓷夹配线、瓷柱配线等。

(2)导线之间的连接只能在开关盒、灯头盒、接线盒的接线端子上进行，而导线中间不允许有接头，这种方法叫共头接线法。相线必须经过开关后再进入灯座，零线直接进入灯座，保护接地线与灯具的金属外壳相连接。

以上两种方法在照明线路安装接线时都可采用，其中共头接线法虽然耗用导线较多，但接线灵活、可靠，变化复杂。

二、照明灯具的控制线路

1. 一只开关控制一盏灯

一只开关控制一盏灯的电气照明图，如图21-8所示。开关只接在相线上，零线不进开关，应注意接线原理图和施工图的区别。

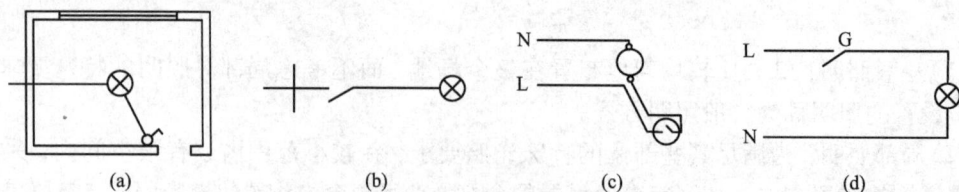

图21-8　一个开关控制一盏灯

298

2. 双控开关控制一盏灯

在不同的位置设置两只双控开关,同时控制一盏灯的开启或关闭,如图 21 - 9 所示。该线路常用于楼梯间及过道等处。双控开关有三个接线桩,分别与三根导线相接,其中两个分别与两个静触点连通,另一个与动触点(共用桩)连通。双控开关的共用桩(动触点)与电源 L 线连接,另一个开关的共用桩与灯座的一个接线桩 K 线连接。两个开关的静触点接线柱,用两根导线分别连接,称之为联络线。

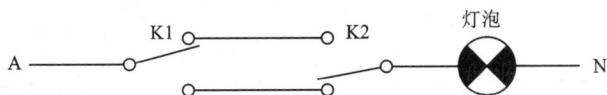

图 21 - 9　两个开关控制一盏灯

3. 多开关控制一盏灯

用两只双控开关和一只三控开关在三处控制一盏灯,如图 21 - 10 所示。该线路用于需多处控制的场所。

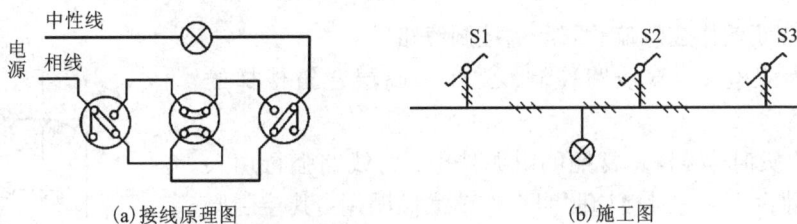

(a)接线原理图　　　　　　　　(b)施工图

图 21 - 10　三只开关控制一盏灯

如两个房间的照明平面图如图 21 - 11 所示。

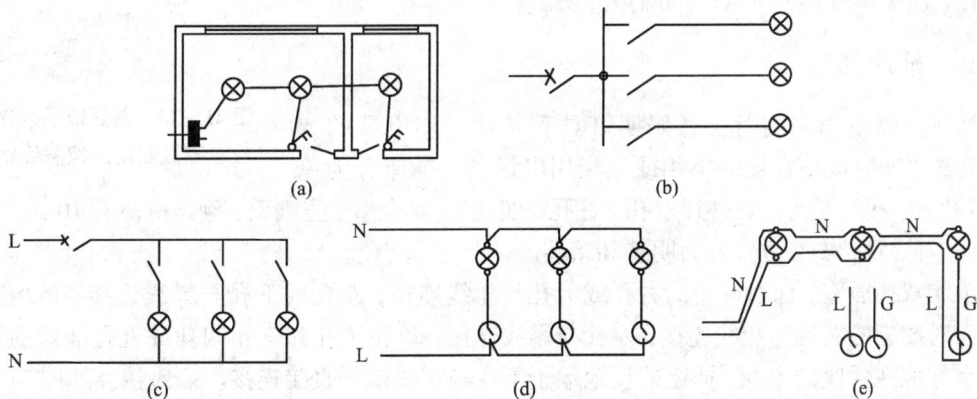

(a)　　　　　　　　(b)

(c)　　　　　　(d)　　　　　(e)

图 21 - 11　照明图

其为两个房间的照明平面图,图中有一个照明配电箱、三盏灯、一个单控双联开关和一个单控单联开关,采用线管配线。

图 21 - 11(a)为其平面图,图中左图两盏灯之间为 3 根线,中间一盏灯与单控双联开关之间为 3 根线,其余都是两根线,因为线管的中间不允许接头,接头只能放在灯盒内或开关盒内,详见图 21 - 11(c)透视接线图。

4. 荧光灯的控制线路

荧光灯由镇流器、灯管和启辉器等附件构成,其电气照明图如图 21 - 12 所示。

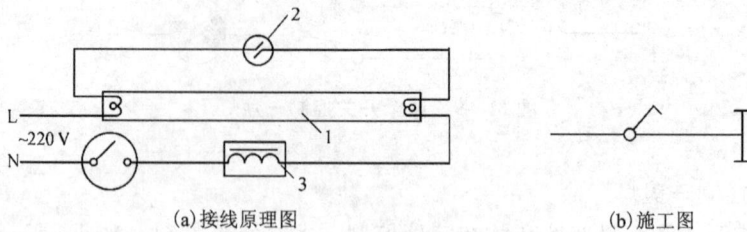

(a)接线原理图   (b)施工图

图 21 - 12   荧光灯的控制线路
1—灯管;2—启辉器;3—镇流器

5. 普通照明兼作应急疏散照明的控制线路

该线路为双电源、双线路控制,常作为高层建筑楼梯的照明。

当发生火灾时,楼梯正常照明电源停电,将线路强行切入应急照明电源供电,此时楼梯照明灯作疏散照明用,其控制原理如图 21 - 13 所示。

在正常照明时,楼梯灯通过接触器的常闭触头供电,而应急电源的常开触头不接通,处于备用状态。当正常照明停电后,接触器得电动作,其常闭触头断开,常开触头关闭,应急电源投入工作,使楼梯灯作为火灾时的疏散照明。

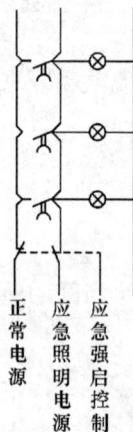

正常电源 应急照明电源 应急强启控制

图 21 - 13   普通照明兼作应急疏散照明的控制线路

三、插座接线

插座主要是用来随时接通照明灯具和其他日用电器的装置,也常用来插接小容量的单相或三相用电设备。插座分为单相(双孔、三孔、五孔)、三相(双孔、三孔、四孔)、安全型、防溅型,额定电流有 10 A,16 A 和 25 A 等多种,安装方式分为明装和暗装。

单相双孔插座,面对插座的右孔或上孔与相线连接,左孔或下孔与零线连接;单相三孔插座面对插座的右孔与相线连接,左孔与零线连接;单相三孔和三相四孔或五孔插座的接地或接零均应在插座的上孔,插座的接地端子不应与零线端子直接连接。插座接线如图 21 - 14 所示。

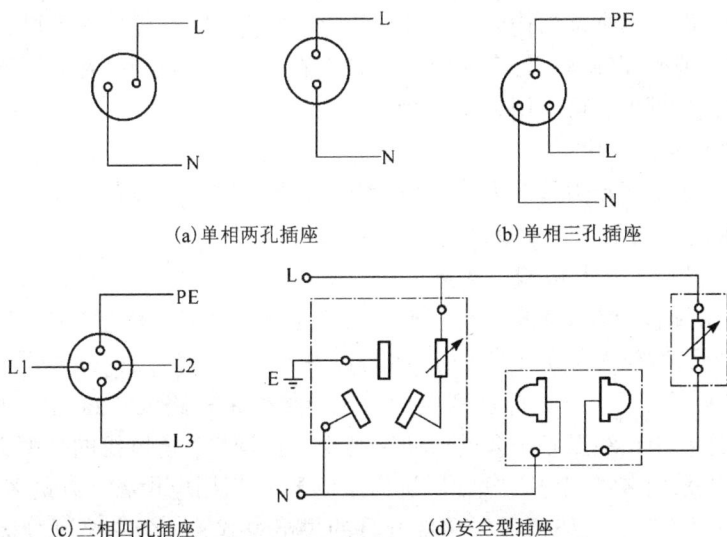

(a)单相两孔插座　　　　　　(b)单相三孔插座

(c)三相四孔插座　　　　　　　(d)安全型插座

图 21 – 14　插座接线示意图

第四节　动力系统

动力系统由以电动机为动力的成套定型的电气设备，小型的或单个分散安装的控制设备（动力开关柜、箱、盘及闸刀开关）、保护设备、测量仪表、母线架设、配管、配线、接地装置等组成。

一、动力设备的配电

建筑物内动力设备的种类繁多，既有划入非工业电力电价的一般电力，又有划入照明电价的空调电力，总的负荷容量大，其中空调负荷的容量占总负荷容量的一半左右。动力设备的容量大小也参差不齐，空调机组可达到 500 kW 以上，而有些动力设备只有几百瓦至几千瓦的功率。不同动力设备的供电可靠性要求也是不一样的。因此，在确定动力设备的配电方式时，应根据设备容量的大小、供电可靠性要求的高低，并结合电源情况、设备位置，结合接线简单、操作维护安全等因素综合考虑。

1. 消防用电设备的配电

消防用电设备应采用专用（即单独的）供电回路。即由变压器低压出口处与其他负荷分开自成供电体系，以保证在火灾时切除非消防电源后，消防用电不停，确保灭火扑救工作的正常进行。配电线路应按防火分区来划分。消防水泵、消防电梯、防烟排烟风机等设备，应有两个电源供电，并且两个电源在末端切换。因此，对于消防泵、喷淋泵和消防电梯的配电，应采用直配方式。即从变电所低压母线引两路电源到消防泵、喷淋泵或消防电梯的控制（切换）箱，两路电源应尽可能地取自变电所的两段不同的低压母线。对于正压风机、排烟风机的配电，考虑到设备的功率比较小，且这些风机的位置多在高层建筑物的顶层，比较集中，可采用两级配电。即从变电所低压母线引两路电源到顶层风机配电（切换）箱，再由配电（切换)箱向各风机供电。消防设备的配电线路可以采用普通电线电缆,但应穿在金属管或阻燃塑料管内,并应埋设在不燃烧结构内。这是一种比较经济、安全可靠的敷设方法。当采用明敷时,应在金属管或金属线槽上涂防火涂料。敷设在竖井内的线路,在采用不延燃性材料作绝缘和护套的电缆电线时,可不用金属线槽作密封保护。

2. 空调动力设备的配电

在动力设备中,空调动力是最大的动力设备,它的容量大、设备种类多,包括有空调制冷机组(或冷水机组、热泵)、冷却水泵、冷冻水泵、冷却塔风机、空调机、新风机、风机盘管等。空调制冷机组(或冷水机组、热泵)的功率很大,大多在 200 kW 以上,有的超过 500 kW,因此多采用直配方式配电。即从变电所低压母线直接引来电源到机组控制柜。冷却水泵、冷冻水泵的台数较多,且留有备用,单台设备容量在几十千瓦,多数采用降压启动,对其配电一般采用两级配电方式。即从变电所低压母线引来一路或几路电源到泵房动力配电箱,再由动力配电箱引出线至各个泵的启动控制柜。空调机、新风机的功率大小不一,分布范围比较广,可以采用多级配电。盘管风机为 220 V 单相用电设备、数量多、单机功率小,只有几十瓦到一百多瓦,一般可以采用像灯具的供电方式,一个支路可以接若干个盘管风机,盘管风机也可以由插座供电。

3. 电梯和自动扶梯的配电

电梯和自动扶梯是建筑物中重要的垂直运输设备,必须安全可靠。考虑到运输的轿厢和电源设备在不同的地点,维修人员不可能在同一地点观察到两者的运行情况,虽然单台电梯的功率不大,但为了确保电梯的安全及各台电梯之间互不影响,每台电梯应由专用回路供电。电梯和自动扶梯的电源线路,一般采用电缆或绝缘导线。电梯的电源一般引至机房电源箱;自动扶梯的电源一般引至高端地坑的扶梯控制箱。

4. 生活给水装置的配电

生活给水装置包括生活水泵,一般从变压器低压出口处引一路电源送至泵房动力配电箱,然后送至各泵控制设备。

二、电动机

电动机是实现机械能与电能之间相互转换的旋转机械。把机械能转换为电能的称为发电机;把电能转换为机械能的称为电动机。三相异步电动机是现代生产过程中的主要动力机械。

1. 电动机的配管配线

电动机的配线施工是动力配线的一部分,是由动力配电箱至电动机的这部分配线,通常是采用管内穿线埋地敷设的方法,如图 21-15 所示。

当钢管与电动机间接连接时,对室内干燥场所,钢管端部宜增设电线保护软管或可挠金属电线保护管后引入电动机的接线盒内,且钢管管口应包扎紧密。

对室外或室内防潮场所,钢管端部应增设防水弯头,导线应加套保护软管,经弯成滴水弧状后再引入电动机的接线盒。与电动机连接的钢管管口与地面的距离宜大于 200 mm。电动机外壳须作接地连接。

2. 电动机的接线

电动机的接线在电动机安装中是一项非常重要的工作,如果接线不正确,不仅电动机不能正常运行，还可能造成事故。接线前应查对电动机铭牌上的说明或电动机接线板上接线端子的数量与符号，然后根据接线图接线。当电动机没有铭牌或端子标号不清楚时，应先用仪表或其他方法进行检查，判断出端子标号后再确定接线方法。在电动机接线盒内裸露的不同相导线间和导线对地间最小距离应大于 8 mm，否则应采取绝缘防护措施。

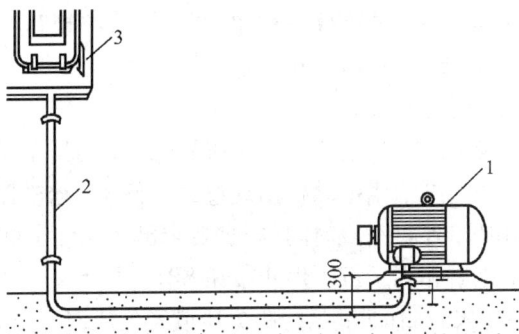

图 21-15　钢管埋入混凝土内安装方法
1—电动机；2—钢管；3—配电箱

3. 电动机的试验

电压 1000 V 以下，容量 100 kV·A 以下的电动机实验项目包括：测量绕组的绝缘电阻；测量可变电阻器、启动电阻器和灭磁电阻器的绝缘电阻；检查定子绕组极性及连接的正确性；电动机空载运行应检测空载电流。

4. 电动机的控制

电动机的控制电路是由各种控制电器，如接触器、继电器及按钮等，按一定的要求连接而成，其作用是实现对电力拖动系统的自动控制。在系统中通过各设备之间动作的联锁关系（如自锁、顺序联锁和互斥联锁等），达到不同的控制目的。

控制电器的基本组成为触头（点）系统和驱动系统两部分。在驱动系统未受作用力时，闭合着的触点称为"动断触点"；开启着的触点称为"动合触点"。另外，按钮的作用力为人工手力；行程开关的作用力为撞块的机械力；接触器和电磁型继电器等的作用力为电磁吸力；热继电器的作用力为热效应力等。当驱动系统受到作用力（作用人手或机械力、电磁线圈通电）时，动断触点断开，动合触点闭合；当作用力消失时，动合触点恢复断开，动断触点恢复闭合。

1）异步电动机单向运行控制电路。

（1）线路的基本构成。

图 21-16 所示为异步电动机直接启动控制电路，该电路由主电路和控制电路构成。主电路包括刀开关 Q、熔断器 FU、交流接触器 KM、热继电器 FR 及异步电动机。控制电路包括启动按钮 SB2、停止按钮 SB1、交流接触器线圈 KM、交流接触器常开触点 KM 及热继电器常闭触点 FR。

（2）线路的工作原理。

合上刀开关 Q，接通主电路电源，然后按下 SB2，此时交流接触器线圈 KM 得电，使交流接触器常开主接触点 KM 闭合，电动机得电启动运行，

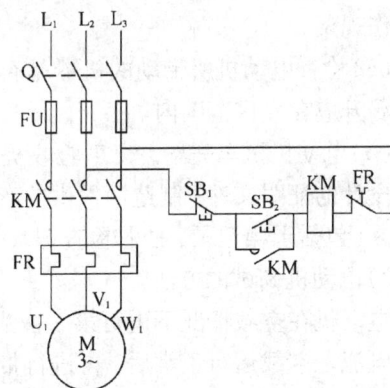

图 21-16　异步电动机直接起动控制电路图

同时与 SB2 并联的 KM 闭合，形成自锁。与启动按钮并联的辅助触点也被称作"自锁触点"。由于自锁触点的存在，当电网电压消失（例如停电）又重新恢复时，电动机及其拖动的运行机构不能自行启动。若想重新启动电动机，必须再次按下启动按钮 SB2，这样就避免了那种突

然失电后又来电后电动机自启动所引起的意外事故。

正常启动：按下停止按钮 SB1，交流接触器线圈 KM 失电，使主电路及控制电路的 KM 回到正常状态，电动机停止运行。

(3)线路的保护。

短路保护：当线路发生短路故障时，刀熔开关内熔体熔化而切断主电路和控制电路。

过载保护：当电动机出现过载运行时，熔断器 FU 不熔断，但热继电器 FR 在电流的热效应作用下，经过一段时间(根据要求已经完整定好的时间)使串在控制电路中的常闭触点 FR 断开，这就相当于按下停止按钮 SB1。

失(欠)压保护：当线路失压或者欠压时，交流接触器的线圈电压低于 380 V，电磁力吸力低于 380 V，电磁力吸力小于反作用弹簧的作用力，将使交流接触器的闭合触点断开，切除故障。

2)异步电动机的正反转控制电路。

在生产实际过程中，各种机械常常要求上下、左右及前后等相反方向的运动，这就要求电动机能够正反方向旋转。只要把电动机定子绕组连接的三相电源任意两根相线对调，即可改变三相交流异步电动机的转动方向，为此，利用两个不同时工作的交流接触器可以完成这一任务。

5. 电动机的调试

电动机调试是电动机安装工作的最后一道工序，调试的内容包括：电动机、开关、保护装置和电缆等一、二次回路的调试。

1)电动机调试的内容。

(1)电动机在试运行前的检查。接通电源前，应再次检查电动机的电源进线、接地线与控制设备的连接线等是否符合要求。

(2)检查电动机绕组和控制线路的绝缘电阻是否符合要求，一般应不低于 0.5 MΩ。

(3)扳动电动机转子时应转动灵活，无碰卡现象。

(4)检查转动装置，皮带不能过松，过紧，皮带连接螺丝应紧固，皮带扣应完好，无断裂和损伤现象。

(5)检查电动机所带动的机器是否已做好启动准备，准备好后，才能启动。电动机的振动及温升应在允许范围内。

(6)电动机试车完毕，交工验收提交下列技术资料文件：变更设计部分的实际施工图；变更设计的证明文件；制造厂提供的产品说明书，试验记录及安装图样等技术文件；安装验收记录(包括干燥记录、抽芯检查记录等)；调整实验记录及报告。

2)电动机调试的方法。

电动机在空载情况下进行第一次启动，并指定专人操作。空载运行 2 h，并记录电动机空载电流。空载运行正常后，再进行带负荷运行。

交流电动机带负荷启动时，一般在冷态时，可连续启动 2 次，每次启动时间间隔要超过 5 min。在热态时，启动 1 次。电动机在运行中应无杂音，无过热现象，电动机振动幅值及轴承温升应在允许范围之内。

三、起重机(吊车、行车)滑触线

吊车是工厂车间常用的起重设备。常用的吊车有电动葫芦和梁式吊车等。吊车的电源通过滑触线供给,即配电线经开关设备对滑触线供电,吊车上的集电器再由滑触线上取得电源。滑触线分为轻型滑触线,安全节能型滑触线,角钢、扁钢滑触线,圆钢、工字钢滑触线等。

供电滑触线装置由护套、导体、受电器三个主要部件及一些辅助组件构成。

(1)护套是一根半封闭的导形管状部件,是滑触线的主体部分。其内部可根据需要嵌高3~16根裸体导轨作为供电导线,各导轨间相互绝缘,从而保证供电的安全性。并在带电检修时有效地防止检修人员触电事故。导管一般每条长度为4 m,可以连接成任意需要的长度,普通导管制作成直线形,也可按特殊需求制成圆弧形等。

(2)导体

(3)受电器是在导管内运行的一组电刷壳架,由安置在用电机构(行车、小车、电动葫芦等)上的拨叉(或牵引链条等)带动,使之与用电机构同步运行,将通过导轨、电刷的电能传到电动机或其他控制元件上。受电器电刷的极数有3~16极,与导管中导轨极数相对应。

第二十二章　安全用电与建筑防雷

第一节　安全用电

现实中，在电气设备的安装、使用、维修任一环节中，违反安全规程均有可能造成触电伤亡，以及设备烧毁和故障引起停电的设备事故。事故主要原因是，缺乏安全用电知识、违反安全用电操作规程、安全工作制度混乱等。可见，安全用电实际上包含了供电系统、用电设备、人身安全等方面，特别是人身安全。

一、触电的形式

人体接触带电导体或漏电的金属外壳，使人体任两点间形成电流，这就是触电事故。此时流过人体的电流被定义为触电电流。

触电对人的伤害机理较复杂，但主要有两种伤害方式：一是电击，电流流过人体内部而影响呼吸、内脏、神经等系统。造成人体器官的损伤并导致残废或伤亡；二是电伤，由电流的热效应、化学效应侵入人体表面，造成皮肤的伤害，如电弧的烧伤等，严重时也能致人死亡。高压事故中两种都有，而低压事故中危害最大的是电击。常见电击的方式有三种。

1. 单相触电

单相触电是指人站在地面或接地导体上，人体触及电气设备带电的任何一相所引起的触电（图 22-1）。大部分触电事故是单相触电事故，其危险程度与中性点是否接地、电压高低、绝缘情况及每相对地电容的大小有关。

2. 两相触电

两相触电是人体的两个部位同时触及两个不同相序带电体的触电事故（图 22-2）。不管中性点是否接地，施加于人体的是 380 V 的线电压，这是最危险的触电方式，但一般发生的机会较少。

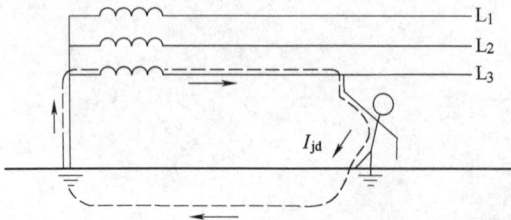

图 22-1　单相触电

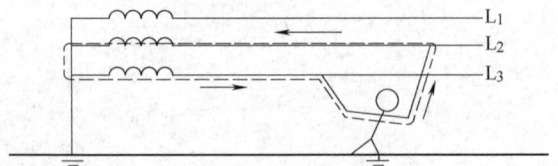

图 22-2　两相触电

3. 跨步电压触电

当电网的一相导线折断碰地，或电气设备绝缘损坏，或接地装置有雷电流通过，就有电流流入大地，在高压接地点电位最高，如人的双脚分开站立或走动，由于两脚之间电位不同，双腿间就有电流通过，哪怕仅持续 2 s 时间，也会遭受较严重的电击（图 22 –3）。

图 22 – 3　跨步电压触电

二、电流对人体的伤害

电击伤对人体的伤害程度与电流的种类、大小、途径、接触部位、持续时间及健康状态等有关。电流通过人体后，能使肌肉收缩，造成机械性损伤，特别是电流流经心脏，对心脏损害极为严重。极小的电流可引起心室纤维性颤动，导致死亡。

通过人体的电流越大，接触的电压越高，对人体的损伤就越大。一般 36 V 以下的电压为安全电压，但在特别潮湿的环境中也有生命危险，要用 12 V 安全电压。我国规定安全电流为 30 mA，这是触电时间不超过 1 s 的电流值。

交流电对人体的损害比直流电大，不同频率的交流电对人体的损害也不同。人接触直流电时，其强度达 250 mA 时也不引起特殊的损伤，而接触 50 Hz 交流电时只要有 50 mA 的电流通过人体，持续 10 s 即可导致死亡。

电流通过人体的途径不同，对人体的伤亡情况也不同。电流通过头部，会使人立即昏迷；通过脊髓，会使人肢体瘫痪；通过心脏和中枢神经，会引起神经失常、心脏停跳、呼吸停止、全身血液循环中断，造成死亡。因此电流从头到身体的任何部位及从左手经前胸到脚的途径是最危险的，其次是一侧手到另一侧脚的途径，再次是同侧的手到脚的电流途径，然后是手到手的电流途径，最后是脚到脚的电流途径。

通过人体的电流取决于作用到人体的电压和电阻值，一般在干燥环境中，人体电阻大约 2 kΩ，皮肤出汗或有伤口时人体电阻会减少，人的精神状态不好电阻也会降低。

触电对人体伤害的影响因素：

(1)通过人体电流的大小。

(2)电流通过人体的持续时间。

(3)电流流经人体的途径。

(4)人体电阻的影响。

(5)作用于人体电压的高低。

(6)电源的频率。

(7)身心的健康状态。

三、安全用电措施

1. 安全用电的因素

(1)电气绝缘。保持配电线路和电气设备的绝缘良好，是保证人身安全和电气设备正常运行的最基本要求。

（2）安全距离。安全距离指人体、物体等接近带电体而不发生危险的安全可靠距离。

（3）安全截流量。如超过安全截流量，导体将过度发热，导致绝缘破坏、短路，甚至发生火灾。

（4）标志。设置明显、正确和统一的标志是保证用电安全的重要因素。如不同颜色的导线用于表示不同相序、不同用途的导线等。

2. 安全用电措施

（1）安全电压。一般情况下，36 V 电压对人体是安全的。可根据情况使用 36 V，24 V 或 12 V 的安全电压。

（2）保护用具。应合理使用保护绝缘用具，如绝缘棒、绝缘钳、高压试电笔、绝缘手套和绝缘鞋等。

（3）为防止接触带电部件。为防止接触带电部件，可采取电气绝缘措施、保证安全距离等。

（4）防止电气设备漏电伤人。为防止电气设备漏电伤人，可采取保护接地和保护接零的措施。

（5）漏电保护装置。当发生漏电或触电事故后，可立即发出报警信号并迅速切断电源，确保人身安全。

（6）不要在电力线路附近安装天线、放风筝；发现电气设备起火应迅速切断电源；在带电状态下，决不能用水或泡沫灭火器灭火；雷雨天气不要在大树下躲雨、打手机等。

（7）触电急救措施包括自救、使触电者脱离电源及医务抢救等。

第二节　建筑物防雷

雷电是一种常见的自然现象，它能产生强烈的闪光、霹雳，有时落到地面上，击毁房屋、杀伤人畜，给人类带来极大危害。电力系统中，当电气设备的绝缘损坏时，外露的可导电部位将会带电，并危及人身安全。为了确保建筑物及人身安全和电力系统及设备的安全平稳运行，需采取一定的接地措施，把雷电流和漏电电流及时导入大地中，同时对触电人员采取必要的急救措施。

一、雷电

1. 雷电的危害

1）雷电的形成。

雷是带有电荷的雷云与雷云之间或雷云对大地（物体）之间产生急剧放电的一种自然现象，这种带有电荷的云称为雷云。

2）雷电的活动规律。

潮湿地区比干燥地区雷电多，山区比平原地区雷电多，平原地区比沙漠地区雷电多，陆地比湖海地区雷电多。一年当中 7～8 月份雷电多，一天当中下午比上午雷电多。

3）雷电危害建筑的规律。

建筑物的突出部分易受雷击，如屋脊、屋角、烟囱、天线、露出屋面的金属物和爬梯等。屋顶为金属结构、地下埋有大量金属管道或屋内存有大量金属设备的建筑易受雷击；高耸突出的建筑易受雷击，如单个高层建筑、水塔等；排出导电尘埃的建筑和废气管道易受雷击；屋旁的人、树和山区输电线路易受雷击。

4）雷电的种类。

（1）直击雷。雷直接击在建筑物和设备上而发生的机械效应和热效应。空中带电荷的雷云直接与地面上的建筑物或物体之间发生的放电，产生雷击破坏现象称为直击雷。直击雷使建筑物及内部设备因雷电的高温引起火灾，在雷电流通道上，物体水分受热气化而迅速膨胀，产生强大的机械力，使建筑物受到破坏。

（2）感应雷。雷电流产生的电磁效应和静电效应。直击雷放电时，由于雷电流变化的梯度较大，周围产生交变磁场，使周围金属构件产生较大感应电动势，形成火花放电，称为感应雷。感应雷极易造成火灾。此外，在直击雷放电时，雷电波会沿架空输电线路侵入室内，击穿设备的绝缘或造成人员伤亡，这种现象称为高电位反击。

（3）球形雷。雷电流沿门窗进入建筑物内部。球形雷是指在雷雨季节时出现的发光气团，它能沿地面滚动或在空气中飘行，当从开着的门窗飘然而入时，释放出的能量容易造成人员伤亡。这种球形雷的机理尚未研究清楚。为防止球形雷的侵入，可把门窗的金属框架接地和加装金属网。

（4）高电位的引入。雷电流沿电气线路和管道引入建筑物的内部。

5）雷电的破坏作用。

（1）雷电流的热效应。雷电流的数值很大，巨大的雷电流通过导体时，短时间内产生大量的热能，可能造成金属熔化、飞溅而引起火灾或爆炸。

（2）雷电流的机械效应。雷电流的机械破坏力很大，可分为电动力和非电动机械力两种。电动力是由于雷电流的电磁作用产生的冲击性机械力。非电动机械力是指如有些树木被劈裂，烟囱和墙壁被劈倒等。

（3）跨步电压及接触电压。当雷电流经地面雷击点或接地体散入周围土壤时，离接地极越近，电位越高，离接地极越远，电位越低。当人跨步在接地极附近时，由于两脚所处的电位不同，在两脚之间就有电位差，这就是跨步电压。此电压加在人体时，就有电流流过人体，当电流大到一定程度，人就会因触电而受到伤害。

（4）架空线路的高电位侵入。电力、通信和广播等架空线路，受电击时产生很高的电位，产生很大的高频脉冲电流，沿着线路侵入建筑物，会击穿电气设备绝缘，烧坏变压器和设备，引发触电伤亡事故，甚至造成建筑物的破坏事故。

2. 防雷等级

1）一级防雷的建筑物。

指具有特别重要用途的建筑物，如国家级会堂、办公建筑、档案馆、大型博展建筑；特大型、大型铁路旅馆站；国际性的航空港、通信枢纽；国宾馆、大型旅游建筑、国际港口客运站等。另外，还包括国家级重点文物保护的建筑物和构筑物及高度超过100 m的建筑物。

2）二级防雷的建筑物。

指重要的人员密集的大型建筑物，如部、省级办公楼、省级会堂、博展、体育、交通、通信、广播等建筑以及大型商店、影剧院等。另外，还包括省级重点文物保护的建筑物和构筑物；19层以上的住宅建筑和高度超过50 m的其他民用建筑物；省级以上大型计算中心和装有重要电子设备的建筑物等。

3）三级防雷建筑物。

指当年计算雷击次数大于 0.05 时，或通过调查确定需要防雷的建筑物；建筑群中最高或位于建筑物边缘高度超过 20 m 的建筑物；高度为 15 m 以上的烟囱、水塔等孤立的建筑物或构筑物，在雷电活动较弱地区（年平均雷暴日不超过 15 天）其高度可为 20 m 以上；历史上雷害事故严重地区或雷害事故较多地区的较重要建筑物。

二、建筑物防雷装置

1. 建筑防雷装置的构成

建筑物防雷装置主要由接闪器、引下线和接地装置三部分组成（图 22-4）。其作用原理是：将雷电向自身并安全导入地内，从而使被保护的建筑物免遭雷击。

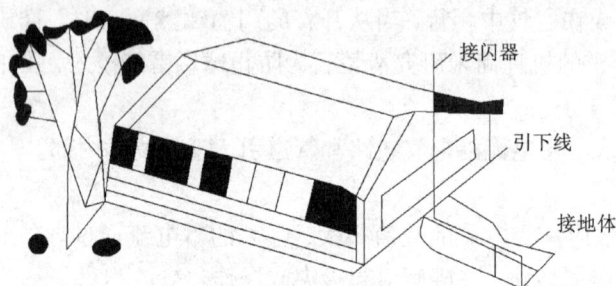

图 22-4　防雷系统示意图

1）接闪器。

接闪器是专门用来接受雷击的金属导体。其形式可分为避雷针、避雷带（网）、避雷线及兼作接闪的金属屋面和金属构件（如金属烟囱、风管）等。所谓"避雷"是习惯叫法，按照本章主要介绍的防雷装置做法，实际上是"引雷"，即将雷电流按预先安排的通道安全地引入大地。因此，所用接闪器都必须经过接地引下线与接地装置相连接。

（1）避雷针。避雷针是在建筑物突出部位或独立装设的针形导体，可吸引改变雷电的放电电路，通过引下线和接地体将雷电流导入大地。

（2）避雷带和避雷网。避雷带是利用小型截面圆钢或扁钢装于建筑物易遭雷击的部位，如屋脊、屋檐、屋角、女儿墙和山墙等条形长带。避雷网相当于纵横交错的避雷带叠加在一起，形成多个网孔。它既是接闪器，又是防感应雷的装置，因此是接近全部保护的方法，一般用于重要的建筑物。

（3）避雷线。架设在架空线路上方，以保护架空线路免受直接雷击。

（4）避雷器。避雷器是用来防护雷电产生的过电压波，沿线路侵入变电所或其他建筑物内，以免危及被保护设备绝缘的电气元件。正常时，避雷器的间隙保持绝缘状态，不影响系统的运行；当因雷击有高压波沿线路袭来时，避雷器间隙被击穿，强大的雷电流导入大地；当雷电流通过以后，避雷器间隙又恢复绝缘状态，供电系统正常运行。

2）引下线。

引下线是连接接闪器和接地装置的金属导体。

（1）引下线的选择和设置。

①引下线宜采用圆钢或扁钢，宜优先采用圆钢，圆钢直径不应小于 8 mm，扁钢截面不应小于 48 mm²，其厚度不应小于 4 mm，当烟囱上的引下线采用圆钢时，其直径不应小于 12 mm；采用扁钢时，其截面不应小于 100 mm²，厚度不应小于 4 mm。

②引下线应沿建筑物外墙明敷，并经最短路径接地；建筑艺术要求较高者可暗敷，但其圆钢直径不应小于 10 mm，扁钢截面不应小于 80 mm²。

③建筑物的消防梯、钢柱等金属构件宜作为引下线，但其各部件之间均应连电气通路。

④采用多根引下线时，宜在各引下线上于距地面 0.3 ~ 1.8 m 之间装设断接卡。当利用混凝土内钢筋、钢柱作为自然引下线并同时采用基础接地体时，可不设断接卡，利用钢筋作引下线时应在室内外的适当地点设若干连接板，该连接板可供测量、接人工接地和作等电位连接用。当仅利用钢筋作引下线并采用埋于土壤中的人工接地体时，应在每根引下线上距地面不低于 0.3 m 处设接地体连接板。采用埋于土壤中的人工接地体时应设断接卡，其上端应与连接板或钢柱焊接。连接板处宜有明显标志。

⑤在易受机械损坏和防人身接触的地方，地面上 1.7 m 至地面下 0.3 m 的一段接地线应采取暗敷或镀锌角钢、改性塑料管或橡胶管等保护设施。

（2）断接卡子。

设置断接卡子的目的是为了便于运行、维护和检测接地电阻。采用多根专设引下线时，为了便于测量接地电阻以及检查引下线、接地线的连接状况，宜在各引下线上于距地面 0.3 ~ 1.8 m 之间设置断接卡。断接卡应有保护措施。

3）接地装置。

接地装置是指接地体（又称接地级）和接地线的总和。它的作用是将引下线引下的雷电流迅速流散到大地土壤中去。

（1）接地体。接地体是埋入土壤中或混凝土基础中作散流用的导体，可分为自然接地和人工接地。

（2）接地线。接地线是从引下线断接卡或换线处至接地体的连接导体，也是接地体与接地体之间的连接导体。

（3）基础接地体。在高层建筑中，利用柱子和基础内的钢筋作为引下线和接地体，具有经济、美观和有利于雷电流流散以及不必维护和寿命长等优点。常称为基础接地体。利用基础接地体的接地方式称为基础接地，国外有 UFFER 接地。基础接地体可分为以下两类：

①自然基础接地体。利用钢筋混凝土中的钢筋或混凝土基础中的金属结构作为接地体，这种接地体称为自然基础接地体。

②人工基础接地体。把人工接地体敷设在没有钢筋的混凝土基础内，这种接地体称为人工基础接地体。有时候，在混凝土基础内虽有钢筋，但由于不能满足利用钢筋作为自然基础接地体的要求（如由于钢筋直径太小或钢筋总截面积太小），也有在这种钢筋混凝土基础内加设人工接地体的情况，这时所加入的人工接地体也称为人工基础接地体。

2.建筑物防雷装置的技术要求

各类建筑物防雷装置的技术要求对比见表 22 - 1。

表 22 - 1　各类防雷建筑物的防雷装置的技术要求对比

防雷措施	防雷类别		
	一类	二类	三类
防直击雷	1. 应装设独立避雷针或架空避雷线（网），使保护物体均处于接闪器的保护范围之内； 2. 当建筑物太高或其他原因难以装设独立避雷针、架空避雷线（网）时，可采用装设在建筑物上的避雷网或避雷针或混合组成的接闪器进行直击雷防护。网格尺寸≤5 m×5 m 或≤6 m×4 m	宜采用装设在建筑物上的避雷网（带）或避雷针或混合组成的接闪器进行直击雷防护。避雷网的网格尺寸≤10 m×10 m 或≤12 m×8 m	宜采用装设在建筑物上的避雷网（带）或避雷针或混合组成的接闪器进行直击雷防护。避雷网网格尺寸≤20 m×20 m 或≤24 m×16 m
防雷电感应	1. 建筑物的设备、管道、构架、电缆金属外皮、钢屋架和钢窗等较大金属物以及突出屋面的放散管和风管等金属物，均应接到防雷电感应的接地装置上； 2. 平行敷设的管道、构架和电缆金属外皮等长金属物，其净距小于 100 mm 时应采用金属跨接，跨接点的间距不应大于 30 m。长金属物连接处应用金属线跨接	1. 建筑物内的设备、管道、构架等主要金属物，应就近接到接地装置上，可不另设接地装置； 2. 平行敷设的管道、构架和电缆金属外皮等长金属物应符合一类防雷建筑物要求，但长金属物连接处可不跨接	
防雷电入侵波	1. 低压线路宜全线用电缆直接埋地敷设，入户端应将电缆的金属外皮、钢管接到防雷电感应的接地装置上； 2. 架空金属管道，在进出建筑物处亦应与防雷电感应的接地装置相连，距离建筑物 100 m 内的管道，应每隔 25 m 左右接地一次； 3. 埋地的或地沟内的金属管道，在进出建筑物处亦应与防雷电感应的接地装置相连	1. 当低压线路采用全线用电缆直接埋地敷设时，入户端应将电金属外皮、金属线槽与防雷的接地装置相连； 2. 平均雷暴日小于 30 d/a 地区的建筑物，可采用低压架空线入户； 3. 架空和直接埋地的金属管道在进出建筑物处应就近与防雷接地装置相连	1. 电缆进出线，就在进出端将电缆的金属外皮、钢管和电气设备的保护接地相连； 2. 架空线进出线，应在进出处装设避雷器，避雷器应与绝缘子铁脚、金具连接并接入电气设备的保护接地装置上； 3. 架空金属管道在进出建筑物处应就近与防雷接地装置相连或独自接地
防侧击雷	1. 从 30 m 起每隔不大于 6 m 沿建筑物四周设环形避雷带，并与引下线相连； 2. 30 米及以上外墙上的栏杆、门窗等较大的金属物与防雷装置连接	1. 高度超过 45 m 的建筑物应采取防侧击雷及等电位的保护措施； 2. 将 45 m 及以上外墙上的栏杆、门窗等较大的金属物与防雷装置连接	1. 高度超过 60 m 的建筑物应采取防侧击雷及等电位的保护措施； 2. 将 60 m 及以上外墙上的栏杆、门窗等较大的金属物与防雷装置连接
引下线间距	≤12 m	≤18 m	≤25 m

三、接地和接零

电气上所谓的接地,指电位等于零的地方。为了保障设备与人身的安全,一般认为,电气设备的任何部分与大地作良好的连接就是接地;变压器或发电机三相绕组的连接点称为中性点,如果中性点接地,则称为零点。由中性点引出的导线称为中线或工作接零。

1. 接地的方式及作用

1)工作接地。

为电气系统的正常运行需要,在电源中性点与接地装置做金属连接称为工作接地。工作接地如图 22 – 5 所示。

工作接地有利于安全,当电气设备有一相对地漏电时,其他两相对地电压是相电压,否则是线电压;高压系统可使继电保护设备准确地动作,并能消除单相电弧接地过电压,可防止零点电压偏移,保持三相电压基本平衡,可降低电气设备的绝缘水平。

2)重复接地。

为尽可能降低零线的接地电阻,除变压器低压侧中性点直接接地外,将零线上一处或多处再次进行接地,称为重复接地。在供电线路终端或供电线路每次进入建筑物处都应该做重复接地,如图 22 – 6 所示。

切断重复接地的中性线,可以保护人身安全,大大降低触电的危险程度。一般规定重复接地电阻不得大于 10 Ω,当与防雷接地合一时,不得大于 4 Ω;漏电保护装置后的中性线不允许设重复接地。

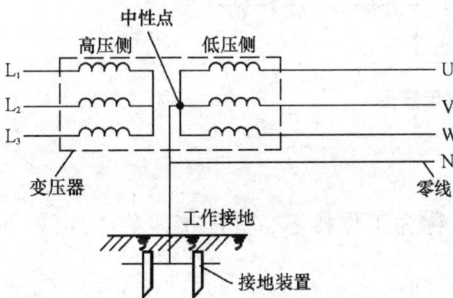

图 22 – 5　工作接地示意图

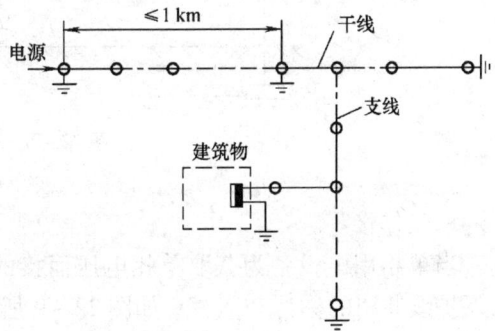

图 22 – 6　重复接地

3)保护接地。

把电气设备的金属外壳及与外壳相连的金属构架用接地装置与大地可靠地连接起来,以保护人身安全的接地方式,叫保护接地,其连线称为保护线(PEN),如图 22 – 7 所示。保护接地一般用在 1000 V 以下的中性点不接地的电网与 1000 V 以上的电网中。

4)保护接零。

把电气设备的金属外壳与电源的中性线用导线连接起来称为保护接零,其连线称为保护线(PE),如图 22 – 8 所示。一旦发生单项短路,电流很大,于是自动开关切断电路,电动机断电,从而避免了触电危险。

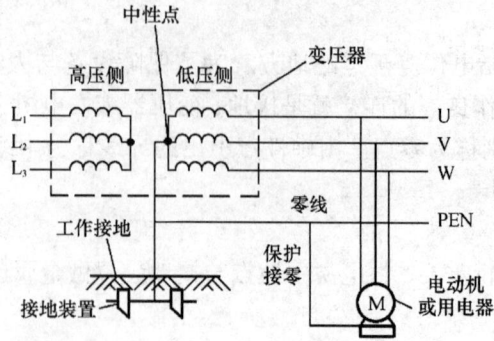

图 22 - 7　保护接地示意图

　　保护接零一般用在 1000 V 以下的中性点接地的三相四线制电网中。目前供照明用的 380/220 V 中性点接地的三相四线制电网中广泛采用保护接零措施。

图 22 - 8　保护接零示意图

5）工作接零。

　　当单相用电设备为获取单相电压而接的零线，称为工作接零，其连接线称中性线(N)，与保护线共用的称为 PEN 线，如图 22 - 9 所示。

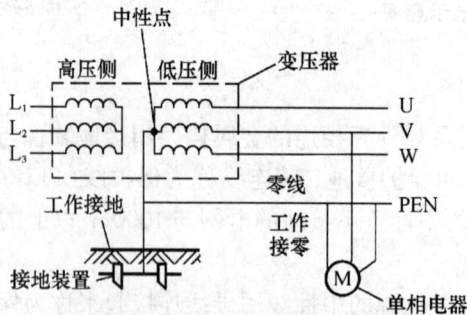

图 22 - 9　工作接零示意图

314

6)防雷接地。

为避免建筑物及其内部的电器设备遭受雷电侵害，防雷接地装置将雷电流迅速安全地引入大地。

2. 低压配电系统的接地形式

低压配电系统的接地形式可分为以下 3 种：

1)TN 系统。

电力系统中性点直接接地，受电设备的外露可导电部分通过保护线与接地点连接。按照中性线与保护线组合情况，又可分为 3 种形式：

(1)TN - S 系统(又称五线制系统)。

整个系统的中性线(N)与保护线(PE)是分开的，如图 22 - 10 所示。因为 TN - S 系统可安装漏电保护开关，有良好的漏电保护性能，所以在高层建筑或公共建筑中得到广泛应用。

(2)TN - C 系统(又称四线制系统)。

整个系统的中性线(N)与保护线(PE)是合一的，如图 22 - 11 所示。TN - C 系统主要应用在三相动力设备比较多的系统，例如工厂、车间等，因为少配一根线，比较经济。

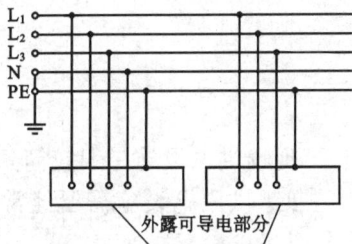

图 22 - 10　　TN - S 系统

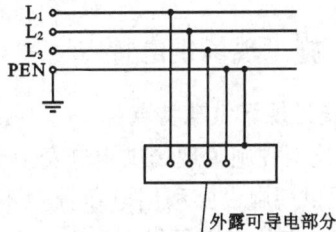

图 22 - 11　　TN - C 系统

(3)TN - C - S 系统(又称四线半系统)。

系统的前一部分线路的中性线(N)与保护线(PE)是合一的，而系统的后一部分线路的中性线(N)与保护线(PE)则是分开的，如图 22 - 12 所示。TN - C - S 系统主要应用在配电线路为架空配线，用电负荷分散、距离又较远的系统。但要求线路在进入建筑物时，将中性线进行重复接地，同时再分出一根保护线，因为外线少配一根，比较经济。

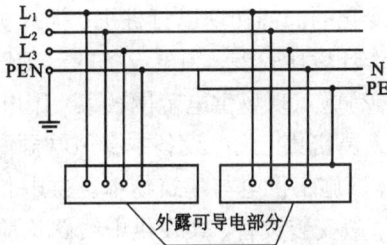

图 22 - 12　　TN - C - S 系统

2)TT 系统。

电力系统有一点直接接地，受电设备的外露可导电部分通过保护线接至与电力系统接地点无直接关联的接地极。如图 22 - 13 所示。在 TT 系统中，保护线可以各自设置，由于各自设置的保护线互不相关，因此电磁环境适应性较好，但保护人身安全性较差，目前仅在小负荷系统中应用。

3)IT 系统。

电力系统的带电部分与大地无直接连接(或有一点经足够大的阻抗接地)，受电设备的外露可导电部分通过保护线接至接地极。如图 22 - 14 所示。在 IT 系统中的电磁环境适应性比较好，当任何一相故障接地时，大地即作为相线工作，可以减少停电的机会，多用于煤矿及工厂等希望尽量少停电的系统。

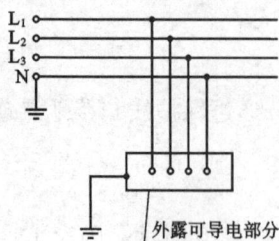

图 22 - 13　TT 系统

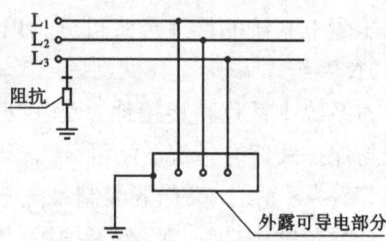

图 22 - 14　IT 系统

第三节　施工现场安全用电

一、施工现场供电特点

1. 施工现场供电特点

《建筑工程施工现场供用电安全规范》总则明确指出："现场供电设施一般较简陋，且随施工进展供用电设施和用电负荷也不断地变化。随施工进展，供用电设施需要经常拆装移位，因此施工用电必须做到安全、可靠、确保质量、经济合理。"

(1)建筑施工现场用电的用电设备，主要是动力设备和照明设备，所采用的电压为 380/220 V。施工现场主要用电设备有：拖动各种生产机械的电动机、焊接用电焊机、施工照明设备等。可见，现场用电是以动力负荷为主、照明负荷为辅，且设备的使用是随施工进程而不断地变化的。如初期以打桩机、搅拌机为主，后期则以安装设备、装修机械居多。施工现场的工作环境比较差，用电设备的流动性大，临时性强，用电量变化大。

(2)施工现场供电范围较大、用电设备数量多且分散、供电线路长、周围环境复杂、交叉作业人员密集、配电设备本身风吹雨淋、引线不牢、安全条件不好。

(3)施工供电与建筑物本身供电相比性质不同，是临时措施，工程验收后供电设施立即拆除，故安装设备、架设供电线路均应考虑到要利于拆除。

2. 施工现场供电要求

施工现场供电的最基本的要求是：供电可靠性高、保证供电质量、安全经济运行。

考虑现场特点及投资经济性，变配电设备安装与运行条件均应符合《工业与民用 10 kV以下变电所设计规范》的要求。

考虑现场人员活动频繁、大型机具集中使用、供电线路的导线与架设不固定等因素，电气装置应符合《电气装置安装工程施工及验收规范》的要求。

施工现场供电方式应考虑电源的供电方式，并且要满足《工业与民用电力装置接地规范》的要求。其他设备如配电箱、开关箱等均应满足《电气装置安装工程施工及验收规范》的要求。

316

二、施工安全用电

1. 建立完善的安全施工制度

凡属电气安装与维护工作均应由专业电气技术人员进行，持证上岗。电气作业时须遵守行业标准和安全规程、规范的要求，依规范制订出相应的完备安全组织措施和技术措施。对电气设备及工具应定期检查和试验，发现不合格的立即停止使用。一切手持式或移动式电动工具均应采用国家的标准产品，并要安装漏电保护装置。所有机电设备应做接零和重复接地保护，并有定期检查的制度。

施工现场必须采取"三级供电、两级漏保"的安全措施。

2. 高低压线路的安全距离与防护

施工现场不允许架设高压线路，特殊情况下也应按有关规范规定，保持线路与在建工程脚手架、大型机电设备间必要的安全距离。如 1 ~ 10 kV 架空线与在建工程外侧边缘间最小安全距离不小于 6 m，与机动车到最小垂直距离不小于 7 m，与其他配电线路间最小垂直距离不小于 2 m。若受施工现场内位置限制无法保证安全距离时，也可采取设防护栏、悬挂警示牌等措施。线路至遮栏、栅栏等防护设施的安全距离也是有规范的，不能随意设置，可查阅有关手册设置。

现场低压电网禁用裸导线，须采用相应截面的橡皮绝缘导线或电缆。低压线路之间的距离、低压线与工程和道路之间的距离以及与机电设备之间的距离均应查阅有关手册确定，不可随意设置。

3. 低压线路的接地系统

按《低压配电设计规范》规定，低压配电线路应装短路保护、过载保护、接地故障保护，主要用于切断供电电源或发出报警信号。但各接地系统也存在如下问题：

TT 系统要求设备接地电阻 $R = 1.7\ \Omega$，这在实际中很难实现，会耗损大量钢材，造成浪费，在施工现场不宜采用这一系统。TN－C 系统具有明显的缺陷：当三相负荷不平衡时，N 上零序电流通过时会产生对地电压，甚至会导致触电事故；通过漏电保护器的工作中性线不能作为设备的保护零线，一旦 N 断开会引起更严重的触电事故；重复接地装置的连接线禁止与通过漏电保护器的工作中性线相连，否则会发生没有漏电而保护器误动作的事故。

一般施工现场采用 TN－S 系统，为提高可靠性，PE 也要做重复接地。在较大施工现场，重复接地不应少于三处，重复接地电阻 $R < 10\ \Omega$。

4. 现场常用设备的安全使用

（1）配电箱。配电箱是施工现场的临时设备。动力负荷容量较小时可与照明负荷共用一个配电箱。当电焊机数量较多时，应单设一个电焊机专用配电箱，对容量较大的设备、特殊用途的设备（消防、警卫等）也可单独设置。配电箱应有控制电器、保护电器及自动开关等，为安全起见，一定要安装漏电保护装置，箱内各回路应注明回路名称。现场配电箱应涂防腐油漆，箱体有明显标志，重要的应加锁并有专人负责，金属架、箱体及设备金属外壳均做接零保护。总配电箱或大型配电箱还要考虑做重复接地保护。

（2）照明设备。在工地办公室、工棚等临时设施中，照明线路应分开并用绝缘子固定，过墙处要穿管保护。露天临时灯具应用防水型，线路距地高度≥2.5 m，线间距在 60 mm 以上并固定。局部照明应使用带网罩的手提灯，采用安全电压，配线采用橡套软线。

（3）施工现场的机电设备及手持电动设备，应做到一机一漏保。若在使用中漏保装置发生动作，应立即查明是否有过载、短路、漏电等，在排除故障前不得送电。PE 与 N 应严格分开，PE 不得穿过漏保装置，而穿过漏保的 N 不得重复接地。

5. 触电急救

万一发生触电事故，能否获救关键有两点：

（1）使触电者尽快脱离电源。要注意施救者的安全，还要注意触电者脱离电源后可能造成摔伤，特别是在高处应有防护措施。

（2）就地急救处理。依具体情况对症急救：若触电者受的伤害不严重，没有丧失知觉，可就地静卧休息，严密观察病变，避免走动；若受的伤害较重且失去知觉但心跳、呼吸均有，应安静平卧、解开衣服，保持周围空气流通，若天气寒冷要注意保暖，并速请医生；若呼吸、心跳均停止，须立即进行人工呼吸和胸外心脏挤压，千万不要认为已死而停止抢救。

口对口吹气是最有效的人工呼吸。操作时应迅速解开触电者的衣扣，使其胸腹部能自由扩张，成人吹气大约 16 次/min，儿童 24 次/min，但要观察触电者的胸部，不要使其过分膨胀，防止吹破肺泡。心脏挤压又称心脏按摩，挤压用力要均匀，成人挤压 60 次/min，儿童为 100 次/min。吹气与挤压次数比约为 1:4，最好两个人共同进行。若现场只有一人抢救时，可交替操作，先挤压 4~8 次，再吹气 2~3 次，再挤压，连续循环动作。

抢救很费时时，往往需 2 h，应连续进行不得间断，直到心跳呼吸恢复、瞳孔缩小、嘴唇红润方为抢救成功。

无论采用何种抢救方式，决不许打强心针。

第二十三章　建筑智能化简介

第一节　有线电视系统

一、有线电视系统组成

有线电视系统主要由接收天线、前端设备、传输分配网络以及用户终端组成，如图23－1所示。

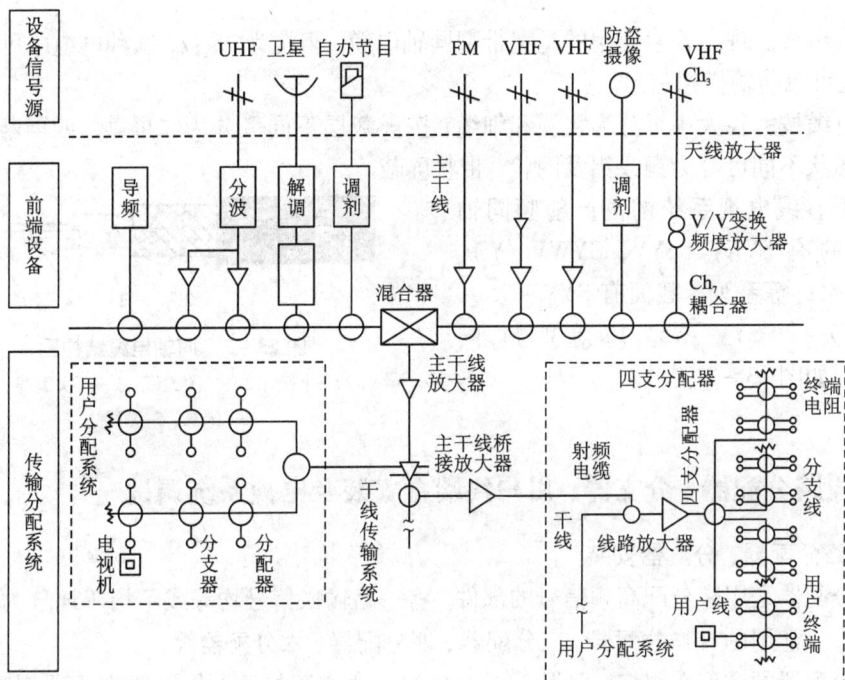

图 23 –1　有线电视系统图

由于专业与行业关系，建筑安装队伍一般只作室内电缆电视系统即线路的敷设及线路分配器、分支器、用户终端盒的安装。室内电缆电视系统及平面图如图23－2所示。

二、室内电视线路敷设

室内电视线路一般使用同轴电缆。同轴电缆是用介质材料来使内、外导体之间绝缘，并且始终保持轴心重合的电缆。它由内导体(单实芯导线/多芯铜绞线)、绝缘层、外导体和护

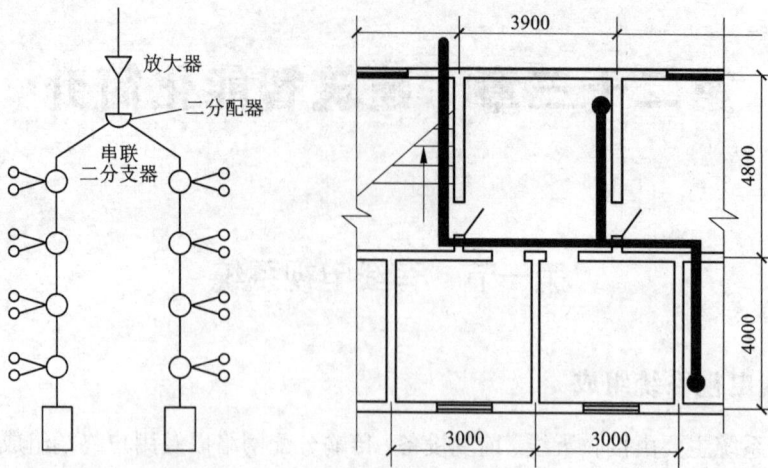

图 23 - 2　室内电缆电视系统及平面图

套层四部分组成。现在普遍使用的是宽带型同轴电缆，阻抗为 75 Ω，这种电缆既可以传输数字信号，也可以传输模拟信号。

同轴电缆按直径大小可分为粗缆和细缆；按屏蔽层不同可分为二屏蔽、四屏蔽等；按屏蔽材料和形状不同可分为铜或铝及网状、带状屏蔽。

适用于有线电视系统的国产射频同轴电缆常用的有 SYKV，SYV，SYWV（Y），SYWLY（75 Ω）等系列，截面有 SYV - 75 - 5，SYV - 75 - 7，SYV - 75 - 12 等型号。同轴电缆结构如图 23 - 3 所示。

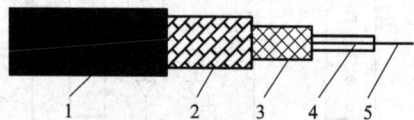

图 23 - 3　同轴电缆结构图

1—护套；2—二次编线；3——次编线；
4—绝缘；5—导体

三、线路分配器、分支器、用户终端盒安装及电视系统调试

1. 线路分配器、分支器安装

线路分配器是用来分配高频信号的部件，将一路输入信号均等或不均等地分为两路以上信号的部件。常用的有二分配器、三分配器、四分配器、六分配器等。

线路分配器的类型有很多，根据不同的分类方法有阻燃型、传输线变压器型和微带型；有室内型和室外型；有 VHF 型、UHF 型和全频道型。

2. 用户终端盒安装

用户终端盒是 CATV 分配系统与用户电视机相连的部件。

面板分为单输出孔和双输出孔（TV、FM），在双输出孔电路中要求 TV 和 FM 输出间有一定的隔离度，以防止相互干扰。为了安全而在两处电缆芯线之间接有高压电容器。

3. 电视系统调试

电视系统安装完毕后，需进行有线电视的调试。工作内容为测试用户终端、记录、整理、预置用户电视频道等。待测试合格完毕后，方可交用户使用。

第二节　广播音响系统

建筑物的广播系统包括有线广播、背景音乐、舞台音乐、多功能厅堂的扩音系统和同声翻译等系统。这里主要介绍有线广播系统。有线广播系统的组成，可以是单一的广播系统，也可以是多区域的广播系统。单一的广播系统所设立的广播站一般将扩音机房和播音室设在同一房间。

有线广播系统是工矿企业、事业内部，或宾馆、酒楼内独立的系统，其播送广告、通知、生产简报，转播广播电台节目，自办文娱节目，并且在应急、事故、火警、抢险中是不可缺少的播音系统。

一、有线广播系统的组成

有线广播系统由广播设备和广播管线组成。广播设备由电源配电盘、稳压电源、扩音机（主机）或功率放大器、唱机、收录机、录放机、话筒（传声器）、增音机、端子箱、广播管线和扬声器等组成，如图 23 - 4 所示。

扩音机及电唱机型号较多，广播线常用 RVVP（1.2.3.4 芯）、BV、RV、RVB、RVS、RFB、RFS 等规格品种。

图 23 - 4　广播音响系统基本组成框图

二、有线广播系统安装

（1）广播线路配管安装。线管安装有明装与暗装，方法同照明、动力配管安装。

（2）广播线路敷设。一般有明敷（卡钉、扎头）、穿管敷设、槽板敷设几种方式。

（3）广播线路中的箱、柜、盒、盘、板制作与安装同照明、动力工程。

（4）广播设备功放机安装。

（5）录放机、唱机安装。包括数字录放机、多碟激光唱机、双卡录放机的安装。

（6）扬声器安装。扬声器有筒式和纸盆式。安装方式有吸顶式和壁挂式。吸顶式和壁挂式扬声器安装，当用暗配管时，均应配备暗出线盒安装。

（7）广播分配器安装。

（8）广播线路楼层端子箱和线路分线箱安装。

（9）成套型消防广播控制柜安装。当为落地式时，应考虑型钢基础制作与安装。

上述各设备安装工作包括：安装固定、接线、挂锡、并线、压线、做标志、功能检测、防潮与防尘处理。

与电视终端和电话终端设备不同，广播系统中扬声设备的安装均采用串联安装。

第三节　电话通信系统

电话通信系统是各类建筑物必须设置的系统，它为智能建筑内部各类办公人员提供"快捷便利"的通信服务。

一、电话通信系统

电话通信系统；有三个组成部分，即电话交换设备、传输系统和用户终端设备。

建筑物电话系统随电话门数及分配方案的不同，一般由交接间（交接箱）、电缆管路、壁龛、分线箱（盒）、用户线管路、过路箱（盒）和电话出线盒等组成。如图 23 - 5 所示为住宅内电话系统示意图。

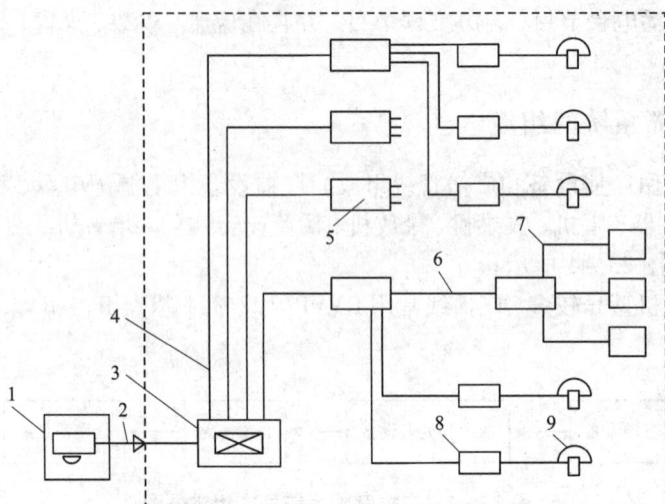

图 23 - 5　住宅内电话系统示意图

1—电话局；2—地下通信管道；3—电话交接间；4—竖向电缆管路；5—分线箱；
6—横向电缆管路；7—用户线管路；8—出线盒；9—电话机

二、电话室内交接箱、分线箱、分线盒的安装

1. 交接箱安装

对于不设电话站的用户单位，其内部的通信线缆用一个接线箱直接与市话网电缆连接，并通过箱子内部的端子分配给单位内部分线箱（盒），该箱称为"交接箱"。交接箱主要由接线模块、箱架结构和接线组成。交接箱设置在用户线路中主干电缆和配线电缆的接口处，主干电缆线对可在交接箱内与任意的配线电缆线对连接。

交接箱按容量（进、出接线端子的总对数）可分为 150，300，600，900，1200，1800，2400，3000 及 6000 对等规格。

交接箱内的接头排一般采用端子或针式螺钉压接的结构形式，且箱体具有防尘、防水、防腐并有闭锁装置。

2. 分线箱、分线盒安装

室内电话线路在分配到各楼层、各房间时，需采用分线箱，以便电缆在楼层垂直管路及楼层水平管路中分支、接续、安装分线端子板用。分线箱有时也称为接头箱、端子箱或过路箱，暗装时又称为壁龛，如图 23 - 6 所示。

分线箱和分线盒的区别在于前者带有保护装置而后者没有，因此分线箱主要用于用户引

322

入线为明线的情况，保护装置的作用是防止雷电或其他高压电磁脉冲从明线进入电缆。分线盒主要用于引入线为小对数电缆等不大可能有强电流流入电缆的情况。

过路箱一般作暗配线时电缆管线的转接或接续用，箱内不应有其他管线穿过。过路盒应设置在建筑物内的公共部分，宜为底边距地 0.3 ~ 0.4 m，住户过路盒安装设置在门后。

3. 电话线路配管

电话线路配管的内容与室内电气照明系统相同。

4. 户内布放电话线

户内电话线主要采用 RVS 双绞线布放。双绞线由两根 22 ~ 26 号的绝缘线芯按一定的密度（绞距）的螺旋结构相互绞绕组成，每根绝缘芯线由

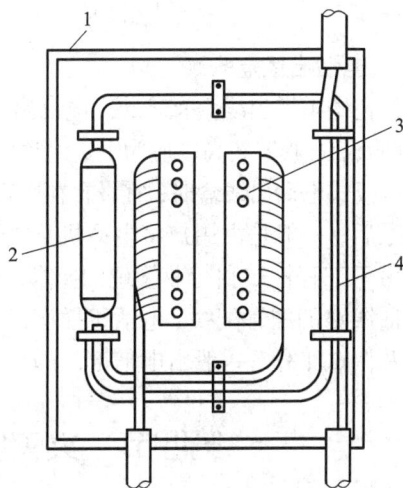

图 23 - 6　壁龛内结构示意图
1—箱体；2—电缆接头；3—端子板；4—电缆

各种颜色的塑料绝缘层的多芯或单芯金属导线（通常为铜导线）构成。将两根绝缘的金属导线按一定密度相互绞绕在一起，每一根导线在传输过程中辐射的电波会被另一根导线在传输过程中辐射的电波抵消，可降低信号的相互干扰程度。

将一对或多对双绞线安置在一个封套内，便形成了屏蔽双绞线电缆。由于屏蔽双绞线电缆外加金属屏蔽层，其消除外界干扰的能力更强。通信电缆常用的型号见表 23 - 1。

通信电缆型号常用的有 HYV - 10 × 2 × 0.5 和 HPVV - 20 × 2 × 0.5 等。

表 23 - 1　通信电缆常用的型号

类别、用途	导体	绝缘层	内护层	特征	外护层	派生
H—市内话缆 HB—通信线 HD—铁道电气化电缆 HE—长途通信电缆 HJ—局用电缆 HO—同轴电缆 HR—电话软线 HP—配线电缆	G—铁芯线 L—铝芯线 T—铜芯线	F—复合物 SB—纤维 V—聚氯乙烯塑料 X—橡皮 Y—聚乙烯 YF—泡沫聚乙烯	B—棉纱编制 F—复合物 H—橡套 HF—非燃型橡套 L—铝包 LW—皱纹铝管 Q—铅包 V—塑料 VV—双层塑料 Z—纸（省略）	C—自乘式 D—带形 E—话务员耳机用 G—工业用 J—交换机用 P—屏蔽 P—鱼泡式 R—柔软 S—水下 T—弹簧型 Z—综合型	0—相应的裸外护层 1——级防腐，麻被防护 2—二级防腐，钢带铠装麻被 3—单层细钢丝铠装麻被 4—双层细钢丝铠装麻被 5—单层粗钢丝铠装麻被 6—双层粗钢丝铠装麻被	1—第一种 2—第二种

户内布放电话线根据敷设方式以及线对数不同，在线槽、桥架、支架、活动地板内明布放电话线。

5. 电话出线盒安装

住宅楼电话出线盒宜暗装。电话出线盒采用专用出线盒或插座，不得用其他插座替代。如在顶棚安装，其安装高度应为上边距顶棚 0.3 m；如在室内安装，出线盒为距地 0.2~0.3 m；如采用地板式电话出线盒时，宜设置在人行通路以外的隐蔽处，其盒口应与地面平齐。

最后，一般是由用户将电话机直接连接在电话出线盒上。

由于工程性质和行业管理的要求，对于建筑物电话系统工程，建筑安装单位一般只作室内电话线路的配管配线、电话机插座以及接线盒的安装。对于交接箱、通信电缆的安装、敷设以及调试工作，一般由电信部门的专业安装队伍来施工。

第四节　火灾自动报警与消防联动系统

火灾自动报警与消防联动是现代消防工程的主要内容，其功能是自动监测区域内火灾发生时的热、光和烟雾，从而发出声光报警并联动其他设备的输出接点，控制自动灭火系统、紧急广播、事故照明、电梯、消防给水和排烟系统等，实现监测、报警和灭火的自动化。

一、火灾自动报警分级与探测器种类

1. 建筑物防火等级的分类

各类民用建筑的保护等级，应根据建筑物防火等级的分类，分为特级、一级、二级。

2. 火灾探测器

当发生火灾时，火灾探测器自动探测火灾信号，同时发送给火灾报警控制器，启动自动喷水灭火系统实施灭火。

火灾探测器是按照火场的特点制作的，分成感温型、感烟型和感光型火灾探测器。火灾探测器一般设于顶棚上，其外形如图 23-7 所示。

(1)感温型火灾探测器。发生火灾时物质的燃烧产生大量的热量，使周围温度发生变化。探测器的感温元件的电阻值随周围气温的急剧变化而变化，变化到预定值或单位时间内气

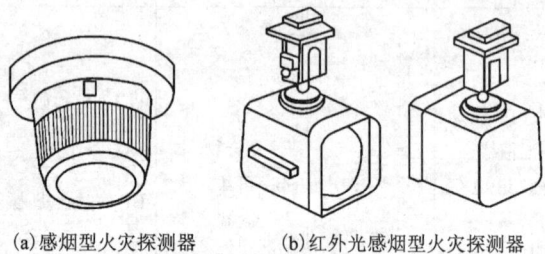

(a)感烟型火灾探测器　　　(b)红外光感烟型火灾探测器

图 23-7　火灾探测器外形

温升到某预定值时，探测器发生响应，将信号传送至自动报警控制装置，使报警装置发生声、光报警信号。

(2)感烟型火灾探测器。火灾初期，物质处于阴燃阶段，产生大量烟雾，成为早期火灾的重要特征。感烟式探测器将探测部位烟雾浓度的变化转换为电信号，从而实现报警。最常用的有离子感烟式和光电感烟式。光电感烟型火灾探测器，灵敏度很高，适用于火灾较大的场所，如有易燃物的车间、电缆间、计算机机房等。

(3)感光型火灾探测器。发生火灾时，在产生烟雾和放出热量的同时，也产生可见或不

可见的光辐射。感光型火灾探测器又称火焰探测器，探测火灾的光特性，即火焰燃烧的光照强度和火焰的闪烁频率，然后将其转化为电信号，进行报警。感光型火灾探测器适宜安装在可能会瞬间产生爆炸或燃烧的场所，如石油、炸药等化工制造品的生产及存放场所等。

二、探测区域和报警区域的划分

1. 防火和防烟分区

（1）高层建筑内应采用防火墙、防火卷帘等划分防火分区，每个防火分区允许的最大建筑面积按《建筑防火规范》规定。

（2）设置排烟设施的走道、净高不超过 6.00 m 的房间，应采用挡烟垂壁、隔墙或从顶棚下突出不小于 0.50 m 的梁划分防烟分区。

（3）每个防烟分区的建筑面积不宜超过 500 m^2，且防烟分区不应跨越防火分区。

2. 报警区域划分

报警区域是指将火灾报警系统所监视的范围按防火分区或楼层布局划分的单元。一个报警区域一般是由一个或相邻几个防火分区组成的。对于高层建筑来说，一个报警区域一般不宜超过一个楼层。视具体情况和建筑物的特点，可按防火分区或按楼层划分报警区域。一般保护对象的主楼以楼层划分比较合理，而裙楼一般按防火分区划分为宜。有时将独立于主楼的建筑物单元单独划分报警区域。

对于总线制或智能型报警控制系统，一个报警区域一般可设置一台区域显示器。

3. 探测区域划分

探测区域是指将报警区域按部位划分的单元。一个报警区域通常面积比较大，为了快速、准确、可靠地探测出被探测范围的哪个部位发生火灾，有必要将被探测范围划分成若干区域，这就是探测区域。探测区域亦是火灾探测器探测部位编号的基本单元。探测区域可以是由一只或多只探测器组成的保护区域。

通常探测区域是按独立房（套）间划分的，一个探测区域的面积不宜超过 500 m^2。

合理、正确地划分报警区域和探测区域，常能在火灾发生时，有效、可靠地发挥防火系统报警装置的作用，在着火初期快速发现火情部位，及早采取消防灭火措施。

三、火灾自动报警系统

根据建筑物的规模和防火要求，火灾自动报警系统通常由火灾探测器、区域报警控制器、集中报警控制器以及联动与控制装置等组成。

火灾自动报警系统能给火灾探测器供电，并接收、显示和传递火灾报警等信号，对自动消防等装置发出控制信号。主要包括电源和主机两部分。

1. 区域报警控制器

1）主要功能。

（1）火灾自动报警功能。当区域报警控制器收到火灾探测器送来的火灾报警信号后，由原监控状态立即转为报警状态，发出报警信号，总火警红灯闪亮并记忆，发出变调火警音响，房号灯亮指出火情部位，电子钟停走指出首次火警时间，向集中报警控制器送出火警信号。

（2）断线故障自动报警功能。

（3）自检功能。

（4）火警优先功能。当断线故障报警之后又发生火警信号或二者同时发生时，区域报警器能自动转换成火灾报警状态。

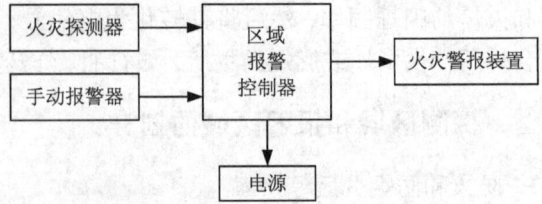

图 23 – 8　区域报警系统的组成

（5）联动控制，外控触点可自动或手动与其他外控设备联动。

（6）其他监控功能。

2）区域报警系统的组成

区域报警系统由区域报警控制器和火灾探测器等组成。如图 23 – 8 所示。

2. 集中报警控制器

集中报警控制器的功能大致和区域报警器相同，其差别是多增加了一个巡回检测电路，巡回检测电路将若干个区域报警器连接起来，组成一个系统，巡回检测各区域报警器有无火灾信号或故障信号，及时指示火灾或故障发生的区域或部位，并发出声光报警信号

集中报警系统由集中报警控制器、区域报警控制器和火灾探测器等组成。如图 23 – 9 所示。

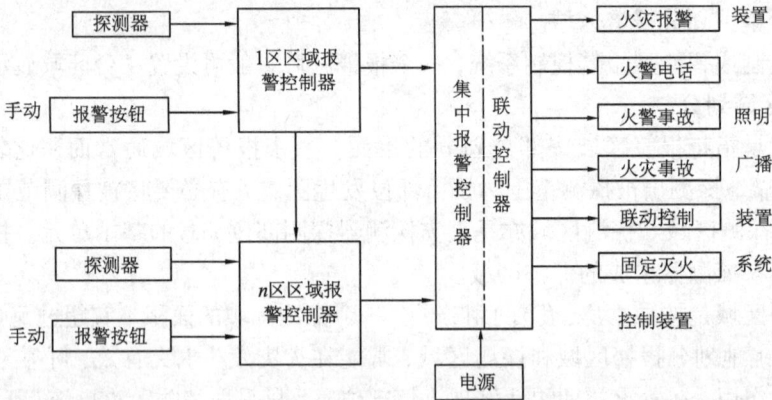

图 23 – 9　集中报警系统的组成

3. 报警控制器的安装

区域报警控制器和集中报警控制器的安装方式分为台式、壁挂式和落地式三种。

四、消防联动控制系统

消防联动控制系统是指在火灾自动报警系统中，当接收到来自触发器件的火灾报警信号时，能够自动或手动启动各种消防设备并显示其状态的设备，从而达到报警及扑灭火灾的目的。

1. 消防联动控制系统的组成

消防联动控制系统主要由灭火系统控制（消火栓灭火控制、干式或湿式自动喷水灭火系统），自动气体灭火系统控制，排烟、正压送风系统控制，防火门、防火卷帘（两次动作）控制，火灾应急照明及疏散照明指示的控制，消防通信设备的控制及广播、警铃控制等组成。

1）消火栓灭火系统控制。

（1）控制要求：消火栓按钮控制回路应采用 50 V 以下的安全电压；当消火栓设有消火栓按钮时，应能向消防控制（值班）室发送消火栓工作信号和启动消防水泵。

（2）功能：控制消防水泵的启、停；显示消防水泵的工作、故障状态；显示启动消防按钮的启动位置，当有困难时，可按防火分区或楼层显示。

2）自动气体灭火系统控制。

自动气体灭火系统控制中的气体主要是由卤代烷、二氧化碳等气体组成。

（1）控制要求：在场所或部位应设感烟、感温型火灾探测器与灭火控制装置配套组成的火灾报警控制系统；有管网灭火系统应有自动控制、手动控制和机械应急操作三种启动方式，无管网灭火装置应有自动控制、手动控制两种启动方式；自动控制在接到两个独立的火灾信号后才能启动；机械应急操作装置应设在贮瓶间、防护间或防护区外便于操作的地方，并能在一个地点完成释放灭火剂的全部动作；应在被保护对象的主要初入门外门框上方设放气灯，并应有明显标志；被保护对象内应设有在释放气体前 30 s 内让人员疏散的声报警器。

（2）功能：控制系统的紧急启动和切断；由火灾探测器联动的控制设备应具有 30 s 的可调延时功能；显示系统的手动、自动状态；在报警、喷射各阶段，控制室应有相应的声、光报警信号，并能手动切除声响信号；在延时阶段，应能自动关闭防火门、窗、停止通风、停止空气调节系统。

在灭火危险性较大时或经常没有人停留的场所内的灭火系统采用自动控制的启动方式。为提高灭火的可靠性，在采用自动控制方式的同时还应设置手动启动控制环节；在灭火危险较小、有人值班或经常有人停留的场所，其防护区内宜设火灾自动报警装置，灭火系统可以采用手动控制的启动方式。

3）排烟、正压送风系统控制。

防烟排烟控制方式对各系统都有所不同。一般排烟、正压送风的控制过程是：当火灾发生时，火灾探测器将探测到的火警信号发给报警控制器，由报警控制器向防排烟控制器发出指令，防排烟控制器输出相应的控制脉冲，通过防排烟控制总线开启或关闭相应的排烟口和送风口，与此同时，启动排烟机、送风机。当经过送风口、排烟口的气流温度达到 280℃ 时，安装在送风口、排风口的熔断器熔断，关闭送风口、排风口。将关闭信号送至报警控制器，报警控制器再发出相应的指令到防排烟控制器，关闭相应的排烟机、送风机。如果有空调设备时，空调送风管道内的气流温度达到 70℃ 时，防火熔断器动作，关闭防火阀。该关闭信号送至报警控制器，报警控制器发出相应指令到防排烟控制器，关闭空调设备。

4）防火卷帘控制。

防火卷帘是一种防火分隔物。通过传动装置和控制系统，能控制防火卷帘的升降，从而起到防火、隔火作用，被广泛应用于工业与民用建筑的防火隔断，能有效地阻止火势蔓延，保障生命财产安全，是现代建筑物中不可缺少的防火设施。防火卷帘是现代化建筑防火必备设施，已列入国家建筑及其他建筑设计防火规范。

防火卷帘一般用钢板等金属板材制作，以扣环或铰接的方法组成，平时卷至门窗上口的转轴箱中，起火时将其放下、展开，用以阻止火势从门窗洞口蔓延。一般对电动防火卷帘的控制要求如下：

（1）在电动防火卷帘两侧设感烟、感温两种探测器，以及声光报警信号及手动控制按钮

（应设有防误操作措施）。

（2）电动防火卷帘采取两次控制下落方式，第一次由感烟探测器控制下落距地 1.5 m（或 1.2 m）处停止，用以阻止烟雾扩散至另一防火区域；第二次由感温探测器控制，继续下落到底，以阻止火势蔓延，并应分别将报警及动作信号送到消防控制室。

防火卷帘按帘板形式分为普通型和复合型。普通型有防火、防烟、防风、防雨、防盗等多种功能。

复合型功能与普通型相同，但复合型不需加水幕保护，这对于干旱缺水及忌水场所尤其适用。

2. 消防联动控制系统的种类

消防联动控制系统的种类有总线—多线联动系统、全总线联动系统和混合总线联动系统等，其由火灾报警控制器决定。

1）总线—多线联动系统。

该系统从消防控制中心到各联动设备点的纵向连接总线为 10 根左右，系统中并不减少横向连线。该系统适用于建筑面积适中楼层偏高的场所。联动控制模块为多路输入、多路输出控制，各层设置一个控制模板。在输入、输出点偏少的情况下，可增设模块集中放在同一地方，也可划分控制分区各设置一个控制模板。

2）全总线联动系统。

该系统中各联动设备均配置控制模块（控制或反馈），从控制模块到消防控制中心，采用总线制通信方式，一般是三根以上的通信线。其特点是系统的管线简单，但所需设备造价较高。

在实际应用中，往往兼顾各方面的要求，采用复合控制模式，即多线制、总线 – 多线制、全总线制复合控制模式。对重要设备（如泵类等）仍采用多线制。有些面积不大或设备相对集中的场所采用多路输出控制模块，分散的联动设备则采用全总线联动的模式。如有些联动设备需系统提供电源（如某些阀门等）时，则应考虑联动系统的输出方式与负荷能力，有时需设专用的控制电源。

3）混合总线联动系统。

总线设备一般分为火灾探测器、报警与反馈模块、控制模板和控制兼反馈模块。混合总线模式减少了总线的数量，但总线功能不分明，系统调试维护困难，在大多数情况下，联动模块还需要增加联动电源，实际形成报警二总线、联动四总线的模式。

五、线路敷设

（1）消防用电设备必须采用单独回路，电源直接取自配电室的母线，当切断工作电源时，消防电源不受影响，保证扑救工作的正常进行。

（2）火灾自动报警系统的传输线路，耐压不低于交流 250 V。导线采用铜芯绝缘导线或电缆，而并不规定选用耐热导线或耐火导线。

（3）重要消防设备（如消防水泵、消防电梯、防烟排烟风机等）的供电回路，有条件时可采用耐火型电缆或采用其他防火措施以达防火配线要求。二类高、低层建筑内的消防用电设备，宜采用阻燃性电线和电缆。

（4）火灾自动报警系统的传输线路，其芯线截面选择，除满足自动报警装置的技术条件要求外，还应满足机械强度的要求，导线的最小截面积不应小于线芯最小截面规定。

（5）火灾自动报警系统中传输系统的传输线路采用屏蔽电缆时，应采取穿金属管或封闭线槽保护方式布线。

（6）横向敷设的报警系统传输线路如采用穿管布线时，不同防火区的线路不宜穿入同一根管内；探测器报警线路采用总线制时可不受此限。

在建筑物各楼层内布线时，由于线路种类和数量较多，并且布线长度在施工时也受限制，若太长，施工及维修都不便，特别是给维护线路故障带来困难。为此，在各楼层宜分别设置火警专用配线箱或接线箱。箱体宜采用红色，箱内采用端子板汇接各种导线，并应按不同用途、不同电压分别设置不同端子板。并将交、直流电压的中间继电器、端子板加保护罩进行隔离，以保证人身安全和设备完好，对提高火警线路的可靠性等方面都是必要的。

第五节　建筑智能化概述

智能建筑（IB）已成为现代建筑的重要标志之一。它不仅具有传统建筑的功能，而且具有传递、分析、处理信息的综合能力，是集多学科技术综合应用的载体。

智能建筑目前尚没有统一的定义，美国智能建筑学会的定义是：通过对建筑物结构、系统、服务、管理四个基本要素进行最优化组合，为用户提供一个高效且经济的环境。修订版的国家标准《智能建筑设计标准》（GB/T 50314—2006）对智能建筑定义为"以建筑物为平台，兼备信息设施系统、信息化应用系统、建筑设备管理系统、公共安全系统等，集结构、系统、服务、管理及其优化组合为一体，向人们提供安全、高效、便捷、节能、环保、健康的建筑环境"。可见，它是高新技术在建筑上的综合体现。一般认为智能化是通过三大系统实现的。

一、建筑智能化系统组成

建筑智能化系统是建筑设备自动化系统（BAS）、办公自动化系统（OAS）、通信自动化系统（CAS）三者的有机结合，可体现不同方面的自动化。

1. 建筑设备自动化

建筑设备自动化（BA）主要用于对建筑内部各机电设施的自动控制与管理。包括供配电、照明、暖通、空调、给排水、消防、保安等子系统。通过信息通信网络组成的管控一体系统，对设备随时进行监视、检测、调节，使之处于最佳运行状态。

2. 办公自动化

办公自动化（OA）主要用于具体办公业务的人机信息互交系统。包括服务于建筑物本身的物业管理等公共部分和服务于用户具体业务领域的文字处理等专用部分，为用户提供最佳办公条件。

3. 通信自动化

通信自动化（CA）主要用于建筑物内外各种通信联系，并提供相应网络支持服务。包括各种语言、图像、文字、数据间通信等多个子系统。有人将消防自动化（FA）、保安自动化（SA）从 BA 中分离，称 SA；或是将信息管理自动化（MA）从 OA 中分离，并总称其为"6A"，这实际上是不科学的。智能化的标志就是自动化集成的综合程度，A 越多说明分工越细，集成程度越低。

4. 综合布线系统

建筑中的网络系统比较庞杂，若采用传统布线方式，各系统互不兼容且很难协调，故采用新的布线方式,即综合布线系统(GCS)。该系统也称为结构化布线(SCS),可提供开放式标准接口,实现建筑物间或内部间的信号传输。包括数据通信、信息交换、图像文本、设备自动控制等多种信息。

5. 系统集成

系统集成(SI)是将各智能子系统通过网络、软硬接口构成逻辑和功能均统一协调的整体。它不是把各子系统简单叠加,而且综合运用各系统功能实现系统间信息要素的传输处理,以达到资源共享、高度控制的目的。应注意的是,工程不是科研是应用,不宜采用正处于研究阶段的最新技术,而应采用较成熟、已实践过的先进技术。目前 SI 在技术上还不十分成熟,当前主要有三种方式:

(1)实现单向数据传送的接合集成方式。

(2)利用数据库和其他技术以实现两个系统间的互换。

(3)实现数据双向传输的互联操作集成方式。

SI 主要构想是利用开放的标准通信协议,通过开放的标准化理念进行运作,目前推荐第三种方式。

综上所述,建筑智能化是综合利用目前较先进、成熟的计算机技术、控制技术、通信技术、图形显示技术,将三大自动系统通过综合布线系统,实现由计算机系统管理的集成系统。如图 23 - 10 所示为智能化建筑系统构成示意图。

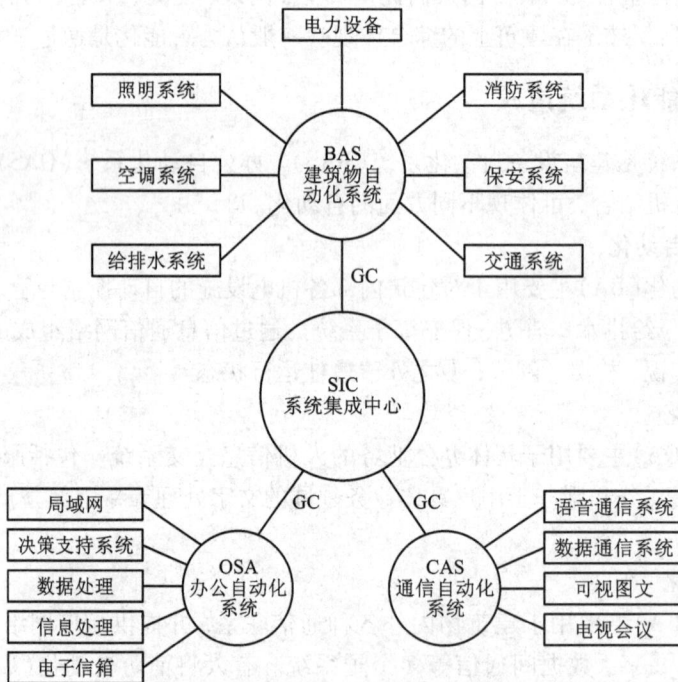

图 23 - 10　智能化建筑系统构成示意图

二、建筑智能化的功能

建筑智能化主要由通信自动化系统(CAS)、办公自动化系统(OAS)和建筑设备自动化系统(BAS)组成，称为 3A。建筑智能化系统是一个综合性的整体，由集成中心(SIC)通过综合布线系统(GCS)或者结构化综合布线系统(PDS)来控制 3A，实现高度信息化、自动化及舒适化的现代建筑系统。

1. 建筑设备自动化系统(BAS)

BAS 用于对建筑内都各种机电设施的自动控制，包括供热、通风、空气调节、给排水、供配电、照明、电梯、消防、保安等。

BAS 随时检测、显示其运行参数；监视、控制其运行状态；根据外界条件、环境因素、负载变化情况自动调节各种设备，使其始终处于最佳状态运行；自动实现对电力、供热、供水等能源的调节与管理；提供一个安全、舒适、高效而且节能的工作环境。

2. 通信自动化系统(CAS)

CAS 用来保证建筑内外各种通信联系畅通无阻，并提供网络支持能力。实现对语音、数据、文本、图像、电视及控制信号的收集、传输、控制、处理与利用。通信网络包括：以数字程控交换机(PABX)为核心的、以语音为主兼有数据与传真通信的电话网、电缆电视网、联结各种高速数据处理设备的计算机局域网(LAN)、计算机广域网(WAN)、传真网、公用数据网、卫星通信网、无线电话网和综合业务数字网(ISDN)等。借助这些通信网络可以实现建筑内外、国内外的信息互通、资料查询和资源共享。

3. 办公自动化系统(OAS)

OAS 是服务于具体办公业务的人机交互信息系统。OAS 系统由多功能电话机、高性能传真机、各类终端、PC 机、文字处理机、主计算机、声像存储装置等各种办公设备、信息传输与网络设备和相应配套的系统软件、工具软件、应用软件等组成。综合型智能大楼的 OA 系统，一般包括两大部分：一是服务于建筑物本身的 OA 系统，如物业管理、运营服务等公共管理和服务部分；二是用户业务领域的 OA 系统，如金融、外贸、政府部门等专用办公系统。

相对于传统建筑，智能建筑具有以下优势：

(1)提供安全、舒适和高效便捷的环境；

(2)节约能源；

(3)节省设备运行维护费用；

(4)满足用户对不同环境功能的需求；

(5)高新技术的运用能大大提高工作效率；

(6)系统的集成是实现智能目标的保证。

第二十四章　建筑电气工程施工图

第一节　建筑电气工程施工图的组成

一、建筑电气工程施工图

建筑电气工程包括强电和弱电。强电主要是指电能的分配和使用，其特点是电压高、电流大、频率低，主要考虑的问题是节能、安全，是建筑物中最基本和最常见的工程，其重点是平面图的识读。弱电主要是指信息的传送与控制，其特点是电压低、电流小、频率高，主要考虑的问题是信息传送的效果。弱电系统的前端设备多是高、新技术产品，发展速度快，更新换代也比较快，需要的专业知识面也非常宽，但其配线工程和信息终端口相对比较简单，施工工艺与强电也基本相同，施工重点是系统介绍和系统图的识读。

电气图常用图形符号和文字符号，在电气图纸和说明中作为一种工程语言传递信息，起着重要的作用，熟悉这些符号是阅读电气图的最基本要素。

（1）常用强电图形符号详见表24-1；

（2）常用文字标注标识详见表24-2、表24-3。

二、建筑电气工程施工图的组成

建筑电气施工图分为电气照明施工图、动力配电施工图和弱电系统施工图等几类，其施工图主要包括：图纸目录、设计说明、材料表、图例、平面图、系统图和详图等。

1. 施工图首页

（1）图纸目录包括图纸的编号、名称、分类及组成等。编制图纸目录的目的是便于查找和存档。

（2）设计说明用于说明电气工程的概况和设计者的意图，以及对于用图形、符号也难以表达清楚的设计内容，用必要的文字加以说明。要求语言简单明了、通俗易懂、用词准确。主要内容包括供电方式、电压等级、主要线路敷设方式、防雷接地方式及各种电气安装高度、工程主要技术数据、施工验收要求与有关注意事项等。

（3）在设备材料表中列出电气工程所需的主要设备、管材、导线、开关、插座的名称、型号、规格和数量等。设备材料表上所列的主要材料的数量，由于与工程量的计算方法和要求不同，不能作为工程量编制预算依据，只能作为参考。

2. 电气系统图

电气系统图是整个电气系统的原理图，一般不按比例绘制，可分为照明系统图、动力系统图、弱电系统图等。其主要内容包括：配电系统和设施在楼层的分布情况；整个配电系统的连接方式，从主干线至各分支回路数；主要变、配电设备的名称、型号、规格及数量；主干线路及主要分支的敷设方式、导线型号、导线截面及穿线管管径。

3. 电气平面图

电气平面图分为变、配电平面图，动力平面图，照明平面图，弱电平面图，总平面图，防雷、接地平面图等。其主要内容包括：

（1）各种变、配电设备的型号、名称，各种用电设备及灯具的名称、型号及在平面图上的位置；

（2）各种配电线路的起点、敷设方式、型号、规格、根数及在建筑物中的走向、平面和垂直位置；

（3）建筑物和电气设备的防雷、接地的安装方式及在平面图上的位置；

（4）控制原理图。

4. 详图

电气工程详图是用来详细表示用电设备、设施及线路安装方法的图纸。一般是在上述图形表达不清、没有标准图可供选用且有特殊要求的情况下才绘制的图。如配电柜、盘的布置图和某些电气部件的安装大样图。在电气工程详图中对安装部件的各部位注有详细尺寸。

第二节 建筑电气工程施工图的识读方法

一、建筑电气工程施工图的识读方法

1. 熟悉电气符号，弄清图符号所代表的内容

电气符号主要包括文字符号、图形符号、项目代号和回路标号等。在绘制电气工程施工图时，所有电气设备和电气元件都应使用国际标准符号；当没有国际标准符号时，可采用国家标准符号或行业标准符号。要想看懂电气工程施工图，就应了解各种电气符号的含义、标准、原则和使用方法，充分掌握由图形符号和文字符号所提供的信息，才能正确地识图（表24-1～表24-3）。

在电气工程施工图中，电气符号一般标注在电气设备、装置和元器件图形符号上或者其近旁，以表明电气设备、装置和元器件的名称、功能、状态和特征。

单字母符号：用拉丁字母将各种电气设备、装置和元器件分为23大类，每大类用一个大写字母表示。如："V"表示半导体器件和电真空器件，"K"表示继电器、接触器，等等。

双字母符号：是由一个表示种类的单字母符号与另一个表示用途、功能、状态和特征的字母组成，种类字母在前，功能名称字母在后。如："T"表示变压器类，则"TA"表示电流互感器，"TV"表示电压互感器、"TM"表示电力变压器，等等。

辅助文字符号：基本上是英文词语的缩写，表示电气设备、装置和元件的功能、状态和特征。如："起动"采用"start"的前两位字母"ST"作为辅助文字符号。另外辅助文字符号也可单独使用，如："N"表示交流电源的中性线，"OFF"表示断开，"DC"表示直流，等等。

表 24 –1　常见的电气图形

图形符号	含义	图形符号	含义	图形符号	含义
⊗	普通灯	⬚	三管荧光灯	▭	按钮盒
⊛	防水防尘灯	▭	安全出口指示灯	⏃	带保护接点暗装插座
○	隔爆灯	▣	自带电源事故照明灯	⏃	带接地插孔暗装三相插座
⬤	壁灯	◗	天棚灯	⏃	暗装单相插座
⊞	嵌入式方格栅吸顶灯	●	球形灯	Y	单相插座
⋋	墙上座灯	⌁	暗装单极开关	Y	带保护接点插座
▭	单相疏散指示灯	⌁	暗装双极开关	⋈	插座箱
▭	双相疏散指示灯	⌁	暗装三极开关	⊥	电信插座
—	单管荧光灯	⌁	双控开关	Y Y	双联二三极暗装插座
═	双管荧光灯	8	钥匙开关	Y	带有单极开关的插座
▬	动力配电箱	▱	电源自动切换箱	▬	照明配电箱

表 24 – 2　常见的线路敷设方式

名称	标注文字符号	名称	标注文字符号
穿焊接钢管敷设	SC	穿电线管敷设	MT
穿硬塑料管敷设	PC	穿阻燃半硬聚氯乙烯管敷设	FPC
电缆桥架敷设	CT	金属线槽敷设	MR
塑料线槽敷设	PR	用钢索敷设	M
穿金属软管敷设	CP	穿聚氯乙烯塑料波纹电线管敷设	KPC
直接埋设	DB	电缆沟敷设	T
混凝土排管敷设	CE		

表 24 – 3　导线敷设部位

名称	标注文字符号	名称	标注文字符号
沿或跨梁(屋架)敷设	AB	暗敷设在梁内	BC
沿或跨柱敷设	AC	暗敷设在柱内	CLC
延墙面敷设	WS	暗敷设在墙内	WC
沿天棚或顶板面敷设	CE	暗敷设在屋面或顶板内	CC
吊顶内敷设	SCE	地板或地面下敷设	F

2. 看标题栏及图纸目录

了解工程名称、项目内容、设计日期及图纸内容、数量等。

3. 看设计说明

了解工程概况、设计依据等，了解图纸中未能表达清楚的各有关事项。

4. 看设备材料表

了解工程中所使用的设备、材料的型号、规格和数量。

5. 看系统图

了解系统基本组成，主要电气设备、元件之间的连接关系以及它们的规格、型号、参数等，掌握该系统的组成概况。

6. 看平面布置图

如照明平面图、插座平面图、防雷接地平面图等。了解电气设备的规格、型号、数量及线路的起始点、敷设部位、敷设方式和导线根数等。平面图的阅读可按照以下顺序进行：电源进线—总配电箱—干线—支线—分配电箱—电气设备。

7. 看控制原理图

了解系统中电气设备的电气自动控制原理，以指导设备安装调试工作。

8. 看安装接线图

了解电气设备的布置与接线。

9. 看安装大样图

了解电气设备的具体安装方法、安装部件的具体尺寸等。

10. 抓住电气施工图要点进行识读

在识图时，应抓住要点进行识读，如：

(1)在明确负荷等级的基础上，了解供电电源的来源、引入方式及路数；

(2)了解电源的进户方式是由室外低压架空引入还是电缆直埋引入；

(3)明确各配电回路的相序、路径、管线敷设部位、敷设方式以及导线的型号和根数；

(4)明确电气设备、器件的平面安装位置。

11. 结合土建施工图进行阅读

电气施工与土建施工结合得非常紧密，施工中常常涉及各工种之间的配合问题。电气施工平面图只反映了电气设备的平面布置情况，结合土建施工图的阅读还可以了解电气设备的立体布设情况。

12. 熟悉施工顺序，便于阅读电气施工图

如识读配电系统图、照明与插座平面图时，就应首先了解室内配线的施工顺序。

(1)根据电气施工图确定设备安装位置、导线敷设方式、敷设路径及导线穿墙或楼板的位置；

(2)结合土建施工进行各种预埋件、线管、接线盒、保护管的预埋；

(3)装设绝缘支持物、线夹等，敷设导线；

(4)安装灯具、开关、插座及电气设备；

(5)进行导线绝缘测试、检查及通电试验；

(6)工程验收。

13. 识读时，施工图中各图纸应协调配合阅读

对于具体工程来说，说明配电关系时需要有配电系统图；说明电气设备、器件的具体安装位置时需要有平面布置图；说明设备工作原理时需要有控制原理图；表示元件连接关系时需要有安装接线图；说明设备、材料的特性、参数时需要有设备材料表等。这些图纸各自的用途不同，但相互之间是有联系并协调一致的。在识读时应根据需要，将各图纸结合起来识读，以达到对整个工程或分部项目全面了解的目的。

二、建筑电气标注方法

1. 灯具标注方法

$$a - b\frac{c \times d}{e}f$$

其中：a 为灯具的套数；b 为灯具的型号，型号常用拼音字母表示；c 为灯泡或灯管的个数；d 为单个光源的容量，单位 W（灯泡容量）；e 为灯具的安装高度（安装高度是指从地面到灯具的高度），单位为 m，若为吸顶式安装，安装高度及安装方式可简化为"—"；f 为灯具的安装方式。

例：① $6 - \frac{40}{—}D$；② $24 - PKY \times 506\frac{2 \times 40}{2.8}L$。

① 表示 6 套吸顶灯，每个灯是 40 W；② 表示这部分平面图中有 24 套灯具，型号为普通开启式荧光灯，编号 506（从图册可查出是控照式还是开启式）荧光灯，两根灯管，每根为 40 W，安装高度为 2.8 m，L 表示是链吊式安装。

2. 线路标注方法

$$a - b(c \times d)e - f$$

其中：a 为线路编号；b 为导线型号；c 为导线根数；d 为导线截面；e 为线路敷设方式；f 为线路敷设部位。

表达线路敷设方式和线路敷设部位标注的文字符号见表 24 – 2、表 24 – 3。

例：N1 BV – 3 × 4 SC20 – FC

表示：N1 回路，3 根 4 mm² 的铜芯聚氯乙烯塑料绝缘线，穿 DN20 的焊接钢管沿地板敷设。

第二十五章　建筑电气工程系统施工工艺

第一节　配管配线施工

配管即线管敷设。配管工作一般从配电箱开始，逐段配至用电设备处，有时也可以从用电设备端开始，逐段配至配电箱处。

配线即导线的敷设，从一端开始，先将导线压在瓷夹的槽内或用金属绑扎将导线绑在瓷瓶的颈部，然后将导线调直依次敷设。

一、导管的敷设安装

1. 金属管敷设

钢管敷设通常有明敷和暗敷两种，明敷是把钢管敷设于墙壁、桁架等表面，可以直接看得见敷设的管道。明敷要求横平竖直、整体美观；暗敷是把钢管敷设于墙壁中、楼板内、地板砖下面或吊顶棚内等看不见的地方。要求管路短、弯曲少以便穿线。

钢管配线的方法和步骤如下：

1）钢管选择。

主要确定钢管的种类、规格。

2）钢管加工。

（1）除锈刷漆。

钢管内壁除锈的方法是用圆形钢丝刷接上长手柄来回拉动，管外壁除锈用钢丝刷、砂纸人工打磨或用电动除锈机。除锈后将钢管的内、外表面应马上涂上防锈油漆。

（2）切割套丝。

配管时，按实际需要长度切割钢管。可以用钢锯、割刀或无齿锯切割，严禁用气割。钢管与钢管的连接处及其他一些地方，需要在钢管的端部套丝。焊接钢管套丝可用钢管铰板或电动套丝机，电线管套丝用圆丝板。

（3）弯曲。

直径在 50 mm 及以下的钢管多用煨弯器，如图 25 – 1 所示。

直径在 50 mm 及以上的钢管，可用弯管机或热煨法。

3）钢管连接。

不管是明敷设还是暗敷设一般多采用管箍连接，如图 25 – 2 所示。

（1）把要连接的管端部套丝，并在丝扣部分涂铅油，缠上麻丝（或生料带）。

（2）把要连接的管中心对正插入到套管内，两管反向拧紧使两管端吻合。

（3）满焊套管两端四周。

（4）用圆钢或扁钢作接地跨接线焊在管箍两端，使钢管之间有良好的电气连接，保证接地可靠。

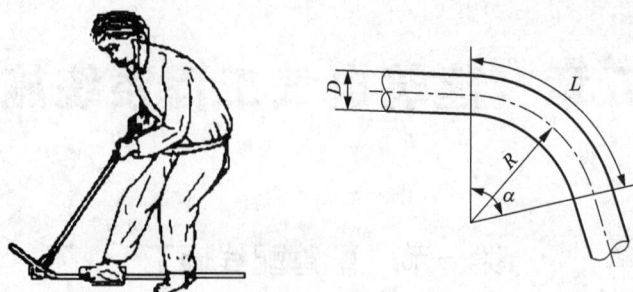

图25-1　用煨弯器弯曲钢笔

D—半径；α—弯曲角度；R—弯曲半径；L—弯曲长度

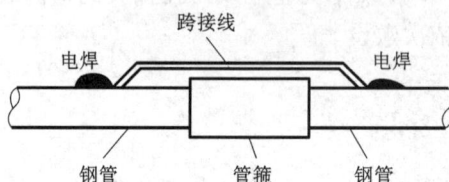

图25-2　管箍连接

4）钢管敷设。

配管先从配电箱（板）开始，逐段配到用电设备（元件）处。根据实际情况，有时也可以从用电设备（元件）先配起，最后配至配电箱（板）处。

（1）暗配。

常见的建筑结构为现浇混凝土框架结构和砖混结构。框架结构的砌体可以分为加气混凝土砌块隔墙、空心砖隔墙等；砖混结构的楼板分为现浇混凝土楼板、预制空心楼板等；框架结构还可以有现浇混凝土柱、梁、墙、楼板等。

对于现浇混凝土结构的电气配管主要采用预埋的方式。例如在现浇混凝土楼板内配管，当模板支好后、未敷设钢筋前进行测位画线，待钢筋底网绑扎垫起后开始敷设管盒，然后把管路与钢筋固定好，将盒与模板固定牢，同时管下用垫块（砖头、木头）垫起 15～20 mm，这样可减轻地下水分对钢管的腐蚀。预埋在混凝土内的钢管外径不能超过混凝土厚度的 1/2，并列敷设的钢管间距不小于 25 mm，使钢管周围均有混凝土包裹。钢管与盒的连接应为一管一孔，镀锌钢管与盒连接应采用锁紧螺母或护圈帽固定。配管工作应在混凝土浇注前完成。

空心砖隔墙的电气配管也采用预埋方式。而加气浇混凝土砌块隔墙应在墙体砌筑后剔槽配管，并且只允许在墙体上垂直敷设，不得水平剔槽配管。墙体上剔槽宽度不宜大于管外径加 15 mm，槽深不应小于管外径加 15 mm，用不小于 M10 水泥砂浆抹面保护。

配管时，应先把墙（或梁）上有弯的预埋管进行连接，然后再连接与盒相连接的钢管，最后连接剩余的中间直管段部分。原则是先敷设带弯曲的钢管，后敷设直管段的钢管。对于金属管，还应随时连接（或焊）好接地跨接线。

（2）明配。

338

　　明配管钢管明敷设多数是沿墙、柱及各种构架的表面用管卡固定，应沿建筑物结构表面"横平竖直"地敷设，其安装固定可用塑料胀管、膨胀螺栓或角钢支架。固定点与管路终端、转弯中点、电器或接线盒边缘的距离为 150～500 mm；其中间固定点间距依管径大小决定，应符合安装施工规范规定。

　　敷管时，先将管卡一端的螺丝拧进一半，然后将管敷设在管卡内，逐个将螺丝拧牢。使用铁支、吊架时，可将导管固定在支、吊架上。设计无规定时，支、吊架的尺寸及材料应采用 $\phi 8$ mm 圆钢或 25 mm×3 mm 的角钢。明敷线管做法如图 25－3 所示。

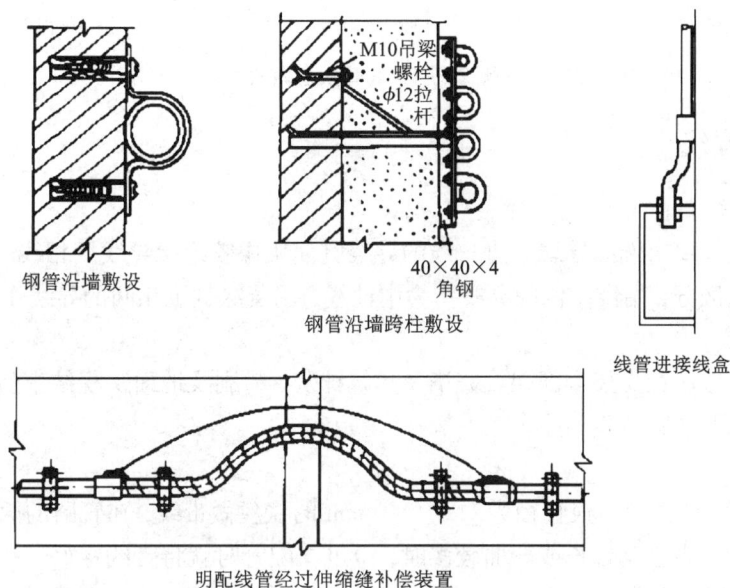

图 25－3　明敷线管做法

2. 塑料管敷设

1）塑料管选择。

实际施工时塑料管的类型与规格已由图纸选定，一般只要按图选管即可。

2）塑料管加工。

塑料管的加工一般是切割、弯曲等，用钢锯或专用切割刀具按所需长短切割。塑料管弯曲可用加热法。

3）塑料管的连接。

（1）硬塑料管的连接。

硬塑料管的连接分丝扣连接和黏接两种方法。

（2）半硬塑料管的连接。

可以用套管黏接法连接，套管长度一般取连接管外径的 2～3 倍，接口处应用黏合剂黏接牢固。做法如图 25－4 所示。

4）塑料管敷设。

硬塑料管、半硬塑料管也可以分为明敷设和暗敷设两种方法，与钢管的敷设类似。硬塑料管沿建筑物表面敷设时，在直线段上每隔 30 m 要装设一个温度补偿装置，以适应其热胀冷缩。

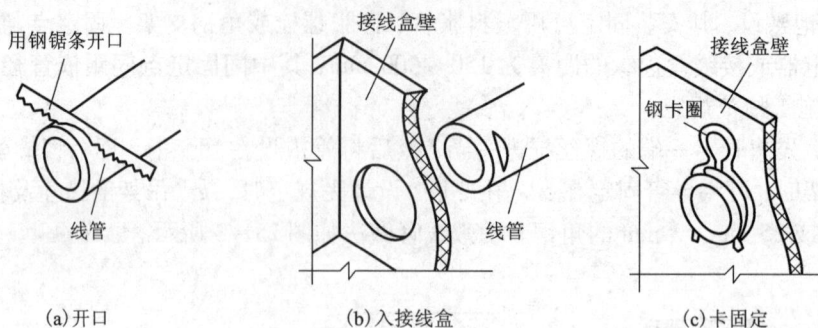

| (a)开口 | (b)入接线盒 | (c)卡固定 |

图 25-4 线管入盒做法

二、管内穿线

1. 选择导线

根据设计图样要求选择导线。进户线的导线宜使用橡胶绝缘导线。相线、中性线及保护线的颜色应加以区分，用淡蓝色的导线作为中性线，用黄绿颜色相间的导线作为保护线。

2. 扫管

管内穿线一般应在支架全部架设完毕及建筑抹灰、粉刷及地面工程结束后进行。在穿线前将管中的积水及杂物清除干净。

3. 穿带线

导线穿管时，应先穿一根直径为 1.2~2.0 mm 的铁丝做带线，在管路的两端均应留有 10~15 mm 的余量。当管路较长或弯曲较多时，也可在配管时就将带线穿好。一般在现场施工中，对于管路较长、弯曲较多的情况，从一端穿入钢带线有困难时，多采用从两端同时穿钢带线，且将带线头弯成小钩，当估计一根带线端头超过另一根带线端头时，用手旋转较短的一根，使两根带线绞在一起，然后把一根带线拉出，此时就可以将带线的一头与需要穿的导线绑扎在一起，所穿电线根数较多时，可以将电线分段绑扎。

4. 放线及断线

放线时，应将导线置于放线架或放线车上。剪断导线时，接线盒、开关盒、插座盒及灯头盒内的导线预留长度为 1.5cm；配线箱内导线的预留长度为配电箱箱体周长的 1/2；出户导线的预留长度为 1.5 m。共用导线在分支处，可不剪断导线而直接穿过。

5. 管内穿线

导线与带线绑扎后进行管内穿线。当管路较长或转弯较多时，在穿线的同时往管内吹入适量的滑石粉。拉线时应由两人操作，较熟练的一人担任送线，另一人担任拉线，两人送拉动作要配合协调，不可硬送、硬拉。当导线拉不动时，两人配合反复来回拉 1~2 次再向前拉，不可过分勉强而将引线或导线拉断。导线穿入钢管时，管口处应装设护线套保护导线；在不进入接线盒(箱)的垂直管口，穿入导线后应将管口密封。同一交流回路的导线应穿于同一根钢管内。导线在管内不得有接头和扭结，其接头应放在接线盒(箱)内。同类照明的几个回答可穿在一根管内，但管内导线包括绝缘层在内的总截面积不应大于管内径截面积的 40%，管内导线最多不可超过 8 根。

340

6. 绝缘摇测

线路敷设完毕后，要进行线路绝缘电阻值摇测，检验是否达到设计规定的导线绝缘电阻。

三、绝缘导线的连接

导线与导线间的连接以及导线与电器间的连接，称为导线的连接。为了保证导线接头质量，当设计无特殊规定时，应采用焊接、压板压接或套管连接。

导线连接应符合下列要求：

(1)接触紧密，连接牢固，导电良好，不增加接头处电阻。

(2)连接处的机械强度不应低于原线芯机械强度。

(3)接头处的绝缘强度不应低于导线原绝缘层的绝缘强度。

1. 导线绝缘层剥切、导线的连接

1)导线绝缘层剥切方法。

绝缘导线连接前，必须把导线端头的绝缘层剥掉。绝缘层的剥切长度，随接头方式和导线截面的不同而异。绝缘层的剥切方法有单层剥法、分段剥法和斜削法三种，一般塑料绝缘线多采用单层剥法或斜削法，如图 25-5 所示。剥切绝缘时，不应损失线芯。常用的剥切绝缘层的工具有电工刀、剥线钳。一般 4 mm 以下的导线原则上使用剥线钳。

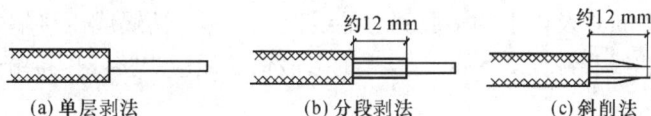

图 25-5　导线绝缘层剥切方法

2)导线的连接。

(1)单股铜导线的连接。较小截面单股铜线($4 mm^2$ 及以下)，一般多采用绞法连接。若截面超过 $6 mm^2$，则常采用缠绕卷法连接。如图 25-6 所示。

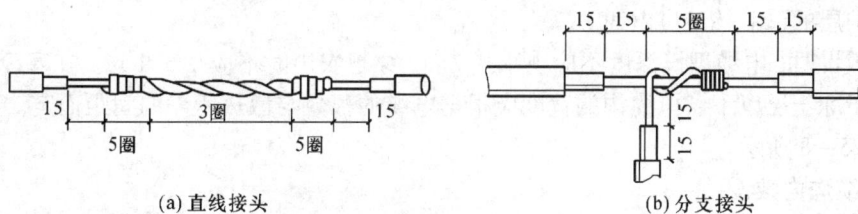

图 25-6　单股铜导线的绞接连接

(2)多股铜导线的连接。多股铜导线连接有单卷法、缠卷法和复卷法三种，如图 25-7 所示。

(3)单股多根铜导线在接线盒内的连接。3 根以上单股导线在接线盒内并接的应用是较多的。在进行连接时，应将连接线端相并合，在距导线绝缘层 15 mm 处用其中一根芯线，在

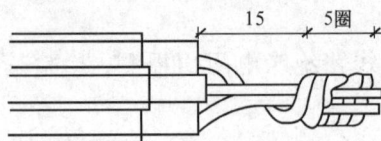

图 25 – 7   多根单股线的连接

其连接线端缠绕 5~7 圈后剪断，把余线头折回压在缠绕线上。

铜导线的连接无论采用上面哪种方法，导线连接好后，均应用锡焊焊牢，使熔解的焊剂流入接头处的各个部位，以增加机械强度和导电性能，避免锈蚀和松动。

（4）单股铝导线压接。在室内配线工程中，对 10 mm 及以下的单股铝导线的连接，主要以铝套管进行局部压接。在压接时使用的工具为压接钳。这种压接钳可压接 2，5，6 和 20 mm 四种规格单股导线。

3）导线的绝缘恢复

所有导线线芯连接好后，均应用绝缘带包缠均匀紧密，以恢复绝缘。其绝缘强度不应低于导线原绝缘强度。经常使用的绝缘带有黑胶带、自黏性橡胶带和塑料带等。

2. 导线与设备端子的连接

（1）截面为 10 mm^2 及以下的单股导线可直接与设备接线端子连接。10 mm^2 以上的单股导线应锡焊或压接接线端子后再与设备接线端子连接。

（2）截面为 2.5 mm^2 及以下的多股铜芯导线应先拧紧，搪锡或压接端子后再与设备接线端子连接，多股铝芯线和截面 2.5 mm^2 以上的多股铜芯线应焊接或压接端子后再与设备接线端子连接。

铜导线接线端子的装接，可采用锡焊或压接两种方法。铝导线接线端子的装接一般采用气焊或压接方法。

四、电缆敷设与连接

1. 电缆直埋敷设

埋地敷设的电缆宜采用有外护层的铠装电缆。在无机械损伤的场所，可采用塑料护套电缆或带外护层的（铅、铝包）电缆。

直埋敷设时，电缆埋设深度不应小于 0.7 m，穿越农田时不应小于 1 m。在寒冷地区，电缆应埋设于冻土层以下。电缆沟的宽度应根据电缆的根数与散热所需的间距而定。电缆埋地敷设如图 25 –8 所示。

2. 电缆沟内敷设

电缆在专用电缆沟或隧道内敷设，是室内外常见的电缆敷设方法。电缆沟一般设在地面下，通常由土建专业施工，由砖砌成或由混凝土浇注而成，沟顶部用混凝土盖板封住，在沟壁上用膨胀螺栓固定电缆支架，也可将支架直接埋入沟壁，电缆安装在支架上。

电缆敷设在电缆沟或隧道的支架上时，电缆应按下列顺序排列：高压电力电缆应放在低压电力电缆的上层；电力电缆应放在控制电缆的上层；强电控制电缆应放在弱电控制电缆的上层。若电缆沟或隧道两侧均有支架时，1 kV 以下的电力电缆与控制电缆应与 1 kV 以上的电力电缆分别敷设在不同侧的支架上，室内电缆沟如图 25 –9 所示。

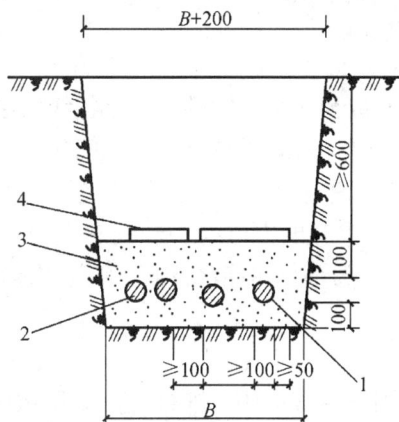

图 25 – 8　10 kV 及以下电缆沟结构示意图

1—10 kV 及以下电力电缆；2—控制电缆；3—砂或软土；4—保护板

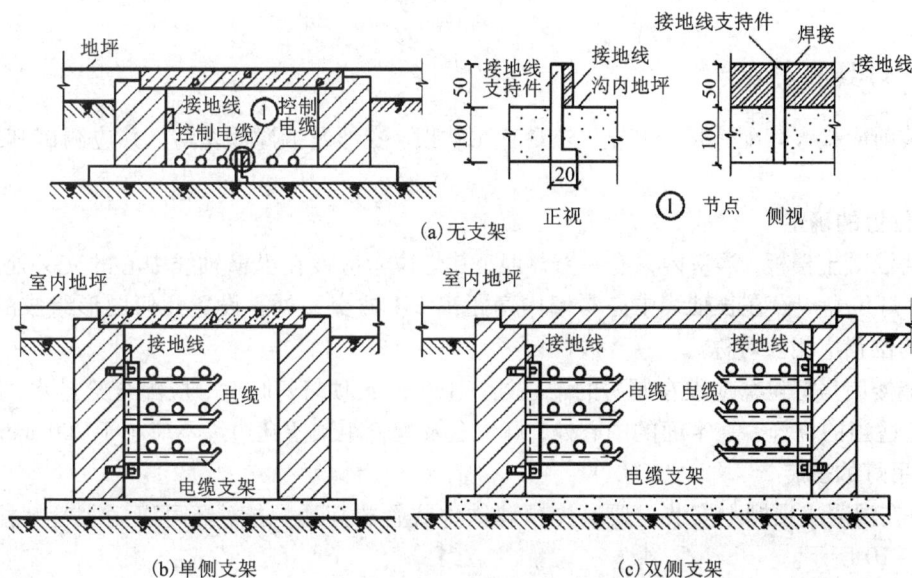

(a)无支架

(b)单侧支架　　　　　　　　　　　　　　(c)双侧支架

图 25 – 9　室内电缆沟

3. 电缆桥架敷设

架设电缆的构架称为电缆桥架。电缆桥架按结构形式分为托盘式、梯架式、槽式、组合式等，按材质分为钢电缆桥架和铝合金电缆桥架。

电缆桥架的主体部件包括：立柱，底座，横臂，梯架或槽形钢板桥，盖板，二、三、四通弯头等。其敷设方式有水平、垂直和转角、T 字形、十字形分支。

为保护线路运行安全，下列情况的电缆不宜敷设在同一层桥架上：①1 kV 以上和 1 kV 以下的电缆；②同一路径向一级负荷供电的双路电源电缆；③应急照明和其他照明的电缆；④强电和弱电电缆。电缆桥架内的电缆应在首端、尾端、转弯及每隔 50 m 处设置编号、型号、规格及起止点等标记。电缆桥架在穿过防火墙及防火楼板时，应采取防火隔离措施。

4. 电力电缆连接与试验

1）电力电缆的连接。

电缆敷设完毕后，为了使其成为一个连续的线路，各线段必须连接为一个整体，这些连接点称为电缆接头。电缆线路的首末端称为终端头，中间的接头称为中间接头。它们的主要作用是确保电缆密封、电路通畅，并保证电缆接头处的绝缘等级，使其安全可靠地运行。

电缆头按其线芯材料可分为铝芯电力电缆头和铜芯电力电缆头。电缆头制作分为热缩式、冷缩式、干包式，电缆头还分为环氧树脂浇注式、矿物绝缘电缆头等，特别是预分支电缆头，在现代高层建筑中使用普遍。

2）电力电缆的试验。

电缆线路施工完毕后，须测量绝缘电阻，进行直流耐压试验，并测量漏电电流、电缆线路的相位是否与电网相位相吻合，经试验合格后办理交接验收手续方可投入运行。

第二节　照明装置的安装

一、灯具的安装

安装前应检查其配件是否齐全，外观有无破损、变形及油漆脱落等，并应测试其绝缘是否良好。

1. 位置的确定

现浇混凝土楼板，当室内只有一盏灯时，其灯位盒应设在纵横轴线中心的交叉处。有两盏灯时，灯位盒应设在长轴线中心与墙内净距离1/4的交叉处。设置几何图形组成的灯位，灯位盒的位置应相互对称。

住宅楼厨房灯位盒应设在厨房的中心处。卫生间吸顶灯灯位盒，应配合给排水、暖通安装，确定适当的位置。在窄面的中心处，灯位盒及配管距预留孔边缘不应小于200 mm。

2. 吊灯的安装

（1）在混凝土顶棚上安装。要事先预埋铁件或置放穿透螺栓，还可以用胀管螺栓紧固，如图25－10所示。

（2）在吊顶上安装。小型吊灯在吊棚上安装时，必须在吊棚主龙骨上设灯具紧固装置。

3. 吸顶灯的安装

（1）在混凝土顶棚上安装。可以在浇筑混凝土前，根据图纸要求把木砖预埋在里面，也可以安装金属胀管螺栓，如图25－10所示。

（2）在吊顶上安装。小型、轻型吸顶灯可以直接安装在吊顶棚上，但不得用吊顶棚的罩面板作为螺钉的紧固基面。

4. 荧光灯的安装

构成：电路由灯管、镇流器和启辉器三个部分；

安装方式：有吸顶式和吊链式两种安装方式。如图25－10所示。

注意事项：安装时应按电路图正确接线，开关应装在镇流器侧，并接在相线上。

5. 壁灯的安装

壁灯可安装在墙上或柱子上。安装在墙上时，一般在砌墙时应预埋木砖，也可用膨胀螺

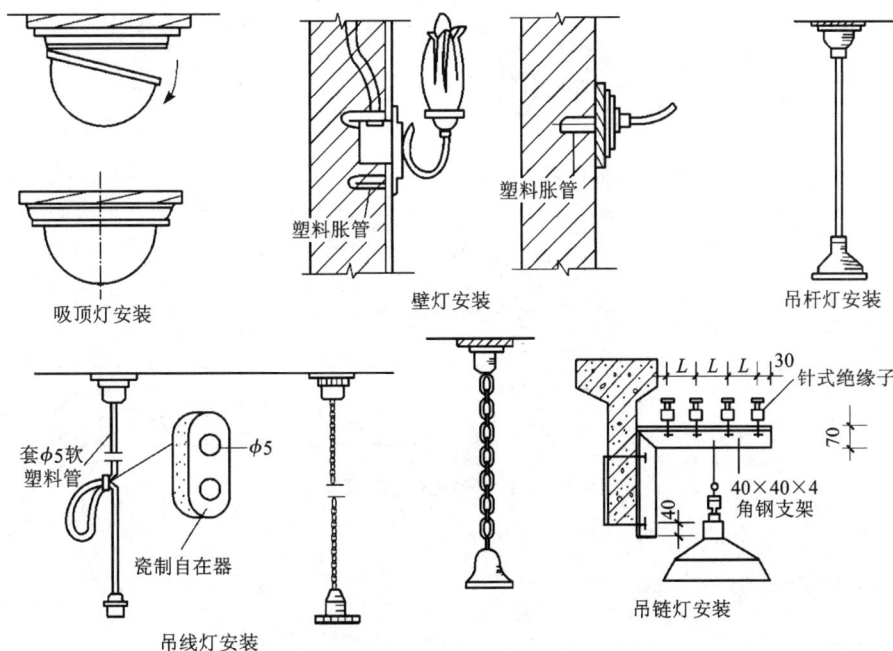

图 25 - 10　灯具的安装

栓固定。安装在柱子上时，一般在柱子上预埋金属构件或用抱箍将金属构件固定在柱子上，然后再将壁灯固定在金属构件上。如图 25 - 10 所示。

6. 嵌入式灯具的安装

嵌入式灯具应固定在专设的框架上，导线不应贴近灯具外壳，且在灯盒内应留有余量，灯具边框应紧贴在顶棚上。

为保证用电安全，灯具的安装应符合《建筑电气工程施工质量验收规范》（GB 50303—2002）有关规定。

二、照明配电箱的安装

配电箱的安装除应符合设计要求外还应符合以下要求：

（1）导线引出板面处均应套绝缘管；

（2）配电箱的垂直偏差应不大于 0.15%，暗装配电箱的板面四周边缘应紧贴墙面；

（3）各回路均应有标牌标明回路的名称和用途，若有不同种类或不同电压等级的配电设备装在同一箱体内时，应有明显的区分标志；

（4）配电箱的安装高度宜在 1.2 ~ 1.5 m 之间，箱内工作零线与保护接地线应严格区分；

（5）配电箱内部接线的导线截面应符合如图 25 - 11 所示的要求规定；

（6）标准配电箱采取悬挂式或嵌入式安装方式。

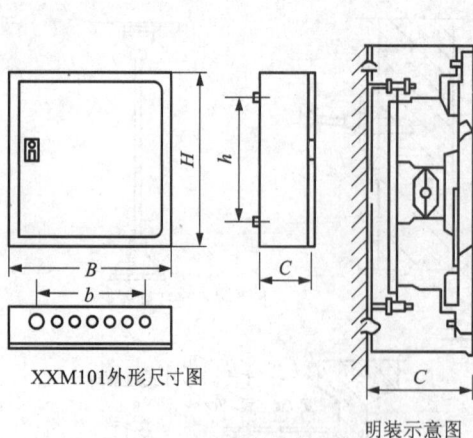

XXM101外形尺寸图

明装示意图

XXM101外形尺寸

型号	尺寸/mm				
	B	H	b	h	C
XXM101—□—1	450	450	280	280	105 (160)
XXM101—□—2	450	600	280	430	105 (160)
XXM101—□—3	540	750	360	570	105 (160)
XXM101—□—4	540	850	360	670	125 (160)

图 25−11 悬挂式配电箱安装

三、开关的安装

1. 作业条件

(1)墙面应刷涂料或油漆,地面清洁,无妨碍施工的模板或脚手架。

(2)预埋盒的位置、几何尺寸应符合图纸要求,盒内应无杂物和灰尘。

(3)线路的导线已敷设完毕,型号、数量、尺寸应符合设计要求,并测试合格。

(4)开关应符合相关技术要求,规格、型号正确,配件应齐全,无损伤变形。

2. 安装要求

(1)安装在同一建筑物、构筑物的开关,宜采用同一系列的产品。

(2)拉线开关距地面高度一般为2.2~2.8 m,距门框为150~200 mm,拉线开关相邻间距不得小于20 mm,拉线出口应向下。板把开关和跷板开关安装高度一般距地面高度为1.2~1.4 m,开关边缘距门框边缘的距离为0.15~0.2 m。

(3)相同型号开关并列安装于同一室内时安装高度应一致,高度差不得大于2 mm。

(4)开关位置应与灯位相对应;同一室内开关的开、闭方向应一致。开关操作灵活,接点接触可靠。面板上有指示灯的,指示灯应在上面,跷板上有红色标记的应朝上安装。"ON"字母是开的标志。当跷板或面板上无任何标志时,应装成开关往上扳是电路接通,往下扳是电路切断。

(5)暗装的开关面板应紧贴墙面,四周无缝隙,安装牢固,表面光滑整洁,无碎裂、划伤,装饰帽齐全。

(6)多尘、潮湿场所和户外应用防水瓷质拉线开关,若采用普通开关,应加装保护箱。

(7)易燃、易爆和特别潮湿的场所,应分别采用防爆型、密闭型开关,或将开关安装在其他地方进行控制。

(8)明线敷设的开关,应加装在厚度不小于15 mm的木台上。

(9)电器、灯具的相线应经开关控制。

四、插座的安装

插座是移动电气设备(如电脑、台灯、电视、空调、洗衣机等)的供电点。插座的安装方式也有明装和暗装两种。插座的位置应根据用电设备的使用位置而定。其作业条件和成品保护与开关安装要求相近。

1. 安装要求

(1)插座的安装高度应符合设计要求,当设计无规定时,插座安装高度一般距地1.3 m,在幼儿园、托儿所及小学等有儿童活动的场所宜采用安全插座,安装高度距地应为1.8 m。

(2)潮湿场所应采用密闭型或保护型插座,安装高度不应低于1.5 m。

(3)住宅使用安全插座时,安装高度可为0.3 m。车间和试验室插座安装一般距地不低于0.3 m,特殊场所暗装插座不应低于0.15 m。

(4)为装饰美观需要,同一场所安装的插座高度应一致;同一室内安装的插座高度差不宜大于5 mm;并列安装同型号插座高度差不宜大于1 mm。

(5)插座宜由单独的回路配电,并且一个房间内的插座宜由同一回路配电;每户内的一般照明与插座宜分开配线,并且在每户的分支回路上除应装有过载、短路保护外,还应在插座回路中装设漏电保护和有过、欠电压保护功能的保护装置。

(6)在潮湿房间(住宅中的厨房除外)内,不允许装设一般插座,只可设置有安全隔离变压器的插座。对于插接电源有触电危险的家用电器,应采用带开关、能切断电源的插座。

(7)备用照明、疏散照明的回路上不应设置插座。

(8)当交流、直流或不同电压等级的插座安装在同一场所时,应有明显的区别,且必须选择不同结构、不同规格和不能互换的插座;配套的插头应按交流、直流或不同电压等级区别使用。

(9)暗装插座应有专用盒,落地插座应具有牢固可靠的保护盖板。

2. 接线要求

(1)单相两孔插座,面对插座的右孔或上孔与相线相接,左孔或下孔与零线相接;单相三孔插座,面对插座的右孔与相线相接,左孔与零线相接。

(2)单相三孔、三相四孔及三相五孔插座的接地线(PE)或接零线(PEN)均应接在上孔。插座的接地端子不应与零线端子直接连接。同一场所的三相插座,其接线的相位必须一致。

(3)接地线(PE)或接零线(PEN)在插座间不串联连接。

(4)带开关插座接线时,电源相线应与开关接线柱连接,电源工作零线与插座的接线柱连接。

(5)双联及以上插座接线时,相线、工作零线应分别与插孔接线柱并接,或进行不断线整体套接,而不应该进行串联。插座进行不断线整体套接时,插孔之间套接线长度不应小于150 mm。

(6)插座接线完成后,应将盒内导线理顺,依次盘成圆圈状塞入盒内,且不使盒内导线接头相碰,进行绝缘测试并确认导线连接正确,盒内无潮气后,才能固定盖板。

第三节　防雷接地装置的安装

一、避雷装置安装

1. 避雷针的安装

避雷针一般用镀锌钢管或镀锌圆钢制成，其长度在 1 m，圆钢直径钢管直径不小于 12 mm，钢管直径不小于 20 mm。针长度在 1~2 m 时，圆钢直径不小于 16 mm，钢管直径不小于 25 mm。烟囱顶上的避雷针，圆钢直径不小于 20 mm，钢管直径不小于 40 mm。

建筑物上的避雷针应和建筑物顶部的其他金属物体连成一个整体的电气通路，并与避雷引下线连接可靠，图 25-12 所示为避雷针在山墙上安装示意图。

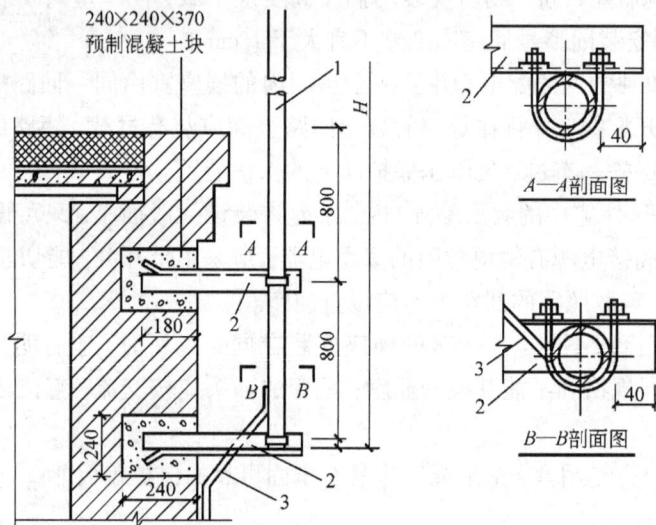

图 25-12　避雷针在山墙上安装示意图
1—避雷针；2—支架；3—引下线

避雷针用于保护细高的构筑物；不得在避雷针构架上设低压线路或通信线路；引下线安装要牢固可靠，独立避雷针的接地电阻一般不宜超过 10 Ω。

2. 避雷线的安装

架空避雷线和避雷网宜采用截面不小于 35 mm² 的镀锌钢绞线，架在架空线路上方，用来保护架空线路避免遭雷击。

3. 避雷带和避雷网的安装

避雷带和避雷网宜采用圆钢和扁钢，优先采用圆钢。圆钢直径不应小于 12 mm。扁钢截面不应小于 100 mm²，其厚度不应小于 4 mm。避雷带装应设在建筑物易遭雷击的部位，可采用预埋扁钢或预制混凝土支座等方法，将避雷带与扁钢支架焊为一体。避雷带和避雷网用于保护顶面面积较大的构筑物。

避雷带在天沟、屋面及女儿墙上、在屋脊上的安装，如图 25-13 所示。

348

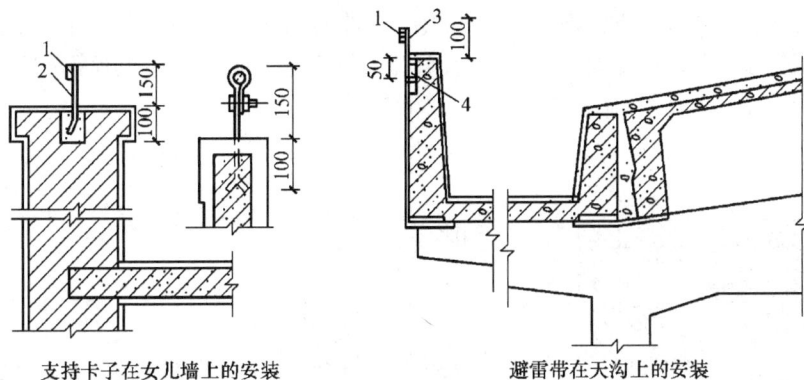

支持卡子在女儿墙上的安装　　　　　　　避雷带在天沟上的安装

图 25 – 13　避雷带在天沟、屋面、女儿墙上的安装

1—避雷带；2—支持卡子；3—支架；4—预埋件

4. 避雷器的安装

避雷器与被保护设备并联，装在被保护设备的电源侧。当线路上出现危及设备绝缘的过电压时，它就对大地放电。常用的避雷器有阀式避雷器、管式避雷器等。

二、引下线的安装

引下线可用圆钢或扁钢制作。圆钢直径不应小于 8 mm；扁钢截面不应小于 48 mm^2，其厚度不应小于 4 mm。引下线分明敷和暗敷两种。

1. 引下线沿砖墙或混凝土构造柱暗敷设

引下线沿砖墙或混凝土构造柱暗敷设，应配合土建主体外墙或构造柱施工。将钢筋调直后先与接地体或断接卡子连接好，由上至下展放或一段段连接钢筋，敷设路径尽量短而直，可直接通过挑檐板或女儿墙与避雷带焊接。

2. 利用建筑物钢筋做防雷引下线

防直击雷装置的引下线应优先利用建筑物钢筋混凝土中的钢筋，不仅可节约钢材，更重要的是比较安全。

3. 断接卡子

断接卡子有明装和暗装两种，断接卡子可利用 25 mm × 4 mm 的镀锌扁钢制作，断接卡子应用 2 根镀锌螺栓拧紧。如图 25 – 14 所示。

由于利用建筑物钢筋做引下线，是从上而下连接一体，因此不能设置断接卡子测试接地电阻值，需在柱或剪力墙内作为引下线的钢筋上，另焊一根圆钢引至柱或墙外侧的墙体上，在距护坡 1.8 m 处，设置接地电阻测试箱。在建筑结构完成后，必须通过测试点测试接地电阻，若达不到设计要求，可在柱或墙外距地 0.8 ~ 1 m 预留导体处加接外附人工接地体。

三、接地装置

1. 人工接地体的安装

1）接地体的加工。

垂直接地体多使用角钢或钢管，一般应按设计规定数量和规格进行加工，其长度宜为

2.5 m，两接地体间距宜为 5 m。通常情况下，在一般土壤中采用角钢接地体，在坚实土壤中采用钢管接地体。为便于接地体垂直打入土中，应将打入地下的一端加工成尖形。为了防止将钢管或角钢打裂，可用圆钢加工一种护管帽套入钢管端，或用一块短角钢(长约 10 cm)焊在接地角钢的一端。水平接地体宜为扁钢或圆钢。

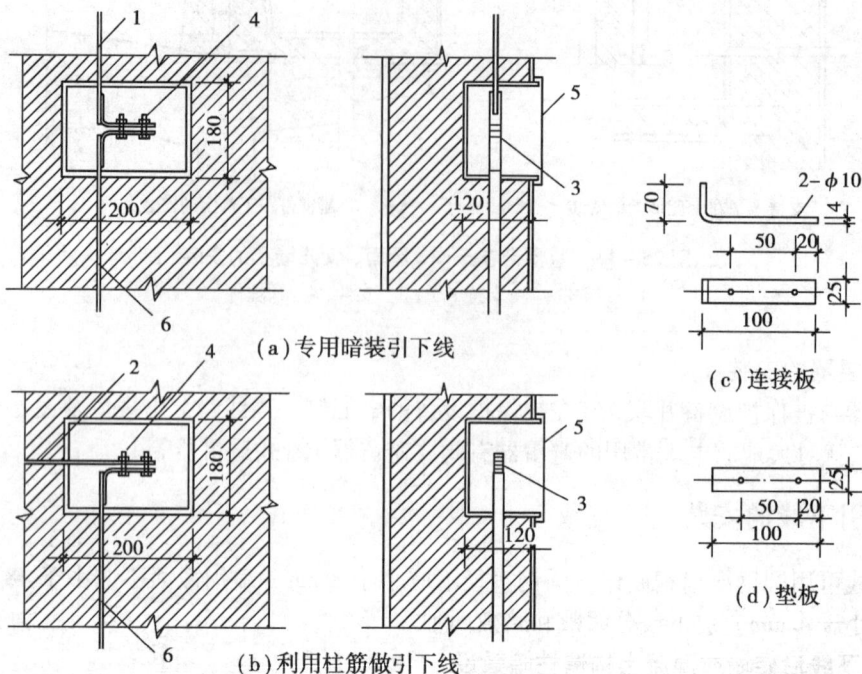

(a)专用暗装引下线

(b)利用柱筋做引下线

(c)连接板

(d)垫板

图 25-14　暗装引下线断接卡子安装

2)挖沟。

装设接地体前，需沿接地体的线路先挖沟，以便打入接地体和敷设连接这些接地体的扁钢。接地装置需埋于地表层以下，一般接地体顶部距地面不应小于 0.6 m。

按设计规定的接地网路线进行测量、画线，然后依线开挖，一般沟深 0.8~1 m，沟的上部宽 0.6 m，底部宽 0.4 m，沟要挖得平直，深浅一致，且要求沟底平整，如有石子应清除。挖沟时，如附近有建筑物或构筑物，沟的中心线与建筑物或构筑物的距离不宜小于 2 m。

3)敷设接地体。

沟挖好后应尽快敷设接地体，以防止塌方。接地体一般用手锤打入地下，并与地面保持垂直，防止与土壤产生间隙而增加接地电阻，影响散流效果。

2. 接地线的敷设

接地线分为人工接地线和自然接地线。在一般情况下，人工接地线应采用扁钢或圆钢，并应敷设在易于检查的地方，且应有防止机械损伤及化学腐蚀的保护措施。从接地干线敷设到用电设备的接地支线的距离越短越好。当接地线与电缆或其他电线交叉时，其间距至少要维持 25 mm。在接地线与管道、公路、铁路等交叉处及其他可能使接地线遭受机械损伤的地方，均应套钢管或角钢保护。当接地线跨越有震动的地方时，如铁路轨道，接地线应略加弯曲,以便震动时有伸缩的余地,避免断裂。

1)接地体间的连接。

垂直接地体间多用扁钢连接。当接地体打入地下后,即可将扁钢放置于沟内,扁钢与接地体用焊接的方法连接。扁钢应侧放,这样既便于焊接,又可减小其散流电阻。

接地体与连接扁钢焊接好后,经过检查确认接地体埋设深度、焊接质量、接地电阻等均符合要求后,即可将沟填平。

2)接地干线与接地支线的敷设。

接地干线与接地支线的敷设分为室内和室外2种。室外的接地干线与接地支线是供室外电气设备接地使用的,室内的是供室内电气设备接地使用的。

室外接地干线与接地支线的一般敷设在沟内,敷设前应按设计要求挖沟,然后埋入扁钢。由于接地干线与接地支线不起接地散流作用,所以埋设时不一定要立放。接地干线与接地体及接地支线均采用焊接连接。接地干线与接地支线末端应露出0.5 m,以便接引地线。敷设完后即回填土夯实。室内的接地线一般多为明敷,但有时因设备接地需要也可埋地敷设或埋设在混凝土层中。明敷的接地线一般敷设在墙上、母线架上或电缆的桥架上。

3)敷设接地线。

当固定沟或支持托板埋设牢固后,即可将调直的扁钢或圆钢放在固定沟或支持托板内进行固定。在直线段上不应有高低起伏及弯曲等现象。当接地线跨越建筑物伸缩缝、沉降缝时,应加设补偿器或将接地线本身弯成弧状。

接地干线过门时,可在门上明敷设通过,也可在门下室内地面暗敷设通过。接电气设备的接地支线往往需要在混凝土地面中暗敷设,在土建施工时应及时配合敷设好。敷设时应根据设计将接地线一端接电气设备,一端接距离最近的接地干线。所有的电气设备都需要单独地敷设接地干线,不可将电气设备串联接地。

为了便于测量接地电阻,当接地线引入室内后,必须用螺栓与室内接地线连接。

3. 接地体(线)的连接

接地体(线)的连接一般采用搭接焊,焊接处必须牢固无虚焊。当有色金属接地线不能采用焊接时,可采用螺栓连接。接地线与电气设备的连接也采用螺栓连接。

接地体连接时的搭接长度为:扁钢与扁钢连接为其宽度的2倍,当宽度不同时,以窄的为准,且至少有3个棱边焊接:圆钢与圆钢连接为其直径的6倍;圆钢与扁钢连接为圆钢外径的6倍;当扁钢与钢管焊接时,为了连接可靠,除应在其接触部位两侧进行焊接外,还应焊上由扁钢弯成的弧形卡子,或直接将接地扁钢本身弯成弧形与钢管焊接。

4. 建筑物基础接地装置安装

高层建筑的接地装置大多以建筑物的深基础作为接地装置。当利用钢筋混凝土基础内的钢筋作为接地装置时,敷设在钢筋混凝土中的单根钢筋或圆钢,其直径应不小于10 mm。被利用作为防雷装置的混凝土构件内用于箍筋连接的钢筋,其截面积总和应不小于1根直径为10 mm钢筋的截面积。

利用建筑物基础内的钢筋作为接地装置时,应在与防雷引下线相对应的室外埋深0.8 ~ 1 m处,由被用作引下线的钢筋上焊出一根 ϕ12 mm圆钢或40 mm×4 mm镀锌扁钢,此导体伸向室外,距外墙皮的距离不宜小于1 m。此圆钢或扁钢能起到遥测接地电阻,及当整个建筑物的接地电阻值达不到规定要求时,给补打人工接地体创造条件。

1）钢筋混凝土桩基础接地体的安装。

高层建筑的基础桩基，不论是挖孔桩、钻孔桩还是冲击桩，都是将钢筋混凝土桩子深入地中，桩基顶端设承台，承台用承台梁连接起来，形成一座大型框架地梁。承台顶端设置混凝土桩、梁、剪力墙及现浇楼板等，空间和地下构成一个整体，墙、柱内的钢筋均与承台梁内的钢筋互相绑扎固定，它们互相之间的电气导通是可靠的。

桩基础接地体的构成如图25-15所示。一般是在作为防雷引下线的柱子（或者剪力墙内钢筋作引下线）位置处，将桩基础的抛头钢筋与承台梁主钢筋焊接，如图25-16所示，并与上面作为引下线的柱（或剪力墙）中的钢筋焊接。如果每一组桩基多于4根，只需要连接其四角桩基的钢筋作为防雷接地体。

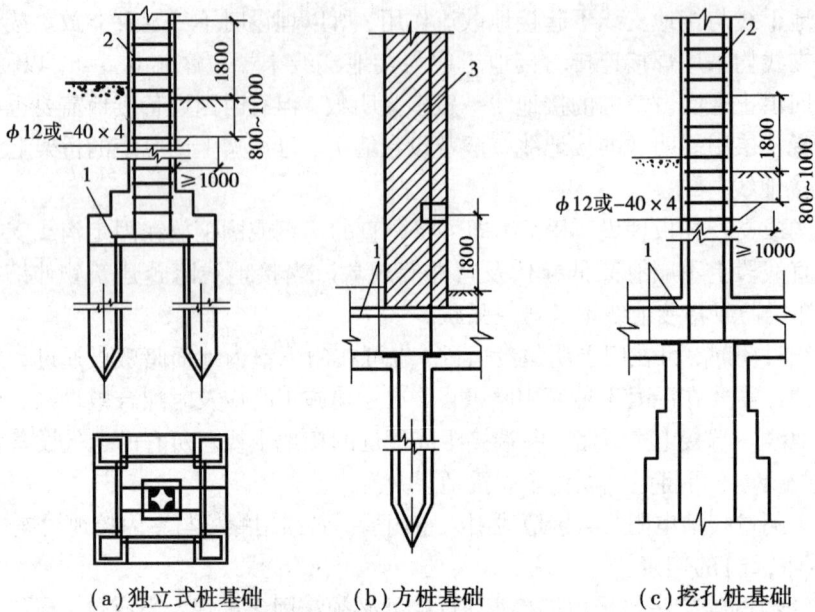

（a）独立式桩基础　　（b）方桩基础　　（c）挖孔桩基础

图25-15　钢筋混凝土桩基础接地体安装

2）独立柱基础、箱形基础接地体的安装。

当钢筋混凝土独立柱基础及钢筋混凝土箱形基础作为接地体时，应将用作防雷引下线的现浇钢筋混凝土柱内的符合要求的主筋，与基础底层钢筋网进行焊接连接。

钢筋混凝土独立柱基础如有防水油毡及沥青包裹时，应通过预埋件和引下线，跨越防水油毡和沥青层，将柱内的引下线钢筋、垫层内的钢筋与接地柱相焊接。利用垫层钢筋和接地桩柱作接地装置。如图25-16所示。

3）钢筋混凝土板式基础接地体的安装。

利用无防水层底板的钢筋混凝土板式基础做接地体时，应将用作防雷引下线的符合规定的柱主筋与底板的钢筋进行焊接。

在进行钢筋混凝土板式基础接地体安装时，当板式基础有防水层时，应将符合规格数量的柱内主筋用作防雷引下线，在室外自然地面以下的适当位置处，利用预埋连接板与外引出的 $\phi12$ mm 或 40 mm×4 mm 镀锌圆钢或扁钢相焊接作连接线，同有防水层的钢筋混凝土板式

352

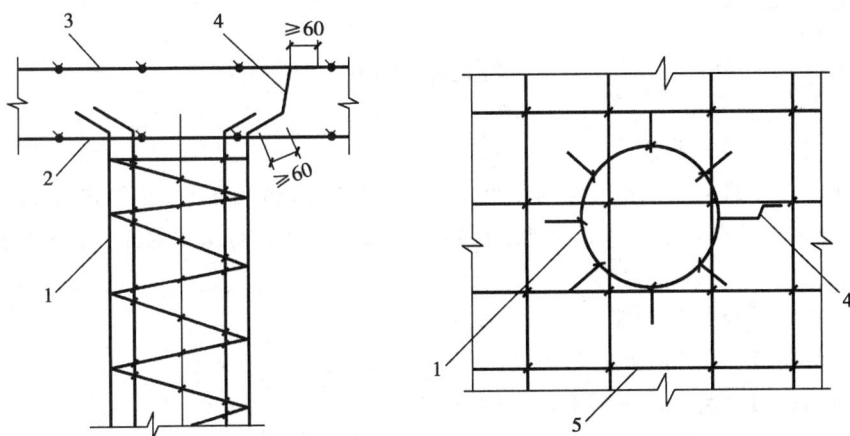

图 25 – 16　桩基础钢筋与承台钢筋的连接

与基础的接地装置连接。

5. 等电位联结

等电位的含义也就是"将设备等外壳或金属部分与地线联结"。

等电位联结端子箱是适用于一般工业与民用建筑物电气装置，为了防止间接触电和防接地系统故障引起的爆炸和火灾而做的等电位联结，可以有效预防建筑物防雷系统故障和电子信息设备过电压带来的损坏事故的干扰。

(1)总等电位箱 MEB。一般用于配电室内作重复接地用。

(2)局部电位联结端子箱 LEB。一般用于住户的带洗浴设备的卫生间内，用于洗浴设备及相关插座的接地。

6. 设备接地装置安装

所有的电气设备都要单独埋设接地线，不可串联接地。不得将零线作接地用，零线与接地线应单独与接地网连接。电气设备与接地线的连接方法有焊接(用于不需要移动的设备金属构架)和螺纹连接(用于需要移动的设备)。

电气设备外壳上一般都有专用接地螺栓，采用螺纹连接时，先将螺母卸下，擦净设备与接地线的接触面；再将接地线端部搪锡，并涂上凡士林油；然后将接地线接入螺栓，若在有振动的地方，需加弹簧垫圈，然后将螺母拧紧。

7. 接地电阻的测试

接地装置除进行必要的外观检测外，还应测量其接地电阻。测量接地电阻的方法较多，目前使用最多的是接地电阻测量仪，即接地摇表。

接地电阻应按防雷建筑的类别确定，接地电阻一般为 30 Ω、20 Ω 和 10 Ω，特殊情况在 40 Ω 以下，具体数据按设计确定。当实测接地电阻不能满足设计要求时，可采取适当的措施以达到接地电阻设计值，常用方法如下：

(1)置换电阻率较低的土壤；

(2)接地体深埋；

(3)使用化学降阻剂；

(4)外引式接地。

复习思考题

1. 正弦交流电的三要素是什么？

2. 三相对称负载接成星形，接到线电压为 380 V 的三相电源上，线电流为 11 A，则相电压、相电流分别为多大？若接成三角形，接到线电压为 220 V 的三相电源上，线电流、相电流分别为多大？

3. 说明熔断器和热继电器保护功能的不同之处。

4. 说明熔断器、刀开关和断路器控制、保护方式的特点。

5. 电力网如何分类？输电网和配电网有何不同？

6. 电力负荷等级是怎样分类的？它们的供电要求如何？

7. 常用的电光源的类型、工作原理和选择原则是什么？

8. 灯具布置的基本原则、照度计算方法是什么？

9. 安全用电的意义是什么？

10. 保证用电安全的基本因素有哪些？

11. 如何进行触电急救处理？

12. 接地的种类有哪些？

13. 保护接地和保护接零的区别是什么？

14. 雷的危害有哪些？

15. 建筑物的防雷保护措施有哪些？

16. 建筑施工供电的特点是什么？

17. 临时用电设计的内容有哪些？

18. 施工现场用电的布置形式有哪些？

19. 火灾自动报警系统是由什么组成的？其作用是什么？

20. 火灾探测器分为多少种？各适用什么场合？

21. 智能建筑的主要特征是什么？

22. 建筑智能化系统由哪几部分组成？各部分有何功能？

23. 综合布线划分为几个部分？

模块五　安装施工图识图综合实例

第二十六章　建筑给排水施工图实例

第一节　案例一图纸

（1）设计依据：《建筑给水排水设计规范》（GB 50015—2003）（2009 年版）、《建筑设计防火规范》（GC 50016—2006）、《建筑灭火器配置设计规范》（GB 50140—2005）、相关标准图集；相关专业设计互相提供资料，业主提供相关资料。（表 26－1、表 26－2）

（2）图中尺寸单位：本图尺寸以 mm 计，标高以 m 计。

（3）图中管线设计标高：给水管为管中心，排水管为管内底。标高符号中"H"为管道所处当时楼地面的装饰面标高。

表 26－1　给水 PP－R 管、给水 PE 管公称直径与外径对照关系表

塑料管外径 D_e/mm	20	25	32	40	50	63	75	90	110
公称直径 DN/mm	15	20	25	32	40	50	65	80	100

表 26－2　UPVC 排水塑料管公称直径与外径对照关系表

塑料管外径 D_e/m	50	75	110	160
公称直径 DN/mm	50	75	100	150

（4）室内给排水立管及卫生用具的给排水管在穿过楼板时应配合土建施工预留孔洞，当穿过屋面时，应预埋防水套管。

（5）图中未尽之处按《建筑给水排水及采暖工程施工质量验收规范》（GB 50242—2002）等现行规范、措施执行。

（6）室内给水。

①室内给水管管材及接口。

给水管：管道采用 PP－R 给水塑料管，热熔连接。

热水管：明装管道采用不锈钢塑复管给水热水管，沟槽连接；暗装管道采用 PP－R 聚丙烯热力管，热熔连接。上述管道公称压力应≥2.0 MPa。

消防给水管：采用内外热镀锌钢管。≥DN100 者，卡箍连接；＜DN100 者，丝接。

②管道安装方式。

卫生间、厨房管道采用暗装。暗装管道的墙槽应在土建施工时预留。

③管道的固定。

给水管的横管、立管固定安装均按国标《室内管道支架及吊架》、《给水塑料管安装》施工。各固定点的间距应根据所选用的管道管材，按国标图集确定。在屋面上铺设的水平管段，在闸阀、三通管、弯管及直线管段适当间距的下部应设管墩（见国标要求），用 C10 号混凝土捣制。

4)管道的刷油及防腐。

明装镀锌钢管或铸铁管刷红丹油漆两道,再刷银粉油漆两道。

埋地镀锌钢管,钢管及铸铁管均刷冷底子油两道,热沥青两道,总厚度不小于 3 mm。

(7)室内排水。

①室内排水管采用硬聚氯乙烯管,承插黏连式接头,并按《建筑排水硬聚氯乙烯管施工及验收规程》(GJJ 30—1989)有关规定进行施工和验收。

②室外排水管道采用 PE 双壁波纹管,管件连接(由管件生产厂家配套供应)。

③生活污水管道的坡度采用标准坡度(建筑排水塑料排水横支管的标准坡度应为0.026)。

④支吊架、卡箍等,参照国标《室内管道支架及吊架》施工。

(8)管道试压、冲洗。

①室内给水管道安装完毕后应按设计规定对管道系统进行强度、严密性试验,试验压力应为 1.0 MPa,在 10 min 内压力降不大于 0.05 MPa,然后将试验压力降至工作压力,作外观检查,以不漏为合格。

②排水管注水试压在 30 min 内不渗、不漏为合格。

③给水、热水管道在系统运行前必须用水冲洗。

④雨水管和排水管冲洗以管道通畅为合格。

如图 26 – 1 ~ 图 26 – 3 所示。

图例	名称
—————— J ——————	给水
— — — W — — —	污水
— — — R — — —	热水
•┤|	后进水自闭阀
▷◁	闸阀
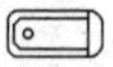 ▭	蹲式大便器
 ——○	淋浴器
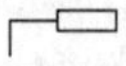 ┌─▭	脚踏阀
⊠	污水池
◠	台式洗脸盆
⊕	洗脸盆排水栓
┼	普通水龙头
⊡	清扫口
▽	壁挂式小便器
▶	水表
⊘	无水封地漏
⌐⊢	混合角阀水龙头
▲	手提式 ABC 类干粉灭火器

图 26 – 1　给排水设计图例

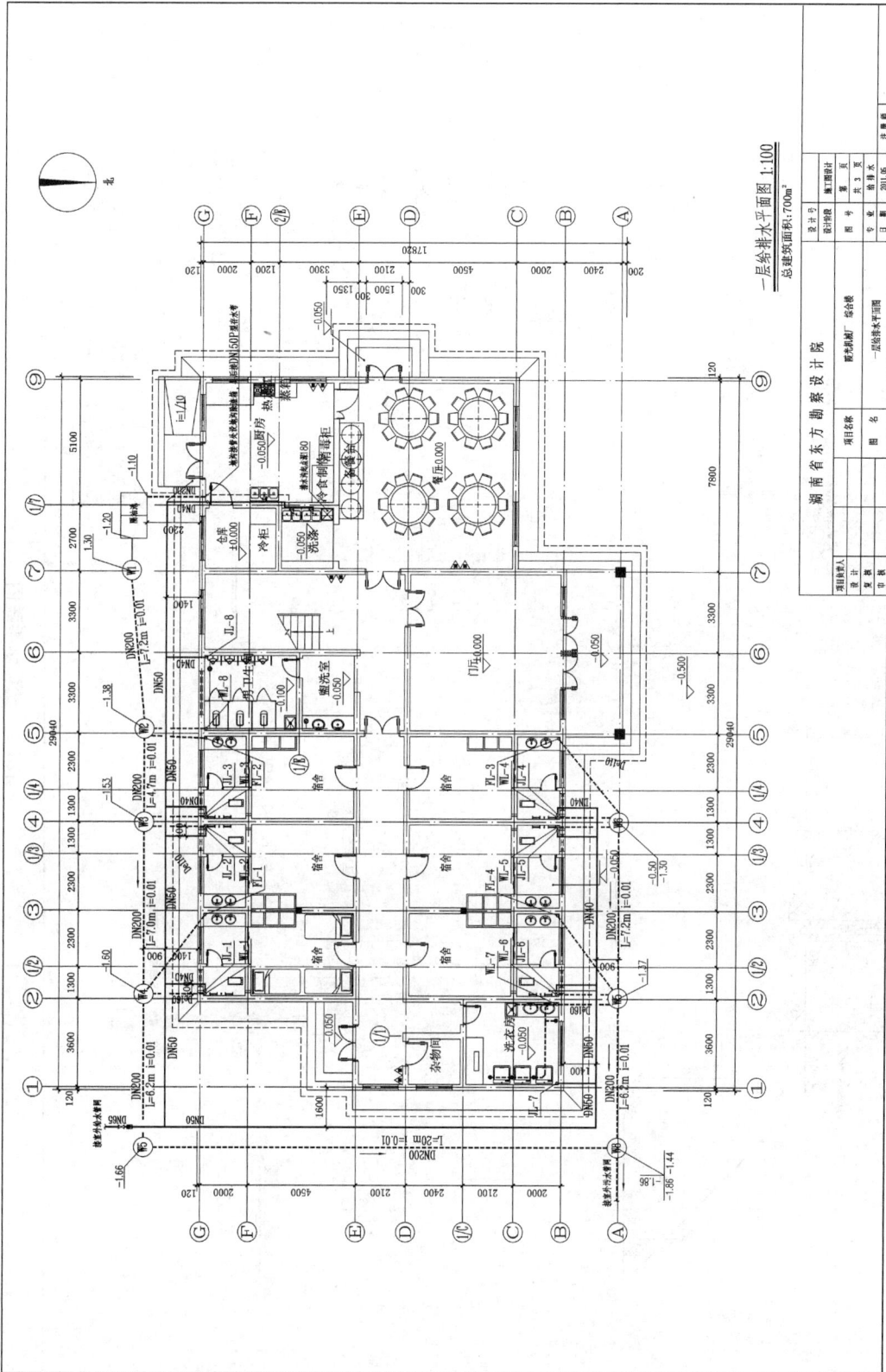

图26-2 施工平面布置图

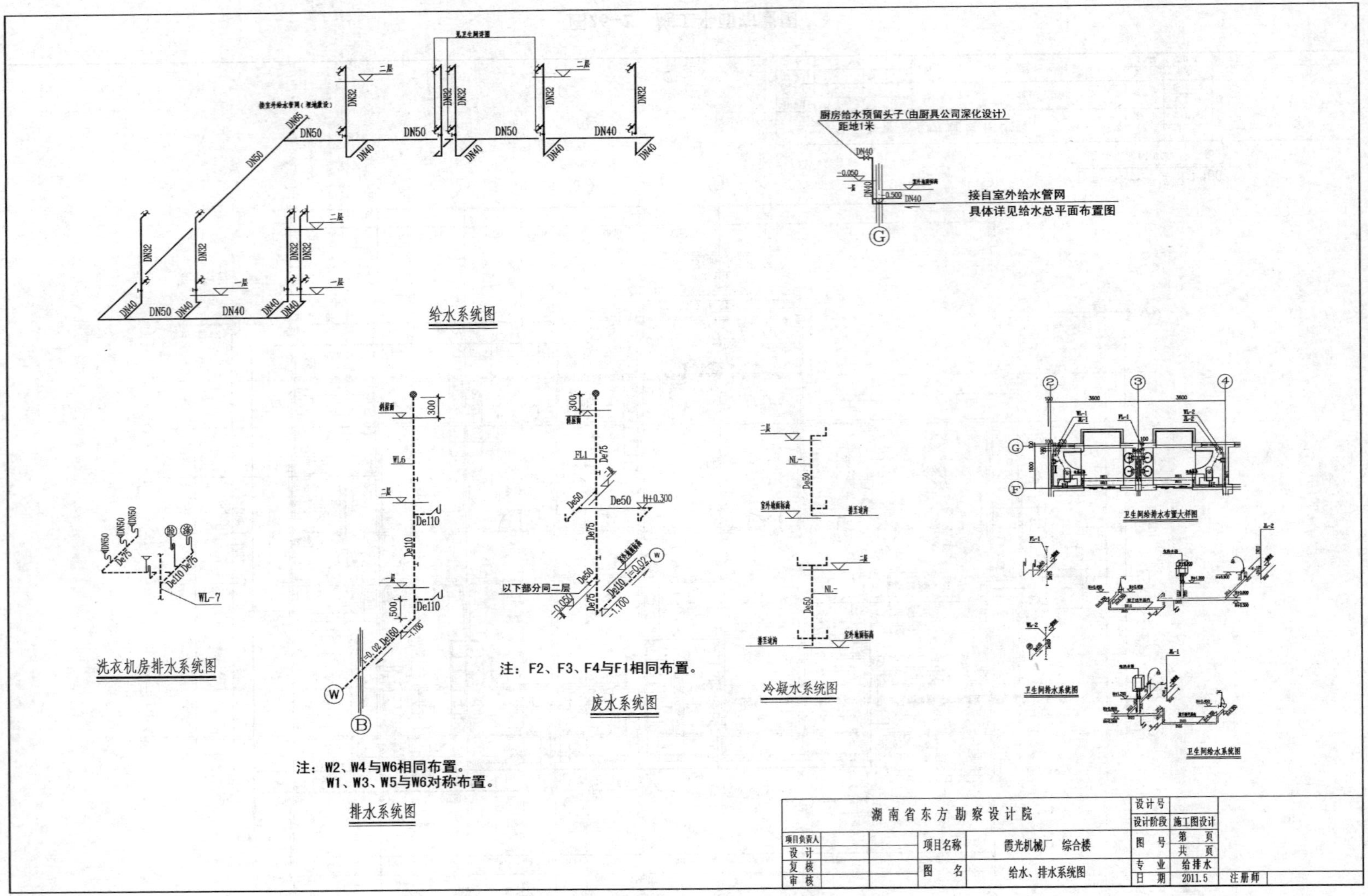
给水系统图
厨房给水预留头子(由厨具公司深化设计)
距地1米
接自室外给水管网
具体详见给水总平面布置图
DN50
DN40
DN32
洗衣机房排水系统图
WL-7
注：W2、W4与W6相同布置。
W1、W3、W5与W6对称布置。
排水系统图
WL6
De110
以下部分同二层
注：F2、F3、F4与F1相同布置。
废水系统图
FL1
De75
De50
H+0.300
冷凝水系统图
卫生间给排水布置大样图
卫生间排水系统图
卫生间给水系统图
湖南省东方勘察设计院
项目负责人
设计
复核
审核
项目名称
霞光机械厂 综合楼
图 名
给水、排水系统图
设计号
设计阶段 施工图设计
图 号
第 页
共 页
专 业 给排水
日 期 2011.5
注册师
图26-3 给排水系统图

第二节　案例一解析

（1）图纸构成：本例霞光机械厂综合楼给排水安装工程图纸由设计施工说明、图例、施工平面布置图、立管系统图、卫生间大样图等组成。为了简化，省去了局部放大图和卫生间详图。

（2）设计施工说明部分：设计施工说明是由文字和数字组成的，主要阐述工程地理位置、工程概况、设计的依据（建设单位对功能要求、国家规范、行业规范等）、施工要求、设计参数、所选管材、管道连接方式、安装要求、压力要求、采用图集等，这部分必须仔细阅读，是图纸的总纲，直接关系着工程的造价高低（为了节省篇幅仅摘录其中部分内容）。

（3）图例部分：设计图例是看图的模板，说明图例代表说明内容可以在看图过程中进行对照。

（4）施工平面布置图部分：平面图是各种管道设备等在水平面上的投影图，为最重要的施工图纸，反映各种管道、卫生设备器具等在平面上的位置关系、走向，也是工程量计算的主要依据，一定要高度重视平面图的识读。主要读懂以下内容：

①管道的规格：本例有给水 $DN65$，$DN50$，$DN40$，$DN32$，$DN20$，$DN15$ 等；排水有 $DN200$，$DN150$，d_e160，d_e110，d_e75 等。

②管道的数量（按照图纸上面比例尺和建筑结构尺寸计算）。

③阀门、水表的种类、规格、数量：本例有水表、闸阀 $DN200$、截止阀（$DN50$，$DN40$，$DN32$，$DN20$，$DN15$）、水龙头 $DN15$、冲洗阀 $DN20$、脚踏阀等。

④给水设备：本例有热水器。

⑤大便器的种类（蹲式还是坐式，有水箱还是冲洗阀冲洗）、数量（本例是蹲式大便器）。

⑥拖布池的规格、数量：本例洗衣房有 1 个拖布池，见规格设计说明。

⑦洗脸盆的种类、规格、数量：本例洗衣房有 1 个洗脸盆，每个卫生间有 2 个洗脸盆。

⑧地漏的规格、数量：本例有地漏规格 d_e75。

⑨排水检查井、化粪池的规格、数量：本例有污水井（排水检查井）8 个，本例室外设有隔油池 1 个，尺寸按国家标准图集。

⑩穿墙上、楼板的套管规格、数量：本例，穿墙、楼板套管比管径大两个型号，如管道为 d_e75 则套管规格为 $DN100$，材质为普通钢套管。套管的数量按照管道穿墙、楼板的次数计算，每穿一次就加一个套管。从平面图上计算穿墙套管数量，从系统图上计算穿楼板套管数量。

⑪立管系统的数量、种类：本例含有冷水给水系统、热水系统、冷凝水系统、污水排水系统、废水排水系统。给水立管八路，分别为 JL－1，JL－2，JL－3，JL－4，JL－5，JL－6，JL－7，JL－8；污水排水立管八路，分别为 WL－1，WL－2，WL－2，WL－3，WL－4，WL－5，WL－6，WL－7，WL－8；废水排水立管四路分别为 FL－1，FL－2，FL－3，FL－4。

⑫支架的材料、规格、数量：支架为型钢支架，规格按设计要求，一般按支架重量以 kg 计算。关于管道支架的计算，各省的规定不尽相同。山东省规定，室内管道安装定额已经包含支架部分，不用再计算；定额规定 $DN32$ 以内的管道包含支架，以上部分需要另计。管道支架的计算以图纸和设计说明为依据，当图纸上有详细的支架规格和数量时，按照图纸进行

计算；当图纸上面没有表示，但说明里面有支架项目时，则按照安装技术规范要求的规格和间距进行计算。

⑬利用管道的安装标高来表示各种管道、设备等空间位置的关系。明确指导实际的施工安装。如水平管道沿墙敷设，距墙多远、离地多高等，为了画图方便一般都用简化表示，只要规范上有明确规定的或系统图上能够看明白的就不再标注。如本例，管道标高从系统图可以看出；由于安装规范有明确规定，则未进行标注。

（5）立管系统图部分：立管系统图是反映在平面图里面所不能反映出来的空间位置关系。要读懂这部分图必须懂得各种投影视图，包括俯视图、仰视图、左视图、右视图、前视图、后视图。

同时要明白在平面图中的长度关系反映在系统图中为：平面图中的水平长度与系统图相等，即平面图中的左右关系在系统图中保持不变；平面图中的宽度在系统图中缩短为其 $1/2$，并把垂直宽度线顺时针旋转 45 进行绘制，即平面图中的前后关系在系统图中表现为缩短 $1/2$ 且进行顺时针旋转 45；平面图中的管道、设备标高在系统图中以垂直线表示并标注标高，即平面图中的上下关系在系统图中表现为垂直关系。应该注意系统图中立管图纸上显示的是示意图，不能按图长度计算，须按标注标高计算。其速记口诀是"长对正、高平齐、宽相等"。

①管道空间走向、接管等，能够反映空间位置关系，直接指导安装。

本例中洗衣房污水排水系统 WL-7 表示：每层每间有排水 d_e75 地漏 1 个、洗脸盆 2 个、拖布池 1 个、接洗衣机的排水栓 $DN50$ 的 3 个。

卫生间给水系统 JL-1 表示：每层每间接供水 $DN32$ 淋浴器 1 个、$DN20$ 电热水器冷水进水管 1 个、$DN32$ 蹲式大便器 1 个、$DN15$ 洗脸盆。

②各种卫生器具、阀门的安装高度，都在系统图上进行标注。

③立管检查口的数量、规格。

④管帽等立管上排气管件的规格、数量。

⑤立管的管径规格、数量（按标高计算）。

第三节　管道类安装工程基本识图要点

为了快速、准确地进行施工图识图，应注意识图顺序和方法，做到工程量计算不重复不遗漏。

（1）仔细阅读设计说明和各种图例。

（2）平面图和系统图结合进行读图，计算工程量。

这里要注意计算顺序：首先计算大的设备、器具的型号、规格及数量，这部分应很明确。

其次计算主管道，先水平管后立管，每层管道的计算从立管接口进行，先算供水管或回水管，管径可以在图纸上读出，长度可以按图纸进行计算，注意每算完一段用铅笔画上一道进行标示，避免重复。

再次计算分支管道，从主管道分出来的所有管道都属于分支管道，要分回路进行计算，直到计算到相应的末端器具或设备。

然后计算阀门，按照图纸从主管道开始，由大到小，分步计算。

随后计算套管，按照计算管道的步骤，逐层、逐个计算，勿忘立管穿楼板的套管。

接着计算管道支架，按照设计说明和安装规范，从主管、支管到立管，分步计算。

最后结合设计说明和管道的工程量，计算管道的防腐、刷油、保温等。

第二十七章　通风与空调施工图实例

第一节　案例二图纸

(1)霞光机械厂地下室 PF(Y)-7 防排烟排风平面图如图 27-1 所示。

(2)霞光机械厂地下室 PF(Y)-7 防排烟排风系统图如图 27-2 所示。

(3)霞光机械厂地下室 SF-2 送风平面图如图 27-3 所示。

(4)霞光机械厂地下室 SF-2 送风系统图如图 27-4 所示。

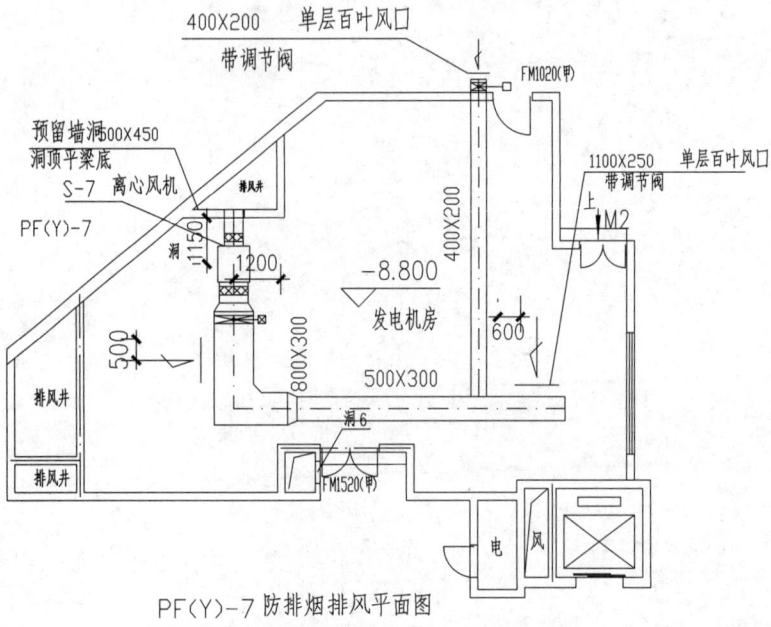

图 27-1　PF(Y)-7 防排烟排风平面图

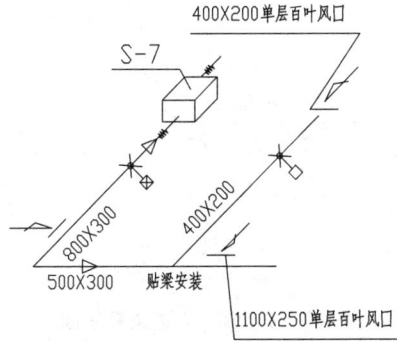

PF(Y)-7 防排烟排风系统图

图 27 - 2　PF(Y) - 7 防排烟排风系统图

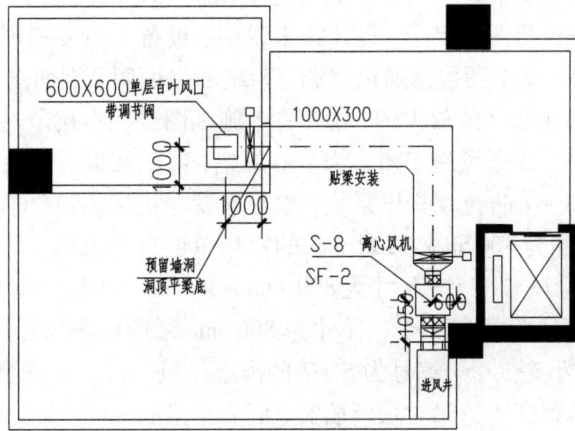

SF-2 送风平面图

图 27 - 3　SF - 2 送风平面图

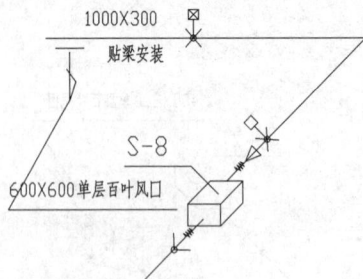

1000X300

贴梁安装

S-8

600X600单层百叶风口

SF-2 送风系统图

图 27 - 4　SF - 2 送风系统图

第二节　案例二解析

通风与空调施工图是工程的语言，是施工的依据，是工程施工和编制施工图预算的基础。因此，通风与空调图也必须以统一规定的图形符号和简单的文字说明部分，将通风与空调工程的设计意图正确明了地表达出来。通风与空调施工图一般由两大部分组成：文字部分与图纸部分。文字部分包括图纸目录、设计施工说明、设备及主要材料表；图纸部分包括两大部分：基本图和详图。基本图包括通风空调、系统的平面图、剖面图、轴测图、原理图等；详图包括系统中某局部或部件的放大图、加工图、施工图等。本例节选了霞光机械厂综合楼地下室 PF(Y) - 7 和 SF - 2 通风施工图。为节省篇幅，图例及设计说明等省略未列。

本例工程中 PF(Y) - 7 防排烟排风系统：地下室发电机房内设计有防排烟排风系统，编号 PF(Y) - 7，设置尺寸为 400 mm×200 mm 的矩形单层百叶风口 1 个，尺寸为 1100 mm×250 mm 的矩形单层百叶风口 1 个、尺寸为 800 mm×300 mm 的矩形单层百叶风口 1 个，尺寸为 400 mm×200 mm 的风管阀门 1 个，尺寸为 800 mm×300 mm 的风管阀门 1 个，尺寸为 500 mm×300 mm 的大小头 1 个，编号为 S - 7 的离心风机 1 台。风管全部贴梁安装，由发电机房向排风井排烟。风管穿墙越梁时预留墙洞，洞底平梁底。

SF - 2 送风系统：由送风井向电梯前室和房间送风，风管全部贴梁安装。送风系统编号 SF - 2，风管尺寸为 1000 mm×300 mm，形式为矩形风管；尺寸为 600 mm×600 mm 的矩形单层百叶风口 1 个；尺寸为 1000 mm×300 mm 的风管阀门 2 个；编号为 S - 8 的离心风机 1 台。风管穿墙越梁时预留墙洞，洞底平梁底。

第三节 通风与空调类安装工程基本识图要点

通风与空调施工图所表达的工程内容及识图过程如下：

(1)熟悉图例、设计说明及主要材料设备表。通风空调施工图上的图形不能反映实物的具体形象与结构，它采用了国家规定的统一的图例符号来表示。所以读图前，应首先了解并掌握与图纸有关的图例符号所代表的含义。通过设计说明了解工程的系统组成形式，系统各部位所用的材料、设备、施工方法、保温绝热以及刷油的做法，对施工图的内容大致掌握，以便于后期划分项目，计算工程量。主要设备材料表是工程施工图的重要文件，表内详细列出工程中材料设备的名称、规格、数量及所需参照的标准图编号。

(2)平面图。通风空调机房平画图一般包括建筑物各层面各通风系统的平面图、空调机房平面图、制冷机房平面图等。通风与空调系统平面图主要说明通风与空调系统的设备、系统风道、冷热媒管道、凝结水管道的平面布置。它主要包括风管系统、水管系统和空气处理设备。风管系统一般以双线绘制，包括风管系统的构成、布置及风管上各部件、设备的位置，例如三通、四通、异径管、弯头、调节阀、防火阀、送风口、排风口等；空气处理设备包括各设备的轮廓、位置。

(3)剖面图。剖面图总是与平面图相对应的，用来说明平面图上无法表明的事情，如通风管路及设备在建筑物中的垂直位置、相互之间的关系、标高及尺寸。因此，与平面图相对应，通风与空调施工图中的剖面图主要有通风与空调系统剖面图、通风与空调机房剖面图、冷冻机房剖面图等。至于剖面和位置，在平面图上都有说明。

(4)系统图。系统图一般都是以轴测投影图来表示，所以又叫做轴测图，主要反映通风系统构成情况及各种尺寸、型号、数量等。具体地说，系统图中包括该系统中设备、配件的型号、尺寸、数量连接于各设备之间的管道在空间的曲折、交叉、走向和尺寸，管道的安装高度以及风管上各个部件的位置。

(5)详图。又称为大样图，包括制作加工详图和安装详图。若是国家通用标准图，则只标明图号，不必将图画出，需要时直接查标准图即可。若不是国家通用标准图，则必须画出大样图，以便加工、制作和安装。

总之，阅读通风与空调施工图，通常从平面图开始，将平面图、剖面图和系统图结合起来对照阅读，一般情况下可以顺着气流的流动方向逐段阅读。如要阅读排风系统，可以从吸风口看起，沿着管路直到室外排风口。

第二十八章 建筑电气施工图实例

第一节 案例三图纸

1. 图纸设计说明

(1)设计依据:《民用建筑电气设计规范》(JGJ/T 16—2008)、《建筑设计防火规范》(GB 50016—2006)、《供配电系统设计规范》(GB 50052—2009)、《建筑物防雷设计规范》(GB5 0057—1994,2000 年版)、《建筑照明设计标准》(GB 50034—2004)、《建筑物电子信息系统防雷技术规范》(GB 500343—2004)、《宿舍建筑设计规范》(JGJ 36—2005)、相关标准图集;相关专业设计互相提供资料,业主提供相关资料。

(2)设计范围:电力配电系统、照明配电系统、建筑物防雷、弱电系统。

(3)本栋按三级负荷等级设计。

电力配电系统:由总变配电所引入低压电缆,电源电压 380/220 V,低压配电系统采用 TN – C – S 形式,采用放射式与树干式结合的供电方式。电缆进户保护钢管室外部分伸出散水外 1.5 m,埋深 0.7 m。

照明系统光源采用紧凑型三基色一体化节能灯或三基色 T5、T8 灯管荧光灯。

2. 系统图、图例、设备材料表

系统图、图例、设备材料表分别如图 28 – 1、图 28 – 2 所示。

3. 平面图

平面图如图 28 – 3 ~ 图 28 – 6 所示。

综合布线系统图

有线电视系统图

弱电设计说明

一、设计依据：
1. 建设方的设计委托书。
2. 建设单位提供的本工程有关设计资料。
3. 国家现行的主要规范及设计标准：
   (1)《综合布线系统工程设计规范》GB50311—2007；
   (2)《建筑与建筑群综合布线系统工程设计规范》GB/T50314—2006；
   (3)《民用建筑电气设计规范》JGJ16—2008；
   (4)《有线电视系统工程技术规范》GB50200—94

二、综合布线系统：
本综合布线系统按五类非屏蔽系统设计。本工程配电线路及型号规格见系统图。
1. 配线及线缆采用阻燃型聚氯乙烯绝缘电缆穿钢管或线槽敷设。

三、有线电视系统
1. 本工程进户电缆采用 SYWV—75—9，支线电缆采用SYWV—75—5。

四、其他
1. 施工安装应符合《综合布线系统工程验收规范》GB50312—2007的规定。

设备材料表

序号	符号	名称	型号规格	安装高度	单位	数量	备注
1		总前端机(MDF)	由设备专业确定	距地5m	台	按设计	含交换机、LIU、配线架等
2		主配线架(IDF)		距地1.3m	台	按设计	含交换机、LIU、配线架等
3		楼层分配线架		距地3m	台	按设计	
4		分支分配线器		距地3m	只	按设计	
5		超五类双绞线接口		距地0.3m	只	按设计	
6		超五类双绞线信息插座		距地	个	按设计	
7		电话插座		距地0.3m	个	按设计	
8		多功能信息插座		距地0.3m	个	按设计	
10		五类双绞线缆	UTP—5e		m	按设计	
12		网络插座	SYWV—75—9		m	按设计	
14		网络电缆	SYWV—75—5		m	按设计	
15		桥架	SC100、SC150、SC200、SC25		m	按设计	
16		接线盒	300x250x250mm		只	1	做法详见《07SD101—8》P120

湖南省东方勘察设计院

项目负责人			设计号			设计阶段 施工图设计
设计	项目名称	震光机械厂综合楼	图号	第 页		
制图			专业	电气		
审核	图名	弱电系统图及说明、设备材料表	日期	2011.05		

图28-1 震光机械厂综合楼弱电系统图及说明、设备材料表

材料设备表

序号	符号	名 称	型 号 及 规 格	单位	数量	备 注
30		阻燃PVC管 穿管敷设	PC XX,XX\XX\SC XX,XX	米	按设计	
29		塑料铜芯导线	BV-0.75KV XX,XX	米	按设计	
28		交联聚乙烯绝缘电缆	YJV-1KV XX,XX	米	按设计	
27		断路器	250V,40W	个		埋入墙安装
26		电扇	250V,60W 42"	台		1.米杆吊安装
25		乐器展示柜	参展配置	个		
24		三联翘板开关	10A 250V	个		底距地1.3米墙装
23		双联翘板开关	10A 250V	个		底距地1.3米墙装
22		单极翘板开关	10A 250V	个		底距地1.3米墙装
21		带保护门插座	10A 250V	个		底距地1.3米墙装
20		带地三插带开关插座加暗装底盒(带安全门)	16A 250V	套		底距地1.5米墙装
19		带地二三插插座(带安全门)	16A 250V	套		底距地1.8米墙装
18		带单二三插插座(带安全门)	10A 250V	套		底距地1.3米墙装
17		风机、空调动力配电箱	2x18w /15w(t>30min)	台		落地暗装,.5m
16			1X32W	盏		壁挂用
15		高亮节能半圆球吸顶灯	2x28w /75w 壁挂吸顶式底盘式.1	盏		吸顶安装
14		高亮节能半圆球吸顶灯	1x28w /75w 壁挂吸顶式底盘式.1	盏		吸顶安装
12		高亮节能吸顶灯	1x22w /15w 壁挂吸顶式底盘式.1	盏		吸顶安装
12		高亮节能吸顶灯	1x32w /15w 壁挂吸顶式底盘式.1	盏		吸顶安装
11		某某防爆节能灯	1x12w /2U 壁挂吸顶式底盘式.1	盏		底距地0.2米墙装
09		节能立灯	1x45w /寸灯管	盏		吸顶安装
08		高亮节能灯灯	6x18w /3U寸 壁挂吸顶式底盘式.1	盏		吸顶安装
07		应急照明灯	PAK-Y01 1x3w (t>30min)	盏		底距地0.5米墙装
06		壁挂式双头应急灯	PAK-Y10 2x3w (t>30min)	盏		底距地2.2米安装
05		出口疏散指示灯	PAK-Y01 1x3w (t>30min)	盏		门上方或距顶0.2米安装
04		等电位端子箱	TD28	台		底距地0.5米墙装
03		某某综合布线配线箱	详见系统图	台		
02		电话组线箱、总箱	详见系统图	台		
01		名 称	型 号 及 规 格	单位	数量	备 注

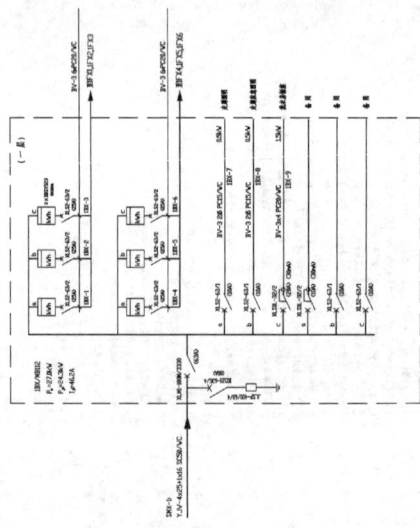

宿舍配电系统图

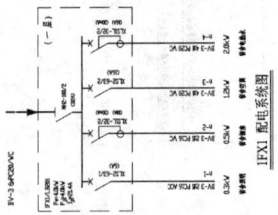

1FX1 配电系统图

说明:
1) 各-FX-配电系统图编制1FX1;
2) SPD接地导线号与接地装置严格按产品说明书要求进行安装。

湖南省 东 方 勘 察 设 计 院

项目负责人		施工图设计	
设 计		综合楼	
制 图		设计号	
审 核		图 号 第 2 页 / 共 10 页

项目名称: 霞光机械厂
图 名: 配电系统图、材料设备表、说明
专 业 电 气
日 期 2011.05

图28-2 霞光机械厂综合楼配电系统图、材料设备表与说明

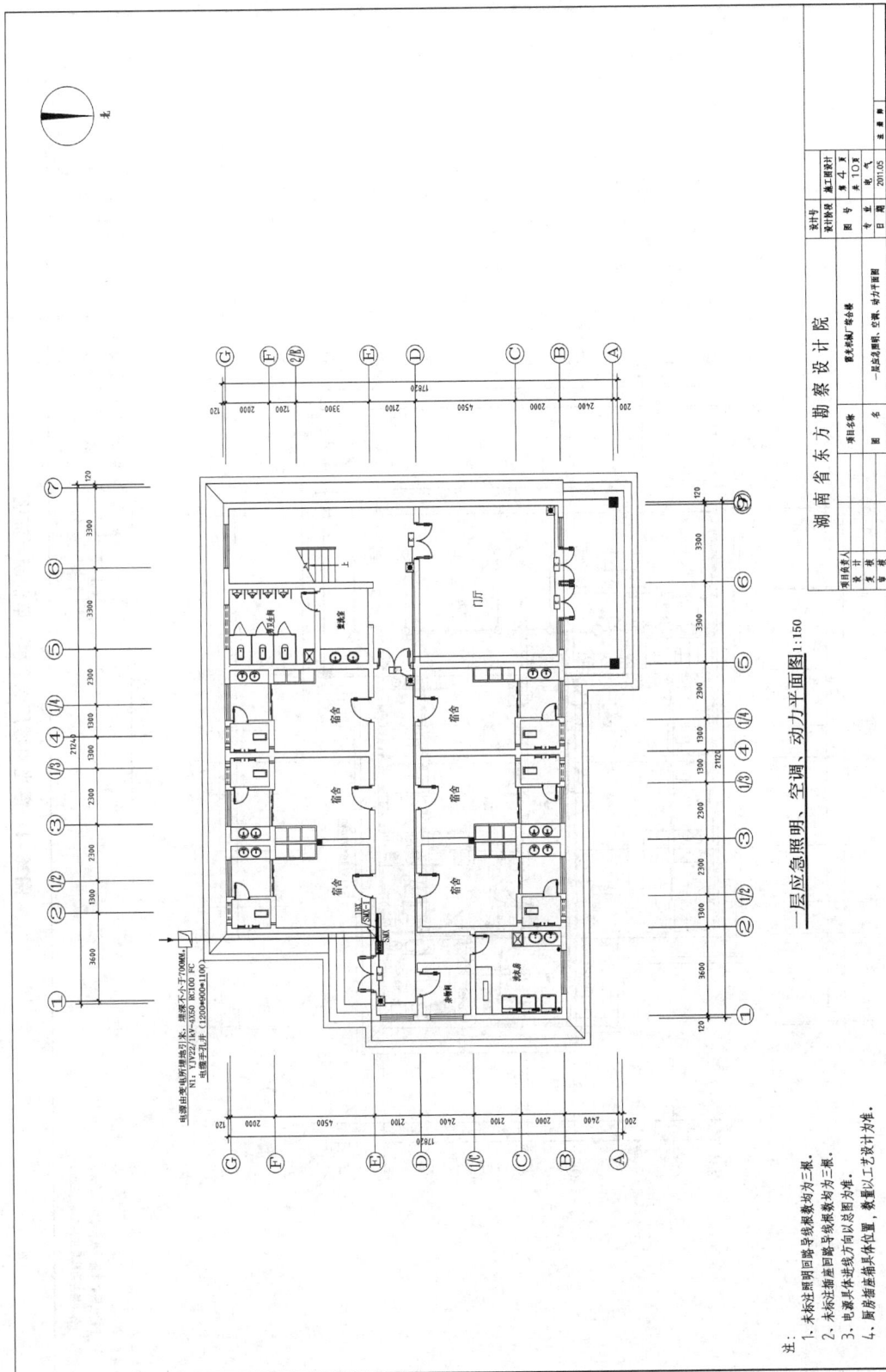

一层应急照明、空调、动力平面图 1:150

图28-3　霞光机械厂综合楼一层应急照明、空调、动力平面图

注:
1. 未标注照明回路导线根数均为三根。
2. 未标注插座回路导线根数均为三根。
3. 电器具体进线方向以总图为准。
4. 厨房插座箱具体位置、数量以工艺设计为准。

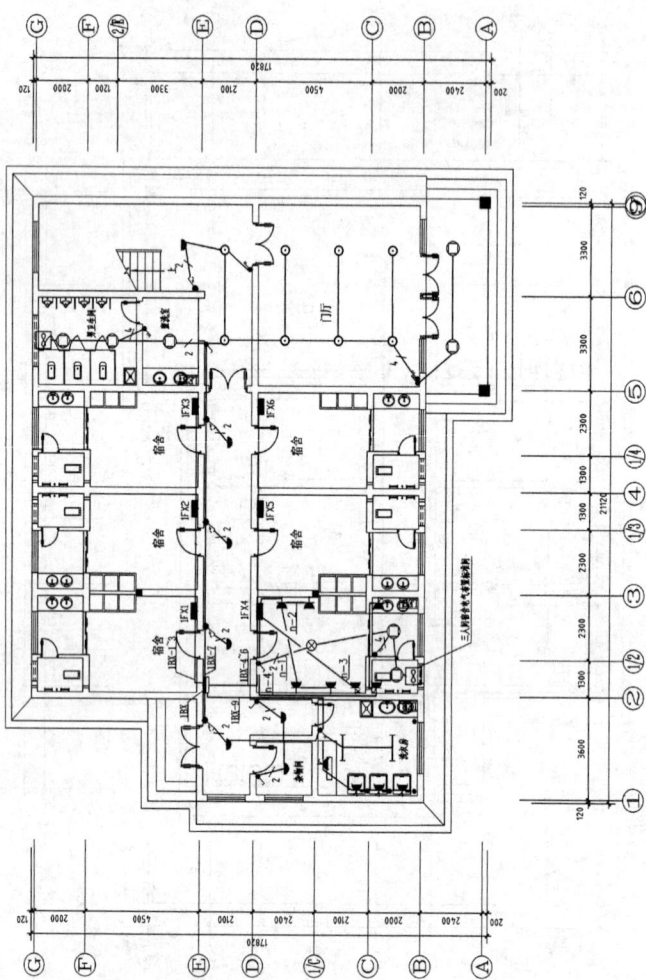

一层照明平面图 1:100

图28-4 霞光机械厂综合楼一层照明平面图

注：
1. 未标注照明回路导线根数均为三根。
2. 未标注插座回路导线根数均为三根。

湖南省东方勘察设计院

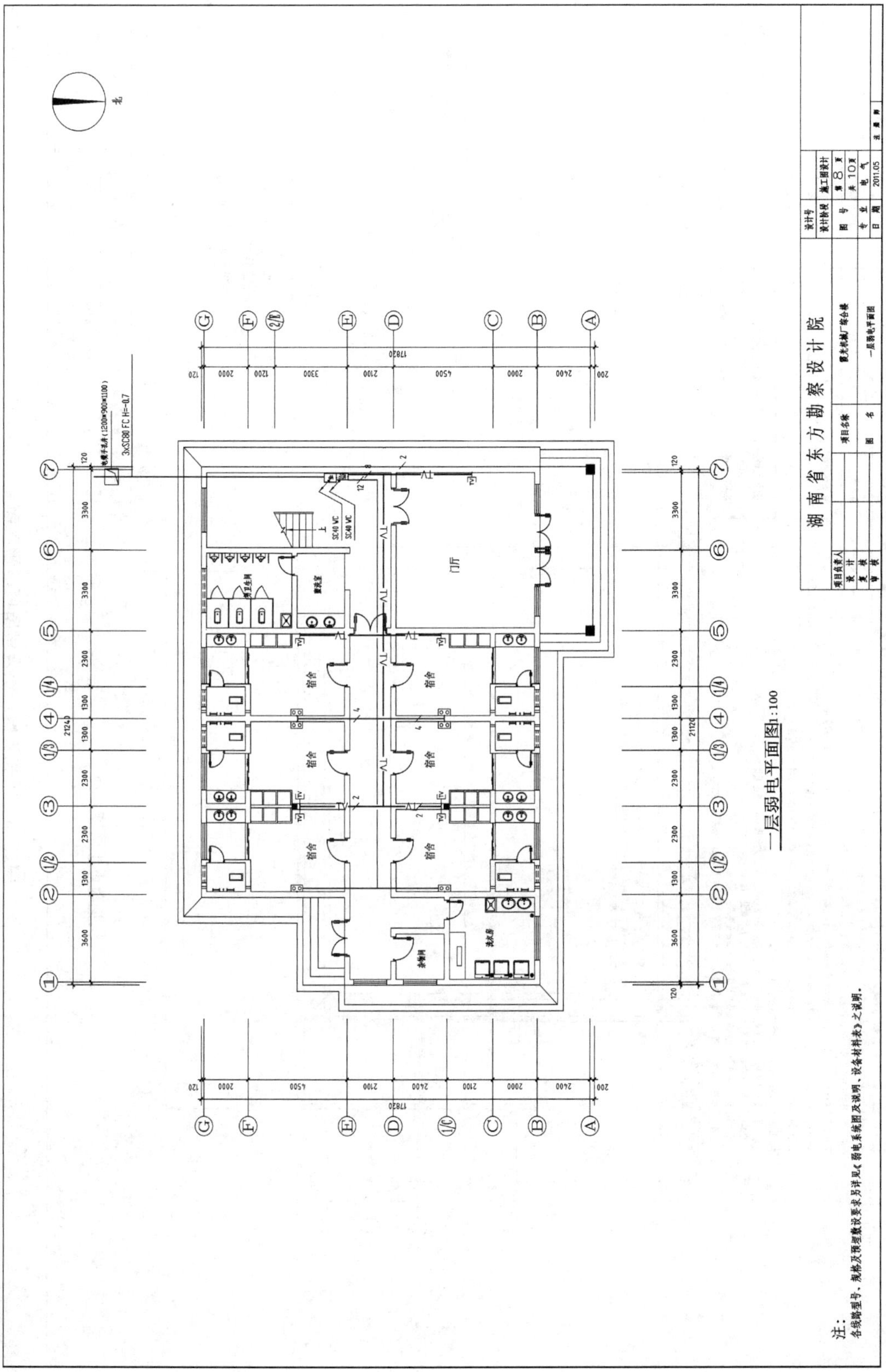
北
一层弱电平面图1:100
湖南省东方勘察设计院
门厅
宿舍
洗衣房
3xSC80 FC H=-0.7
SC40 WC
17820
2011.05
注：
各线路型号、规格及预埋敷设要求另详见《弱电系统图及说明、设备材料表》之说明。

图28-5　霞光机械厂综合楼一层弱电平面图

设备材料表（二）

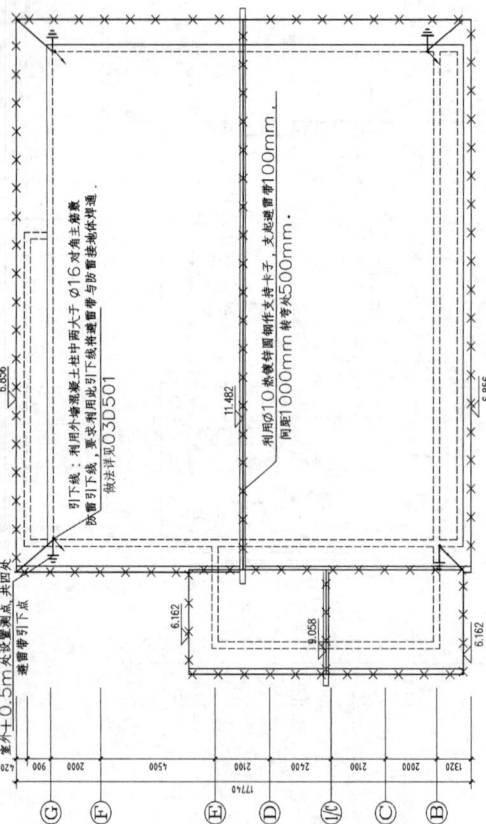

序号	符号	名称	型号规格	备注
1	—×—×—	避雷带	Φ10镀锌圆钢	实际工程量按设计
2	●	防雷引下线		利用柱内2根主筋
3		接地极		利用基础钢筋网
4		接地连接线	Φ12镀锌圆钢	
5		接地连接线	—40×4镀锌扁钢	实际工程量按设计

接地安装示意图

屋顶防雷平面图 1:100

湖南省东方勘察设计院

图28-6 霞光机械厂综合楼屋顶防雷平面图

第二节　案例三解析

（1）图纸构成：本案例霞光机械厂综合楼电气安装图纸由设计说明图、图例及设备材料表、电气平面布置图、电气系统图等组成。

（2）设计说明部分：设计说明主要说明设计依据、供电电压、供电方式；照明系统、电视系统等接地形式、配电箱、安装高度、采用的导线、管线敷设方式、导线材质、穿线管材质及管径等基础资料。

（3）图例及设备材料表：图例及设备材料表是识图的重要参考，可方便、快速、准确地读图、计算。图纸中不能准确表述的在这里一般可以明确，包括各种主要的设备、管材、导线的名称、型号、规格、材质、数量，读图过程一定要与平面布置图、系统图相结合进行；设备材料表里面的工程量不能作为编制预算的工程量，应该结合图纸进行核算。

（4）电气平面布置图：电气平面布置图是各种电气设备、配电箱、插座、灯具、开关、线路等在平面图中的投影图，是能够反映各种器具、管线等在平面内的位置关系，是工程量计算的重要依据，是最为重要的电气类图纸。电气平面布置图需读懂以下主要内容：

①开关箱（配电箱）的型号、规格；

②插座的型号、规格、数量；

③用电设备的型号、数量；

④灯具的型号、数量；

⑤控制系统的型号、数量；

⑥管线的规格、长度，穿线管的规格长度。

本案例中有管内穿3～5根线的，在平面布置图上都有表示，可用斜线的数量表示，或用斜线加数字表示，如穿5根线用斜线加数字5表示，具体长度可以按照平面图结合图纸比例尺直接量取，或利用软件算取。

（5）电气系统图：电气系统图和管道系统图不同，电气系统图是表示具体的接线方法，不反映线路空间位置关系，电气系统的空间位置关系一般是用文字或数字直接在平面图上进行标注。如系统图仅反映漏电开关箱的规格（宽×高×深为300 mm×300 mm×100 mm），箱内接线、电线的型号、规格，穿线管的管径、材质，断路器，额定功率等。

（6）本工程电气为三级负荷等级，包含电力配电系统、照明配电系统、建筑物防雷、弱电系统。为节省篇幅，仅节选一层图纸，二层按预留考虑。

（7）动力系统（应急照明、空调、动力）：电源由总变配电所引入至总配电箱SMX，电源电压380/220 V，采用铠装交联铜芯电力电缆YJV－1kV－4×50的低压电缆，埋地进户。楼内采用TN－C－S式供电，进户总配电箱做重复接地（从基础接地极单独引一根－40×4镀锌扁钢至总配电箱SMX），所有配电箱的金属外壳均可靠接地。由总配电箱分出两路干线，分别供给1BX（一层配电箱）和2BX（二层配电箱，预留），干线采用交联铜芯电力电缆YJV－4×25＋1×16的低压电缆，穿SC50的焊接钢管沿墙暗敷设。

一层配电箱1BX共分12个回路，其中6个回路（1BX－1，1BX－2，1BX－3，1BX－4，1BX－5，1BX－6）供给房间用户配电箱（1FX1，1FX2，1FX3，1FX4，1FX5，1FX6），线路采用塑料铜芯电线BV－3×6，即3根截面为6 mm² 的电线，穿管径为20 mm的PC塑料管沿墙暗敷设；1BX-7 回路供给走廊照明，线路采用塑料铜芯电线 BV-3×2.5，即 3 根截面为 2.5 mm² 的电线，穿管径为 15 mm 的 PC 塑料管沿墙暗敷设；1BX-8 回路供给走廊应急照明，线路采用塑料铜芯电线 BV-3×2.5，即 3 根截面为 2.5 mm² 的电线，穿管径为 15 mm 的 PC 塑料管沿墙暗敷设；1BX-9 回路供给洗衣房插座，线路采用塑料铜芯电线 BV-3×4，即 3 根截面为 4 mm² 的电线，穿管径为 20 mm 的 PC 塑料管沿墙暗敷设；余下 3 个回路为箱内预留。

本工程应急照明供电采用灯具自带蓄电池，自带开关。停电时自动点亮，应急工作时间均不小于 30 min，所有安装高度低于 2.4 m 的灯具均设保护线，平面图中照明回路均采用 BV-500 V-2.5 导线，穿硬质阻燃塑料管暗敷，其中 2~3 根导线穿 PC16 管，4~5 根穿 PC20 管，6~8 根穿 PC25 管。

(8)照明系统：房间配电箱 1FX1(1FX1，1FX2，1FX3，1FX4，1FX5，1FX6 设计相同)共分四个回路，其中 $n-1$ 回路供给宿舍照明，线路采用塑料铜芯电线 BV-3×2.5，即 3 根截面为 2.5 mm² 的电线，穿管径为 16 mm 的 PC 塑料管沿墙暗敷设；$n-2$ 回路供给宿舍插座，线路采用塑料铜芯电线 BV-3×2.5，即 3 根截面为 2.5 mm² 的电线，穿管径为 16 mm 的 PC 塑料管沿墙暗敷设；$n-3$ 回路供给宿舍空调插座，线路采用塑料铜芯电线 BV-3×4，即 3 根截面为 4 mm² 的电线，穿管径为 20 mm 的 PC 塑料管沿墙暗敷设；$n-4$ 回路供给宿舍电热水，线路采用塑料铜芯电线 BV-3×4，即 3 根截面为 4 mm² 的电线，穿管径为 20 mm 的 PC 塑料管沿墙暗敷设。

各回路上的用电器具、灯具、开关、插座等，具体位置均应在平面图上详细表示，安装高度按设计要求进行（设计说明和图例均有标注），技术要求按国家施工及验收规范进行，工程量计算按工程量清单计算规则进行。

(9)弱电系统：本例工程设计了综合布线系统和有线电视系统。

有线电视系统仅做电视分配网的设计，干线电缆采用 SYWV-75-7 的同轴电缆穿 SC25 的焊接钢管，支线电缆采用 SYWV-75-5 的同轴电缆穿 SC20 的焊接钢管，沿墙及楼板暗敷。

电话系统接入方式由电信部门与委托方协商决定，电缆引入端需设浪涌保护器。在一层办公楼间设总配线箱，接入综合布线系统。

本例工程综合布线系统，可支持建筑物内语音、数据传输，但楼内设计仅负责配线架以下的配线。主干线语音采用三类大对数电缆，数据采用多模光纤。水平电缆采用超五类四对非屏蔽(UTP)双绞线，水平布线距离不超过 90 m。外部通信市话电缆及联网光纤由弱电手孔井穿 SC80 埋地引入楼底间主配线架，由主配线架至分配线架的干线穿 SC50 埋地埋墙敷设。由总、分配线架引出至数据电缆穿 SC 管沿墙、楼板暗敷至信息插座。1~2 根穿 SC15，3~4 根穿 SC20，5~7 根穿 SC25，8~10 根穿 SC32，10 根以上分管敷设。

总、分配线架距地 2.0 m 挂墙应明装，双口信息插座距地平面高 0.3 m 应暗装。

(10)防雷接地系统：本例工程按三类防雷标准设计，屋顶上采用 ϕ10 mm 镀锌圆钢沿屋顶明敷，做法按国家标准图集。凡突出屋面的金属管道支架都应与避雷带可靠焊接。屋顶各标高避雷带要求相互焊通。利用混凝土柱中两对角主筋(ϕ16 mm 以上)作为防雷引下线，引下线上端与避雷带可靠连接，下端与基础接地环焊接连通。引下线在 0.5 m 处做断接卡供测量电阻用，测点共 4 处，接地电阻不大于 1 Ω。

第三节　电气类安装工程基本识图要点

电气类图纸和管道类图纸是有一定的差异的，识图方法和识图顺序尤为重要。简单总结识图经验如下：

（1）设计说明要细读，电气类工程很多数据、要求在图纸上反映不出来的，都会在设计说明里面进行描述，如工程接线方式、控制方式、线管敷设方式等。

（2）图例和设备材料表要结合平面图与系统图进行比照，防止漏项、缺项，特别注意管线的高差电气类是在平面图上进行文字表述。

（3）工程量计算顺序。

①计算变配电设备，如变压器、断路器、隔离开关、互感器、电抗器、电容器、高压成套配电柜等。

②计算控制设备，如各种开关、低压配电室、熔断器、控制器等。

③计算低压用电设备，如排气扇、风机、各种灯具等。

④计算配管、配线工程量。按照工程量计算规则和设计说明，以及不同的敷设方式、敷设位置、管材材质、规格进行计算，其原则是从配电箱开始按回路进行计算，先按层计算，再进行汇总，千万不要跳算，以防止混乱，避免错误。

通过以上三个实际工程施工图的案例，介绍了安装工程施工图的组成和安装工程识图的基本步骤、注意要点、识图方法、视图顺序等。安装工程识图、读图的能力是在工作中不断积累的。随着我们接触到越来越多的安装工程，视野范围将会更加宽广，看图水平、读图速度将会得到更大的提高。

主要参考文献

[1] 张志勇, 徐立君, 朱保平. 建筑安装工程施工图集(第四版)[M]. 北京: 中国建筑工业出版社, 2014

[2] 北京土木建筑协会. 安装工程施工技术手册[M]. 武汉: 华中科技大学出版社, 2008

[3] 汤万龙, 刘玲. 建筑设备安装识图与施工工艺(第二版)[M]. 北京: 中国建筑工业出版社, 2010

[4] 曹兴, 邵宗义, 邹声华. 建筑设备施工安装技术[M]. 北京: 机械工业出版社, 2010

[5] 李永喜. 建筑设备工程[M]. 武汉: 湖北科学技术出版社, 2012

[6] 陈思荣. 建筑设备安装工艺与识图[M]. 北京: 机械工业出版社, 2014

图书在版编目（CIP）数据

建筑设备安装识图与施工工艺／吕东风，常爱萍主编.
—2 版. —长沙：中南大学出版社，2021.3（2023.7 重印）
ISBN 978 - 7 - 5487 - 3785 - 8

Ⅰ. ①建… Ⅱ. ①吕… ②常… Ⅲ. ①房屋建筑设备—
建筑安装—建筑制图—识图②房屋建筑设备—建筑安装—
工程施工 Ⅳ. ①TU204.21②TU8

中国版本图书馆 CIP 数据核字（2021）第 043336 号

建筑设备安装识图与施工工艺
第 2 版

主 编 吕东风 常爱萍
副主编 阮晓玲 刘 钢
主 审 李 锋

□策划组稿 谭 平
□责任编辑 谭 平
□责任印制 唐 曦
□出版发行 中南大学出版社
　　　　　社址：长沙市麓山南路　　　　邮编：410083
　　　　　发行科电话：0731 - 88876770　　传真：0731 - 88710482
□印　　装 长沙雅鑫印务有限公司

□开　　本 787 mm×1092 mm 1/16　□印张 24.25　□字数 624 千字
□版　　次 2021 年 3 月第 2 版　　　□印次 2023 年 7 月第 2 次印刷
□书　　号 ISBN 978 - 7 - 5487 - 3785 - 8
□定　　价 58.00 元